普通高等教育“十一五”国家级规划教材

锻造过程及模具设计

何光远题

（第2版）

主　编　李玉新　龚小涛
副主编　许树勤　王雷刚　张　驰　周天瑞
参　编　鲁素玲　刘玉忠　李旭斌
　　　　李国俊　张海筹　伍太宾
　　　　谢　谈　夏汉关　许同乐
　　　　申荣华　付传锋　钱进浩
主　审　胡亚民　华　林

内 容 简 介

本书是普通高等教育“十一五”国家级规划教材。

本书全面、系统地介绍了锻造技术，共分 10 章，主要内容包括自由锻、模锻技术的基本原理和设备、锻模设计原则和方法、锻造加热规范、精密模锻、挤压、坯料制备和废次品分析及模锻的后续工序等，尽量采用诸如“锻造过程”“净形加工”“模拟技术”等新名词、新概念，做到与国际接轨。

本书理论联系实际，尽量引用国内外有关单位的第一手材料，有较强的实用性。书中的实例都是国内外锻压同人的亲身实践总结。

本书主要作为高等院校机械类和材料类有关专业的教材，也可供职业技术学院的有关专业使用，也是从事锻件特别是精锻件产品研发的科研院所研究人员和企业的科技人员的重要参考书。

图书在版编目(CIP)数据

锻造过程及模具设计/李玉新，龚小涛主编. —2 版. —北京：北京大学出版社，2020. 1
普通高等教育 “十一五” 国家级规划教材
ISBN 978-7-301-29935-7

Ⅰ. ①锻… Ⅱ. ①李… ②龚… Ⅲ. ①锻造—工艺学—高等学校—教材 ②锻模—设计—高等学校—教材 Ⅳ. ①TG316 ②TG315. 2

中国版本图书馆 CIP 数据核字(2018)第 222489 号

书　　名　锻造过程及模具设计（第 2 版）
DUANZAO GUOCHENG JI MUJU SHEJI (DI-ER BAN)
著作责任者　李玉新　龚小涛　主编
策划编辑　童君鑫
责任编辑　李嫚婷
数字编辑　刘　蓉
标准书号　ISBN 978-7-301-29935-7
出版发行　北京大学出版社
地　　址　北京市海淀区成府路 205 号　100871
网　　址　http://www.pup.cn　新浪微博：@北京大学出版社
电子信箱　pup_6@163.com
电　　话　邮购部 010-62752015　发行部 010-62750672　编辑部 010-62750667
印 刷 者　北京溢漾印刷有限公司
经 销 者　新华书店
787 毫米×1092 毫米　16 开本　19.75 印张　459 千字
2006 年 8 月第 1 版
2020 年 1 月第 2 版　2020 年 1 月第 1 次印刷
定　　价　59.00 元

第 2 版序

感谢北京大学出版社的领导和编辑们对我们的关心和支持，感谢锻压泰斗北京科技大学胡正寰院士和中国锻压协会张金秘书长为本书作序，感谢参加具体编写工作的 20 多位专家学者和当时在校的研究生的辛勤劳动！

特别感谢原机械工业部何光远老部长为本书题写书名。

2006 年 8 月，“21 世纪全国应用型本科大机械系列实用规划教材”《锻造工艺过程及模具设计》正式出版，后来被评为“普通高等教育‘十一五’国家级规划教材”，2010 年获得了北京大学出版社“本科机械类优秀教材评比”一等奖，并多次印刷。

光阴似箭，一转眼 12 年过去，我们国家的面貌日新月异，锻压行业也发生了翻天覆地的变化。《锻造工艺过程及模具设计》虽然强调了现代工业发展中模具设计对锻造过程的作用，但更应该与时俱进，坚持和发展“少而精”和“具有时代信息”的特色。

12 年过去，每一位参与编写《锻造工艺过程及模具设计》的同志都获得了很大的进步，他们中大多数人年近花甲，有好几位同志已成教授或资深教授，也有几位同志已经退休，部分当年的研究生也成了高工或副教授。我也已古稀，垂垂老矣！我为大家的进步感到由衷的高兴。然而，我也担心锻压战线是否后继有人，在当代社会还有没有人对坐冷板凳著书立说感兴趣。

我对中北大学李玉新和西安航空职业技术学院龚小涛比较熟悉。他们都是博士，正年富力强、精力充沛，都从事材料成形与控制方面的教学工作，对学生充满了感情。他们承担过国家自然科学基金和省级自然科学基金项目、教育部新世纪优秀人才支持项目、省高校科研项目，获得了大量的科研成果，得过多项部级科技进步奖和其他奖项。李玉新于 2011 年出版了高职高专“十二五”规划教材《模具制造工艺学》，龚小涛于 2016 年出版了专著《辊锻工艺过程及模具设计》。他们先后在国内外权威刊物上发表数十篇论文，近年来又分别发表了《锻造生产技术的现状和发展》和《我国锻造生产技术的光明未来》，生动具体地描述了我国锻压业的光辉前景。这说明他们目光敏锐，对新生事物怀有极大的兴趣，也反映了他们在锻压领域具有较深的造诣且对锻压事业极具热心和热爱。

因此由李玉新和龚小涛担任本书的主编非常合适。

我满怀喜悦的心情阅读了本书书稿，不禁心旷神怡，为他们的成绩和进步所感动，不禁写出这篇文字。

我觉得本书的写作特色主要如下。

（1）第 2 版书名更名为《锻造过程及模具设计》。中国锻压协会张金秘书长在《锻造工艺过程及模具设计》的“序”中说，“教材的名称不叫《锻造过程及模具设计》，是因为在传统习惯上国内锻压界对‘工艺’仍然比较熟悉，一下子改为‘过程’还不大习惯”。我们在《锻造工艺过程及模具设计》的前言中也曾说：“本书的名称最好为《锻造工艺过程及模具设计》。因为“‘过程’的概念完善并推广了‘工艺’的内涵，符合机械制造业在新时期竞争要素发展的规律，有利于指导企业适应市场经济的主体行为”。

随着国民经济的发展，现在更名的时机已经成熟。趁着再版的机会，我们郑重将书名更改为《锻造过程及模具设计》。

(2)《锻造过程及模具设计》补充了一些对生产实践非常有益的新内容。例如，增加了有关锻件内部组织性能、模具钢材料品种和自由锻过程等内容，丰富了自由锻的相关知识，强调了自由锻的作用，特别强调了重视模具主要工作零件锻造品质对提高模具寿命的重要性。使用模具的企业往往对模具零件本身的锻造品质的重要性不太了解且不够重视，增加这方面的知识，对提高锻模和其他各种各样的成形模和剪切模的寿命有利。

(3) 对第1章绪论进行了精简、充实和提高。《锻造过程及模具设计》删除和省略了一些过时的信息，以及现在看来已经并不是很先进，不足以代表锻压行业的发展历程的文字和图片。例如，生产汽车最大锻件前轴的辊锻—模锻生产线在国内已有30多条（其中万吨线近10条）。增加了反映我国国民经济蓬勃发展的锻压界的一些壮举，如2018年1月，中信重工机械股份有限公司成功浇注出486t特大型钢锭由185MN（18500t）油压机锻造替打环锻件，还增加了国产800MN（80000t）压力机的介绍，该机吨位目前居世界第一。

(4) 进一步坚持与发扬第10章“精密模锻”的优良特色。在《锻造过程及模具设计》中，作者更加自信，不崇洋媚外，不人云亦云。例如，明确了“复动成形”等名词术语的概念，澄清了锻造行业内关于精锻技术的一些模糊观点。

“精密模锻”这一章自成体系，结构严谨，语句精练，通俗易懂。一般从事材料成形和机械制造专业领域工作的技术人员具备了这方面的知识，就可以开发生产精锻产品和进行精锻科研，甚至自己开办小型工厂，这对发展我国精锻事业有利。编者十多年前制作的配合第10章“精密模锻”的教学课件，直到前不久（2018年1月）还有署名为“热处理工作者”的人在“热家网”网站传播。

欢迎锻压行业的广大科技人员和教育工作者都来关心我们的锻造事业，欢迎广大青年学生投身我国的锻造事业！

向辛勤工作于锻造事业的广大专家学者、技术人员和锻造工作者致敬！

胡亚民

2019年4月8日

【资源索引】

第 1 版序（一）

已经有相当长的时间，人们在新华书店可以买到自己喜欢的冲压类图书，但是要想买关于锻造的图书却非常困难。北京大学出版社做了一件好事，他们组织出版了这本《锻造工艺过程及模具设计》。这是继西北工业大学张志文教授、哈尔滨工业大学吕炎教授主编《锻造工艺学》之后 10 多年乃至 20 多年方出现的一本关于锻压方面的教材。

本书编者队伍中有许多是新人。胡亚民同志年纪稍大一点，华林和其他同志基本上都是 40 岁左右。他们多年来从事有关锻造的教学和科研工作，年富力强，精力充沛，具有新思维、新思想。他们完善和推广了“工艺”内涵，采用了“过程”的概念，符合新时期机械制造业的发展规律。教材的名称是《锻造工艺过程及模具设计》，强调了在锻造过程中模具设计的重要性。书中以较短的篇幅浓缩了有关自由锻的内容，做到了少而精，又以较长的篇幅介绍了净形和近似净形加工（Net Shape Technique and Near Net Shape Technique）产品的开发和废次品的分析与防治措施等。

“净形和近似净形加工”与 20 世纪 70 年代推广的少无切削加工异曲同工，但本书所讲述的内容更具有时代气息。例如，本书介绍了精密模锻工艺过程设计，特别提到分流减压、预流补偿空间等减少精密模锻负载、提高模具寿命的具体技术措施；介绍了模具型腔的挤压成形、氮气弹簧在新型精密模锻模具上的应用和镁合金的等温锻造；还介绍了一种新型的能代替电火花加工高硬度模具型腔的高速切削加工，并指出其是“加快精密模锻模具开发速度、提高模具制造品质的必然趋势”。书中所叙述的锻模的焊接修补技术更是节材节能，符合环保要求。

当前教育战线对“材料成形与控制工程”专业大学生的培养模式和所使用的教材提出了更多更新的要求，希望本书能在教学实践中发挥更大的作用。

胡正寰

2006 年 7 月 12 日

（编者注：中国工程院院士胡正寰，湖北孝感人，北京科技大学教授、博士生导师，中国轴类零件轧制技术主要开创人，具有多项国内领先、国际上先进的成果。）

第 1 版序（二）

目前，国内外正在飞速发展的净形和近似净形加工，即 20 世纪 70 年代推广的少无切削加工技术在机械制造行业具有非常广泛的应用前景。这一情况对材料成形与控制工程专业的大学生的培养模式和教材的使用等方面提出了更新、更高的要求。因此，作为“21 世纪全国应用型本科大机械系列实用规划教材”之一的《锻造工艺过程及模具设计》应运而生。

本书全面、系统地介绍了锻造技术，内容涉及原理、工艺、设备、模具、测试和废次品分析等，翔实可靠地介绍了国内外锻造技术的现状，内容新颖、丰富。本书采用了诸如“锻造过程”这样的新名词、新概念，做到了与国际接轨，完善了“过程技术”的概念并拓宽了“工艺”的内涵，符合机械制造业在新时期竞争要素发展的规律，有利于指导企业适应市场经济的主体行为。国家机械工业局在 20 世纪 90 年代就极力主张大力推动“过程技术”概念的应用。

“锻造工艺”是“锻造过程”技术的核心部分，“过程技术”不仅是制造工艺，还包括制造过程中所用的装备、工具、仪表和组织管理技术，以及整个生产过程的构思、变化和设计。

本书名为《锻造工艺过程及模具设计》，强调了当前工业发展中模具设计对锻造过程的作用。教材的名称不叫《锻造过程及模具设计》，是因为在传统习惯上国内锻压界对“工艺”仍然比较熟悉，一下子改为“过程”还不大习惯。

编者在撰写本书的过程中重视推陈出新，精选传统的经典内容，强调少而精，也反映了当代锻造技术方面的最新成就。本书除广泛吸收中外专家的理论论述以外，还介绍了净形和近似净形加工方面富于创造性的研究成果，如等温成形、复动成形、模具型腔的高速切削加工、模具的补焊等。

本书强化锻造工艺过程及模具设计，并简要介绍了其他成形工艺过程，为学生学习金属塑性成形工艺打下扎实基础，便于进一步提高教学质量，使学生学习后能对具体产品锻造方法的选择迅速做出可行性和局限性的评价，为锻造工艺参数的典型化、系统化打下基础，也为现代信息技术在锻件设计和制造中的应用开辟新的道路。

本书不满足于从实际生产中发现问题和解决问题，而是更积极、更主动地引导学生从理论的高度考察和分析问题。本书的特色还表现在尽量引用国内外有关生产、开发和研究单位的第一手材料，理论联系实际，选用的实例都是国内外锻压界同人长期在生产第一线的实践经验总结，容易激发学生的学习兴趣，对学生掌握锻造工艺和模具设计有直接的指导意义和重要的参考价值。

本书具有较强的实用性，对从事锻造科研和产品开发工作的科研院所的科技人员及工厂企业的技术人员有较高的参考价值，有利于促进我国锻造技术人员拓宽视野，开阔思路。

张　金

2006 年 5 月 23 日

（编者注：张金为中国锻压协会秘书长。中国锻压协会下属委员会主要有锻造委员会（中国锻造协会）、冷锻委员会、航空材料成形委员会、封头成形委员会等）

第 2 版前言

《锻造工艺过程及模具设计》是“21 世纪全国应用型本科大机械系列实用规划教材”，也是“普通高等教育‘十一五’国家级规划教材”，还获得过北京大学出版社“本科机械类优秀教材评比”一等奖。我们有幸担任《锻造工艺过程及模具设计》（第 2 版）主编，既感到高兴，又感到压力重大。

我们在编写本书的过程中，确实学到了不少东西。

《锻造工艺过程及模具设计》结合课程教学特点，反映学科现代新理论、新技术、新材料、新过程，理论紧密联系实际，有较强的实用性。老一辈作者借鉴国外优秀教材，对锻造技术做了较系统的介绍，内容涉及原理、工艺、设备、模具、测试、废次品分析和实例等；在强调传授基本理论、基本特征和基本性能的同时，也注重现行设计方法的理论依据和工程背景，不但强调继承传统，而且推陈出新，充分反映了金属塑性成形加工新工艺、新模具，适应净形和近净形加工技术的发展，反映当代最新锻造技术成就。

老一辈作者不满足于从实际生产中去发现问题和解决问题，而是积极、主动引导读者和学生从理论的高度去考察和分析问题。《锻造工艺过程及模具设计》引用国内外有关生产开发和科学研究单位的第一手材料，容易激发学生的学习兴趣，对学生掌握锻造工艺和模具设计有直接的指导意义和明显的参考价值。

《锻造工艺过程及模具设计》不仅能满足本科院校材料成形与控制工程专业师生的需要，而且对从事锻造科研和产品开发工作的技术人员也有较高的实用参考价值。

中国锻压协会秘书长张金说，“教材的名称不叫《锻造过程及模具设计》，是因为在传统习惯上国内锻压界对‘工艺’仍然比较熟悉，一下子改为‘过程’还不大习惯”。《锻造工艺过程及模具设计》的前言中也说“本书的名称最好为《锻造工艺过程及模具设计》”。

随着国民经济的发展，现在更名的时机已经成熟。趁着再版的机会，我们征得许多锻压同人的意见，郑重将书名更改为《锻造过程及模具设计》。

在编写本书时，我们认真阅读了《锻造工艺过程及模具设计》的每一章、每一节、每一小段文字，纠正了一些印刷错误，补充了一些对生产实践非常有益的新内容。例如，增加了有关锻件内部组织性能、模具钢材料品种和自由锻过程等内容，丰富了自由锻的相关知识，强调了自由锻的作用，特别强调了模具主要工作零件锻造品质对提高锻模和其他各种各样模具寿命的重要性，等等。

本书对第 1 章进行了精简、充实和提高，重点介绍了锻造生产技术的现状和发展，以及我国锻造技术的光辉未来，删除了一些过时的信息，以及在现在看来已经并不是很先进且不足以代表锻压行业的发展历程的文字和图片，增加了反映我国国民经济蓬勃发展的锻压界的一些壮举，介绍了锻造行业目前居世界第一流的的光辉业绩（如国产 800MN 压力机等）。

由于编者水平有限，书中难免有疏漏之处，希望广大锻压同人和读者将使用过程中发现的问题告诉我们，编者将虚心接受，认真改正。

编　者

2019 年 5 月

第 1 版前言

本书是根据教育部下达的普通高等教育“十一五”国家级规划教材选题，经主编申报、出版社审核、教育部组织专家评审并批准编写的。

从 20 世纪 90 年代中叶至今，国内外很少出现较好的关于锻造过程的教材，已有教材模式类似，大同小异，对于当代精密锻造技术的发展反映得不够，甚至不同程度存在一些缺陷和小的失误。所以，无论是从高等学校的教学角度、科研院所的科研和产品开发角度，还是从工厂车间第一线的生产角度，都需要有一本新的与时俱进的关于锻造的教材问世。为此，北京、河北、山东、山西、江苏、湖北、湖南、江西、贵州和重庆等地的十多所高等院校和科研院所及个别工厂、企业的锻压界的专家、学者联合编写了《锻造工艺过程及模具设计》。“过程”的意思就是 Process，之所以将传统的“锻造工艺”改为“锻造工艺过程”，是为了与国际接轨。本书的名称最好为《锻造工艺过程及模具设计》。因为“过程”的概念完善并推广了“工艺”的内涵，符合机械制造业在新时期竞争要素发展的规律，有利于指导企业适应市场经济的主体行为。国家机械工业局在 20 世纪 90 年代就极力主张大力推动“过程”概念的应用，“工艺”一词已成旧说。

本书由胡亚民、华林担任主编，许树勤、王雷刚、张驰、周天瑞担任副主编。胡亚民、谢谈和夏汉关共同编写第 1 章，华林、肖作义、张海筹共同编写第 2 章，鲁素玲、刘玉忠共同编写第 3 章、第 8 章，王雷刚编写第 4 章、第 5 章，许树勤编写第 6 章、第 7 章，周天瑞编写第 9 章，张驰、李旭斌、李国俊共同编写第 10 章，申荣华编写了主要锻造专业词汇英中对照表，参编者还有伍太宾、王昶、李春天。对本书有贡献的还有赖周艺、赵军华、刘艳雄等人。

感谢北京科技大学胡正寰院士担任本书主审并作序，也感谢中国锻压协会秘书长张金为本书作序。

由于编者水平有限，书中难免有不当之处，敬请各位读者和同人批评指正。

编　者

2006 年 4 月

目　录

第1章　概述 …………………………… 1
1.1　锻造生产 …………………………… 2
1.2　锻造生产技术的现状和发展 ………… 4
1.3　锻造技术发展的未来 ……………… 8
1.3.1　数字化塑性成形技术 ………… 8
1.3.2　锻压设备与锻压过程技术的未来发展趋势 ……………… 11
1.4　学习本课程的目的和任务 ………… 14
习题及思考题 …………………………… 15
第2章　锻造用原材料及毛坯准备 …… 16
2.1　锻造用原材料 ……………………… 16
2.1.1　黑色金属 ………………………… 16
2.1.2　有色金属和贵金属 …………… 23
2.2　下料和下料方法 …………………… 25
2.2.1　剪切法 ………………………… 26
2.2.2　锯切法 ………………………… 30
2.2.3　下料缺陷及其防治 …………… 39
2.3　模锻润滑剂 ………………………… 39
2.3.1　传统用钢热模锻润滑剂 ……… 40
2.3.2　胶态石墨或半胶态石墨 ……… 41
2.3.3　二硫化钼 ……………………… 42
2.3.4　炮油 …………………………… 43
2.3.5　新型绿色钢热模锻润滑剂 …………………………… 44
2.4　钢的软化退火 ……………………… 45
2.5　钢的磷化处理 ……………………… 46
2.5.1　钢质毛坯的一般磷化处理过程 ……………………… 47
2.5.2　钢质毛坯的快速磷化处理过程 ……………………… 48
2.5.3　磷化处理操作过程要点 ……… 49
2.5.4　磷化膜品质不良的形式及防治措施 ………………… 50
习题及思考题 …………………………… 51
第3章　锻造的加热规范 ……………… 52
3.1　一般加热方法 ……………………… 52
3.2　少无氧化加热 ……………………… 55
3.2.1　火焰少无氧化加热法 ……… 55
3.2.2　介质保护加热法 …………… 57
3.3　钢的加热缺陷及防止措施 ………… 58
3.3.1　氧化、脱碳及增碳 ………… 59
3.3.2　过热和过烧 ………………… 61
3.3.3　裂纹 ………………………… 62
3.4　锻造温度范围的确定 ……………… 63
3.5　钢的加热规范 ……………………… 66
3.5.1　金属加热规范制定的原则和方法 ………………………… 66
3.5.2　钢锭、钢材与中小钢坯的加热规范 …………………… 70
3.6　钢的锻后冷却 ……………………… 71
3.6.1　锻件冷却时常见缺陷 ……… 71
3.6.2　锻件的冷却规范 …………… 73
3.7　中小钢锻件的热处理 ……………… 74
3.7.1　退火 ………………………… 75
3.7.2　正火 ………………………… 75
3.7.3　调质（淬火和高温回火） … 75
3.7.4　锻件余热热处理 …………… 76
3.8　铝合金和铜合金的加热规范 ……… 77
3.8.1　铝合金的加热规范 ………… 77
3.8.2　铜合金的加热规范 ………… 78
习题及思考题 …………………………… 80
第4章　自由锻主要工序分析 ………… 81
4.1　自由锻过程特征和工序分类 ……… 81
4.1.1　自由锻过程特征 …………… 81
4.1.2　自由锻工序分类 …………… 81
4.2　镦粗 ………………………………… 82
4.2.1　平砧镦粗 …………………… 83

4.2.2 垫环镦粗和局部镦粗 …… 86
4.2.3 镦粗是提高锻件品质的重要手段 …… 87
4.3 拔长 …… 89
4.3.1 矩形截面毛坯拔长和圆截面毛坯拔长 …… 90
4.3.2 空心件拔长 …… 93
4.4 自由锻其他主要工序 …… 93
4.4.1 冲孔 …… 94
4.4.2 扩孔 …… 95
4.4.3 弯曲 …… 96
4.4.4 错移 …… 97
习题及思考题 …… 97
第5章 自由锻过程 …… 98
5.1 自由锻件的分类 …… 98
5.2 自由锻件变形过程的确定 …… 102
5.3 自由锻过程规程的制定 …… 103
5.3.1 自由锻件图的制定与绘制 …… 104
5.3.2 毛坯质量和尺寸的确定 …… 105
5.3.3 锻造比的确定 …… 107
5.3.4 自由锻设备吨位计算与选择 …… 108
5.4 制定自由锻过程规程举例 …… 108
5.5 模具钢坯自由锻过程 …… 111
5.5.1 碳素工具钢的自由锻与热处理 …… 111
5.5.2 低合金工具钢的自由锻和热处理 …… 112
5.5.3 冷作模具钢的自由锻和热处理 …… 113
5.5.4 热作模具钢的自由锻和热处理 …… 116
5.5.5 高速钢的自由锻和热处理 …… 119
习题及思考题 …… 121
第6章 模锻成形工步分析 …… 122
6.1 模具的多样性 …… 122
6.2 模具模膛形状对金属变形的影响 …… 124
6.3 开式模锻 …… 125
6.3.1 开式模锻成形过程的分析 …… 126
6.3.2 开式模锻时影响金属成形的主要因素 …… 128
6.4 闭式模锻 …… 131
6.4.1 闭式模锻的变形过程分析 …… 132
6.4.2 闭式模锻时影响金属成形的主要因素 …… 133
6.5 挤压 …… 135
6.5.1 挤压的应力应变分析 …… 136
6.5.2 挤压时凹模模膛内金属的变形 …… 136
6.5.3 挤压时常见缺陷分析 …… 138
6.6 顶镦、电热镦粗和在带有导向的模具中镦粗 …… 140
6.6.1 顶镦 …… 141
6.6.2 电热镦粗 …… 142
6.6.3 在带有导向的模具中镦粗 …… 143
习题及思考题 …… 144
第7章 模锻过程 …… 145
7.1 常用模锻设备及其模锻过程特征 …… 145
7.1.1 模锻锤及其过程特征 …… 145
7.1.2 热模锻压力机及其过程特征 …… 146
7.1.3 螺旋压力机及其过程特征 …… 148
7.1.4 平锻机及其过程特征 …… 151
7.2 模锻过程及模锻件分类 …… 153
7.2.1 圆饼类锻件 …… 153
7.2.2 长轴类锻件 …… 153
7.2.3 顶镦类锻件 …… 155
7.3 模锻件图设计 …… 156
7.3.1 锤上模锻件图设计 …… 156
7.3.2 热模锻压力机上模锻件图设计特征 …… 163

7.3.3 螺旋压力机上模锻件图设计特征 …………………… 163

7.3.4 平锻机上模锻件图设计特征 …………………… 164

7.4 模锻过程的设计和模锻过程方案选择 …………………… 165

7.4.1 模锻过程设计依据 ……… 166

7.4.2 模锻过程设计步骤 ……… 166

7.4.3 模锻过程总体设计要点 … 167

7.4.4 模锻过程方案选择 ……… 170

7.5 模锻变形工步的选择 ……… 171

7.5.1 圆饼类模锻件制坯工步选择 …………………… 171

7.5.2 长轴类模锻件制坯工步选择 …………………… 172

7.5.3 顶镦类模锻件变形工步确定 …………………… 175

7.6 毛坯尺寸的确定 …………… 179

7.6.1 圆饼类模锻件 ………… 179

7.6.2 长轴类模锻件 ………… 179

7.6.3 顶镦类模锻件 ………… 180

7.7 模锻设备的选择和模锻力的计算 ……………………… 181

7.7.1 模锻锤 ………………… 181

7.7.2 小型夹杆锤 …………… 182

7.7.3 热模锻压力机 ………… 182

7.7.4 螺旋压力机 …………… 183

7.7.5 平锻机 ………………… 184

习题及思考题 ………………………… 185

第 8 章　锻模设计 …………………… 186

8.1 锤用锻模 …………………… 186

8.1.1 模锻模膛设计 ………… 187

8.1.2 制坯模膛设计 ………… 195

8.1.3 锤锻模结构设计 ……… 203

8.2 热模锻压力机用锻模 ……… 212

8.2.1 模膛设计 ……………… 213

8.2.2 锻模结构特点 ………… 216

8.3 螺旋压力机用锻模 ………… 219

8.3.1 模膛设计 ……………… 220

8.3.2 锻模结构特点 ………… 221

8.4 平锻机用锻模 ……………… 223

8.4.1 平锻模结构设计特点 …… 224

8.4.2 模膛设计 ……………… 225

8.4.3 平锻模的结构与调整 …… 229

8.5 胎模锻锻模与自由锻锤上的固定模模锻锻模 …………………… 230

8.5.1 胎模锻锻模 …………… 230

8.5.2 自由锻锤上的固定模模锻锻模 …………………… 232

8.6 锻模设计实例 ……………… 233

8.6.1 锻件图设计 …………… 233

8.6.2 计算锻件的主要参数 …… 235

8.6.3 锻锤吨位的确定 ……… 235

8.6.4 确定飞边槽的形式和尺寸 …………………… 236

8.6.5 终锻模膛设计 ………… 236

8.6.6 预锻模膛设计 ………… 236

8.6.7 绘制计算毛坯图 ……… 237

8.6.8 制坯工步选择 ………… 238

8.6.9 确定坯料尺寸 ………… 239

8.6.10 其他模膛设计 ……… 240

8.6.11 锻模结构设计 ……… 240

8.6.12 模锻流程 …………… 241

习题及思考题 ………………………… 241

第 9 章　模锻的后续工序 ………… 243

9.1 切边和冲孔 ………………… 243

9.1.1 切边和冲孔的方式及模具类型 …………………… 243

9.1.2 切边模 ………………… 244

9.1.3 冲孔模和切边冲孔复合模 ……………………… 248

9.1.4 切边或冲孔力的计算 …… 250

9.2 校正和精压 ………………… 250

9.2.1 校正 …………………… 250

9.2.2 精压 …………………… 252

9.3 表面清理 …………………… 255

9.4 锻件品质检验 ……………… 258

9.4.1 锻件品质检验的内容 …… 258

9.4.2 锻件的常见缺陷 …………… 261
习题及思考题 ………………………… 263
第10章 精密模锻 ………………… 264
10.1 精密模锻过程设计 ………… 264
10.1.1 精密模锻件的可成形性分析 ……………… 264
10.1.2 精密模锻过程设计 ……… 266
10.2 精密模锻模具设计 ………… 267
10.2.1 精密模锻模具的结构 … 267
10.2.2 精密模锻模具的模腔设计 ……………… 274
10.2.3 精密模锻模具模腔的加工制造 ……………… 277
10.2.4 组合凹模尺寸 ………… 279
10.2.5 模具材料 ……………… 280
10.3 精密模锻实例 ……………… 281
10.3.1 直齿锥齿轮的精密模锻 ……………… 281
10.3.2 万向节十字轴精密模锻 … 288
10.3.3 镁合金的等温精密成形 … 294
习题及思考题 ……………………… 298
参考文献 ……………………………… 299

第1章 概述

锻造生产主要是为汽车，拖拉机，机车车辆（含高铁、轻轨），工程及动力机械，机床工具，轧钢机，发电设备，石油化工设备，航空航天，航海与军工等提供关键零部件锻件（或简单的成品零件），如曲轴、连杆、前梁、半轴、万向节叉、滑动叉、十字轴、等速万向壳体、齿轮、叶片、涡轮盘、喷嘴、阀体、管接头等。

我国锻件生产的历史悠久。1972 年河北藁城县商代遗址出土的兵器，经考证为采用锻造加工技术，距今已有 3300 余年历史。古代兵器中的铁刃青铜钺，刃口采用简单工具锻打难以加工的陨铁，是一种厚仅 2mm、宽达 60mm 的薄刃，成形后再与青铜钺身浇注在一起。铁刃青铜钺的铁刃是我国至今发现的最早生产的锻件。

我国锻件生产历史虽然悠久，但长期处于手工锻造状态。中华人民共和国成立之后，锻造工业才随机械制造业的发展同步壮大起来。

锻造生产在工业生产中的重要地位主要表现在以下几个方面。

(1) 飞机锻件质量占飞机总质量的 85%，坦克锻件质量占坦克总质量的 70%。大炮、枪支的大部分零件（如炮筒、枪管等）都是锻制而成。

【锻造的零件】

(2) 铁路机车锻件质量占机车总质量的 60%。高速铁路用的重要零部件（如车轴车轮、曲轴、连杆、齿轮和转向架关键件铝合金轴箱体等）都由锻件制成。

(3) 各种机床的关键零件（如主轴、传动轴、齿轮和切削刀具等）都由锻件制成。

(4) 发电设备的关键零件（如水轮机主轴、透平叶轮、转子、护环等）均由锻件制成。

(5) 汽车锻件质量占汽车总质量的 80%。轮船用的主要零部件（如发动机曲轴和推力杆等）都由锻件制成。

(6) 农业拖拉机、收割机等现代农业机械的许多主要零件也都是由锻件制成的，其中拖拉机零件中由锻件制成的就有 560 多种之多。

2018 年 1 月，中信重工机械股份有限公司成功浇注出 486t 特大型钢锭由 185MN (18500t) 油压机锻造替打环锻件。替打环是国内某海洋工程项目配套的液压打桩机大型关键核心部件，是一种带外台阶的异型环，如图 1.1 所示。此前，替打环生产周期长，采购价格高，主要依赖进口。我国成功浇注及锻造生产替打环，充分彰显了中国企业在大型锻件和重型装备制造领域日益提升的强大实力。

(a) 钢锭

(b) 锻件

【锻造视频集锦】

【大型锻件锻造过程】

(c) 成品

图 1.1　制造液压打桩机替打环用 486t 特大型钢锭、锻件和成品

改革开放以来，我国锻造工业虽然取得了很大的成就和进步，但与工业发达国家相比，依然存在一定的差距，主要表现在以下几个方面。

(1) 企业数量多，但专业化企业少。

(2) 设备数量多，但模锻设备所占比例小，而且较落后。

(3) 一般锻造能力过剩，高精锻造能力和特种锻造能力不足。

(4) 计算机技术 CAD/CAE/CAE 应用不够广。

(5) 专业人才力量较薄弱等。

1.1 锻造生产

锻造是金属材料在外力（静压力或冲击压力）的作用下发生永久变形的一种加工方法。

锻压车间一般将锻前的“原料”称为“毛坯”。“毛坯”即为下料车间或冶炼车间送到锻压车间（或锻压机）旁准备锻造用的“料”。

锻造不仅可以改变毛坯的形状和尺寸，还可以改善材料内部的组成结构，使锻件（锻造后获得的工件）经久耐用。锻造的目的是使坯料成形并控制其内部组织性能从而得到所需几何形状、尺寸及品质的锻件。

按所用的工具不同，锻造可分为自由锻（open die forging）和模锻（closed die forging）两大类。它们是锻造过程的主要支柱。

自由锻只使用简单工具利用上下砧直接使毛坯成形，模锻是利用模具使毛坯成形。open die forging 和 closed die forging 与我国锻压界和本书中所讲的开式模锻和闭式模锻概念完全不同。

经过锻压的毛坯一般称为坯料，或称预制坯。

一般情况下，锻件复杂程度不如铸件，然而铸件的内部组织和力学性能不如锻件。因此，承受载荷大的结构件均选用锻造过程生产。

长期以来，各类曲轴和涡轮叶片的生产均为锻造业所垄断。由于铸造技术的发展，现在也有球墨铸铁曲轴和涡轮叶片出现。

锻件的精度和表面粗糙度一般认为不如机械加工零件，但随着锻造工业的发展，锻件的精度和表面粗糙度也逐步达到了车床及铣床加工的水平。特别是表面粗糙度，有的精锻件甚至超过磨削加工水平。例如，传统的典型机械加工零件（齿轮、叶片、空心轴件等）不少已被锻件代替。冷镦、冷挤压、冷精压件（锻件）可以不需要机械加工或只需要少量机械加工而直接装机使用，如各种冷温挤压标准件（销子、螺钉、螺帽等）。一台自动冷镦搓丝机每分钟可生产 120 件螺钉。

在现代技术水平条件下，原则上任何一种金属材料都可用锻造方法制成锻件或零件，只是难易程度不同，所消耗的原材料和能源的多少不同。

我国有不同规格和等级的锻造企业六千五百多家，其中骨干企业四百多家（中外合资或独资的锻造企业 25 家）。2004 年我国锻件年产量 480 万吨，居世界第三。2016 年我国锻件产量为 1219 万吨，已跃居世界第一。2017 年 1 月—7 月我国锻件产量为 746 万吨。

我国现有锻压设备四万多台，模锻设备六千多台，其中最大模锻设备为 800MN 水压机，最大热模锻压力机为 125MN，最大模锻锤为 16t，螺旋压力机最大压力达 125MN，最大冷锻压力机、温锻压力机的压力为 10MN（正在研制 12500kN），最大摆辗机的公称压力为 6.3MN。北京机电研究所自主开发的离合器式螺旋压力机最大公称压力为 40MN（国内有无锡叶片厂由德国 SMS－Hasenclever 公司进口的 SPKA－11200 型离合器式螺旋压力机，最大公称压力为 112MN）；最大的楔横轧机轧辊中心距为 1500mm（世界最大）。

中国锻压协会副秘书长韩木林介绍：中国目前拥有万吨以上自由锻液压机 25 台，万吨以上模锻液压机 8 台，万吨以上挤压机 12 台，在建和建成的万吨以上多向模锻液压机 8 台；具有全套水电锻件、航空航天等高端装备制造业大型模锻件及精密环形锻件的生产能力；各种铝型材和合金铜材的生产技术；物理模拟实验方法与手段日益丰富，高温合金、钛合金、耐热不锈钢等高端材料均可进行锻造成形并交付使用。数字化、信息化工厂模式开始有应用尝试，锻造车间的现场管理得到很大改善，模具高速铣加工和锻造自动化等先进技术进入推广和普及阶段。

锻件的复杂程度也由于多向分模模锻的出现而得到明显提高。2015 年，中国二十二冶集团有限公司自主研发制造成功 120MN（12000t）多向模锻件生产线，用于阀门行业生产大口径高温高压阀门。

弹壳生产最早采用切削加工，后来采用平锻机锻造后切削加工。我国在 20 世纪 70 年代采用先冷挤压盂体，再经多道变薄拉伸，使整个机械加工工序发生了本质的变化，变成了只有少量机械加工。

带有福线的空心管件可在径向锻造机上直接成形。径向锻造机有两个以上的锤头，同时打击被夹持并不断旋转的实心棒件或中空管件。如是径向锻造中空件，管坯中间要加芯棒。

模锻生产效率高，锻件尺寸稳定，材料利用率高，所以普遍应用于汽车、拖拉机、飞机、动力机械及手工工具等行业中的中小型锻件成批和大量生产。

国产最大模锻件的外径达 1000mm 以上。

锻造各工序之间可采用机械化传递，每台单机可进行手动操作或部分自动化操作。为了发挥锻造业的优势，可增大每一品种的生产量，为集中生产和专门化生产创造条件。

将分散的锻造厂（车间）相对集中，组合成地区性专门化锻造中心（如有关轴承、齿轮、曲轴、连杆、叶片、轮盘、标准件的锻造中心），建立机械化、自动化程度高的锻造生产线或生产车间，采用专门的锻压设备和模具装置，按科学合理的工艺流程安排自动化生产相类似的锻件组合，甚至可以综合生产布局包括热处理和机械加工等其他后续工序组成的生产线。

由于生产工序和所使用的锻压设备、生产组织管理雷同，当生产相类似的品种时，生产过程变动不大，只需要变换模具。这种方式生产效率高、故障少，因改变锻件品种或规格而调整生产线时也比较方便，发生故障时也容易排除。

专门化大量生产采用的通用设备为油压机、模锻锤、曲柄压力机、螺旋压力机、热模锻曲柄压力机、无砧座锤等。这就要求锻压工作者一方面要立足于目前设备的实际条件，另一方面要注意改进锻压设备以适应新的塑性成形技术。

专门化大量生产不仅有利于采用净形加工和近净形加工新技术、新设备、新工艺，促进技术改造，有效提高生产效率和材料利用率，提高锻件的复杂程度、尺寸精度并减少表面粗糙度，减轻劳动强度和降低产品成本，而且使净形加工和近净形加工的配套技术（如无氧化加热、精密下料、工艺润滑涂料、模具精密加工、锻件质量控制技术等）得到同时发展。

1.2 锻造生产技术的现状和发展

对于中小型锻件成批或大量生产的情况，自由锻是不经济的。但对于小批量或单件生产，如水电站发电机组的轴或轮箍这样的大型锻件，在锤上或水压机上进行自由锻，仍是可选用的经济方法。

20 世纪 50 年代末至 60 年代初，苏联制造的大量锻造设备和民主德国、捷克制造的少量锻造设备陆续进入中国。几乎同时，我国开始实现锻压设备国产化。中国成功制造出了万吨水压机（上海江南造船厂）和各种类型的锻压机械。目前，我国大型锻件的生产能力居世界前列。我国可生产 60MN 以上的液压机，如 125MN 自由锻液压机和 350MN 模锻液压机等。

汽车、摩托车工业的发展，大大促进了我国精锻技术的发展，如花键挤压、精锻齿轮、轮套等零件均可冷锻成形或温锻成形。冷锻件已从早年开发的活塞销、轮胎螺母、球头销发展到等速万向节、发电机爪极、花键轴、起动齿轮、锥齿轮、十字轴、三销轴、螺旋锥齿轮、汽车后轮轴等。冷锻成形的齿轮单件质量为1kg以上，齿形精度达7级。最大汽车冷精锻件半轴套管质量为10kg以上。

不同类型的锻件，锻造过程不同；同一锻件用不同的锻压设备模锻时，模锻过程也往往不同。

轿车变速箱内的轴大多数采用冷挤压，等速万向节采用冷锻或者温锻。

事实证明，一般的冷锻、温精锻采用国产设备是可行的。我国现在已可以生产1600kN、2000kN、4000kN、5000kN、6300kN及10000kN等多种型号冷挤压设备。当挤压件的产量在10万件以上、品种有2～3个时，投资购买冷挤压设备就会有较大的经济效益。

2011年，我国太原重型机械集团研制成功360MN（36000t）垂直挤压压力机，达到国际领先水平，打破了国外的长期垄断，填补了国内空白，实现了我国锻造领域的一次重大跨越。

精锻技术可以生产更接近最终形状（净形）的金属零件，如热精锻、冷锻和温锻都是应用发展很快的精密塑性成形技术，它们不仅能够节约材料、能源，减少加工工序和设备，而且显著提高了生产效率和产品品质，降低了生产成本。

图1.2所示汽车差速器齿轮（直锥齿轮）是精锻技术应用最普遍的一例。目前，我国载重卡车的直锥齿轮基本都是采用热精锻工艺过程生产的，齿型精度达到8级，取代切齿加工；轿车齿轮需采用冷锻工艺，精度可以达到7级。

轿车等速万向节外套，其难以切削加工的复杂内型腔是采用冷挤压及温挤压工艺成形的，尺寸误差为0.05～0.08mm，可以直接装机使用。

【锻造齿轮】

【锻锤全自动模锻生产线锻造齿轮】

图1.2 汽车差速器齿轮（直锥齿轮）

图1.3所示为国内开发成功的汽车精密冷锻件、温锻件和冷挤压轴类零件。采用冷锻（零件质量1.5kg以内）或温锻-冷锻联合成形工艺过程（零件质量3.5kg）生产的等速万向节外套，其型腔精度误差不超过0.08mm，达到少无切削的水平。用冷挤压工艺过程生产的轴类件最大长度达到400mm以上。日本和德国生产的汽车，平均每辆汽车上使用冷锻件达到40～50kg，我国目前每辆汽车使用30kg左右的冷锻件。

江苏省是我国精锻技术先进发达的地区之一，诸如江苏大丰森威集团公司、江苏太平洋精密锻造公司等企业的产品（如汽车差速器行星锥齿轮、半轴锥齿轮、接合子齿轮、法兰轴、等速万向节钟形壳、星形套等），这些产品的加工技术和设备水平，目前均走在我国冷锻及温精锻技术的前列。

图 1.3　国内开发成功的汽车精密冷锻件、温锻件和冷挤压轴类零件

锻造过程除自由锻和各种模锻的基本方法以外，还有其他特殊成形方法，如电镦、冷挤压、温挤压、旋转锻造、辗环、楔形模横轧、辊锻、辊弯、旋压、摆辗等。此外，还有多锤头锻造、磁力锻造、超塑性成形、静液压成形、超声波润滑成形、悬浮式锻造等。

随着锻压技术的发展，传统的锻造方式已不能满足工业发展的需求，复合塑性成形技术得到了迅速的发展。该技术突破了传统塑性加工方法的局限性，或将不同种类的塑性加工方法组合起来，或将其他金属成形方法（如铸造、粉末冶金等）和塑性加工方法结合起来，使变形金属在外力作用下产生塑性流动，得到所需形状、尺寸和性能的制品。复合塑性成形技术扩展了塑性成形技术的加工对象，有效利用了不同成形过程的优势，具有良好的技术经济效益。与此同时，精冲与挤压、回转成形、激光成形、微成形、液压成形等各种相互交叉的特种精密成形技术都在迅速发展。

复合塑性成形技术的本质是提高了终锻成形前预制坯的精度。所谓的“热锻—冷精整”“温锻—冷精整”“热锻—温精整”中的“精整”就是精锻（或精密成形）。

温锻较热锻可获得较高精度的锻件，如外星轮及三销套的温锻—冷精整成形自动化生产线，30CrMnSiNi2A 超高强度钢壳体零件温挤压—冷变薄拉深生产线。汽车用交流发电机转子工件通过四次温挤（变形力分别为 500kN、1659kN、2000kN、250kN），四次冷挤（反挤、弯曲、冲孔、精压，变形力分别为 700kN、1250kN、250kN、3300kN）成形。汽车差速器锥齿轮通过冷镦头、温成形、冲孔、冷精整生产，齿厚公差为±0.005mm，齿间误差为 0.01～0.03mm。汽车联轴节每件质量为 1～2.5kg，经过 4～5 道温挤（正挤、镦粗、冲边、反挤、成形等），再冷成形两次，其公差可达 0.04～0.08mm。还有半闭式挤压预成形件生产带枝叉的万向节锻件，冷温挤联合成形生产直径 100～400mm 轴承套圈，采用铸造毛坯再精锻生产有色金属铝合金轮毂锻件，等等。

复动锻造过程与传统的锻造方式不同：它不是一次动作直接锻打毛坯成形，而是在使模具型腔封闭后，通过冲头单向或双向复动挤压成形。锻件无飞边，材料利用率比普通模锻件提高25%以上；尺寸精度高，直径方向不超过0.04mm，同心度不超过0.05mm，厚度方向不超过0.15mm。这类精密锻件的加工余量很小，如万向节十字轴仅留0.30～0.40mm的磨削余量。

随着铝合金材料在汽车零部件中应用范围的扩大，以及控制成形技术的开发，通过模具实现了对材料流动进行精确控制，精密成形复杂形状的产品，开创了塑性成形技术的新领域。在国内，北京机电研究所于1998年成功开发控制成形技术，并应用于汽车空调用涡旋压缩机涡旋盘和汽车安全气囊气体发生器等复杂精密铝合金零件的批量生产。

空客A380飞机的起落架是整体模锻件，质量达3210kg，就是采用Ti-10V-2Fe-3Al钛合金在750MN水压机上模锻压制的。

F-102歼击机上长度达3.2m的7075铝合金整体大梁精密模锻件，取代了原设计的272种零件和3200个铆钉，使飞机减轻质量45.5～54.5kg，节约机械加工工时50%。

现今大力发展的粉末锻造过程能提高粉末冶金件的密度，大大提高了粉末冶金件的抗拉强度，从而大大扩大了它的应用范围。用粉末制成的连杆早已问世并在生产实践中应用。

粉末锻造技术将传统的粉末冶金与精密模锻相结合，以粉末为原料，利用压力加工方法先制取具有一定形状和尺寸的粉末压制件，然后在保护气氛下烧结成粉末冶金件。一般粉末冶金件的孔隙多，密度差且密度分布不均，抗拉强度差。但将粉末冶金件再加热到一定温度可进行精密模锻。粉末锻造技术具有材料利用率高，尺寸精度高，机械加工量少等特点。对烧结成形后的粉末冶金件一次锻压后，致密度可达98%以上，内部均匀致密，晶粒的尺寸非常小，比一般粉末冶金件力学性能高，使用某些材料进行锻造，其力学性能还会优于传统锻件。粉末锻造的加工温度低，不易发生氧化，锻件精度高，模具表面产生的磨损小，锻造时单位面积的压力远远低于普通模锻。

另外，用板料毛坯代替体积毛坯的锻造工艺过程（即板料锻造）也在发展之中。2016年，贵州航天新力铸锻公司采用板料锻造过程生产的航天用零件（图1.4），其直径达2m以上，可能是目前已知的最大板料锻造件。

(a)

(b)

图1.4 贵州航天新力铸锻公司采用板料锻造过程生产的航天用零件

半固态触变锻造是半固态成形的一种重要方式，是在一般固态金属锻造的基础上发展起来的一种新型锻造过程，也是目前研究较多的过程。该技术主要包括三个工步：首先，制备半固态原始毛坯；其次，重熔加热半固态原始毛坯；最后，半固态毛坯触变锻造成形。半固态触变锻造的优点是扩大了复杂零件的成形范围，实现近净成形，可显著减少加工环节，加工成本低，锻造能耗低，切削量少，材料利用率高。针对 Ti14 合金的触变可锻性的研究表明：Ti14 合金在半固态的状态下具有较小的变形抗力；在变形量为 45%～75%时，Ti14 合金表现出很好的可锻性，锻件表面无明显缺陷。与常规锻造件相比，触变锻造件晶粒细小圆整，强度明显升高而塑性稍有下降。

载重汽车前轴是载重汽车上最大的锻件，精密辊锻—整体模锻生产线的技术关键是先使前轴难以锻造成形的工字梁和弹簧座精密辊锻成形，模锻只对两端弯臂成形，这样可以大大降低锻造主机的吨位，只需用 25MN（2500t）螺旋压力机即可锻造 120kg 左右的前轴锻件，产品精度达到 125MN（12500t）热模锻压力机锻件水平，模具寿命比后者提高 50%，生产成本降低 20%。该项技术于 1998 年获国家科技进步二等奖，其本质就是提高了预成形件的精度，减少终锻设备负担。目前，国内已有二十多条前轴精密辊锻—螺旋压力机模锻生产线。

2011 年，吨位为 300MN（30000t）的模锻液压机在昆山建成启用。

许多大中型工厂采用锻造机械化及自动化生产线。加热、成形和精整三种设备构成模锻生产“机组”。最简单的模锻生产线即为加热炉、模锻锤、切边压力机的组合。

随着现代机、电、液、计算机技术的发展，新型螺旋压力机（如电动螺旋压力机、液压螺旋压力机、离合器式螺旋压力机）不断问世。这些压力机高效、节能、有效行程长且可调，打击力和输出能量可控，但造价高，使用维护技术要求较高。

未来锻造将向着高精度、低能耗、低成本、绿色环保等方向发展。数值模拟技术将在锻造生产中发挥更大的作用，锻造专家系统将会变得更加完善，从而有效地指导锻造生产的展开。同时，随着机器人技术的不断发展，锻造生产也将变得更加自动化，进一步提高生产效率和产品质量。

1.3 锻造技术发展的未来

1.3.1 数字化塑性成形技术

锻造技术发展的未来是锻造技术数字化。发达国家重视锻造业的发展，不仅着眼于锻造业在本国工业产值中所占比例、对国民经济的贡献、就业安排，而且更重视锻造业为新技术、新产品的开发和生产提供重要的物质技术，把锻造业看成经济高级化不可缺少的战略性产业。

锻造技术数字化的基础是积累试验研究和生产应用中的大量数据。测试不同炉号及不同批次产品的各种化学成分、力学性能与微观组织数据是获得数据处理统计值的基础。一个零件要达到最佳状态，往往受到许多因素（如材料的品质、热加工过程的控制、锻件形状、锻件尺寸、模具设计、毛坯尺寸和质量、锻造过程控制、锻件热处理等）的制约。要拓宽思维方式，加强设计、材料、生产、制造、应用部门的沟通、合作和密切配合，使这些因素能达到良好的匹配。

锻造技术数字化主要体现在对锻造过程中产品品质、成本、效益和可控程度的预测。

生产锻件首先要根据产品图设计锻件，在完成一系列工艺的设计和计算后，再设计锻模并选择最佳工艺方案。传统工业生产中，这个步骤多依据技术人员的经验及由大多数人的经验概括而成的设计原则，将已经形成的原则准确应用于不同锻件，形成系列的、可根据不同锻件的特征选择的具有不同制坯方式、制坯工步、工步次数及根据锻件产量高低考虑经济效益的各种标准工艺过程方案。

为了节省传统工业生产中锻件生产过程全部依靠人们的生产经验进行工艺设计和计算、制造锻模所花费的大量时间，需要建立结合已经公式化的设计原则及实践经验数据，集成为多功能的计算机辅助设计系统。计算机辅助设计系统可对锻件、锻模进行最优化设计，用计算机语言描述零件的几何形状，把信息输入计算机进行资料检索，再输出必要的参数（如材料性质、锻件设计规则等），从而自动分析计算设计锻件图及终锻型槽图，最后再根据锻件图及其他数据和有关条件，设计预锻及制坯工步。

在实际应用中，对汽车发动机连杆精密锻造、汽轮机和压缩机叶片辊锻—模锻、汽车前轴精密辊锻等工艺过程和锻模的设计制造已开发应用了计算机辅助设计/计算机辅助制造一体化技术。

图 1.5 所示为工业压缩机叶片辊锻—模锻工艺过程和模具的计算机辅助设计/计算机辅助制造一体化。

图 1.5　工业压缩机叶片辊锻—模锻工艺过程和模具的计算机辅助设计/计算机辅助制造一体化

将计算机辅助设计系统的最优化方案的程序转换为数控加工用的指令，再输入数控中心，即可实现自动控制机械加工锻模的全过程。计算机辅助制造系统同样是对锻模加工过程自动进行监督、控制和管理。计算机辅助设计系统和辅助制造系统结合，便构成了自动控制集成系统，即由计算机控制的自动化信息流对锻件的工艺过程设计、锻模的机械加工、装配、检验和管理进行连续处理，并且发展到以它为中心的锻件、锻模设计制造和锻造过程模拟一体化的自动控制系统。

锻造过程模拟技术集中了各种专业技术知识，以材料锻造加工过程的精确数学物理建模为基础，以数字模拟及相应的精确测试为手段，在计算机拟实环境中动态模拟锻造工艺过程。所采用的各种假设与实际应用条件应该一致，形象显示各种工艺的实施过程及材料形状、轮廓尺寸及内部组织的发展变化情况，预测材料经成形改性制成锻件毛坯后的组织性能、品质，特别是找出发生缺陷的成因及消除方法；还可以通过虚拟条件对工艺参数反复比较，在计算机上修改构思，实现锻造技术的优化设计，将锻件缺陷及“隐患”消灭在计算机拟实加工的反复比较中，减少试模次数，确保关键锻件一次锻造成功。

锻造过程模拟技术丰富了塑性成形机理的研究手段，使塑性成形向智能化方向发展，为锻模的设计制造提供了科学基础，改善了锻造工程师的工作环境，节省了试制费用和设计时间，缩短了产品研发周期，改进和提升了传统锻造工艺过程及模具设计水平。图1.6所示为涡旋盘流动控制成形工艺过程的三维模拟。

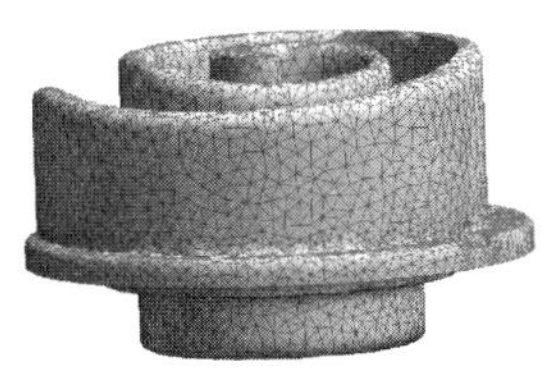
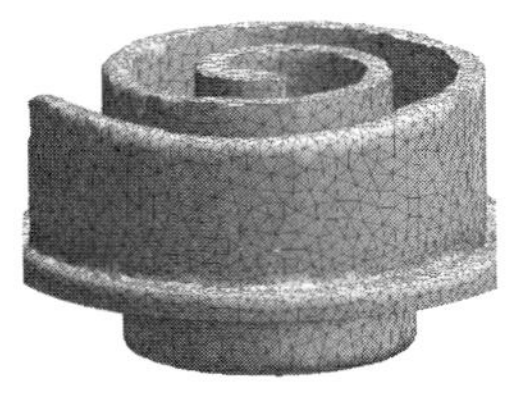
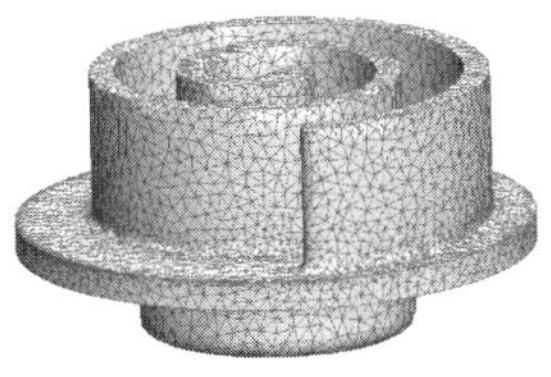

图1.6　涡旋盘流动控制成形工艺过程的三维模拟

锻造过程模拟技术通过引入计算机技术等高新技术，架起了联系材料科学基础理论与热加工工程实际的桥梁，使基础学科的理论能够直接定量地指导锻造过程，改变锻造过程设计长期依赖经验的落后状况。它使工艺设计由经验判断走向定量分析，使锻造过程由“技艺”发展为真正的工程科学，是信息化提升传统工艺过程水平的一个重要体现。

锻造过程模拟技术一直是材料热加工的技术前沿和研究热点，是近十几年来各种有关塑性成形的学术会议的重要议题。

以往的数字模拟方法或解析方法有滑移线法、上限法、上限元法及能量法，能预测应力、应变和材料流动。

我国的国家攀登计划早已开展多专业跨学科的材料热加工过程动态模拟及组织性能的优化控制研究。通过协同攻关，建立了对复杂形状的六面体网格自动划分、复杂边界的动态接触处理，以及建立精确、通用的复杂模具几何描述方法的精确模拟分析，对各种热加工过程的数理建模、缺陷形成机理、边界处理、摩擦机理、数据交换、算法及不同物理场耦合等基础性研究均获得较大进展。数字模拟的功能已由二维、准三维发展到全三维。模拟对象由温度场、流场、应力应变场发展到准固相区热应力场、相变场、相场及氢活度场，从而由预测工件的形状、尺寸及孔洞、变形等宏观模拟发展到预测工件的晶粒度、组织结构、显微缺陷等微观模拟阶段，模拟尺度由毫米级进入微米级。

国外已相继推出不少著名商品化软件，如MAGMA、ProCAST、Simulor、DEFORM、Qform、AutoForge、Abaqus等。这些软件功能强大，前后处理完善，但售价高。

锻造过程的计算机辅助设计系统、辅助制造系统和数字模拟技术只要求锻造技术人员精通电子计算机内部结构原理和设计分析所用的数学计算细节，但要求在设计过程中能发挥设计人员的主观能动作用，充分利用他们的实践经验和物理模拟知识，对计算机提供的结果进行合理分析，做出正确判断并及时修正。

众所周知，物理模拟更多地依赖设计者的经验积累，具有更直观、更接近真实塑性变形的效果，以往一直是锻压领域重要的实验、分析和测试手段。在数字模拟技术还没有十分普及和大面积实际应用的今天，物理模拟应当成为塑性成形机理研究和产品试制的重要手段，不应毫无选择地完全抛弃。

锻造技术的发展还必须注意科学化和可控化。科学化是为了使锻造技术的开发更加合理，更加符合金属变形实际。可控化就是数字化技术从单目标优化向多目标综合优化发展，从传统的“成形过程”单一环节向产品制取“全过程”系统整体发展，实现从原材料到产品设计，再到成形过程，最后到产品性能的“全过程”综合优化，使所有的变形和过程控制都实现数字化，而且实践操作可靠。为适应市场需求中不确定个性化的用户要求，锻造生产不再是简单的坯件供应，而是要发展为零件、部件供应，还可以在产品初步设计阶段，针对零件的可生产性提供快速分析手段，形成将设计思想转化为产品原型零件，直至满足市场效果的快速评估系统。此外，先进的锻造行业不断吸取各种高新技术和现代管理技术信息，并将其综合应用于价值链中，实现优质、高效、低耗、清洁、灵敏及柔性化生产，真正做到“设计、制造、营销”一体，协同实现对市场需求的快速响应。

综上所述，锻造技术的发展已不仅是单纯锻造成形技艺的推陈出新，而是各种新材料、传感技术、信息技术、自动控制技术、液压技术、表面技术与锻造原理的融合。锻造技术将实现低噪声、低污染。

未来将出现更多微合金钢锻件、铝合金锻件、镁合金锻件、钛合金锻件以代替碳钢及合金钢锻件，还要应用新型润滑技术和表面处理技术，减少石墨使用。

1.3.2 锻压设备与锻压过程技术的未来发展趋势

锻压加工是现行工业体系中的一个重要环节，它介于材料供应与制造之间，是机械制造不可逾越的环节，锻压加工能力是国家工业经济发展的重要基础。

锻压加工主要服务于运载装备、能源工业、化工工业、国防工业等国民经济关键行业。尤其是许多重大工程中的关键零件的制造，如能源工业中大功率发电机转子、化工工业中加氢反应容器主体、航空器起落架、大直径直缝天然气输送管道、重载列车发动机连杆、汽车覆盖件等，均取决于锻压加工能力，并要求一个国家的锻压加工能力要有相对超前的发展，以满足国民经济发展的需求，尤其是保持自主独立不依靠外国的大型锻压加工能力是至关重要的。

国家锻压加工能力主要体现为锻压设备能力与锻压工艺过程技术能力。

随着经济全球化趋势的加剧，为保证经济的国际竞争能力与经济运行的安全性，工业发达国家均积极推行国家锻压加工能力的发展战略研究，提出战略目标与发展计划。美国锻造协会参与美国能源部组织的“未来的产业”研究计划，并于2000年提出了“美国锻造业2020年发展战略报告”，从加工能力、能源效率、环境保护等诸方面制订了战略目标与规划。紧随其后，日本塑性加工学会委托熊本大学组织了产官学各方专家参与的“锻造的未来”的研究计划，从技术、教育、环境、目标等方面提出了日本锻压加工能力发展战略与目标。

1. 锻压设备的大型化发展趋势

在能源、钢铁、电力和铁路运输等基础工业部门重大装备的制造中（如大型火电、核电、三峡工程成套设备、钢铁企业的连铸连轧设备和重载提速内燃机车等），设备趋于巨型化——单个零件质量达20～30t，而且要求必须经过锻造成形。由于锻压生产需要巨大的变形力，对大型零件的锻造离不开重型锻压设备，成形力在100MN（万吨级）以上。

从某种意义说，重型锻压设备及其所能锻造的大型零件的质量，体现着一个国家重大装备的制造能力。

20 世纪末，我国还只能生产质量小于 300t 的钢锭，锻造的最重零件为 165t 的电站主轴，而现在锻件质量越来越大。2009 年，上海重型机器厂研制成功 165MN（16500t）自由锻油压机，可锻 450t 级钢锭、单重 400t 级锻件。2011 年，河南洛阳中信重工研制成功 185MN（18500t）自由锻油压机。该机组可锻世界最大的 600t 级钢锭、单重 400t 级锻件。2011 年，中国第二重型机械集团公司（简称“二重”）为鞍山钢铁集团 5m 特大型轧机生产的支承辊，钢锭重达 450t；2015 年，中国第一重型机械集团公司（简称“一重”）为南京钢铁集团生产超大型轧机支承辊锻件，钢锭重达 499t。

河北宏润核装备科技股份有限公司具有 500MN（50000t）压力机、160MN（16000t）制坯压力机、60MN（6000t）行程 12m 的卧式顶锻制管机和 20MN（2000t）行程 10m 的卧式顶锻制管机等装备。该公司生产 1000000kW 核电主泵壳体、核主管道、斜三通、阀门体等大型近净成形件，为辽宁号和 001 号航空母舰提供高合金大口径钢管，为第四代核电试制成功大口径小半径连体弯不锈钢立体弯管等产品。

2012 年 4 月 1 日，世界最大 800MN（80000t）大型模锻压机（图 1.7）在中国二重热负荷试车一次成功。2013 年，中国 80000t 模锻压力机试生产启动并取得成功。

【中国二重80000t 模锻压机】

图 1.7　世界最大 800MN（80000t）大型模锻压机

大型模锻压机是衡量一个国家工业实力的重要标志。迄今为止，仅有美国、俄罗斯、法国有类似设备，最大锻造等级为俄罗斯的 75000t。我国自行研制的 80000t 模锻压力机总高 42m，重约 22000t，单件质量在 75t 以上的零件 68 件，压机尺寸、整体质量和最大单件质量均为世界第一。

据中国新闻网（北京）2018 年 1 月 25 日 13: 46: 00 报道，“中国二重自主研制 80000t 大型模锻压机造就国之重器”。中国二重研制的 80000t 大型模锻压机，采用世界先进的操作控制技术，可在 80000t 压力以内任意吨位无级实施锻造，最大模锻压制力可达 100000t。该 80000t 大型模锻压机投产以来，为国产大飞机 C919、大运工程、无人机、新型海陆直升机、航空发动机、燃气轮机等国家重点项目建设提供了有力支撑。

中国未来还要建造 100000t 级和 160000t 级超巨型锻压机。

张家港中环海陆特锻股份有限公司于 2017 年轧制出多件直径 10m 级的铝合金大锻环，

如图 1.8 所示。直径近 10m 级的铝合金大锻环是目前世界上直径最大的锻环，号称“世界第一环”，其中一件于 2018 年春运期间抵达西南铝加工厂。

图 1.8 直径 10m 级的铝合金大锻环

2. 锻压设备和锻压过程技术的自动化、精密化发展趋势

【下拉式液压模锻机】

美国、日本和欧洲一些国家的发展都表明，工业化过程在很大程度上取决于汽车工业的发展水平，汽车工业正成为高新技术的最大载体和最重要的市场。由于占汽车总质量 60％以上的钢质结构件大多数都是通过锻压方法制造的，而全世界每年要生产 5700 万辆汽车（2002 年数据），其中锻压件（锻造、冲压）的质量占到 700 万吨左右（全世界钢质模锻件总产量为 1200 万吨，可见汽车锻件占了一多半），而且汽车锻件都是精密级的优质锻件。事过 14 年后，国际汽车制造商组织公布的数据，2016 年汽车产量达 9497.66 万辆，锻件的质量约为 1200 万吨。2016 年，中国的汽车产量已达到 2811.88 万辆，居世界第一。

我国虽然是一个锻件生产大国，但仍不是锻压强国。从设备构成、等级、技术水平和所生产的锻件品种、精度和锻造过程与国外水平相比，尚有较大差距，代表锻造技术水平的汽车模锻件的比值和产量仍低于日本和欧洲一些国家。我国在锻压设备的精密化、自动化（包括全自动化锻造生产线）方面与发达国家相比仍存在差距。

（1）发达国家锻造设备可以生产质量公差小于±1％的轿车精密连杆，锻件质量为 800g，通常只有 8g 左右的质量差，意味着锻件厚度差必须控制 0.1mm 内，这对于数千吨级的锻压设备是非常高的要求，我国一般能达到±1％。

（2）发达国家大量轿车零件在专用的大型冷锻压力机、温锻压力机上实现冷锻、温锻（每辆轿车上约有 50kg 重的冷锻件）。锻件直径方向精度可达 0.02mm，同心度不超过 0.05mm，零件机械加工余量仅留 0.30mm 磨削量，真正实现了净形加工。我国轿车上使用冷锻、温锻生产的零件品种较少，总质量不到 30kg。

【日本的模锻技术】

（3）发达国家汽车锻件生产广泛采用热模锻压力机、电动螺旋压力机、离合器式螺旋压力机，以及由这些先进锻压设备组成的自动线（约占总量的 60％）。模锻件的全员劳动生产效率，日本达到世界领先的每人每年 240t。我国自动化锻造生产线较少，不少锻造企业仍是手工操作，2016 年模锻件的全员劳动生产效率为每人每年 157.5t。

表 1-1 所示为我国模锻件平均经济指标，反映了 2004 年及 2016 年我国模锻件的宏观发展情况。由表 1-1 可见，12 年来，我国锻工每人每年锻件产量大幅度提高（提高 2

倍多)，每人每年销售收入提高近3倍，能源成本、模具成本和人工成本都大幅下降，然而毛利润反而有所下降。这有可能是由于模锻件材料费用增加，以及模锻件能耗增加。每吨锻件耗费标煤2016年为0.44t，有可能大于2004年的水平（表中缺该栏数据）。这说明了模锻过程有可能不够先进，有进一步改进的空间，可在精化模锻件上下功夫。

表1-1　我国模锻件平均经济指标

评价指标	2004年	2016年
锻工每人每年模锻件产量/t	44.51	157.50
每千克模锻件材料费/元	4.65	6.80
每人每年销售收入/万元	14.53	57.56
能源成本/(%)	11.42	6.63
模具成本/(%)	4.87	3.30
人工成本/(%)	12.98	11.59
模锻件能耗［t（标煤)/t（锻件)］	—	0.44
模锻件毛利润/(%)	13.31	12.11

3. 绿色锻造——锻压设备和工艺过程技术的可持续发展

绿色锻造是一个综合考虑环境影响和资源效率的现代制造模式，其追求的目标是使产品在整个生命周期中对环境影响（副作用）最小，资源利用率最高。锻压生产的特点决定了锻压设备和工艺过程对资源的消耗大（能源、金属材料和水)，同时对环境的污染比较严重（如噪声、振动和固体废弃物)。随着我国汽车、电子、家电等工业的迅速发展，锻压设备在制造领域中扮演着越来越重要的角色，因此锻压生产实现绿色制造的意义和经济效果尤为突出。在这方面我国锻压设备与发达国家相比差距很大。首先，我国锻压设备技术落后，我国仍有两千多台老式蒸（空）锻锤（其中30%为模锻锤）正在使用之中，而常用蒸（空）锻锤设备的能源利用率不到5%，同时产生驱动锤头的蒸汽会消耗大量水资源，并且燃烧煤产生蒸汽时会排放出大量的CO_2及其他有害气体而污染空气。其次，我国锻压设备生产的锻件精度较低，锻件“肥头大耳”，造成材料资源的利用率低，浪费比较严重。

综上所述，锻压设备是装备制造业中体现制造能力的重要手段，在国家重大工程项目和汽车工业中起着举足轻重的作用。我国锻压设备和锻压过程技术的发展方向应该是大型化、自动化、精密化和绿色锻造。

1.4　学习本课程的目的和任务

【重型轴罐锻造】

“锻造过程及模具设计”与生产实践有着十分紧密的联系，其直接为生产服务。在长期的实践活动中，锻造生产已经积累了丰富的经验，总结了不少分析问题和解决问题的方法。本书力求反映这方面的实践知识，并予以必要的理论分析。

“锻造过程及模具设计”是一门实践性很强的课程，仅有课堂教学远远不够，还必须配合好其他教学环节，如专业生产劳动实习、过程理论基础实验课、课堂讨论、练习、课程设计、毕业专题研究等。

【德国空气锤锻造钟摆视频】

通过学习本课程，学生应该达到以下要求。

（1）基本掌握自由锻过程设计、模锻过程设计和锻模设计方法。

（2）具有初步进行锻造过程分析的能力。

（3）具有初步分析和克服产品缺陷、解决锻件品质问题的能力。

习题及思考题

1-1　举例说明我国锻压战线的伟大成绩和在世界上的地位。

1-2　锻件与铸件的品质有什么区别？说出它们的应用场合。

第2章 锻造用原材料及毛坯准备

2.1 锻造用原材料

锻造用原材料一般为棒材、板材和管材，具体根据毛坯的具体形状和几何尺寸选用。如果毛坯选用圆柱体，则要考虑毛坯的高径比 H/d。当高径比 $H/d \geqslant 2$ 时，要预制坯，防止在成形过程中弯曲失稳或产生弯曲形成折叠。H/d 较小时，也可采用板料下料。对于薄板毛坯，可采用普通冲裁落料或精密冲裁下料。若锻造环形件，也可用管材切割制坯。

2.1.1 黑色金属

锻造用黑色金属是各式各样的钢材。表 2-1 所示为部分锻造用钢。

表 2-1 部分锻造用钢

种 类	名 称
普通碳素结构钢	Q195、Q215、Q235、Q275
优质碳素结构钢	10、20、30、40、45、60
合金结构钢	20Cr、30Cr、40Cr
	20CrMo、30CrMo、40CrMo
	30CrMoV、25Cr3NiWA、18Cr3MoWV
	20CrMn、30CrMn、30CrMnSiA
	20CrNiMo、30CrNiMo、33CrNi3MoA、40CrNiMoA
合金工具钢	3Cr2W8V、4Cr5W2V、5CrNiMo、5CrMnSiMoV
耐热不起皮钢	Cr13Si3、Cr18Si2
	4Cr14Ni14W2Mo、Cr15Ni36W3Ti

续表

种类		名称
弹簧钢	碳钢	65、75、85
	合金钢	45Mn、50CrMn、50CrMnVA、60Mn、65Mn、70Mn、60Si2、60Si2Mn
滚动轴承钢	铬钢	GCr9、GCr12、GCr15
不锈钢	奥氏体钢	0Cr18Ni9、0Cr17Ni11Mo2、00Cr18Ni10、1Cr18Ni9Ti
	马氏体钢	1Cr13、2Cr13、3Cr13、4Cr13、Cr17Ni1、1Cr17Ni2
	铁素体钢	1Cr17、0Cr13

1. 锻造用材料状态

锻造用材料状态见表 2－2。

表 2－2　锻造用材料状态

锻造用材料	状态
钢	热轧退火状态； 热轧退火后的剥皮材或无心磨削毛坯； 经小变形量拉拔的棒材； 退火状态的拉拔棒材； 铸锭； 锻坯
有色金属	热挤棒材； 热轧板材； 退火状态的挤压毛坯； 退火状态的拉拔毛坯； 铸件

2. 锻造用钢的尺寸公差

锻造成形用拉拔圆钢的尺寸公差见表 2－3。

表 2－3　锻造成形用拉拔圆钢的尺寸公差　　（单位：mm）

圆钢外径	公差	圆度
$d<9.00$	+0 −0.03	<0.015
$9.0\leqslant d<18.0$	+0 −0.04	<0.02
$d\geqslant 18.0$	+0 −0.05	<0.025

剥皮材、无心磨削料的直径公差为0.05～0.1mm。棒材弯曲度不超过1%。管材壁厚差小于0.3mm。薄壁管的精度要高一些。

3. 锻造用钢的宏观缺陷

锻造成形用材料的表面品质的高低直接影响产品废品率。锻造成形用的材料除要求表面不得有肉眼可见的裂纹、结疤、折叠及夹杂物以外，细小的划痕、压痕、发纹等也不得超过一定的深度，特别是不能有轴向缺陷。

(1) 折叠

折叠是轧材表面的常见缺陷，折痕方向为轧制方向，边缘弯曲不齐，有时存在一些氧化物夹杂物。这些夹杂物一般较长，在棒材两侧对称分布。折叠与表面成一定的角度向里深入，中间存在大量的氧化物，并有脱碳现象，其根部可发现沿锻、轧方向的塑性变形。

若棒材表面存在折叠，必须剥去皮料，否则可能会使大批成形件成为废品。

(2) 划痕

材料纵向划痕是由于在轧制、挤压、拉拔过程中，表面金属的流动受到孔型或模具上某种机械阻碍（如毛刺、斑痕及积瘤）而形成的。在显微镜下观察这种缺陷可以发现，划痕的根部为圆弧状，两侧平整，宽度基本一致，垂直于表面。在低温下形成的划痕，其根部有轻微的变形，附近没有脱碳和氧化现象。划痕能使棒材、板材报废，易造成锻件开裂。

将钢材表面磨光，经10%的过硫酸铵水溶液腐蚀，可发现粗大晶粒带与划痕区域相互对应。一条划痕下面有一条粗大晶粒带，数条划痕相接近时就连成一个粗晶粒区。其原因是已产生划痕的金属材料，在再结晶温度下发生再结晶时，划痕处形成晶核优先结晶长大，沿着划痕生成粗大晶粒带。数条划痕形成的数条粗大晶粒带相近连成一个粗晶粒区。粗晶粒区的塑性成形性能低，又有划痕充当裂纹源，特别是划痕又位于毛坯侧面，在塑性变形过程中该处处于拉应力状态，因而极易开裂，形成废品。对于毛坯侧面存在明显划痕的材料，有时需要剥皮后才能进行锻造成形。

(3) 发纹

钢中夹杂物、气泡或疏松等缺陷，在热加工过程中沿锻、轧方向延伸而形成细小纹缕，这就是发纹。发纹一般顺着钢材的纤维方向，长短不一，细如发丝，头部较浅较尖。发纹中往往可以发现夹杂物，发纹的周围无氧化脱碳现象。发纹大多出现在钢材表面，在钢材的内部也存在。发纹往往需要经磁粉探伤或者热酸浸后才能显示。

检验发纹时要善于鉴别真假发纹。在经过热酸浸的塔形试样上，可能出现很多沿轧制方向的条纹。其中有的不是发纹，而是因钢材流线中的一些低熔点组成物在热酸浸时剥落造成的，这些条纹多靠近钢材中心部分，用放大镜观察，可看出这些条纹较宽、深度很浅。

若将钢材取横向试样，经热酸浸后即可发现发纹呈圆形孔洞，比较光滑，并无分叉。有的孔洞内存在夹杂物，有的孔洞内无异物。

钢材表面的发纹是锻造成形用钢的一个重大缺陷。在锻造成形后开裂的零件中，多数由这种缺陷引起。锻造成形过程中，材料要受到很大程度的压缩，表面存在较大的周向拉应力。如果材料表面存在发纹，那么在锻造成形时，发纹处势必引起应力集中，可能造成开裂。

4. 钢的低倍组织

钢的低倍组织反映钢材的冶金质量，能充分地暴露出钢在冶炼，浇注，以及锻、轧过程中所产生的宏观缺陷，如疏松、偏析、缩孔残余及白点等。这些缺陷有的允许达到一定程度，有的根本不准出现。

（1）偏析

偏析也称液析，是钢锭在凝固过程中产生的化学成分及杂质的不均匀现象，主要类型有方框偏析、点状偏析和枝晶偏析。

① 方框偏析。方框偏析是指在钢材横向的酸浸试片上，呈现组织不致密、易腐蚀的暗色方框。方框的形状由钢锭模的形状决定，由于变形方式和变形程度的不同，方框可能稍有变化。有时由于钢凝固过程中各部分成分的变化较大，可以出现几层方框。

方框偏析包括成分偏析和杂质偏析两种类型。如果方框区域主要由暗黑色小点组成而无孔洞，称为成分偏析。如果偏析区域易腐蚀，出现孔洞，则是由杂质富集引起的，称为杂质偏析。

由于偏析的缘故，通常钢材中心部位的含碳量（碳的质量分数）偏高。在含碳量高的合金钢中易出现这种碳化物缺陷，其原因是钢中的莱氏体共晶碳化物和二次网状碳化物在开坯和轧制时未被打碎和不均匀分布。碳化物偏析会降低钢的锻造性能，严重者在热加工过程中零件内部产生较大的内应力，引起锻件开裂；或者使锻件心部硬度高于产品规定的要求，降低产品韧性。

严重硫偏析的存在会造成材料强度的显著降低，在零件加工后服役使用的过程中，易产生早期脆性断裂。

② 点状偏析。点状偏析是由钢中存在气体造成的，其特征如下。

a. 在横向低倍试片上呈分散的、不同形状和大小的、稍微凹陷的暗色斑点，斑点一般较大，有时亦呈十字形、方框形或同心圆点状，通常分布在钢锭中上部。

b. 纵向断口试片上呈木纹状，即点状沿压延方向延伸的暗色条带。

c. 在显微镜下观察可知，点状偏析处有硫化物和硅酸盐非金属夹杂物。

③ 枝晶偏析。枝晶偏析要经过变形量较大的热加工或者高温扩散退火，方可得到改善，以至消除。

（2）缩孔残余

【缩孔】

钢锭在凝固过程中，由于各部分结晶先后顺序不同及体积收缩，在钢锭头部的轴心处会形成缩孔。如果钢锭在开坯时未能全部去掉缩孔，缩孔残留在随后锻轧好的钢材之中，这就是缩孔残余。

钢材的横向试片经热酸浸后，可以明显看出在钢材的心部有黑色不规则的空洞或裂纹，其周围疏松严重。这种空洞或裂缝中间往往残存着外来夹杂物。如果沿着钢材的轴向从中心部位剖开，即可看到空洞或裂缝在钢材中心沿轴向延伸，甚至贯穿整个钢材。

缩孔残余是一种严重的组织缺陷，因为它存在大量夹杂物的孔洞或裂纹，用它作为原料生产出来的零件必然是废品。

（3）白点

白点是隐藏在锻坯内部的一种缺陷，在钢坯的纵向断口上呈圆形或椭圆形的银白色斑点，在横向断口上呈细小裂纹，显著降低钢的韧性。白点的大小不一，长度一般为1～20mm，或更长。一般认为白点是由钢中存在的一定量的氢和各种应力（组织应力、温度应力、塑性变形后的残余应力等）共同作用产生的。当钢中含氢量较多和热压力加工后冷却太快时，都容易产生白点。为避免产生白点，首先应提高冶炼品质，尽可能降低氢的含量；其次在热加工后采用缓慢冷却的方法，让氢充分逸出和减少各种内应力。

5. 非金属夹杂物

钢中的非金属夹杂物破坏了金属基体的连续性，致使材料的塑性和韧性降低，尤其当夹杂物呈链条状分布，或者沿着晶界分布时，对金属的力学性能，特别是动载荷下的力学性能的影响更严重，零件常常由于应力集中而导致突然断裂。因此，夹杂物的数量及分布状态是衡量钢材品质的一项重要指标。各种钢材的技术标准都明确规定对夹杂物的要求。

（1）钢中常见的非金属夹杂物

钢中常见的非金属夹杂物有两类。一类是钢在冶炼及浇注过程中，物理化学反应的产物，另一类是在冶炼及浇注钢锭过程中炉渣及耐火材料浸蚀剥落后进入钢液中形成的。常见的细小非金属夹杂物颗粒有硫化物、硅酸盐夹杂物、氧化物等。因为每个颗粒很小，所以通常须借助显微镜来测定其污染程度。

① 硫化物。硫主要由生铁带入钢中，并在冶炼过程中形成硫化物夹杂。若钢中含锰量较低，硫与铁化合生成硫化铁，硫化铁与铁形成共晶体。它的熔点较低，只有985℃，并经常存在于晶界处。一般钢材在800～1200℃轧制或锻造时，由于共晶体的熔化，导致钢材沿晶界开裂，这种现象称为热脆。

钢中含锰量较高，可减轻硫的有害影响。因为锰与硫的亲和力较强，可优先形成硫化锰。硫化锰的熔点为1620℃，高于钢材的热加工温度。硫化锰呈粒状分布于晶粒内，而且具有足够的塑性，从而可消除热脆现象。

硫化锰属于塑性夹杂物，在显微镜明场下观察呈蓝灰色，沿着轧制方向多呈纺锤形细长条状分布。夹杂物的两头细而尖，边缘整齐光滑。如果钢中存在较多的硫化物，将显著降低材料的疲劳性能，尤其是横向力学性能。例如，硫化物4级的某零件，其疲劳寿命为硫化物2～3级的1/3～1/2。

② 硅酸盐夹杂物。硅酸盐夹杂物可分为塑性和脆性两种。塑性硅酸盐的形态与硫化锰相似，也沿着钢材轧制方向延伸，呈长条状。在显微镜明场下观察塑性硅酸盐颜色较硫化锰稍深，为深灰色。在高倍下可以看出硅酸盐夹杂物边缘不齐，呈锯齿状。脆性硅酸盐也沿着金属流动方向分布，在金属变形时容易发生脆裂。

硅酸盐夹杂物有可能使产品在生产过程中产生大量废品。例如，某产品在断口中心有一条颜色较深的线条，正是该产品开裂的位置。该线条是缩孔残余的痕迹。在压力加工时变形呈条状，该部位的硅酸盐夹杂物数量高于4级。由于大量硅酸盐夹杂物的存在，使心部的塑性和韧性显著恶化，因此在锻造时沿着夹杂物开裂。

③ 氧化物。钢中氧化物主要有FeO、SiO_2及Al_2O_3等。FeO在显微镜明场下观察呈灰色球状，在暗场下观察时四周有发亮的边缘。FeO分布没有一定的规律，有的位于晶粒边界，有的位于晶粒内部。FeO很脆，热加工过程中几乎不发生变形，只有在很大的压力下

才稍呈椭圆形。SiO_2在钢中很少单独存在，经常与其他氧化物形成复杂化合物。Al_2O_3在显微镜明场下观察呈暗灰带紫色，外形不规则，常以细小颗粒积聚成群分布。Al_2O_3硬度高、脆性大，外形有棱角，在钢中起到尖锐的缺口作用。

例如，用20CrMnTi钢锻制的变速箱齿轮毛坯，有较严重的氧化物夹杂，在拉削花键内孔时，零件的粗糙度达不到工艺过程要求，拉刀磨损严重，并连续发现数量不少的齿轮花键孔内壁有细小的横向裂纹，在裂纹附近有大量堆积状氧化物及其复合夹杂物。

(2) 夹渣

夹渣是用肉眼可观察到的大块夹杂物。它通常是在冶炼及浇注过程中由于钢液表面的炉渣或者从出钢槽、钢水包等内壁剥落的耐火材料，在钢液凝固前未能浮出，存留在钢材内部。

钢材中存在大块肉眼可见的夹杂物是不允许的。这种缺陷的存在将造成钢材锻造时开裂，使锻造成形无法进行。

在夹杂物处切取试样进行金相观察，可发现铁素体沿夹杂物的表面析出。在夹杂物灰色的基体上分布着黑色和浅灰色两种相。它们有的呈多角形，有的呈条状，有的呈针状。夹杂物的硬度高达65HRC以上。

经电子探针测定得知，夹杂物的灰色基体主要为Ca、Si、O、Mn等元素。黑色相含Al较高，并含有少量的Mn和Mg；浅灰色相含有多量的Ti，是一种金属间化合物。

6. 钢的晶粒度

钢的晶粒度一般指钢的奥氏体晶粒大小，奥氏体晶粒度包括本质晶粒度和实际晶粒度。

(1) 本质晶粒度

本质晶粒度是指钢加热到930℃时所具有的奥氏体晶粒的大小。它表示该钢的奥氏体晶粒长大倾向。有关标准规定在此温度下晶粒为1～4级者为本质粗晶粒钢，晶粒为5～8级者为本质细晶粒钢。奥氏体的本质晶粒度主要取决于钢的化学成分和冶炼时的脱氧过程。

(2) 实际晶粒度

实际晶粒度是指钢在某一具体热处理条件下所获得的奥氏体晶粒的大小。它主要取决于加热温度和热加工工艺过程。

钢的奥氏体的实际晶粒度是影响钢材强度、韧性及可加工性能的一个重要因素。表2-4中列出不同晶粒度、不同回火温度下45钢的冲击韧度和硬度。

表2-4 不同晶粒度、不同回火温度下45钢的冲击韧度和硬度

序号	回火温度/℃	晶粒度（7～8级）		晶粒度（1～2级）	
		a_K/(J/cm²)	HB	a_K/(J/cm²)	HB
1	315	102.7	242	17.0	267
2	425	132.0	234	21.0	212
3	540	164.0	207	31.0	212
4	650	209.0	187	70.0	184

由表 2－4 中的数据可见，钢的实际晶粒度过大，会显著地恶化钢材的塑性。

但是钢材的晶粒度较大时，其加工性能较好，淬透性可以提高。因此，应根据实际的使用条件，选择具有不同晶粒度的钢材。

20Mn2TiB 钢锻制的变速箱齿轮，行驶 5000km 以后，其结合齿产生大块崩落。用放大镜观察崩落断口，发现呈粗晶粒状。在崩落的齿上切取试片，用硝酸酒精溶液腐蚀后，可看到鳞片状的晶粒，晶粒度为 1 级。

7. 钢的显微组织

(1) 珠光体形态

锻造加工的成形能力，受钢材原始组织的直接影响。锻造过程中局部区域的塑性变形可达 80％以上，因此要求锻造用钢材必须具有良好的塑性。

当钢材的化学成分一定时，金相组织就是决定塑性优劣的关键性因素，通常认为粗大片状珠光体不利于锻造加工成形，而细小的球状珠光体可显著地提高钢材塑性变形的能力。

钢材进行球化退火时，其加热温度多选在该钢材临界点以下，进行较长时间保温，以使渗碳体发生球化。对碳钢而言，加热温度一般不能太高，否则会产生三次渗碳体沿晶界析出。

因此，对珠光体含量较多的中碳钢和中碳合金钢，在锻造前必须进行球化处理，以便获得均匀细致的珠光体。

① 球化退火工艺。钢材进行球化退火时，其加热温度多选在该钢材临界点以下，进行较长时间保温，以使渗碳体发生球化。对碳钢而言，加热温度一般不能太高，否则会产生三次渗碳体沿晶界析出，钢材的锻造性能恶化，锻造时易开裂。

② 原始组织对锻造成形性能的影响。除了三次渗碳体对锻造性能有影响外，原始组织中珠光体的形貌、分散度也有很大的影响。

钢材的金相组织由粗变细，由片状变为球状，锻造成形时则不易开裂。

要保证锻造时不发生开裂，必须保证钢材的断面收缩率与保证冷镦时不发生开裂的断面收缩率相当，在 70％左右。事实上，10 钢、15 钢的断面收缩率相当高，甚至可能大于 70％，而对于 35 钢、40Cr 钢则达不到。因此，对于中碳钢或中碳合金钢在锻造前必须进行球化处理，使其得到均匀分布的球状珠光体组织，这样可以确保锻造成形时不发生开裂。

(2) 表面脱碳层

钢材表面脱碳是很难避免的，只是脱碳层的厚薄不同而已。因为钢材的生产是一个较长的热加工过程，无论采取何种措施，钢材表面都会或多或少地发生脱碳现象。脱碳层的存在对于需要经过切削加工的零件没有什么影响。由于锻造成形件有一些主要工作面不再进行切削加工，所以钢材表面的脱碳层如果不在锻造成形前去除就会一直保持在零件上，影响零件的强度及疲劳性能，降低零件的使用寿命。因为即使经过高频率淬火以后再进行磨削，也只能磨去 0.05～0.20mm，无法去掉较深的脱碳层。这将使零件淬火后表面存在软点，甚至根本淬不硬。

因此，对锻造成形用毛坯一般要求在退火后车加工剥皮。如果退火后不车加工剥皮，那么每边脱碳层深度不得大于其直径的 1.5％。

(3) 再结晶组织

钢材经锻造成形后，由于形变引起了加工硬化现象，故硬度及强度有所提高，而塑性及韧度下降。对于某些零件，为了保证其有较高的韧度和塑性，需要采用再结晶退火处理，即将锻件加热到一定温度使其内部组织再结晶成细小而均匀的晶粒。

再结晶处理时，控制的主要参数是加热温度，因为只有加热到再结晶温度以上才能完成再结晶过程，但加热温度过高又会造成晶粒长大。钢材再结晶时的初始温度与锻造形变的程度也有关，所以在大批量生产时必须兼顾成分的不同及形变量不同等因素，经过合适的再结晶处理得到理想的宜于锻造成形的金相组织。

2.1.2 有色金属和贵金属

表2-5所示为精锻成形用的有色金属和贵金属材料牌号。

表2-5 精锻成形用的有色金属和贵金属材料牌号

种类	举例
铝及铝合金	纯铝1060、1035、8A06；防锈铝3A21；锻铝6A02、2A14、6063；硬铝2A12；超硬铝TA04
铅及铅合金	纯铅、铅合金
锌及锌合金	纯锌、锌合金
锡及锡合金	纯锡、锡合金
铜及铜合金	纯铜T2；无氧铜TU1；黄铜H65、H80、H96；锌白铜BZn15-20；白铜B19
贵金属	铂、金、银、镍、钛

1. 铝及铝合金

铝合金的特性是密度小、导热性好、熔点比较低、氧化能力强，以及塑性受合金成分的影响大。

铝合金根据其成分和加工性能可以分为铸造铝合金和变形铝合金，其中变形铝合金按其使用性能和过程性能分为防锈铝、硬铝、超硬铝和锻铝四类。

所有杂质元素均能降低纯铝的导电性能，铁与硅如并存于铝中，可降低其塑性和耐腐蚀性；铜和锌也可降低铝的耐腐蚀性。

变形铝合金可锻性较好，而且几乎所有锻造铝合金都有良好的塑性。一般来说，由于铝合金质地很软、外摩擦因数较大且流动性比钢差，因此在金属流动量相同情况下，铝合金消耗的能量比低碳钢多30%。铝合金的塑性受合金成分和变形温度的影响较大。

在变形铝合金中，随着合金元素含量的增加，合金的塑性不断下降，越趋于难以成形。

除某些高强度铝合金外，大多数铝合金的塑性对变形速度不十分敏感。

铜能明显提高变形铝合金的强度和硬度；铜和镁共同作用，可实现淬火时效强化；镁主要提高变形铝合金的耐蚀性；锌能提高变形铝合金的时效强化率，改善可切削性能和热塑性，降低抗疲劳强度和抗晶间腐蚀能力；锰主要提高铝合金的强度；钛和硼可细化铝合金的晶粒和提高强度；硅能提高铝合金的热塑性和增强热处理强化效果。

铁和镍能提高锻铝淬火时效后的强度。

2. 铜及铜合金

一些微量元素进入铜中是不可避免的，有的是在铜及铜合金生产过程中进入的，有的是由各种原料带入的，也有人为加入的。这些元素通过改变铜的组织，从而对铜的性能产生重要的影响。由于元素特性的不同，可以不固溶于铜、微量固溶、大量固溶、无限互溶，固溶度随温度下降而急剧降低、固相下有复杂相变等，因此对铜性能的影响千差万别。

黄铜的变形抗拉力相当于低碳钢，润滑性能良好。黄铜分为普通黄铜和特殊黄铜，普通黄铜只含有锌，如 H62 等。锌能改善黄铜的力学性能。含锌量低于 32%的黄铜，撞击时不会产生火花；含锌量高于 35%的黄铜，变形抗力大，变形性能差，极难成形；含锌量低于 47%的黄铜，抗拉强度随含锌量的增加而提高。特殊黄铜除含有锌外，还含有其他合金元素，如铝、锡等。铝能提高黄铜的强度、硬度和抗蚀性。但含铝量高于 2%时，黄铜的塑性急剧下降。

大多数黄铜合金在室温和高温下具有良好的塑性，可顺利地进行锻造。

少量的锡能提高黄铜的强度与硬度，锡含量过高会降低黄铜的塑性。锡能提高黄铜在海水或海洋大气中的抗蚀能力。

铅能改善黄铜的切削性能和耐磨性能，使硬度、强度及延伸率下降。

锰能提高黄铜的强度与硬度，特别是高温性能。锰还能增强黄铜对海水、氯化物和过热蒸汽的耐蚀性。

硅可以提高黄铜的强度、硬度及铸造性能，但含硅量过高，会使黄铜的塑性降低。

由于加入的其他合金元素不同，特殊黄铜塑性差别很大。特殊黄铜塑性没有普通黄铜高，有些特殊黄铜在高温下塑性特别低。

3. 钛及钛合金

为了便于进行机械加工并得到一定性能，以满足各种产品对材料性能的要求，需要对钛及钛合金进行锻造和热处理。

α-钛合金从高温冷却到室温时，金相组织几乎全是 α 相，不能起强化作用。虽然在 890℃以上有 $\alpha-\beta$ 的多型体转变，但由于相变特点决定了它的强化效应比较弱，所以不能用调质等热处理方法提高工业纯钛的力学强度。因此，目前对 α-钛合金只需要进行消应力退火、再结晶退火和真空退火处理。前两种在微氧化炉中进行，后者应在真空炉中进行。

工业纯钛（TA1、TA2、TA3）唯一的热处理就是退火。

钛在高温下易与空气中的 O、H、N 等元素及包埋料中的 Si、Al、Mg 等元素发生反应，在铸件表面形成表面污染层，使优良的理化性能变差，硬度增加，塑性及弹性降低，脆性增加。

钛和钛合金热处理的冷却方式主要是空冷或炉冷，也可采用油冷或风扇冷却。淬火介质可用低黏度油或含3%NaOH的水溶液，但使用最广泛的淬火介质是水。只要能满足钛和钛合金对冷却速度的要求，一般钢的热处理所采用的冷却装置都适用。

有色金属毛坯的常见缺陷如下。

（1）铝合金的氧化膜

在熔炼工程中，敞露的熔体液面与大气中的水蒸气或其他金属氧化物相互作用时形成的氧化膜，在浇注时被卷入液体金属内部，铸锭经轧制或锻造，其内部的氧化物被拉成条状或片状，降低了横向力学性能。

（2）粗晶环

铝合金、镁合金挤压棒材，在其圆断面的外层区域常出现粗大晶粒，故称为粗晶环。粗晶环的产生与许多因素有关，其中主要是由于挤压过程中金属与挤压筒之间的摩擦过大引起的。有粗晶环的棒料，锻造时容易开裂，如粗晶环保留在锻件表层，将会降低锻件的性能。因此，锻前通常需将粗晶环车去。

2.2 下料和下料方法

毛坯在模锻中成形的方法有两种。一种是一次成形；另一种是预先锻成一定形状的毛坯，然后再在锻模中模锻成最终形状。对前者，毛坯的计算要准确，要考虑毛坯放入模块合模后形成的模膛后只能一次成形充满。对后者，要注意的是预锻毛坯能顺利放入模块合模后形成的模膛，不少情况下还要注意毛坯在模膛中的定位，模块合模后分模面间不能有间隙，保证金属能充满模腔。

在金属制品和机械制造行业里，下料是第一道工序，也是模锻准备前的第一道工序。不同的下料方法，直接影响着锻件的精度、材料的消耗、模具与设备的安全及后续工序过程的稳定。同时，随着国内外机制工艺过程水平的不断发展，一些先进少无切削的净形（无切屑）或近似净形（少切屑）诸如冷热精锻、挤压成形、辊轧、高效六角车床、自动机等高效工艺对下料工序提出了更严格的要求，不但要有高的生产效率和低的材料消耗，而且下料件应具有更高的质量精度。

下料方法多种多样，传统的下料方法如图2.1所示。

这些传统的下料方法的下料品质均不太理想，断口不齐，毛坯的长度与品质重复精度低（如气割切口宽的误差达8～10mm），内部晶粒粗大，两端面斜度大、结疤、有台阶、马蹄形、端面歪曲，原材料浪费很大，而冷弯ϕ100mm棒料时，歪扭达8～10mm。

而离子束切割、电火花线切割等新型下料方法，尽管能锯切很硬的材料，而且剪切品质很好，但是由于成本高，不宜用于大批量生产。

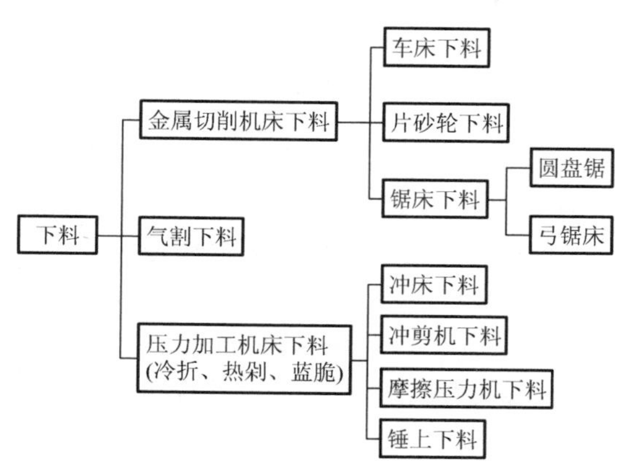

图2.1 传统的下料方法

金属带锯下料机床在对金属材料下料时，既能得到高的下料精度，又能适应大批量生产。

为使精锻件实现净形加工或近似净形加工，要求毛坯表面光滑、无缺陷。毛坯的形状歪斜或有毛刺时，在模腔中放不稳，在精锻时会产生偏心载荷，使毛坯偏歪，金属流动不均匀，产生局部充填不满或椭圆度超差，同时还会影响模具寿命。

毛坯经精锻成形后即使不再机械加工，也要考虑因退火、酸洗造成的损失，而且还需考虑毛坯体积的误差。即使毛坯在最小体积的情况下精锻，成形件也不能缺肉，必须预留余量。多余的材料可横向沿模具水平面挤出形成飞边，或纵向沿模具垂直面挤出毛刺。

计算毛坯体积应以制件本身的体积为基础，加上精锻成形后飞边、冲孔、切削加工等消耗的废料体积。废料体积占整体积的10%～30%，在特定情况下也可小到5%，大到50%。

一般来说，飞边或毛刺的大小会引起变形力的变化，会使精锻件产生尺寸偏差。

因此，体积公差一般都在0.5%左右。倘若毛坯体积的尺寸变化较大，可将毛坯体积按一定的大小范围分组，按此分别调节精锻设备的滑块行程。在闭式模具内精锻齿形或压花时，对体积公差要求严格，毛坯必须是板料的冲裁件或棒材的车加工件。

在采用精锻工艺生产零件时，特别是在大批量生产的情况下，应该优先考虑节省材料。例如，在精锻JH70型摩托车棘轮端面齿时，采用环形毛坯。环形孔的尺寸大，精锻力减小，金属消耗大；环形孔的尺寸小，精锻力增大，金属消耗小。如没有环形孔（即孔的直径为零时），精锻力最大，甚至影响精锻件的成形，尽管此时的金属消耗量小。因此，选择合理的孔径非常重要。

毛坯装入模具时，如毛坯尺寸过小，毛坯在型腔中定心困难。精锻时，由于偏心受载，比用常规锻造设备挤压或镦粗时更易产生偏移，造成椭圆度增大、毛坯变形不均匀等缺陷，使废品率加大。另外，如果毛坯尺寸过于接近型腔尺寸，工人操作时装入有困难，而且有可能型腔轮廓棱角擦落毛坯上的磷化膜，影响金属顺利充填型腔。因此，一般小件冷精锻时，毛坯直径比模具内腔直径小0.1～0.2mm。

2.2.1 剪切法

1. 一般棒料剪切法

一般棒料剪切法有剪床剪切和冲床剪切两种。

在剪床上剪切的棒料截面尺寸在ϕ15～ϕ200mm。剪床的大小一般由强度极限为450MPa的钢材被剪切的最大直径表示。

强度极限低于600MPa的绝大多数碳钢和合金结构钢都在冷态下剪切。

在剪切前将棒料加热到250～350℃的蓝脆区会提高材料的抗剪强度，但可以得到较为匀整的切割断面。在剪切直径大于80mm的毛坯或剪切合金钢时，一般采用这种剪切工艺过程。

冷态下剪切会在切割端面上产生裂纹，造成不可返修的废品，而且耗费的剪切功率大。这种情况可以将毛坯加热至450～550℃后再剪切。少数情况下可以加热到700℃或更高的温度。

图2.2(a)所示为棒料剪切时上刀片刚与下刀片上的棒料相接触的情况。因为在两刀片之间存在间隙Δ，所以在剪切的最初阶段［图2.2(b)］，除棒料的一端对另一端压下一小距离f以外（这段距离一般不超过弹性变形极限），还可观察到棒料因力$P—P'$的作用而产生的扭转角度ψ。这以后才开始真正的剪切，在两刀片压着的地方产生深度为z的压痕［图2.2(c)］。P及P'两力之间的距离增为l，角度ψ亦增大。而后剪切即有崩断伴随。此时所产生的水平抗力N及N'起了帮助棒料两部分断开的作用。

如果剪切很好［图2.2(d)］，在棒料的剪切端部只产生不大的压痕。

z值的大小与所剪切材料的力学性能有关。最差的情况下z值最大可达棒料直径的0.15～0.20。

如果剪切不好［图2.2(e)］，可能产生下列缺陷：①端面裂纹y；②端面剪切斜度χ过大；③毛刺m；④端面上产生凹陷w；⑤较大的压痕z。

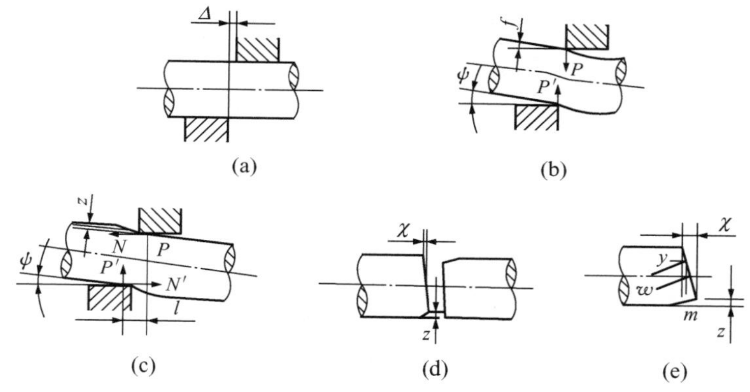

图2.2 棒料的剪切

端面裂纹可用剪切前对毛坯预热的办法消除。毛刺m是由刀片刃口磨钝或间隙Δ过大引起的，缩小间隙Δ可以防止毛刺产生，同时，可以减小剪切斜度χ。如果间隙Δ取值太小，在切料过程中崩断将代替剪切，同时会在端面产生凹陷。因此，在实际生产中，可用压紧装置将棒料紧压在下刀片上，以减小角度ψ的办法减小端面剪切斜度χ。这样，剪切斜度χ即不会超过间隙Δ。而Δ对于截面较大的棒料一般取为棒料直径的2%，对于截面较小的棒料一般取为棒料直径的3%。

当间隙Δ甚小，可将刀片的前角从0°增加到6°，改进刀片的锋利度可得到较端正的剪切断面，剪切力也大大减小。

压痕z随刀片给予棒料的单位压力的减小而减小。为此，刀片的宽度可定为该刀片剪切棒料的最大直径的0.4～0.6。刀片上的型槽应尽可能包住被切棒料。

剪成的毛坯长度不应小于被剪材料的直径。实际上在剪床上剪切的毛坯长度与其直径之比一般不小于1.2。

剪切截面小于225mm^{2}的棒料一般都采用曲柄压力机，锻工车间通常采用切边压力机。

在压力机上虽然没有防止棒料翻转的压紧装置，但固定刀片（下刀片）的型槽有孔型，同样起压紧装置的作用。在这种情况下，剪切圆棒料时，最好将下刀片的镶块做成环形。当镶块刃口磨损以后可转90°继续使用，这样刀片的寿命可以提高4倍甚至更多。

安装在冲床上的下料模具装置有全封闭式和半封闭式两种。

用于大批量生产的全封闭式剪切模具装置的典型结构如图2.3所示。工作时，由上压头5推动滑块4带动活动剪刀3向下运动，将棒料14剪断。固定剪刀1与活动剪刀3之间的间隙为0.2～0.3mm。若间隙过大将使剪切断面不平整，过小则会影响滑块4的复位。固定剪刀1与棒料14之间的间隙为0.2mm。剪口与棒料之间间隙应在保证送料畅通的前提下，尽量取小值，间隙过大会使剪下的毛坯产生较大的塌头。滑块4向下运动时，依靠斜块座11、滑轮10压缩推料弹簧7，待滑块4运动至下死点，则通过打料销6将已剪切好的毛坯弹出，滑块4在复位弹簧12的作用下恢复到原始位置，开始下一次送料。这种模具装置下料的优点是生产效率高、材料利用率高；缺点是毛坯形状欠规矩。

剪断加工毛坯的材料利用率高，切断速度快，主要适合于开式模锻时的下料工序；但剪断加工的材料断口品质不佳，有坍陷、变形、结疤、台阶、端面歪扭和倾斜等缺陷，若再加热不均，剪切装备的精度低和成形工艺过程时偏心受截等因素的影响，会使锻件品质下降，增加机械加工工序。

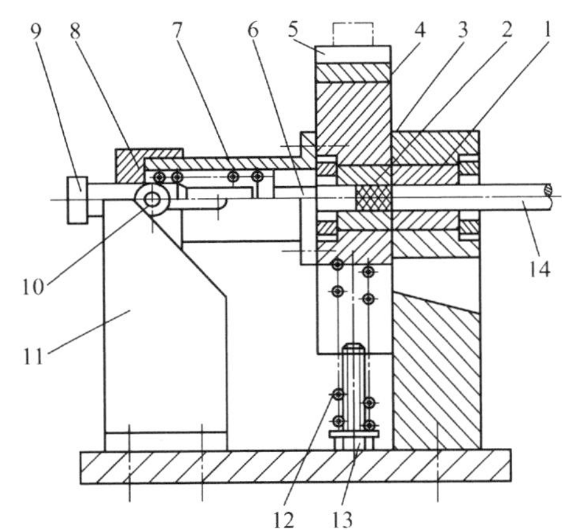

图2.3　用于大批量生产的全封闭式剪切模具装置的典型结构

1—固定剪刀；2—毛坯；3—活动剪刀；4—滑块；5—上压头；6—打料销；
7—推料弹簧；8—推簧阀；9—定位螺钉；10—滑轮；11—斜块座；
12—复位弹簧；13—限位螺钉；14—棒料

2. 精密模锻过程对毛坯下料的品质要求

生产中评定毛坯的剪切质量和精度，通常以$\eta_0=\frac{\Delta V}{V}$，$f_0=\frac{f}{d}$，$k_0=\frac{k}{b}$，$b_0=\frac{b}{d}$，$s_0=\frac{d-d_0}{d}$和$\varphi$等技术参数或以$\Delta V$、$f$、$k$、$b$、$d-d_1$等数值来表示。式中，$\eta_0$、$f_0$、$k_0$、$b_0$、

s_0 和 φ 分别为毛坯的体积偏差（或质量偏差）、塌陷、压塌、断面不平度，断面椭圆度和断面倾角。ΔV 为剪切后的毛坯实际体积与精锻过程要求的毛坯体积的差值，V 为精锻过程要求的毛坯体积。f、k、b、φ、d、d_1、c、L 的意义如图 2.4 所示。

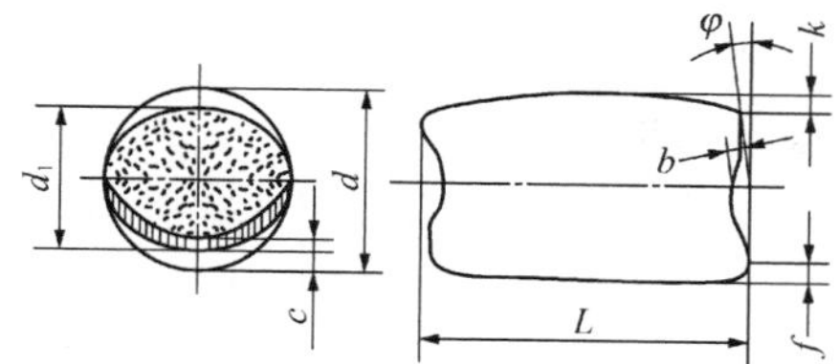

图 2.4 评价毛坯剪切质量和精度的一些技术参数

f、k—静、动剪切形成的压塌深度；b—断面不平度；φ—断面倾角；

d、d_1—棒料直径和毛坯最小直径；c—断面光亮带宽度；L—毛坯长度

精锻过程对毛坯质量和精度的要求见表 2－6。

表 2－6 精锻过程对毛坯质量和精度的要求

名　称	冷　锻		热　锻	
	锻造、挤压	闭式模锻		开式模锻
体积偏差 η_0	0.02	0.02	0.02	0.05
塌陷 f_0	0.02	0.03	0.04	0.06
压塌 k_0	0	0.01	0.04	0.06
断面不平度 b	0	0.01	0.05	0.12
断面椭圆度 s_0	0.02	0.03	0.08	0.15
断面倾角 φ/(°)	1	3	5	7

毛坯切断时产生的毛刺，一般都是精锻成形件产生缺陷和加速模具磨损的重要原因，应利用滚筒清理或其他方法除去。并且，即使没有毛刺，毛坯底面与侧面相交处的尖角也是精锻成形时产生折叠或引起冷成形件外表磷化膜发生中断的原因。因此，应尽可能取大圆角或倒角（采用车床制坯时）。

对于高度较短的毛坯，一般用较细的棒料剪切后进行镦粗，使其高度缩短 50%左右，最低不宜小于 20%，最高不宜超过 70%，这样起到整形作用，因为镦粗能使剪切断面平滑，并且易修正因剪断而产生的歪斜。此外，直径应尽可能小，不但对剪断有利，而且对于料头等废料的消耗小。镦粗时能取大的变形量，退火后细化晶粒，获得球状渗碳体。

对于形状精度要求不严的精锻毛坯，可采用自由镦粗整形。制作轴对称形状的毛坯，可采用闭式镦粗，但镦粗后的毛坯不需要侧壁完全与模腔内壁接触，有 70%～80%的毛坯高度的侧表面与模壁接触已足够。镦粗整形时，还可以使端面倒角成形，也可以将上端面的凹穴压成。这种凹穴可以作为定位孔，使精锻成形时毛坯定心，不致发生偏移现象，也有可能积贮润滑油，使在精锻过程中减少摩擦，便于金属流动。

下料工艺过程虽然简单，但它对冷、热精锻成形件的质量和精锻过程本身的生产效率

影响很大，起着举足轻重的作用，特别是对于大批量生产更是不能掉以轻心。因此，在大规模生产某种精锻件时，要特别注意选择合理的下料方法。

3. 精密棒料剪切法

精密棒料剪切法的种类较多，这里只介绍一种径向夹紧剪切法。

径向夹紧剪切的设备或模具结构通常分为两类。一类是利用专用剪断机的径向夹紧剪切，另一类是在普通压力机上安装专用模具的径向夹紧剪切。

图 2.5 为径向夹紧剪切原理简图。径向夹紧剪切时，棒料 3 由夹紧块 2 夹紧，处于受压状态，这样动剪刀 1 和剪切下的毛坯能与棒料平行下移，使剪切面变形小，剪切断面光滑平整，断面倾角较小。挡板 5 可调整控制剪切毛坯的长度并定位。

这种精密下料方法与板料精密冲裁相似。为了增大径向夹紧力，常采用增加夹紧长度或加大单位夹紧力的方法来改变剪切区的应力状态，限制棒料的轴向位移，实现精密剪切。

图 2.6 所示为在普通压力机上实现精密下料的差动式剪切模具工作原理。图 2.6(a) 所示为棒料开始送入模具的情况。当压力机滑块向下移动时，模具的楔块 1 和楔形滑板 2 下行，使可分的剪刀 4 向模具中心合拢将棒料 5 夹紧，如图 2.6(b) 所示。当楔块 1 继续下行时，通过楔形滑板 2 推动一对剪刀 4 左右移动，将棒料 5 切断，如图 2.6(c) 所示。棒料剪断后，压力机滑块上升，模具在弹簧 3 的作用下，恢复到原来位置，待送料后进行下一次剪切。

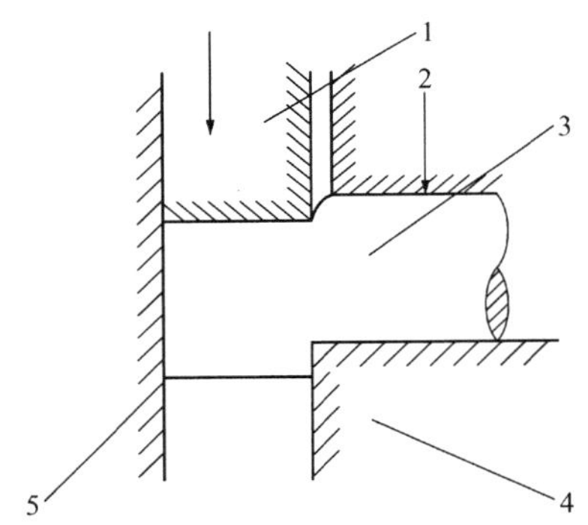

图 2.5 径向夹紧剪切原理

1—动剪刀；2—夹紧块；3—棒料；4—静剪刀；5—挡板

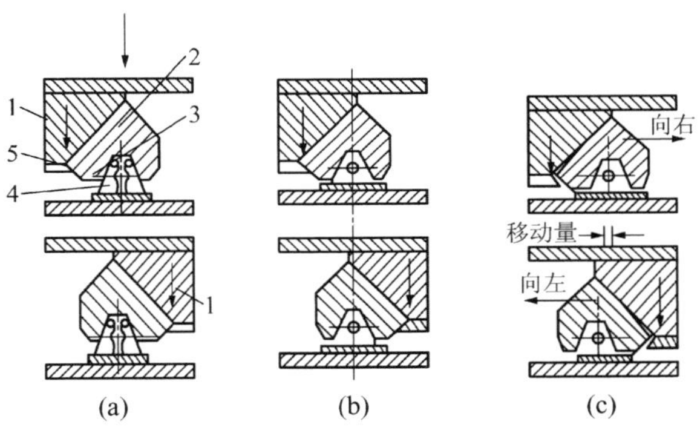

图 2.6 在普通压力机上实现精密下料的差动式剪切模具工作原理

1—楔块；2—楔形滑板；3—弹簧；4—剪刀；5—棒料

2.2.2 锯切法

1. 一般锯切

(1) 分类

一般锯切采用弓形锯和圆盘锯锯切毛坯。

① 弓形锯锯切。弓形锯的锯条往复运动，锯切效率低，而且锯断大直径圆钢时，锯

条要加厚，材料利用率降低。

② 圆盘锯锯切。由于材料的更新和发展，现代高效硬质合金圆盘锯床的锯切质量越来越高。圆盘锯的锯片宽度已经小到 1.2mm，切割效率高，锯片可以多次修磨，适宜锯切小直径材料。在锯断大直径圆钢时，必须使用大直径的圆锯片，机器也变大，锯缝要加大，材料利用率可能要更低。

在锯切直径为 100mm 的 45 钢，锯切长度为 30mm 时，按每米质量为 61.23kg 计，弓形锯的锯缝为 2.5mm，锯缝消耗材料为 1530.75kg，圆盘锯的锯缝为 3.0mm，锯缝消耗为 1836.90kg。

而如果采用金属带锯锯料时，锯缝宽仅为 1.6mm，锯缝消耗每锯切 10000 件后为 979.67kg。弓形锯、圆盘锯、带锯锯切毛坯时消耗锯缝的质量比为 1.56：1.87：1。

a. 高效硬质合金锯床。高效硬质合金圆盘锯床既避免了带锯床切割效率的不足，又克服了传统圆盘锯床锯缝较大的缺陷，可以实现等质量切割。

包头钢铁公司是国内最早引进硬质合金圆盘锯床的企业。早在 1985 年，包头钢铁公司就向德国瓦格纳（WAGNER）公司购买了硬质合金锯钻联合机床用于钢轨梁的生产。奥地利 MFL 公司硬质合金圆盘锯床产品包含卧式锯床和立式锯床两大类，按照单切和排切分为 HKE 卧式单切型、HKVE 立式单切型、HKL 立式排切型，锯片规格从 ϕ450～ϕ2200mm，可切削的最大管径为 ϕ800mm，最大排管宽度为 1500mm。

以锯切直径为 ϕ130mm、材质为 16MnCrS5 钢的圆棒料为例，安装直径为 ϕ420mm 的硬质合金圆盘锯片，切件长度为 35mm，以德国贝灵格公司的高效硬质合金圆盘锯床实际检测，效率可高达每小时 110 件，锯切长度误差保持在 0.1mm 内，切割表面垂直度可达 0.1mm/100mm，锯口宽度为 2.6mm。若采用等质量锯切功能，锯切直径 ϕ45mm 的圆棒料，切件质量误差小于±1.25g。设备三班运转，有效切割时间高达 95%，最适合用于切削小型工件。

高效硬质合金圆盘锯床具有超高的切割效率，其速度是带锯床的数倍，生产成本低。高效硬质合金圆盘锯床锯切减少了因锯缝宽度所带来的损失和因满足切割精度要求而对工件做的较大预留加工余量产生的损失；切割精度高且稳定，下料时工件预留加工余量减少，降低了下道工序的工作量，降低了生产工时，降低了人员、电力、设备和刀具的消耗。

高效硬质合金圆盘锯床所使用的锯片为硬质合金锯片，锯片齿尖处镶嵌硬质合金，锯床由大功率变频电动机驱动，转速可调，最大至 250r/min，锯切单元由两个固定的预应力滚轮导轨线性导向。锯片进给由伺服电动机和滚珠丝杠完成，直线进锯，行程定位精确，速度可控。由此实现的均衡的进锯速度有效地延长了锯片使用寿命，还使得锯片行程得以优化（切前、切后行程最小化），极大地减少了辅助工作时间及整体工作时间。

硬质合金锯片很薄，如直径为 460mm 的锯片，厚度仅为 2.7mm，而同直径的高速钢锯片其厚度要达到 4.0mm。如此薄的锯片，当锯片直径越大时，锯切时抖动也更大，更易伤害据齿，必须由辅助设计控制抖动。高效硬质合金圆盘锯床可以安装直径为 ϕ460mm 的锯片，切割圆料直径可达 150mm。锯切处采用喷雾冷却系统对硬质合金锯片进行喷淋冷却，更有效、更干净。在保护材料表面上也有特殊设计，切割完成后，原料会后退一定量，保证锯片返程时不会伤害到切割表面，并在夹具上集成吹屑装置，清理夹料位置的切屑，保护材料表面。

高效硬质合金圆盘锯床采用高精度齿轮减速箱，加大主轴尺寸以提高传动系统切削刚性，动力单元采用预应力的滚柱导轨结合伺服减速驱动以达到精确进给。奥地利林辛格公司锯床产品的规格分为MC系列仿形铣切锯、KSS型斜式锯床和KSA（L）型立式锯床，最大锯片直径为2400mm，可切削的最大管径为ϕ850mm，最大排管宽度为1600mm。与同类锯床相比奥地利林辛格公司的锯床产品切割范围更大，斜式锯床在切割不规则截面（如轨梁）材料时提供了更高效的选择。其锯床相对特点：紧凑型减速箱和外置式夹紧机构保证充分利用锯片规格，夹紧牢固可靠；相反，减速箱刚性差和锯片夹持法兰偏小使得锯床在切削高硬材料时系统刚性不够，维护量较大，锯片使用寿命偏低。

锯切流程的高效率不仅表现在纯锯切时间缩短，而且送料和出料等辅助时间也短。如此快节奏，人工上料与取料显然不合拍，因此设计了与锯切系统紧密配合的上料端备料系统和出料端分拣系统。高效硬质合金圆盘锯床的上料端系统可根据不同原料情况配置不同型材的链式传送方式，或者专门针对圆棒料或管材的结构配置更简易、成本更低的倾斜式或兜带式备料系统。上料端备料系统一旦识别到原料末端，下一根料立刻续上，因此可以使装料时间做到最短。而出料端则根据工件的不同规格来选择适合的多工位分拣系统，实现料头、料尾的剔除，把不同规格的合格工件收集到各自的料箱中。

高效硬质合金圆盘锯床具有一套复杂的“备料—切割—分拣”的全自动锯切系统，它的控制单元非常易于理解并适于操作。它由可编程存储器控制，可编辑和存储多个程序语句。每个语句由件数、长度、分拣及锯切参数等组成。每个步骤均可手动控制完成。另外，还有运转计时器，记录机床运行时间和当前锯切任务的完成情况。机器内置调制解调器，可通过电话线对设备出现的故障进行远程诊断。

高效硬质合金圆盘锯床在每次切割前可对工件水平方向和垂直方向尺寸进行测量，若直径有变化则自动调整工件切割长度，以保证工件质量恒定。同时高精度的长度误差和表面垂直度误差可以确保长度调整的有效执行。

b. 卧式圆盘锯床。卧式圆盘锯床动力单元（由驱动电动机、齿轮箱、圆锯片等组成）采用伺服驱动实现精确进给。由于其切削力和夹紧力大，卧式圆盘锯床适用于切削单根无缝钢管、圆形或方形毛坯及特定类型的型材（如轨梁）；配用硬质合金圆锯片，锯切加工参数：切削速度为60～140m/min，吃刀量为0.05～0.2mm/Z（Z为圆锯片齿数），适合切割的管径为ϕ60～ϕ460mm，锯片直径为450～1680mm。配套辅机设备包括定尺装置、排屑装置、远端夹紧装置、料头剔除装置等。卧式圆盘锯床的优点是结构较立式圆盘锯床简单，机床刚性好，过程配套完善，集成度高，易于实现全自动化操作，切削精度高，效率高；缺点是噪声较大，切口较宽，一般为5～12mm，只适用于单根工料的切削。

c. 立式圆盘锯床。立式圆盘锯床能够实现钢管的成排锯切，切削效率高，能够保证工作可靠性和精度要求，其主要结构与卧式圆盘锯床相似，区别在于动力单元和进给装置沿垂直方向布置，并且增设液压平衡系统用以平衡动力单元的质量和惯性。水平框架式夹紧机构压力可调，适合切割成排摆放的规则截面的钢材，也适用于锯切单根钢材。设备过程参数与卧式圆盘锯床相同，锯片直径最大达到2400mm，最大排管宽度为1600mm。配套辅机设备较卧式圆盘锯床更复杂。立式圆盘锯床的优点是成排锯切，精度高，可靠性高，适于连续作业，过程配套完善，集成度高，全自动化操作，效率高；缺点是噪声大，切口较宽，一般为8～12mm。

（2）典型锯床介绍

国内首台 YJ200 硬质合金圆盘锯床于 2011 年在内蒙古北方重工集团下线，填补了我国高端锯床领域的空白。

湖南湖机国际机床制造有限公司的 GKT608 型卧式硬质合金圆盘锯床（图 2.7）是钢铁厂和机械制造厂对于在生产线上和离线（工作）锯切毛坯、型材和管材必备的切断机床，是大批大量、高效、连续工作状况下使用较理想的锯切设备。

GKT608 型卧式硬质合金圆盘锯床适用最大锯片规格 ϕ1020mm，可切圆料最大直径 ϕ340mm，锯片四挡变速；可以锯切材料强度低于 1350N/mm^2，材料硬度不超过 45HRC 的各种结构钢、合金钢、不锈钢、轴承钢、轨钢、无缝钢管、车轮钢等，具有效率高、锯口质量好的特点，是目前国内外材料在常温下切削生产效率最高的锯床。

切割效率：30Mn2 钢 ϕ200mm 圆棒锯切时间为 52s。

切割质量：端表面垂直度偏差不超过 1°。

锯断面粗糙度不超过 Ra25μm。

锯断端面毛刺高度不超过 1.5mm。

GKT608 型卧式硬质合金圆盘锯床的主要特点如下。

图 2.7　GKT608 型卧式硬质合金圆盘锯床

① 采用焊接式硬质合金刀尖圆锯片，能适应高强度、高硬度材料、高效率地锯切加工；还可以安装使用高速钢圆锯片。

② 为了确保钢管及型材的锯切的工作平稳性，动力减速箱设计有消除齿侧间隙机构，实现主传动齿轮无间隙传动，可减少锯切钢管或型材时因非连续切削产生的对锯齿的冲击。动力减速箱传动齿轮全部为合金钢硬齿面齿轮，使用寿命长。

③ 采用有预紧力的自动补偿装置导轨，可以减少和吸收切削时产生的振动。淬硬导轨磨损小，寿命长，运动精度保持性好。

④ 锯切稳定装置可以有效地保证锯片的刚性和切割精度，降低噪声，延长锯片的使用寿命。

⑤ 进给系统采用交流伺服电动机，滚珠丝杆驱动动力减速箱进给，可实现进给速度无级调整，并且自动快进、工进和快速返回。

⑥ 夹紧装置能可靠地夹牢工件，而且能自动分离被切断的工件和料头，保证锯片安全返回。

⑦ 采用压缩空气涡流冷气冷却锯片技术，清洁、环保、无污染。

⑧ 床身和锯刀箱体为坚固的高等级铸造件箱形结构体，具有较好的吸振性和刚性。

⑨ 采用 PLC 控制，人机界面数字输入，具有与外部通信的功能。

⑩ 根据用户的需要可设计相应的辅助设备，如储料、上料、输送定尺、成品移送及料头料尾的处理，可实现锯切的全自动工作。

⑪ 可以为用户设计生产线上配套使用的、有特殊要求、不同形状加工对象的专用圆

锯床，并且在 PLC 上配置了 PROFIBUS－DP 网络接口和以太网接口模块，与中央控制系统通信。

⑫ 实现全局联网和监控调试，操作台上预留有一定的 I/O 点控制辅助设备。

2. 带锯锯切

带锯床是传统的金属切断设备，通常采用双立柱或单立柱的结构形式，操作方便，配套辅机设备要求不高；造价低，使用维护方便；适合锯切钢管、实心毛坯及其他型材。带锯床可以采用高速钢或双金属材质的带锯条，锯切切削速度 20～60m/min，吃刀量为 0.01mm/Z。由于锯片宽度一般为 0.9～2.5mm，故切口窄，成材率高。带锯床的缺点是切削效率慢，适用于低节奏断续型生产模式，吊装和找正均需人工参与，断面误差难以保证，无法实现连续自动化生产。由于带锯条采用左右偏齿设计防止锯片被夹阻，造成其切割面相对粗糙。此外，由于带锯条采用圆周导向循环方式实现连续切削，锯条必须具备一定的柔度，在锯切过程中不能保证足够的刚性以实现高速切削，一般只能将切割速度限定在 20～60m/min，吃刀量为 0.01mm/Z。

带锯的切割能力一般大于 ϕ170mm，最大可达 1062mm×1260mm，主传动功率最大值可达 11kW，锯切长度重复精度为±（0.13～0.25)mm，表面粗糙度 Ra＝3.2～12μm，端面垂直度在锯切 ϕ95mm 棒料时不超过 0.2mm，端面平整、无弯曲、压塌等疵病。

（1）金属带锯简介

图 2.8 所示为 GZ4025 型卧式带锯的外形。

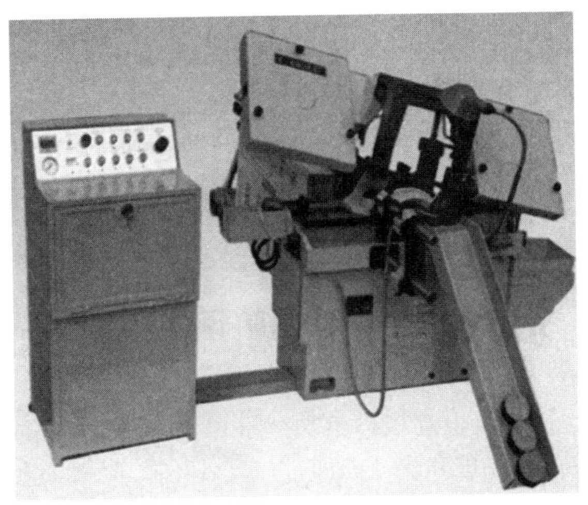

图 2.8　GZ4025 型卧式带锯的外形

GZ4025 型卧式带锯的主要技术参数如下。

加工能力：ϕ125mm

230mm×230mm

200mm×280mm

驱动功率：1.5kW

液压功率：0.18kW

送料电动机功率：0.37kW

送料速度：2～3m/min

锯带速度：24m/min、42m/min、72m/min

锯带（长×宽×厚）：3152mm×25mm×0.9mm

允许承载能力：1500kg

质量：1000kg

外形尺寸（长×宽×高）：1700mm×1800mm×850mm

金属带锯由变速机构、锯带张紧装置、无级变速液压控制系统、冷却系统、锯刷和床身六个部分构成。这种金属带锯的驱动电动机通过皮带传动、蜗轮副，经两级变速带动主动轮旋转，主动轮通过锯带带动被动轮使金属带锯带做回转运动。变速机构可使锯带的切削运动在五挡内变换。锯带对工件的进给、锯架的升降及工件的夹紧与松开，均由无级变速的液压系统控制。张紧锯带时可通过转动与丝杠相连的手轮使丝杠转动，带动滑板使从动轮平行移动来实现。冷却系统使冷却液经过滤器、齿轮泵及塑料软管流经锯带切削部位和锯刷，以冷却和润滑。

材料锯切时产生的锯屑通过锯条的排屑沟排到材料外部，但是附着在锯齿与沟中的锯屑会影响随后的锯切。锯屑在容量很小的沟部聚积且无法排除时，会对锯条横向加压，产生弯曲、锯缝堵塞及磕齿。

为了消除由锯屑引起的锯切弯曲及其他不良影响，最大限度延长锯条的使用寿命，提高锯切精度，必须把锯屑从锯条上清除。锯屑常用的清除方法是用锯刷清除。一般带锯床上已经专门设计安装了锯刷，但要注意将其位置调整合理，最好使锯刷的端部与锯齿的底部相齐。若锯刷的端部高于锯齿底部时锯刷磨损严重，有可能使锯刷过早折断；低于锯齿底部时，锯屑清除不干净。

（2）金属带锯性能

表2-7为国内某研究所进行的锯切 ϕ100mm 棒料时各种下料方法的比较。

表2-7 锯切 ϕ100mm 棒料时各种下料方法的比较

比较项目	金属带锯	G607型圆盘锯	4MN摩擦压力机	KS70型剪切机
锯口宽度/mm	0.65～1.5	6.5～10.0	—	—
切口断面状态	粗糙度 Ra=3.2μm 垂直度±0.2mm	低于带锯	凹凸不平	凹凸不平
长度重复精度	±(0.13～0.25)mm	低于带锯	歪斜8～10mm/m	歪斜8～10mm/m
主电动机功率/kW	1～7.5	5.5	35	75（另外工频加热2000kW）
平均电能消耗/(kW/P)	0.03	0.18	0.04	0.65
生产效率/(件/min)	0.5～0.3	0.5	16	7
操作人员/个	1/3～1	1	16	9

由表2-7可见，采用金属带锯床下料具有如下优点。

① 下料切口损失小。锯口一般为0.65～1.5mm，仅为圆盘锯下料锯口的1/8～1/5。

② 下料精度高，切口断面的端部粗糙度低，垂直度好，弯曲小，长度偏差小，质量偏差仅为±0.9%。金属带锯的下料精度，特别是切口端部精度（包括粗糙度、垂直度、弯曲度等）均比其他下料方法高。

③ 电能消耗小。金属带锯下料的电能损失少，与其他下料方法相比，仅为其他下料消耗的5%～6%。

④ 操作人员少，在完成同样锯切工作的情况下，金属带锯需要的操作者是其他下料方法人数的1/5～1/3。

⑤ 生产效率高，切割效率为45～260cm^2/min，与圆盘锯的切割速度相当或略高。切割硬度低、强度低的材料，可调高金属带锯锯条的锯切速度，而切割硬度高、强度高的材料，则必须把带锯锯条的锯切速度调到较低。

⑥ 对毛坯弯曲度和直径公差要求不高。

⑦ 成本低廉，英国某公司采用金属带锯取代圆盘锯后，每年节约30%的锯切费用，仅占新的圆盘锯片和重磨圆盘锯片费用的50%。常年下料（锯钢）使用一年可从节材中收回带锯成本。

(3) 金属带锯用锯带

金属带锯采用的工具是锯带。锯带具有易断齿、断带的弊病。20世纪80年代初期，诸多带锯制造厂商的产品，没有从根本上解决锯带断齿、断带的致命缺陷，用户买得起带锯而用不起，制约了带锯的普及与推广。金属带锯跟踪锯切和过载保护装置技术的完善与提高，不但解决了操作引起的断齿、断带问题，而且克服了因锯带不平衡所致的脉冲锯切。惰性齿也参与锯切，提高了锯带的利用率，而且大幅度提高了锯带寿命。采用锯带自动磨齿机对锯带进行多次刃磨，可进一步降低锯带耗用成本。

目前常用的金属带锯锯带以高速钢为齿部材料，以弹簧钢为背部材料，通过电子束复合后开齿而成的双金属锯带。图2.9所示为电子束焊接的双金属锯带结构。此类型锯带不论是柔软或坚硬的材料，手动或机动的机器，小或大的切面，单件或大批生产，都能快速准确地切削并保持极高的使用寿命。

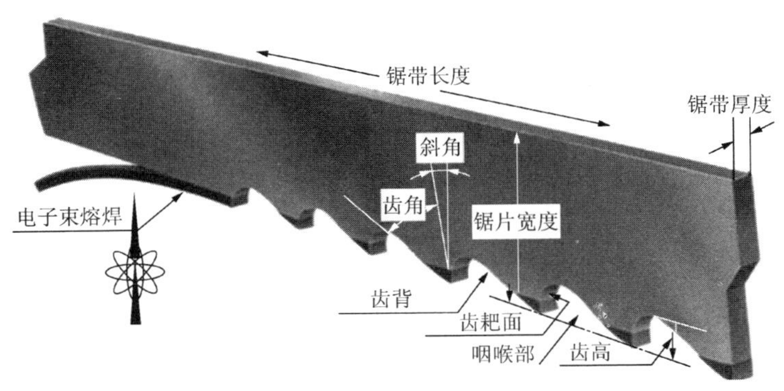

图2.9　电子束焊接的双金属锯带结构

① 齿节。齿节是指锯带每一英寸长度内的齿数，是影响切削效率与准确性的重要因素。锯带的切削性取决于锯带的齿形，为适应不同材质、不同截面形状材料的下料，锯带

生产厂家为其设计了图 2.10 所示的五种典型锯齿形状。

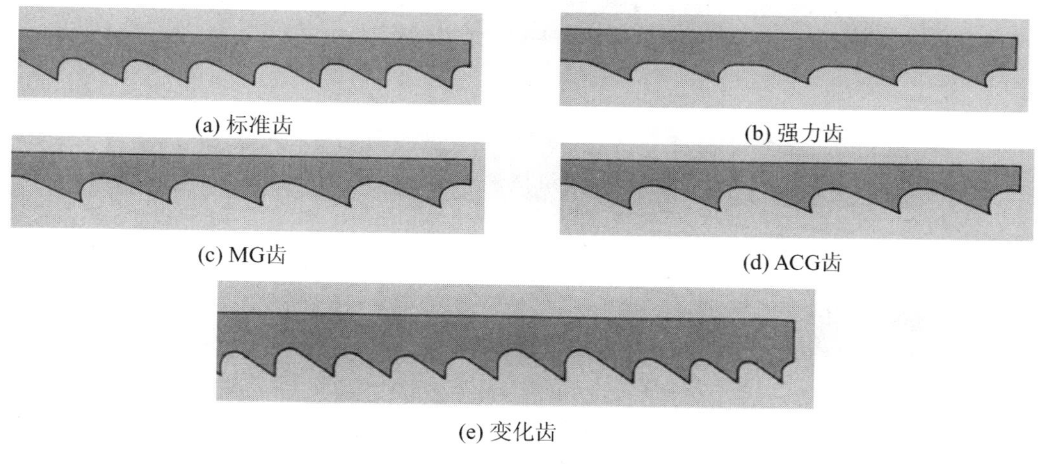

图 2.10　五种典型锯齿形状

a. 标准齿。标准齿锯齿是最普遍的齿形，适合切削不同的材料。由于锯齿没有斜角，适合切削薄或者直径小的束状材料。

b. 强力齿。强力齿锯齿有 10°的正斜角，经过多年来广泛的实验证明，它适宜对坚硬材料高速切削。

c. MG 齿。MG 齿锯齿有 10°斜角，而且咽喉部比强力齿形和标准齿形大，主要用于高速强力切削，切削时会产生螺旋状大锯屑。

d. ACG 齿。ACG 齿锯齿有 5°斜角，而且咽喉部的大小与锯带的宽窄呈最佳比例，能防止弯曲带来的应力集中，加强了锯带的支撑力，主要用于高速切削。

e. 变化齿。变化齿锯齿包括标准齿形、强力齿形和 MG 齿形，可降低噪声并减弱振动，主要适用于锯切时易发生振动的不规则材料。此外，即使高速切削变化齿也不会发生锯齿破碎。

② 锯齿定向。锯齿定向也影响锯带的切削性能。锯齿的排列是在各种形式中，锯齿尖端左右变向，使在切削时，锯带本体能产生间隙，使磨损均衡，确保长时间正常稳定切削。图 2.11 所示为三种典型的锯齿定向形式。

a. 耙形定向。耙形定向见于多种锯带，不论横断面厚薄、直线或曲线切削都能适应，所有齿形大小不同的齿节都可采用。该方向有左、中、右三种形式，切削时每个锯齿所承受的压力减小，切削方向稳定，耐重载切削。

b. 波状定向。波状定向主要用于细齿节锯带，锯齿波浪状排列，可减小每一个齿承受的力，特别适合切削面大小变化极大的薄管、薄板和角钢等材料。

c. 直线定向。直线定向是数个左右定向的锯齿加上单一的直锯齿，主要用于变化齿节的锯带，适合切削较宽范围的材质与形状，包括不规则形状的快速切削。

不同的锯带具有不同的使用寿命，硬质合金锯带使用寿命最高。一般情况下，双金属锯带的使用寿命长于高速钢锯带，更远远长于高碳合金钢锯带，高碳钢锯带的使用寿命最短。

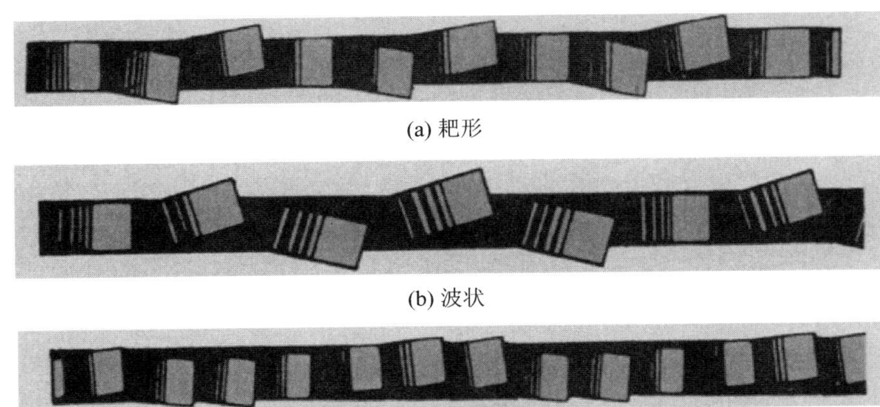

(a) 耙形

(b) 波状

(c) 直线

图 2.11　三种典型的锯齿定向形式

为了延长锯条的寿命，应注意锯条在使用前的跑合期。

跑合期非常重要，因为锯条与一般切削机床所用的刀具不同，是许多锯齿连续工作的刀具。在生产制造锯条锯齿的开齿加工过程中，由于加工精度的影响，会导致齿高不完全一致，总会有高度差，哪怕很微小。而用这种状态的锯条锯切，只是部分高齿在锯切，低齿没有锯切，或高齿部分的锯切负载比低齿大。这样就使锯切负载不均匀，锯齿的齿尖容易产生崩刃，带锯的使用寿命缩短。齿尖越锋利，锯切性能越好，崩刃的可能性就越大。

跑合的目的是使锯齿的高度均一，也是使齿尖经过微小磨耗后耐锯切，提高带锯条的使用寿命。

在跑合期内锯切时的锯切速度要低，一般从标准锯条速度的60%开始。开始时的切入量也要小，大致为标准切入量的40%。

锯切量的单位为 cm^2/min，等于锯切材料的断面积与锯断时间的比值。

跑合期的时间以标准切入量的50～60倍的锯断面积的锯断时间计。

从跑合锯切向标准锯切的转换及锯切速度、切入量的变化都要呈阶梯式逐步调升，切忌突然转换。

3. 其他下料方法

切断下料的方法多种多样，选用何种下料方法，视被切断材料的性质、尺寸大小、批量和对下料品质的要求而定。

常用的材料切断方法还有砂轮切断。使用砂轮切断时，由于砂轮高速旋转下的热影响，会产生粉尘及噪声，污染环境。此外，还有可燃气体熔断、等离子割断、放电切割、激光切割等熔断方法。熔断的缺点主要是：材料在切断的过程中受到熔断热影响，组织会发生变化，形成变质层，只有采用热处理工艺过程才能消除这种变化。

由于放电切割的成本高，其普及率低，不能广泛用于钢材的切断，只宜应用在经过热处理以后的模具及高硬材料零件的切割。

激光切割在板料加工上用得较多，但在棒材、型材的切割上用得较少。

【激光切割】

2.2.3 下料缺陷及其防治

表 2-8 给出了下料过程中可能产生的缺陷、产生原因及其防治措施。

表 2-8 下料过程中可能产生的缺陷、产生原因及其防治措施

序号	缺陷名称	产生原因	防治措施
1	断面倾斜	(1) 锯切时锯条或锯片安装后与被切的棒料轴线不垂直，或锯片的松紧度不恰当； (2) 剪切时上下剪刀片之间的间隙不恰当，剪刀片的刃口形状不合理；剪裁过程中金属棒料轴线与刀片形成的倾角不合理	(1) 调整锯条或锯片，使其与被切棒料垂直；调整锯条的松紧度，必要时增大锯片夹持器的外径； (2) 按剪切棒料的直径调整上下刀片之间的间隙；调整刀片与棒料形成的倾角
2	断面毛刺	(1) 锯切时，锯条或锯片的锯齿太钝或齿形不合理；或锯切时锯片未切到底； (2) 剪切时，由于剪刀片之间的间隙过大，金属棒料首先被压弯，使部分金属被压挤到剪刀片之间，形成尖锐毛刺；反之，剪刀片间隙过小，在棒料的剪断端面两侧产生崩碎现象	(1) 更换锯条和锯片，修磨锯齿； (2) 调整剪刀片之间的间隙
3	断面粗糙	(1) 锯切时锯条或锯片齿形歪斜； (2) 剪切时上下刀片之间的间隙太小，棒料不是被剪断，而是被撕裂，造成断面粗糙	(1) 修理、调整锯条或锯片的齿形，或更换锯条或锯片； (2) 调节上下剪刀片之间的间隙
4	断面裂纹	一般在剪切直径大于 ϕ50mm 以上棒料时，圆形断面被压成椭圆后切断，产生较大的内应力，往往 3～6h 后断面上会发生裂纹。冬天易发生	不宜冷切；特别是合金钢或高碳钢，宜加热到 300～500℃ 剪切（蓝下料）
5	毛坯超差	下料过程中，挡料器安装或调整不准确；或挡料板在棒料的撞击下发生位置偏移	勤检查和调整挡料板

锯切中产生毛刺是一个普遍问题，对模锻件的质量影响极大。因为带毛刺的毛坯在锻造后，会嵌在锻件的表面，影响锻件表面质量，在表面处理后剥落，使锻件报废。所以在毛坯锯断后，一定要将毛刺打磨掉。

2.3 模锻润滑剂

模锻时接触面上的单位压力一般在 800～1200MPa，也有高达 2500MPa。热模锻的温度一般在 1150～1200℃。在如此高的压力和温度下，建立润滑膜非常困难，模锻时变形金

属与模膛表面间的摩擦，将使模膛表面磨损，增大金属的流动阻力并造成脱模困难。所以，必须研制和采用专门的润滑剂及润滑方法以改善模锻条件。

2.3.1 传统用钢热模锻润滑剂

表2-9列举了一些在生产中常用的传统热模锻润滑剂。

表2-9 生产中常用的传统热模锻润滑剂

润滑剂成分	使用方法	锻件材料
石墨水悬浮液	喷涂于模具上或热毛坯上	钢、钛
石墨+机油50%	喷涂于模具上或热毛坯上	钢
MoS_2粉剂(15%)+铝粉(5%～10%)+胶体石墨(20%～30%)+炮油余量	喷涂于模具上	碳钢、不锈钢、耐热钢
$ZnSO_4$(47.5%)与KCl(50.5%)共溶物+K_2CrO_4(2.3%)	喷涂于模具上	钛及钛合金
氧化硼	喷涂于模具上	钛及钛合金
豆油磷脂+滑石粉+38号气缸油+石墨粉微量	喷涂于热毛坯上	铜和黄铜
机油+松香+石墨(30%～40%)	喷涂于模具上或热毛坯上	铝镁及其合金
酒精+松香+石墨(30%～40%)	喷涂于模具上	各种精密模锻件

石墨是碳的结晶体，色泽银灰，质软，具有金属光泽，相对密度为2.2～2.3，含碳量在60%～99%。

在使用石墨润滑剂时，要求石墨纯度要高，粒度要细。一般矿区提供的石墨纯度平均在82%左右，粒度在40～140μm。因此，购进后要采用化学酸提纯，去掉Si、Fe、Na、K、Mg、Al和Ca等主要杂质，使石墨纯度达到98%以上；还要采用机械气流粉碎，把石墨粒度粉碎到4μm以下，最好在2.5μm左右。

在石墨中加入某种在升温过程不能脱掉结晶水的无机盐，可使石墨在升温过程中不断得到微量水分，保证提高石墨高温润滑性能。一般常采用的添加剂为碳酸盐和磷酸盐，其作用在于能很好地进行热分解，提高润滑性能，使模锻件易于脱模。

在水基石墨中加入少量亲液胶体或缔合胶体的分散剂，能显著提高溶胶对电解质的稳定性，保护石墨颗粒不致凝聚结团。

为了减少石墨的表面张力，在水基石墨中加入少量表面活性剂，使水与固体石墨的表面张力显著下降，以增强石墨均匀地分散在水中的能力，防止石墨沉积，这对生产应用很有意义。

具有多性能的水基石墨润滑剂的成分，其配方主要是由固体物质石墨和无机盐类及介质组成。

虽然石墨在高温（>540℃）下由于氧化速度的加快其润滑性能显著下降，但可以通过与一些无机盐类的组合来提高石墨的高温润滑性能。无机盐在这种润滑剂中主要是起润滑脱模、绝热和高温湿润作用。

介质采用水，主要是考虑价格便宜、不燃烧和无污染。水在高温汽化时能带走模具的热量，起冷却作用。另外，水蒸发汽化后，在模具表面上能形成一层均匀的润滑膜。

可用作碳钢和不锈钢在300～700℃温锻的润滑剂有以下三种。

(1) 氧化硼-二硫化钼润滑剂（$B_2O_3+33\%MoS_2$）。

(2) 硼砂-氧化铋润滑剂（$Na_2B_4O_7+10\%Bi_2O_3$）。

(3) 硼砂-氧化铅润滑剂（$Na_2B_4O_7+10\%PbO$）。

2.3.2 胶态石墨或半胶态石墨

胶态石墨又称石墨乳，由精细的天然石墨粉或人造石墨粉（直径小于4μm的石墨颗粒）均匀地分散在水或其他介质（如醇、矿物油及其他有机溶剂）中的黑色黏稠胶态悬浮液构成，并可加入少量其他产品（如鞣酸或氨）加以稳定。胶态石墨通常是半液态状，主要用于制造润滑制品或利用其高度导电性。

半胶态石墨即石墨在水或其他介质中的半胶态悬浮液。半胶态石墨可以用于配制石墨润滑油或用于形成石墨化表面，包括石墨在任何介质中的胶态或半胶态悬浮液。

1. 胶态石墨制造方法

(1) 机械法

天然石墨粉碎后经盐酸和氢氟酸处理除去杂质，加入鞣酸水溶液中，经多次倾析呈膏质，加入一定比例的水和氨，再经超声波处理进一步减小颗粒尺寸，即可得到。

(2) 化学法

天然石墨纯化并粉碎后，在90℃温度下加入浓硝酸和浓硫酸及水处理，再经清洗，干燥，加入水、乙醇、丙酮等分散剂即得。加入稳定剂如油酸钠、硫酸盐等可使石墨颗粒不发生凝聚。加入氨可使石墨胶体过渡到胶溶体，并调节pH。

通常胶态石墨颗粒含量为整个胶体的3%～25%，石墨含量高，胶体黏度大，呈膏状。

2. 胶态石墨的性能及应用

(1) 胶态石墨具有良好的润滑性能，因此广泛地用于铸造、锻压、玻璃成型等的脱模剂及高温下齿轮、高速旋转机件、内燃机引擎的润滑和难熔金属钨、钼等拉丝模的润滑剂。

(2) 胶体石墨膜面的垂直方向具有隔热作用，因此可用作高温隔热膜在过热蒸汽气缸和透平螺旋桨方面得到应用。

(3) 胶态石墨成膜均匀，而且具有优良的导电性和导热性。在电子工业中得到应用，可消除静电、抑制电子二次反射、防止反光、增加辐射冷却。

(4) 因胶态石墨高度分散，在橡塑工业中可作添加剂，提高制品的耐磨性、抗压性及导电性；在电解工业中可用于配制导电液等。

2.3.3 二硫化钼

1. 二硫化钼的性质

二硫化钼是一种固体润滑剂，主要特点是耐磨、润滑、防腐，化学式为 MoS_2，一般在−200～400℃使用，熔点为1185℃，1370℃时开始分解，1600℃时分解为金属钼和硫。密度为4.80(14℃)～5.0g/cm³，特别适用于高温高压环境下。二硫化钼还有抗磁性，可用作线性光电导体和显示P型或N型导电性能的半导体，具有整流和换能的作用。二硫化钼还可用作复杂烃类脱氢的催化剂。

高纯二硫化钼粉纯度高，常规粒度有0.5μm、1～1.5μm、3～5μm、10μm、20μm，最细粒度为0.5μm。

二硫化钼是辉钼矿的主要成分，黑稍带银灰色，有金属光泽，触之有滑腻感，不溶于水。产品具有分散性好、不容易黏结的优点，可添加在各种油脂里，形成绝不黏结的胶体状态，能增加油脂的润滑性和极压性；适用于高温、高压、高转速、高负荷的机械工作状态，能延长设备使用寿命。二硫化钼具有低摩擦性，分子构造各层的钼原子分别由硫原子包围，钼和硫的结合非常强，具有高承载能力。二硫化钼在空气中加热到315℃时开始氧化，温度升高，氧化反应加快；400℃以上会急剧氧化，变成三硫化钼（MoS_3），失去润滑性能，分解式如下。

$$2MoS_2+7O_2\rightarrow 2MoO_3+4SO_2$$

生成的三氧化钼可以用钛铁试剂来检验。首先将产物用氢氧化钠或氢氧化钾溶液处理（原理是将三氧化钼转化为钼酸盐），然后滴加钛铁试剂溶液，会和生成的钼酸钠或钼酸钾反应，产生金黄色溶液。这种方法很灵敏，微量的钼酸盐都能被检测出来。而如果没有三氧化钼生成，溶液就不会产生金黄色，因为二硫化钼不和氢氧化钠或氢氧化钾溶液反应。

二硫化钼高温时增摩，但烧失量小，为18%～22%，在摩擦材料中易挥发。由超音速气流粉碎加工而成的二硫化钼的pH为7～8，粒度达到325～2500目，微颗粒莫氏硬度为1～1.5，摩擦因数为0.05～0.1，所以二硫化钼用于摩擦材料中可起到减摩作用。当摩擦材料因摩擦而温度急剧升高时，共聚物中的三氧化钼颗粒随着升温而膨胀，起到了增摩作用。

二硫化钼经过化学提纯综合反应而得，略显碱性。二硫化钼覆盖在摩擦材料的表面，能保护其他材料，防止它们被氧化，尤其是使其他材料不易脱落，贴附力增强。

二硫化钼具有高含量活性硫，容易对铜腐蚀。有铜及其合金制造的部位需要润滑时，需要添加防铜腐蚀剂。

二硫化钼不溶于水，只溶于王水和煮沸的浓硫酸。二硫化钼不导电。

2. 二硫化钼的制法

（1）天然法

钼资源以硫化钼的形式存在。中国的钼矿主要是钨钼伴生矿、金铜伴生矿。用复选的方式将硫化钼进行浮选提纯，纯度是40%～50%。用酸洗涤提纯硫化钼，可提纯到59.92%。此时得到的硫化钼就是高纯的二硫化钼。

（2）合成法

二硫化钼也可用合成法生产。

① 将钼和硫在真空条件下直接加温反应化合。

② 三氧化钼与硫化氢气体作用。

③ 将三氧化钼、硫、碳酸钾的混合物一起熔融，其纯度可达59.95%以上。

用合成法生产的高纯二硫化钼在润滑上存在缺陷，因为合成法生成的二硫化钼结构不稳定，会出现1.9个硫原子+1个钼原子，或2.1个硫原子+1个钼原子。因此润滑性能也不稳定。即纯度最高都不超过60%，其余40%是杂质及其他化合物，可能是含硫的化合物等。

3. 二硫化钼的使用

二硫化钼不能和其他油脂混用。一般来说，应当尽量避免两种不同类型润滑脂混合使用，由于润滑脂的稠化剂、基础油、添加剂不同，混合后会引起胶体结构的破坏，导致混合润滑脂稠度下降、分油增大、机械安定性变差等，影响使用性能。

实际使用中，有时当两种润滑脂的混合不可避免时，需掌握以下原则。

（1）对同一厂生产的同类型、不同牌号的润滑脂可以相混合，混合后质量变化不大。但如果原来的润滑脂已氧化变质，其内含有大量的有机酸和杂质，此时就不能与新润滑脂混合。所以在换润滑脂时，一定要将零部件上的旧润滑脂清洗干净后，才可加入新的润滑脂。

（2）稠化剂相同、基础油相同的润滑脂基本可以相混合。一般来说，复合锂基脂可以同锂基脂相混合，但混合脂的滴点仅体现为锂基脂的滴点。

（3）含硅油、氟油的合成润滑脂一般不能同矿物润滑脂相混合。

（4）若不了解两种脂是否可以相混，可以请专业实验室进行两种脂的相容性试验，决定是否能混合。

2.3.4 炮油

炮油最初是在美国联邦执法部门的需求下研制的用于军事武器上的特种管制的润滑油，可以在枪炮的表面形成一种独特的保护膜以抑制纤维屑的产生，并且可在盐水中和高湿度的环境下起到保护作用。炮油用于武器的润滑，比很多产品更光滑，可以实质性地消除堵塞，防止形成粉末，减少铅化现象。

炮油的主要成分：聚α烯烃—70%，三环基磷酸酯—4.48%，特孚油—16.12%，硫酸钙—5.6%，双酯类—2.8%，其他1%。

炮油具有极好的抗腐蚀、防锈及润滑性能，广泛应用于军事武器及工业领域。炮油用于锻压时润滑锻模的效果也很好。泡油的理化指标见表2-10。

表 2-10 炮油的理化指标

黏度指数	205	闪点	210℃	色度	7.0
API 密度	31.5（15℃）	密度	0.8681	倾点	<-48
黏度	186（57℃）	运动黏度	36.87（40℃）	外观	琥珀色
	187（99℃）		8.174（100℃）	水溶度	0

表 2-10 中的 API 密度，是美国石油学会制订的用以表示石油及石油产品密度的一种量度。美国和中国都以 API 密度作为原油分类的基准，其标准温度为 15.6℃(60°F)，API 比重和 15.6℃时的相对密度数值（与水比）的换算关系如下。

$$\text{API 密度}=\frac{141.5}{\text{相对密度数值}}-131.5$$

由上式可知，API 密度越大，相对密度越小。

检验表 2-10 中数据：

$$\text{API 密度}=141.5/0.8681-131.5=31.49965\approx31.5$$

目前，国际上把 API 密度作为决定原油价格的主要标准之一。API 密度越大，表示原油越轻，价格越高。

2.3.5 新型绿色钢热模锻润滑剂

由于石墨在生产和使用过程中可能对环境造成污染，国外已基本不用石墨作为锻造润滑剂，正越来越多地使用新型绿色热锻润滑剂。21 世纪以来，美国、德国、日本大力推广使用非石墨型复合材料合成的模锻润滑剂。

我国山东、湖北地区已能生产一种白色的 DF 型绿色钢热模锻润滑剂。这种新型非石墨型复合材料合成的模锻润滑剂为胶态，在原封装情况下保存 12 个月后润滑性能仍不变。它具有如下物理特性。

液体成分：去离子水。

相对密度：1.1～1.2。

pH：9～10。

结冰点：0℃（32°F）。

DF 型绿色钢热模锻润滑剂润滑性能好，可减少模锻变形力，保证模锻件易于脱模，延长模具的使用寿命；无色、透明，无任何毒性，使用安全，无烟、不燃烧，在使用的过程中能大大降低石墨粉尘及有毒物质对生产一线工人身体的危害和对锻造设备电器的不良影响，改善生产环境，且不会产生沉淀；易流动，不易堵塞管路，便于自动喷涂和手工涂敷在模具或毛坯上。

DF 型绿色钢热模锻润滑剂对锻件无任何腐蚀作用，易洗涤清除，使用时在模具表面形成白色疏松涂层，光滑均匀，锻压后自然挥发，表面不留残渣，自然附着一层油膜，不但能保证锻件表面光洁、美观，而且可避免模具型腔生锈。

DF 型绿色钢热模锻润滑剂适用于各种耐热不锈钢、有色金属、轻合金的锻造，温热挤压，冷温精压，精密成形时的润滑。

DF 型绿色钢热模锻润滑剂在使用前应将原液充分搅拌均匀。因为生产厂家提供给用户的原液是浓缩液，在模锻润滑前要用洁净的自来水稀释。对于一般齿轮类零件的精密模锻、模锻或辊锻过程，可加 5～10 倍水稀释，而对于复杂成形件成形后脱模较困难的，可加 2～5 倍水稀释。

为保证涂模具有良好的润滑效果，最好采用由生产厂家专门提供的喷涂机或手动喷枪。

润滑剂使用后未用完的要密封保存，避免挥发和杂质混入。

2.4 钢的软化退火

锻造前对毛坯进行退火软化处理是锻造过程中的一个重要工序，其目的是减小变形抗力，提高塑性。

退火时采用不同的退火工艺，会得到不同的力学性能。表 2-11 是 20 钢在不同热处理状态下的力学性能。

表 2-11　20 钢在不同热处理状态下的力学性能

序号	热处理状态	HB	σ_b /MPa	σ_s /MPa	δ /(%)	ψ /(%)
1	原始状态	152	490	540	17	60
2	加热到 680～700℃，保温 3h，随炉冷	130	320	430	32	72
3	加热到 740～760℃，保温 3h，随炉冷	133	300	430	34	68
4	加热到 1050℃，保温 1h，随炉冷	95	210	400	36	66
5	加热到 870～890℃，保温 1h，空冷，然后加热到 680℃～700℃，保温 4h，随炉冷	95	240	390	42	71
6	加热到 760～780℃，保温 1h，随炉冷到 650℃～670℃，保温 1h，循环 4 次，随炉冷	114	—	—	—	—

对于含碳量 0.3%以上的钢材（共析钢和过共析钢），需做珠光体球化处理，即进行球化退火，其退火曲线如图 2.12 所示。预先经过冷加工的材料，珠光体球化处理最容易。对于含碳量 0.2%以下的钢（亚共析钢）及非铁金属，钢的加热温度可在 Ac_3 相变点以上，按含碳量的不同在 820～930℃变化。

退火后的毛坯晶粒得到细化，改善了钢的硬化性能，降低了硬度，一般为 90～165HBS。这对于锻造的意义更大，是影响锻造件能否符合产品要求的关键。退火还能使钢的成分和组织均匀，消除前一工序中产生的内应力，对于保证锻造件品质起着举足轻重的作用。

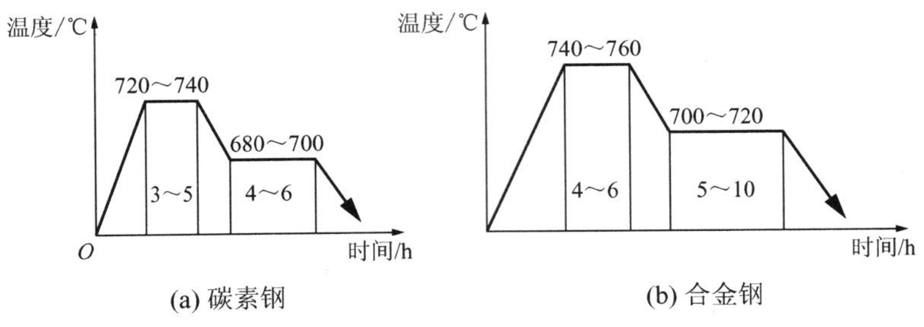

(a) 碳素钢　　(b) 合金钢

图 2.12　珠光体球化退火曲线

一般将钢材加热到临界点以上的温度，要保温 7～16h，再随炉缓慢冷却，这样可以使钢材达到接近平衡的组织，但零件表面往往要发生氧化或脱碳。为了弥补这种损失，不得不增加下料尺寸，既浪费了材料，又消耗了能源。

为了避免退火时发生氧化或者脱碳，降低成本，缩短生产周期，得到光洁或光亮的表面，确保材料的力学性能，保证产品品质，可以对材料进行真空退火或保护气氛热处理，即所谓的光洁退火。

光洁退火的设备和工艺先进，技术比较成熟，目前基本上已把保护气氛热处理作为必备的常规加热方法使用。

经氨基气氛光洁退火的深冲用钢，包括一般低碳钢和低碳合金钢，金相组织基本均匀。相的成分与常规退火相同。

毛坯采用氨基气氛光洁退火，可减小机械加工的切削余量，某些零件也可减少常规退火后的吹砂、酸洗工序，缩短生产周期，降低成本。光洁退火的零件不易生锈，对零件的储存和周转有利。

当然，对于含碳量低、金属塑性性能好的材料，可以不进行软化退火处理。

如果生产的批量较小，也可以不对材料进行软化退火处理，因为此时对模具的寿命要求不高。

2.5　钢的磷化处理

冷挤压和锻造成形的毛坯制取一般需要经过切断、软化退火和磷化处理。由于冷挤压和锻造成形件对毛坯的精度要求较高，一般需要在磷化处理前采用机械加工制坯，如车削加工等，也有用拉拔工艺代替车削加工外圆的。

对于冷变形程度小的冷挤压、减径挤压、镦粗等，多以植物油、矿物油、石蜡及其他机械油作液态润滑。而复杂形状件冷压印时，薄薄地涂敷黏度尽可能低的油脂层能达到良好的效果。冷挤压和锻造时材料的流动激烈，液态润滑时由于油膜强度不足而不能满足使用要求，为保持毛坯表面的润滑层，就要采用使模具和毛坯不直接接触的方法。

采用磷化处理可以使钢毛坯表面发生化学反应，生成磷酸盐被膜。磷酸盐被膜可作为润滑剂的保持层。

磷酸盐被膜是无机盐，由细小片状结晶组织构成，呈多孔状态，对润滑剂有很好的吸附作用。磷酸盐被膜与钢表面结合得很牢固，而且磷酸盐被膜具有一定的塑性，冷挤压和锻造时与钢材一起变形，毛坯和模具不直接接触。

2.5.1 钢质毛坯的一般磷化处理过程

钢质毛坯的一般磷化处理过程见表2-12。

表2-12 钢质毛坯的一般磷化处理过程

序号	工序	处理液	处理温度	处理时间/min
1	去油脂	氢氧化钠 60～100g 碳酸钠 60～80g 磷酸钠 25～80g 水玻璃 10～25g 水 1L	室温至90℃	10～15
2	热水清洗	水	80～100℃	10～15
3	酸洗除锈	硫酸 120～180g 食盐 8～10g 水 1L	室温至65℃	>10
4	冷水清洗	水	室温	1～2
5	中和	苏打 80～100g	室温至40℃	2～3
6	冷水清洗	水	室温	
7	磷化处理	马日夫盐* 30～50g	<100℃	20～30
8	冷水清洗	水	室温	1～2
9	中和	氢氧化钠 3g/L	60℃	

注：* 马日夫盐：一种锰和铁的磷酸二氢盐混合物[$nFe(H_2PO_4)_2 \cdot mMn(H_2PO_4)_2$]，能溶于水。采用马日夫盐配制的溶液，主要成分为磷酸二氢锰和一些游离磷酸，溶解水中加热后都起水解作用。

冷成形工业的迅猛发展，对磷化品质提出更高要求。为了使产品适应国际市场的需要，快速磷化过程应运而生。

磷化膜是磷酸盐溶液与金属铁相互作用生成。磷化液不仅可由马日夫盐配制，而且可用磷酸二氢锌$Zn(H_2PO_4)_2$和少量磷酸二氢亚铁$Fe(H_2PO_4)_2$溶于水中发生水解而成。其反应式为

$$Me(H_2PO_4)_2 \rightleftharpoons Me^{2+} + 2H_2PO_4^-$$

$$H_2PO_4^- \rightleftharpoons H^+ + HPO_4^{2-}$$

$$HPO_4^{2-} \rightleftharpoons H^+ + PO_4^{3-}$$

上述诸式中的Me代表Mn、Zn、Fe等离子。

式中水解后的H^+与钢中表面Fe元素接触产生如下反应：

$$Fe + 2H^+ \longrightarrow Fe^{2+} + H_2\uparrow$$

溶液中，HPO_4^{2-}、PO_4^{3-}与Me^{2+}发生作用形成磷酸盐，在钢铁表面析出结晶，形成磷化膜。反应式为

$$Me^{2+}+HPO_4^{2-} \longrightarrow MeHPO_4 \downarrow$$

$$3Me^{2+}+2PO_4^{3-} \longrightarrow Me_3(PO_4)_2 \downarrow$$

磷化膜结晶核心为磷酸二氢锌$Zn(H_2PO_4)_2$和磷酸二氢亚铁$Fe(H_2PO_4)_2$，生成物两个过程的主要化学反应式为

$$Fe+2H_3PO_4 = Fe(H_2PO_4)_2+H_2 \uparrow$$

$$ZnO+2H_3PO_4 = Zn(H_2PO_4)_2+H_2O$$

碳酸钙与磷酸的化学反应式为

$$CaCO_3+2H_3PO_4 = Ca(H_2PO_4)_2+CO_2 \uparrow +H_2O$$

$$Fe(H_2PO_4)_2+2Zn(H_2PO_4)_2+4H_2O = Zn_2Fe(PO_4)_2 \cdot 4H_2O \downarrow +4H_3PO_4$$

$$Ca(H_2PO_4)_2+2Zn(H_2PO_4)_2+2H_2O = Zn_2Ca(PO_4)_2 \cdot 2H_2O \downarrow +4H_3PO_4$$

反应式中$Zn_2Fe(PO_4)_2 \cdot 4H_2O$、$Zn_2Ca(PO_4)_2 \cdot 2H_2O$沉积于金属表面形成磷化膜。而下面两个反应式中的沉淀物在金属表面也形成磷化膜。

$$2Me^{1+}+Me(H_2PO_4)_2 \longrightarrow Me_3(PO_4)_2+2H_2 \uparrow$$

$$2Fe^{3+}+3H_2PO_4^{-}+PO_4^{3-} \longrightarrow Fe(H_2PO_4)_3 \downarrow +FePO_4 \downarrow$$

2.5.2 钢质毛坯的快速磷化处理过程

钢质毛坯的快速磷化过程比普通磷化先进，可缩短时间，节约用电，提高效率和降低成本。推荐一种快速磷化液配方及磷化过程，见表 2-13。

表 2-13 一种钢质毛坯的快速磷化液配方及磷化过程

马日夫盐 $nFe(H_2PO_4)_2 \cdot mMn(H_2PO_4)_2$	35～40g/L
$NaNO_2$	3～4g/L
游离酸度	3～4 点
总酸度	19～20 点
磷化温度	90～95℃
磷化时间	2～3min

快速磷化能否“快速”，关键是能迅速调整和分析各磷化槽液成分及排除缺陷故障。

磷化液中应保证有一定的H^+游离酸度和化合酸$H_2PO_4^-$等，使钢铁表面溶出Fe^{2+}，这是形成磷酸盐膜层的条件。浸蚀期、非晶态沉淀期和均匀形核长大期是形成磷化膜的三个阶段。扫描电镜能谱分析表明，磷化膜由 Zn、Mn、Fe、P、Ca、O 等元素组成。磷化液中要严格限制和排除 Al、As、Pb 等有害元素。即使它们只是微量存在，也会严重影响磷化膜的品质。

磷化液成分的调整工艺过程如下。

(1) 当游离酸度低时，加入马日夫盐，每升溶液加 5～6g，可将游离酸度提高 1 点。当游离酸度高时，可加入 ZnO。

(2) 游离酸度正常时，加入 $Zn(NO_3)_2$ 可提高总酸度，若想降低总酸度则可加水稀释。加入马日夫盐也可提高总酸度。如每升溶液加入 1g 马日夫盐，可将总酸度提高 1 点。

每克马日夫盐中含有 0.19g Mn^{2+}。

新配溶液中可加入洁净铁屑，以提高 Fe^{2+} 含量，当 Fe^{2+} 过量时，可加入过氧化氢稀释。加入 1g 浓度为 3%的过氧化氢，可减少 1g Fe^{2+}。

磷化液的简易快速分析法如下。

(1) 总酸度的分析。取 10mL 溶液，滴入 5～6 滴酚酞指示剂，用 0.2mol NaOH 标准液滴定，当溶液出现粉红色时，消耗 NaOH 的毫升数，即为总酸度点数。

(2) 游离酸度的分析。取 2mL 溶液，滴入 4～5 滴甲基橙，用 0.1mol NaOH 标准液滴定，当溶液红色消失时，消耗 NaOH 的毫升数，即为游离酸度点数。

2.5.3 磷化处理操作过程要点

磷化处理操作过程要点如下。

(1) 处理液槽的体积要根据处理的坯件质量大小合理选择，一般以 $1m^3$ 为宜。处理液太多，利用率不高，处理液太少，其浓度容易发生变化。为了保证处理品质，必须频繁测定浓度，不断校正，严格管理操作。

水洗、中和、脱脂、被膜、润滑处理宜采用钢板制的液槽。磷酸盐处理、酸洗时内表面应衬以不锈钢板。

在对不锈钢进行草酸盐被膜润滑处理时，草酸盐液槽宜用木槽或在钢板槽内表面衬橡皮。

(2) 加热装置可为电热、蒸汽加热等直接加热装置。蒸汽加热应用较多。蒸汽管道设置在液槽的侧表面，使处理液产生良好的对流效果，一般用不锈钢制的蒸汽管道。

加热温度不能低于或高于规定的加热温度，如磷化被膜处理时，温度太低会延长磷化时间，太高易煮沸，底部沉淀上浮，使磷化膜粗糙多孔，品质降低。

所配制的磷化液或其他溶液浓度不合适时，应随时添加水，注意水中含 SO_4^{2-} 不超过 30mg/L，硬度不超过 15 度。

(3) 毛坯的搅拌很重要。一般薄而扁的毛坯容易互相重叠而和处理液不相接触。而杯形毛坯，由于其位置关系，如杯口倾斜或向下会使杯内产生气泡而妨碍内表面与处理液接触。因此，在处理时不仅要搅拌处理液，而且要使毛坯不断转动或对其振动，或放入滚筒，以人力转动或用电动机驱动，每 20s 或 60s 转一转即可。

(4) 处理液槽可按直线布置。利用搬运提升机或手动葫芦将装毛坯的料筐顺次吊出吊入处理液槽。按处理时间的多少来调节配制液槽的长短，这样可以充分利用处理时间，使处理时间和搬运时间的损失减小。不足之处是各装置所占的面积增大。也有按圆形布置处理液槽的。用旋转式提升机移动装毛坯的料筐，虽然在各槽停留时间必须是最长槽的处理时间，但工件的装入与排出都在同一个地方，装置紧凑。

(5) 干燥要充分。被膜处理和润滑处理过的毛坯，应充分干燥。如果表面不干燥，成形后的表面上易出现发裂等缺陷。即使已经干燥了的毛坯，也要防止吸水转潮。如果发现吸湿现象，在成形前也要用热风干燥炉干燥。在完全干燥（表面无水分）的情况下冷挤压和锻造最理想。

冷挤压和锻造成形铝合金时，要特别注意冷挤压和锻造前的干燥。

被膜处理过的毛坯，一般用被膜润滑剂润滑。被膜润滑剂是以硬脂酸钠（主要成分为 $C_{17}H_{35}COONa$，5～9g/L）和磷酸盐起反应生成金属皂而产生润滑效果。由于干性润滑剂容易滞留在模具型腔内的死角部位，影响冷挤压和锻造成形件充填饱满，因此在难以精密冷挤压和锻造成形满足产品的品质要求时，也要考虑应用其他润滑剂。

冷挤压和锻造时，可以对被膜处理后的毛坯薄薄地涂上一层低黏度的动物油或植物油，如蓖麻油、羊毛脂、棕榈油。在挤压齿形时，可按需要的二硫化钼和石墨的微粒粉末厚度计算出涂敷量，将其溶于四铅化碳、酒精等挥发性溶剂中，采用滚筒涂敷，可获得良好的效果。

在表面粗糙度较低的情况下，磷化皂化的效果要比表面光滑的毛坯的效果好，原因有两点。第一，磷化的表面积比表面光滑的表面积大；第二，磷化膜与基体金属结合得更牢。所以，如果成品表面品质无特殊要求时，可以采用表面粗糙度 $Ra6.3\mu m$ 左右的毛坯。有些产品，为了进一步提高成形效果，还特意对毛坯采取喷砂或喷丸工艺，使毛坯表面人为形成许多微观麻坑。

对于铝合金和铜合金冷挤压和锻造成形时，可采用羊毛脂、猪油、棕榈油、菜籽油作润滑剂。要尽可能均匀涂敷，涂层厚度为 10～40μm。也可将硬脂酸铝粉末溶于挥发性溶剂中，用滚筒涂敷，这样可使冷挤压和锻造件成形表面良好。

2.5.4 磷化膜品质不良的形式及防治措施

磷化膜品质不良的形式及防治措施如下。

（1）不产生磷化膜或磷化膜太薄。主要原因是钢件有冷加工硬化层；磷化液里磷酸根含量过高；含有 Al、As、Pb 等杂质；P_2O_5 含量过低。还有磷化时间不足，温度过低，钢件表面有污物等。

防治措施：用强酸腐蚀表面或喷砂，使金属晶粒显露；用碳酸钡处理硫酸根，使其含量低于 30mg/L；延长磷化时间，提高磷化温度；补充或更新磷化液。

（2）磷化膜有空白片。主要原因是 P_2O_5 含量过低，NO_3^- 不足；磷化时间不足，温度过低；除油不净；装置工件时面贴合接触；零件上有深孔，氢气排出不畅等。

防治措施：延长磷化时间，提高磷化温度；增加 $Zn(NO_3)_2$、NaH_2PO_4、$Fe(H_2PO_4)_2$ 等；摇动挂具，避免工件相互面接触。

（3）磷化膜结晶粗大。主要原因是 Fe^{2+} 含量过高；工件表面有残酸；磷化液中 NO_3^- 不足，SO_4^{2-}、Cl^- 过多；零件表面过于腐蚀；磷化温度过高等。

防治措施：加入过氧化氢，降低 Fe^{2+} 含量；加入 $Zn(NO_3)_2$；用 $BaCO_3$ 处理 SO_4^{2-}；用 NO_3^- 沉淀 Cl^- 或用水稀释；用压缩空气搅拌磷化液；调整磷化温度。

（4）磷化膜膜层有黄色沉淀物。主要原因是磷化液中沉淀物超过一定数量；NO_3^- 不足；工件表面有残酸等。

防治措施：捞除磷化槽中的沉淀物，保持磷化液清洁；补充 $Zn(NO_3)_2$；磷化处理后要充分中和；处理前和处理后要把被处理工件上的残酸冲洗干净。如第一次没有处理好，可将质量不好的磷化膜层酸洗后重新磷化。

(5) 磷化膜分布不均匀，有花斑。主要原因是高合金钢表面呈钝化状态；除油不净；磷化温度过低，磷化时间不足等。

防治措施：磷化液中加入适量的 $Zn(NO_3)_2$；喷砂去除工件表面上的钝化膜；彻底除油；提高磷化温度，延长磷化时间；酸洗除膜后重新磷化。

(6) 磷化膜层有挂灰。主要原因是磷化液中有沉淀等污物；在磷化处理过程中磷化液被搅动，沉渣浮起，黏附在工件上；磷化温度过高等。

防治措施：定期清除磷化液中的沉淀物；对磷化液定期过滤，经常保持溶液洁净；发现磷化液变稠或老化应及时更换；控制磷化温度。

(7) 磷化膜呈红锈色。主要原因是酸洗液中铁锈附在零件上；Ca^{2+} 进入磷化液；Fe^{2+} 含量太高；磷化液中含有 As 元素。

防治措施：更换酸洗液；不用铜挂具；零件表面如有铜，应将铜去除后再磷化；稀释磷化液，降低 Fe^{2+}；酸洗去除品质不好的磷化膜层后重新磷化。

(8) 磷化膜生黄锈，磷化膜结晶粗大。主要原因是零件上有残酸；金属过腐蚀；磷酸盐含量过低，游离酸度过高；磷化温度过高等。

防治措施：调整游离酸度和总酸度之比值；加强中和与清洗环节；控制磷化返修次数；补充硝酸盐；控制磷化温度。

习题及思考题

2-1　一般情况下高碳钢及合金钢均应预热剪切，而在气割时也要预热。试分析这两种下料过程中预热的作用。

2-2　建筑工地的钢筋下料机可以剪切 ϕ30mm 的钢筋。试说明可否将其应用于机械工厂的下料车间。

2-3　钢的球化处理对其压力加工性能有何好处？什么样的钢材不适宜进行球化退火？

2-4　简述磷化处理过程中工件磷化膜品质不良的形式及防治措施。

2-5　钢质零件冷挤压一定要磷化处理吗？简述磷化处理过程的缺陷及代替磷化处理的措施。

第3章 锻造的加热规范

在锻造生产中，为了提高金属塑性，降低变形抗力，使坯料易于变形并获得良好的锻件，锻前需要加热。为了获得良好的锻后组织，便于机械加工，锻件需要锻后冷却和热处理。锻前加热、锻后冷却与热处理对提高锻造生产效率，保证锻件品质及节约能源消耗等都有直接影响，是锻造生产过程不可缺少的重要环节。

3.1 一般加热方法

金属锻前加热方法，按所采用的热源不同，可以分为火焰加热和电加热两大类。

1. 火焰加热

火焰加热是一种传统的加热方法。它是利用燃料（煤、油、煤气等）燃烧时所产生的热量，通过对流、辐射把热能传给毛坯表面，再由表面向中心热传导，使整个毛坯加热。其优点是燃料来源方便、加热炉修造容易、加热费用较低、适应性强。因此，这类加热方法应用广泛，适用于各种型号坯料的加热。其缺点是劳动条件差、加热速度慢、加热质量差、热效率低等。

2. 电加热

电加热是利用电能转换为热能来加热坯料，按其传热方式可分为电阻加热和感应加热。

（1）电阻加热

电阻加热的传热原理与火焰加热相同，根据发热元件的不同分为电阻炉加热、盐浴炉加热、接触电加热等。

① 电阻炉加热。电阻炉加热是利用电流通过炉内的电热体（材料为铁铬铝合金、镍铬合金或碳化硅元件、二硅化钼元件等）产生的热量，加热炉内的金属毛坯，其工作原

理如图 3.1 所示。这种方法的加热温度受到电热体使用温度的限制，热效率比其他电加热方式低，但对毛坯加热的适应范围较大，便于实现加热的机械化、自动化，也可用保护气体进行少无氧化加热。

铁铬铝合金的电阻系数大，耐热性好，但高温强度低，冷却后有脆性；镍铬合金的高温强度较高，冷却后无脆性。铁铬铝合金和镍铬合金在合金材料制造厂制成丝材或带材，在电炉厂加工成螺旋形或波形加热元件。

碳化硅元件和二硅化钼元件均为非金属元件，它们可以做成多种形状，棒状的是硅碳棒，管状的是硅碳管。它们具有电阻高、耐热性好的优点，但电阻温度系数较大，冷态时硬而脆。

② 盐浴炉加热。盐浴炉加热是电流通过炉内电极产生的热量把导电介质盐熔融，通过高温介质的对流与传导将埋入介质中的金属加热。

加热不同的金属工件需要不同的温度，而各种盐各有其不同的熔点，因此，对于在250～1300℃的任何温度都可以找到适当的盐或几种盐的混合物，使盐的溶液在这一温度时蒸发得很少，而同时又呈液体流动状态。盐浴炉按热源位于盐槽的外部和内部的不同而分成外热式和内热式两种。内热式盐浴炉又分为电极盐浴炉和电热元件盐浴炉两种。内热式电极盐浴炉加热的工作原理如图 3.2 所示。外热式盐浴炉的金属炉罐（坩锅）放在炉膛内，用电或火焰进行加热，热效率低，仅在小型盐浴炉上采用。

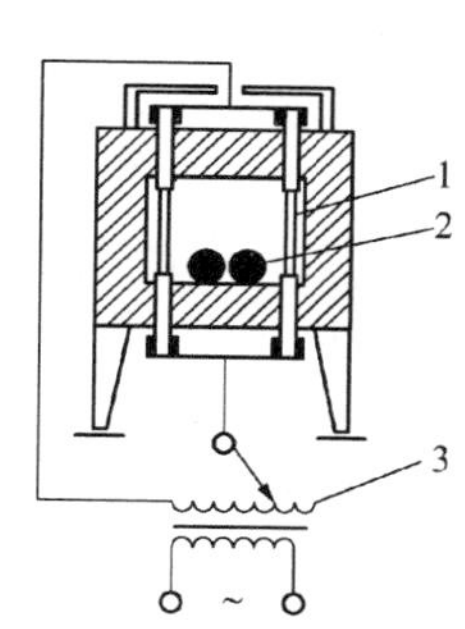

图 3.1 电阻炉加热的工作原理

1—电热体；2—坯料；3—变压器

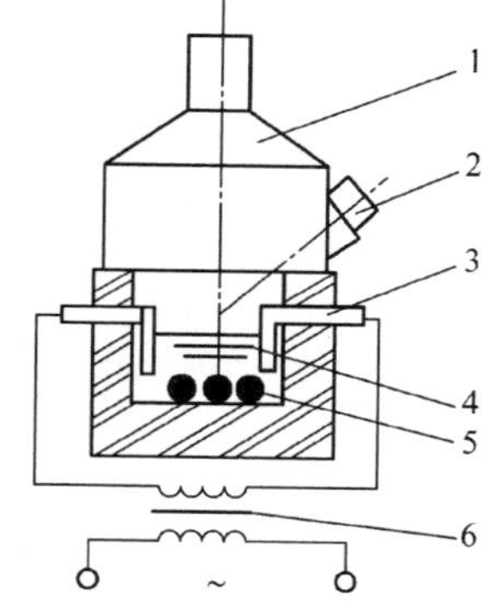

图 3.2 内热式电极盐浴炉加热的工作原理

1—排烟罩；2—高温计；3—电极；4—熔盐；5—坯料；6—变压器

盐浴炉加热升温快，加热均匀，可以实现金属坯料整体或局部的无氧化加热。但是，其热效率低、辅助材料消耗大，劳动条件差。

③ 接触电加热。接触电加热是以低电压（一般为2～15V）大电流直接通入金属毛坯，由金属毛坯自身电阻在通过电流时产生的热量加热毛坯本身，其工作原理如图 3.3 所示。这种加热方法的加热速度快、金属烧损少、加热范围不受限制、热效率高、耗电少、成本低、设备简单、操作方便。接触电加热更适用于长毛坯的整体或局部加热，但对毛坯的形状、尺寸和表面粗

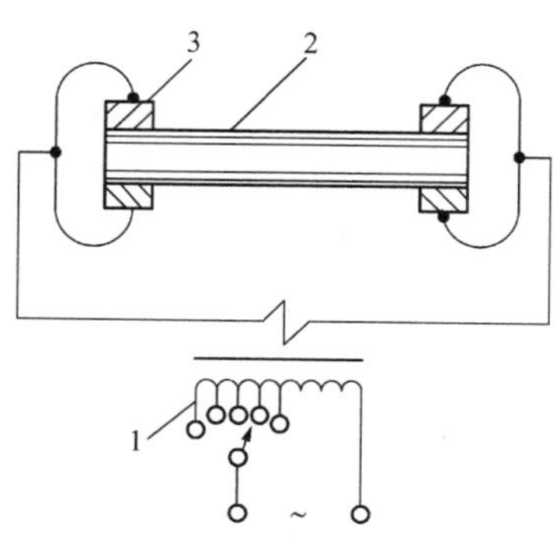

图 3.3 接触电加热的工作原理

1—变压器；2—坯料；3—触头

糙度要求严格。下料时必须保证毛坯的端部规整，不能有畸变。此外，这种加热方法难以测量和控制加热温度。

（2）感应加热

随着锻压生产机械化和自动化程度的提高，特别是对无公害加热技术的要求，在大批量生产中，使用感应加热已成为一种发展趋势。感应加热的优点是加热速度快，达 0.4～0.6min/cm，总效率高达 50%～60%。感应加热时，毛坯周围的气氛不强烈流动，氧化脱碳少，加热品质好，对环境没有污染，温度易于控制，金属氧化少，操作简单，工作稳定，便于实现机械化、自动化。

感应加热装置的初期投资大，消耗电能比接触电加热多（但比电阻炉加热少），每吨钢材的耗电指标为 400～500kW·h。

感应器的规格必须与毛坯尺寸相匹配。每种规格感应器加热的毛坯尺寸范围窄。当毛坯尺寸经常变化时，必须及时更换相应的感应器，否则效率明显下降，加热时间增加。一般情况下，感应加热不能加热形状复杂的异形毛坯和变截面毛坯。

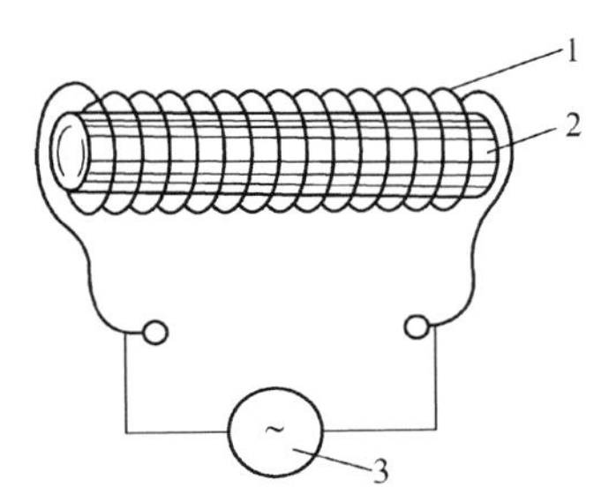

图 3.4　感应加热的工作原理

1—感应圈；2—毛坯；3—交变电压

感应加热是利用电磁感应发热直接加热金属毛坯。将金属毛坯放入通过交变电流的螺旋线圈（感应圈），线圈产生的感应电动势在毛坯表面形成强大的涡流，使毛坯内部的电能直接转换为热能加热毛坯。感应加热的工作原理如图 3.4 所示。

若将毛坯放在感应圈内，并在其两端施加交变电压，当感应圈内通过电流后，便有相应的交变磁场产生。根据电磁感应定律，在毛坯内产生感应电流，依靠毛坯的阻抗，使毛坯产生热量。

感应加热时沿圆形横截面坯料的电流密度分布情况不均匀，中心电流密度小，表层电流密度最大，这种现象称为趋肤效应。

通过交变电流的表面层厚度称为电流穿透深度 δ，其计算公式为

$$\delta = 5030\sqrt{\frac{\rho}{\mu f}} \tag{3-1}$$

式中　ρ——金属的电阻系数（Ω·cm）。在不同温度下，各种金属材料的电阻系数可由有关资料查得；

μ——金属的相对磁导率。对于钢材，当温度在磁性转变点（760℃左右）以下时，μ为变数；当温度在 760℃以上时，可取$\mu=1$；

f——电流频率（Hz）。

分析式(3-1)可知：当毛坯处于热态时（$\mu=1$），电流穿透深度与电流频率的平方根成反比。所以，电流频率越高，电流穿透深度越小，趋肤效应越明显。因为毛坯表面的热量必须依靠热传导方式逐渐传到毛坯中心，所以当加热时间给定时，为了保证毛坯表面和中心所需的温差，必须减小毛坯尺寸。当毛坯温差和尺寸给定时，就要延长加热时间。加热时间增加，会降低加热品质，这不是我们所希望的。

进行感应加热时，对于大直径毛坯要注意保证坯料加热均匀。选用低电流频率，增大

电流透入深度，可以提高加热速度。而对于小直径毛坯，可采用较高的电流频率，这样能提高电效率。

感应加热设备通常由中频电源、感应器、电容器组、接触器和自动控制装置等组成。选用感应加热设备最重要的环节是感应器的有关技术参数的设计计算。

设计计算的原始数据：毛坯的加热温度 T，材料，尺寸（直径 D_0 和长度 L_0），截面上允许的温差 ΔT，锻压设备的生产效率 N（件/小时）。同一个感应器可以加热不同尺寸的毛坯。设计时应按照毛坯的最大尺寸进行计算，按最小尺寸验算。

设计计算的目的和内容：确定电流频率；确定毛坯的最短加热时间；确定加热方式；确定感应器的尺寸、匝数、功率和钢管尺寸等；合理选用中频电流的类型并确定其输出功率；确定电容器组的标称容量并选择规格和数量。

试验证明，感应加热时，氧化和脱碳在很大程度上取决于加热温度和加热时间。当温度从1050℃增加到1200℃时，氧化几乎增加50%，氧化皮增厚。随着加热温度和高温下停留时间增加，脱碳层也明显增厚。例如，对于 ϕ80mm 的40Cr，用5min加热到1100℃，脱碳层为0.25mm；而用8min加热到1200℃，脱碳层为0.5mm。因此，在感应加热时为了实现无氧化加热，要采用保护气体。

用保护气体把金属毛坯表面与氧化性炉气氛机械隔开进行加热，可避免氧化，也可使加热毛坯处于还原气氛中或真空状态实现少无氧化加热。

保护气体的种类很多，选择时不仅要注意效果，而且要考虑其制备过程的难易程度和成本，要做到综合比较，因地制宜。

常用的保护气体有以下几种。

(1) 工业惰性气体，如氢、氮气及氮-氢混合气等。它们与任何金属都不发生化学反应，经净化处理（去氧）后使用。工业惰性气体较贵，适用于一些特殊和贵重金属的精密模锻，如钛及其合金、耐热钢和不锈钢等。

(2) 还原性气体，又称可控气氛，是 CO 与 H_2 的混合气。

常用的气体保护介质有惰性气体或分解氨等。向加热炉内通入保护气体，并且使炉内呈正压，防止外界空气进入炉内，毛坯便能实现少无氧化加热。

3.2 少无氧化加热

少氧化或无氧化加热可以减少金属的氧化（也称烧损）（氧化量小于0.5%），提高加热品质，还可以提高锻件的尺寸精度和降低表面粗糙度，提高模具的使用寿命等。因此，它是现代加热技术的发展方向。

目前，在精密成形过程中，实现少氧化及无氧化加热方法主要有火焰少无氧化加热法、介质保护加热法和快速加热法等。以下介绍火焰少无氧化加热法及介质保护加热法。

3.2.1 火焰少无氧化加热法

火焰少无氧化加热法通常包括火焰加热法的辐射快速加热和对流快速加热，电加热法的感应电加热和接触电加热等。此外，还可以采用火焰炉与感应炉联合进行加热，即先在火焰炉中将毛坯加热到700～900℃，然后在感应器中快速加热到始锻温度。这种方法加热速度快，毛坯表面氧化少，可实现少无氧化加热。

目前，毛坯进行少无氧化快速加热所能达到的最大直径：火焰快速加热为ϕ150～ϕ160mm，感应加热为ϕ30～ϕ50mm。

精密模锻成形件对表面品质和尺寸精度要求高。表面氧化皮厚度应限制在0.05～0.06mm以下，表面脱碳层最好控制在磨削余量范围以内。因此，在热精密模锻成形以前，毛坯必须采用少无氧化加热。少无氧化加热减少了钢材的氧化和脱碳，可使锻模寿命延长约16%。

精密模锻毛坯的少氧化加热应用较广泛的主要有两种：一是感应加热，二是敞焰少氧化加热。敞焰少氧化加热特别适用于成批生产和中小型车间。因为这种炉子具有一定的通用性，被加热的毛坯形状和尺寸不受限制；既可实现整体加热，也可实现毛坯的局部加热。敞焰少氧化加热的特点是燃料的燃烧产物不仅用来加热金属，而且能起到保护气体的作用。

火焰少无氧化加热法包括敞焰少无氧化加热法、平焰少无氧化加热法等。

加热时，控制加热炉气的性质为还原性就是实现少无氧化火焰加热。

钢料在火焰炉内加热时，炉气成分中的O_2、CO_2、H_2O等气体与钢料表面之间会产生氧化与脱碳，其主要化学反应为

$$2Fe+O_2 \rightleftharpoons 2FeO \tag{3-2}$$

$$Fe_3C+O_2 \rightleftharpoons 3Fe+CO_2 \tag{3-3}$$

$$Fe+CO_2 \rightleftharpoons FeO+CO \tag{3-4}$$

$$Fe_3C+CO_2 \rightleftharpoons 3Fe+2CO \tag{3-5}$$

$$Fe+H_2O \rightleftharpoons FeO+H_2 \tag{3-6}$$

$$Fe_3C+H_2O \rightleftharpoons 3Fe+CO+H_2 \tag{3-7}$$

上述反应是可逆过程，向右是氧化反应，向左是还原反应。其中，O_2、CO_2、H_2O是氧化性气体，CO、H_2为还原性气体。

从式(3-2)和式(3-3)可见，为保证钢料在加热过程中无氧化，则必须使炉气成分中不存在O_2，而炉气中的O_2含量多少，与空气消耗系数α有关。所谓空气消耗系数（亦称空气过剩系数），是燃料燃烧实际供给的空气量与理论计算空气量之比。

空气充足时，炉气中除含有惰性气体N_2以外，还有大量的CO_2、H_2O及过剩的O_2，则炉气呈氧化性。

空气不足时，炉气中除含有惰性气体N_2及CO_2、H_2O外，还有还原性气体H_2、CO等，炉气仍具有一定的氧化性。随着空气进给量的减少，即空气消耗系数α降低，炉气中H_2、CO含量增加，而CO_2、H_2O减少。当$\frac{[CO]}{[CO_2]} \geqslant k_1$，$\frac{[H_2]}{[H_2O]} \geqslant k_2$时，炉气便呈还原性，其中$k_1$、$k_2$为化学反应平衡常数。

对式(3-4)～式(3-7)分析，要防止钢料在加热过程中氧化，根据质量作用定律，还应控制反应前后的生成物与反应物的浓度比，使之高于该温度下的化学反应平衡常数k_1

与 k_2，即$\frac{[CO]}{[CO_2]}\geqslant k_1$，$\frac{[H_2]}{[H_2O]}\geqslant k_2$。

如果增加 CO 和 H_2的浓度，则平衡向反应式的左方进行，于是 FeO 得到还原，减少了钢料的氧化。

综上所述，钢料加热是否产生氧化取决于空气消耗系数 α，炉气中$\frac{[CO]}{[CO_2]}$、$\frac{[H_2]}{[H_2O]}$的值及加热温度。

图 3.5 为温度在 400～1400℃，空气消耗系数 α=0.48～0.29 时，炉气和被加热钢的平衡图。图中 AB 线表示炉气为氧化性和还原性的分界线。由图可见，对于锻造加热炉(炉温为 1000～1300℃)，只有当空气消耗系数 α 降到 0.5 或更低时，才会形成加热炉正常工作条件的无氧化气体，这时的炉气成分应保持在$\frac{[CO_2]}{[CO]}\leqslant 0.3$，$\frac{[H_2O]}{[H_2]}\leqslant 0.84$。

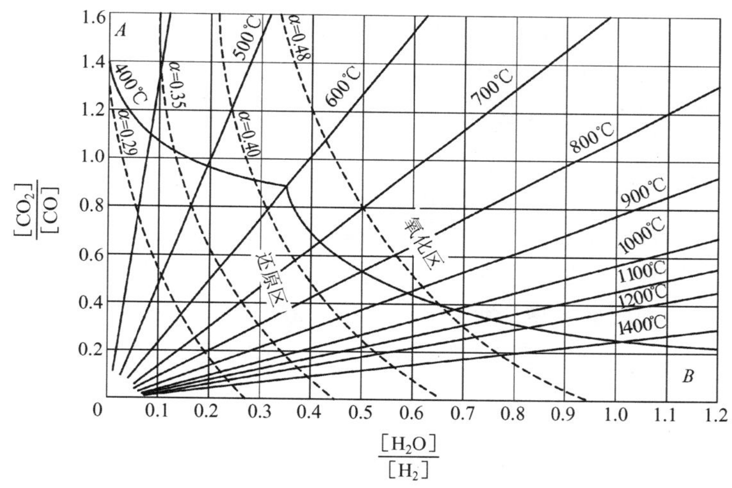

图 3.5 炉气和被加热钢的平衡图

实现少无氧化加热的最大空气消耗系数称为许用空气消耗系数。许用空气消耗系数因所用的燃料的不同而不同。我国常用燃料的许用空气消耗系数 α 见表 3-1。

表 3-1 我国常用燃料的许用空气消耗系数 α

燃　　料	发生炉煤气	水煤气	焦炉煤气	天然气	重　油
许用空气消耗系数 α	0.20	0.30	0.45	0.50	0.60

3.2.2 介质保护加热法

1. 涂层保护加热

不锈钢、钛合金和高温合金航空锻件生产中，将特制的涂料涂在毛坯表面，加热时涂料熔化，形成一层致密不透气的涂料薄膜，并且牢固地黏结在毛坯表面，把毛坯和氧化性炉气隔离，从而防止毛坯表面氧化。毛坯出炉后，涂层可防止二次氧化，并有绝热作用，可防止毛坯表面温降，在锻造时还可起到润滑剂的作用。

保护涂层按构成不同分为玻璃涂层、玻璃陶瓷涂层、玻璃金属涂层、金属涂层、复合涂层等。目前应用最广的是玻璃涂层。也有一些工厂在加热普通钢质毛坯时，将毛坯浸没到石墨溶剂中后取出晾干，然后放在加热炉中加热，达到防止普通钢质毛坯在加热过程中被氧化的目的。

玻璃涂料是由一定成分的玻璃粉，加上少量稳定剂、黏结剂和水配成的悬浮液。使用前应先将毛坯表面通过喷砂等处理方法清理干净，以便使涂料和毛坯表面结合牢固。涂料的涂敷方法有浸涂、刷涂、喷枪喷涂和静电喷涂。涂层要求均匀，厚度适当，一般为0.15～0.25mm。涂层过厚容易剥落，太薄不起保护作用。涂后先在空气中自然干燥，再放入低温烘干炉内进行烘干。也可在涂敷前预先将毛坯预热到120℃左右，这样湿粉涂上去后立即干固，能很好地黏附在毛坯表面。涂层干燥后即可进行锻前加热。

为了使玻璃保护涂层产生良好的保护及润滑作用，要求涂层应有适当的熔点、黏度和化学稳定性。而玻璃的各种成分配比不同时，上述的物理、化学性能也就不同。因此使用时，要根据金属材料的种类和锻造温度的高低，选择适当的玻璃成分。

2. 液体保护加热

图3.6所示为推杆式半连续玻璃浴炉。炉中加热段凹形炉底内熔有高温玻璃液，毛坯连续推过玻璃液后便被加热。由于玻璃液的保护，加热过程中毛坯不会氧化。并且，毛坯推出玻璃液后，在表面附着一薄层玻璃膜，它不但能防止毛坯二次氧化，还可在锻造时起润滑作用。这种方法加热快而均匀，防止氧化和脱碳效果好，而且操作方便，是一种有前途的少无氧化加热方法。

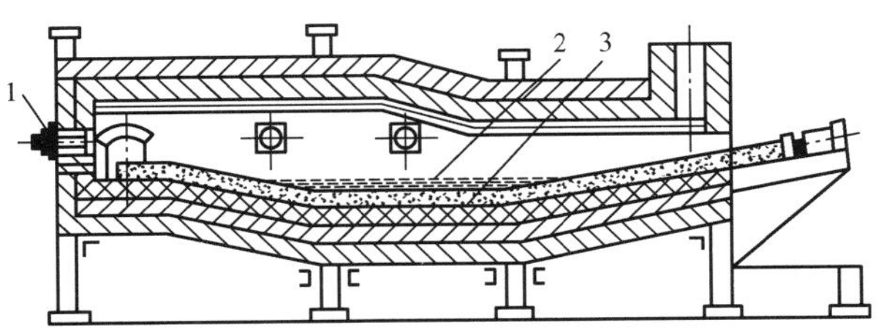

图3.6 推杆式半连续玻璃浴炉示意图

1—烧嘴；2—玻璃液；3—毛坯

3.3 钢的加热缺陷及防止措施

毛坯在锻前加热过程中，由于加热过程制订不合理和加热操作不当所引起的常见缺陷大体有三种：毛坯外层组织化学状态引起的缺陷（如氧化、脱碳）；内部组织异常变化引起的缺陷（如过热、过烧）；由于温度分布不均引起内应力（如温度应力、组织应力）过大，继而引起的毛坯裂纹和开裂等。

3.3.1 氧化、脱碳及增碳

1. 氧化

金属在高温加热时，表层中的离子和炉内的氧化性气体（如 O_2、CO_2、H_2O 和 SO_2）发生化学反应，使表面生成氧化物，这种现象称为氧化。

钢质毛坯在高温加热时，表层中的铁离子和炉内的氧化性气体（如 O_2、CO_2、H_2O 和 SO_2）发生化学反应，使表面氧化生成以 FeO（约 40%）和 Fe_3O_4（约 50%）为主体还有少量 Fe_2O_3（约 10%）的组成物。人们一般称这层氧化物为氧化皮，这种现象称为钢的氧化。

氧化的实质是一种扩散过程。伴随着金属以离子状态（钢坯则为铁离子）由内部向表面扩散，炉气中的氧以原子的状态吸附到金属表面（钢坯）并向内扩散，使氧化反应不断向金属内部（钢坯）深入。

氧化主要受被加热的金属化学成分和加热环境（如炉气成分、加热温度、加热时间）两方面因素的影响。

当含碳量大于 0.3%时，由于钢坯表层氧化反应形成的 CO 降低了氧化性气体对其表层的作用，氧化皮将减少。Cr、Ni、Al、Mo 等合金元素能在钢坯表面形成致密的氧化膜，其透气性很小，阻止了氧化气体向钢坯内部的扩散；而且其膨胀系数与钢几乎一致，能牢固地附在钢的表面而不脱落，阻止了氧化的进行。当 Ni、Cr 含量为 13%～20%时，几乎不产生氧化。

加热温度升高时，氧化扩散速度加快，氧化也越严重，形成氧化皮越厚。一般情况下，加热温度低于 570～600℃时氧化较小，加热温度超过 900～950℃时氧化急剧增加。

坯料处在氧化性气体中的加热时间越长，氧化扩散量越大，氧化皮越厚，尤其在高温加热阶段。

火焰加热炉炉气的性质，取决于燃料燃烧时的空气供给量。供给的空气过多时，炉气呈氧化性，促使被加热金属形成氧化皮。供给的空气不足时，炉气呈还原性，被加热金属氧化很少甚至不氧化。

金属的氧化危害很大。一般情况下，钢坯每加热一次便有 1.5%～3.0%的金属被氧化。金属的火耗率见表 3-2。同时氧化皮还加剧模具的磨损，降低了表面品质。残留氧化皮的锻件，在机械加工时刀具刃口易于磨损。在加热工艺过程中，通常采用如下措施来减少或消除加热时金属氧化。

(1) 快速加热。在保证锻件品质的前提下，尽量采用快速加热，缩短加热时间，尤其是缩短高温下的停留时间，在操作时尽量少装勤装。

(2) 控制加热炉气的性质。在燃料完全燃烧的条件下，尽量减少空气过剩量，以免炉内剩余氧气过多。应使炉内有过量还原性气体，并注意减少燃料中的水分。

(3) 炉内应保持不大的正压力，以防吸入炉外空气。

(4) 介质保护加热。将坯料表面与氧化性炉气隔离，防止坯料在加热时产生氧化。所用的介质有气态保护介质（如纯惰性气体、石油液化气、氮气等）、液态保护介质（如玻璃熔体、熔盐等）和固态保护介质（如木炭、玻璃粉、珐琅粉、金属镀膜等）。

表 3-2　金属的火耗率

加热方法	火耗率 δ/(%)
室式油炉加热	3.0～3.5
连续式油炉加热	2.5～3.0
室式煤气炉加热	2.5～3.0
连续式煤气炉加热	2.0～2.5
电阻炉加热	1.0～1.5
高频加热炉加热	0.5～1.0
接触电加热	0.5～1.0
室式煤炉加热	3.5～4.0

2. 脱碳

毛坯在加热时，其表层的碳和炉气中的氧化性气体（如 O_2、CO_2、H_2O 等）及某些还原性气体（如 H_2）发生化学反应，造成毛坯表层的碳的质量分数减少，这一表层称为脱碳层，这种缺陷即为脱碳。

脱碳过程实质也是一个扩散过程，即炉气中的 O_2 和 H_2O 等与钢中的 C 相互扩散。一方面炉气中的氧向钢内扩散，另一方面钢内的碳向外扩散。从整个过程来看，脱碳层只在脱碳速度超过氧化速度时才能形成，或者说，在氧化作用相对弱的情况下，可形成较深的脱碳层。

影响钢加热时脱碳的因素如下。

(1) 坯料的化学成分。钢中 C、W、Al、Si、Co 等元素均促使脱碳增加，Cr、Mn 等元素则阻止脱碳，Ni 和 V 对钢的脱碳没有影响。

(2) 炉气成分。炉气成分中脱碳能力最强的介质是 H_2O（汽），其次是 CO_2 和 O_2，脱碳能力较差的是 H_2。而 CO 含量的增加可减少脱碳，一般在中性介质或弱氧化性介质中加热可减少脱碳。

(3) 加热温度。毛坯在氧化性的炉气中加热，既产生氧化，也引起脱碳。加热温度在 700～1000℃时，由于氧化皮阻碍碳的扩散，因此脱碳过程比氧化要慢。当加热温度在 1000℃以上时，脱碳的速度迅速加快，同时氧化皮也丧失保护作用，这时脱碳比氧化更剧烈，如 GCr15 钢加热到 1100～1200℃时，将产生严重的脱碳现象。

(4) 加热时间。加热时间越长，脱碳层越厚，但二者不成正比关系。当脱碳层厚度达到一定值后，脱碳速度将逐渐减慢。

在加热时钢发生了脱碳，会使锻件表面硬度和强度降低，耐磨性也降低，从而影响零件的使用性能。如果脱碳层厚度小于机械加工余量，则对锻件没有危害。反之，就会影响锻件品质。特别是对精锻而言，加热时应避免脱碳。

用于防止钢锻件氧化的措施，一般也可以用于防止脱碳。

3. 增碳

经油炉加热的锻件，常常在表面或部分表面形成增碳现象。有时增碳层厚度达 1.5～1.6mm，增碳层的含碳量达 1%左右，局部含碳量甚至超过 2%，出现莱氏体组织。

这是由于在油炉加热的条件下，当毛坯的位置靠近油炉喷嘴或者在两个喷嘴交叉喷射油的区域时，由于油和空气混合得不太好，燃烧不完全，在毛坯表面形成还原性的渗碳气氛，因而产生增碳的现象。

增碳使锻件的力学性能变坏，在机械加工时易打刀。

3.3.2 过热和过烧

1. 过热

【9CrSi钢锻造加热温度较高引起的显著过热】

当钢的加热超过某一温度或在高温下停留时间过长时，会引起奥氏体晶粒迅速长大，这种现象称为过热。晶粒开始急剧长大的温度称为过热温度。

由表 3-3 可见，不同钢的过热温度不同。一般钢中含有 C、Mn、S、P 等元素会增加钢的过热倾向，而含有 Ti、W、V、Nb 等元素可减少钢的过热倾向。

表 3-3 部分钢的过热温度

钢 种	过热温度/℃	钢 种	过热温度/℃
45 钢	1300	18CrNiWA	1300
45Cr	1350	25MnTiB	1350
40MnB	1200	GCr15	1250
40CrNiMo	1250～1300	60Si2Mn	1300
42CrMo	1300	W18Cr4V	1300
25CrNiW	1350	W6Mo5Cr4V2	1250
30CrMnSiA	1250～1300		

过热对金属锻造过程影响不大。某些过热较严重的钢材，只要没有过烧，在足够大的变形程度下，晶粒粗大组织一般都可以消除。如果变形程度较小，终锻温度比较高，则锻后冷却时将出现非正常组织。例如，过热的亚共析钢冷却时由于奥氏体晶粒分解形成魏氏组织；而过热的过共析钢，冷却时析出的渗碳体则形成稳定的网状组织；工模具钢（或高合金钢）过热之后往往呈现一次碳化物网状化等。这些都导致钢的强度和冲击韧性降低。

毛坯过热所造成的锻件不良组织，虽然可以通过二次锻造或热处理消除，但是增加了生产周期和费用。为了减少钢的过热，必须严格遵守加热规范，严格控制加热温度和时间，避免断面尺寸相差很大的毛坯同炉加热。此外，控制加热炉炉气的氧化性气体也很重要。因为毛坯在强氧化性炉气中加热时，表层剧烈氧化放出热量，会使其表面温度超过炉温而引起过热。

2. 过烧

【Cr12MoV钢加热过程中的过烧】

当坯料的加热超过过热温度，并且在此温度下停留时间过长时，不但引起奥氏体晶粒迅速长大，而且有氧化性气体渗入晶界，这种缺陷称为过烧。产生过烧的温度称为过烧温度。由表 3-4 可见，不同钢的过烧温度不同。一般钢中含有 Ni、Mo 等元素容易产生过烧，而含有 Ar、Cr、W、Co 等元素则能抑制过烧。

表 3-4　部分钢的过烧温度

钢　　种	过烧温度/℃	钢　　种	过烧温度/℃
45 钢	>1400	W18Cr4V	1360
45Cr	1390	W6Mo5Cr4V2	1270
30CrNiMo	1450	2Cr13	1180
4Cr10Si2Mo	1350	Cr12MoV	1160
50CrV	1350	T8	1250
12CrNiA	1350	T12	1200
60Si2Mn	1350	GH135 合金	1200
60Si2MnBE	1400	GH136 合金	1220
GCr15	1350		

毛坯过烧时，氧化性气体进入晶界，会使晶间物质 Fe、C、S 发生氧化，形成易熔共晶氧化物，甚至晶界产生局部熔化，使晶粒间结合完全破坏。因此，对过烧的坯料进行锻造时，在表面会产生网络状裂纹，一般称为龟裂。严重时则使坯料破裂成碎块，其断口无金属光泽。过烧是加热的致命缺陷，最后会使毛坯报废。如果毛坯只是局部过烧，可将过烧的部分切除。

为减少和防止坯料过烧，应严格遵守加热规范，特别是要控制加热温度及在高温中的停留时间。

3.3.3 裂纹

如果坯料在加热过程的某一温度下，内应力（一般指拉应力）超过它的强度极限，那么就要产生裂纹。通常内应力有温度应力、组织应力和残余应力。

【裂纹】

1. 温度应力

毛坯在加热时，其表面和中心部位之间存在温度差引起不均匀膨胀，使表面受到压应力，中心部位受到拉应力。这种由于温度不均匀而产生的内应力称为温度应力。温度应力的大小与钢的性质和断面温度有关。一般只有钢料出现温度梯度并处在弹性状态时，才会产生较大的温度应力并引起裂纹。钢在温度低于500～550℃时处在弹性状态，因此处于这个温度范围以下时，必须考虑温度应力的影响。当温度超过500～550℃时，钢的塑性比较好，变形抗力较低，通过局部塑性变形可以使温度应力消除，此时就不会产生温度应力。

温度应力一般都是处于三相应力状态，加热时圆柱毛坯中心部位受到的轴向温度应力较径向温度应力大，而且都是拉应力，因此钢料加热时心部产生裂纹的倾向较大。

2. 组织应力

加热具有相变的毛坯时，表层首先发生相变，珠光体变为奥氏体，比容减小，在表层形成拉应力，心部为压应力。当温度继续升高时，心部也发生相变。这时心部为拉应力，表层形成压应力。这种由于相变前后组织的比容发生变化而引起的内应力称为组织应力。由于相变时毛坯已处于高温状态，塑性好，尽管产生组织应力，也会很快被松弛消失。因此在毛坯加热过程中，组织应力无危险性。

3. 残余应力

钢锭在凝固和冷却过程中，由于外层和中心冷却次序不同，各部分间的相互牵制将产生残余应力。外层冷却快，应力为压应力；中心冷却慢，应力为拉应力。当残余应力超过强度极限时，金属材料将产生裂纹。

综上所述，毛坯在加热过程中，由于内应力引起的裂纹，主要是温度应力造成的。一般来讲，裂纹发生在加热低温阶段，而且发生的部位在心部。因此，在500～550℃以下加热时，应避免加热速度过快，在加热时应降低装炉温度。

3.4 锻造温度范围的确定

锻造温度范围是指坯料开始锻造时的温度（始锻温度）和结束锻造时的温度（终锻温度）之间的温度区间。

经过长期生产实践和大量实验研究，现有钢种的锻造温度范围均已基本确定，可从手册中查得。但是随着金属材料的日益发展，今后不断会有新的材料需要锻造。因此，还必须掌握确定锻造温度范围的一些原则和方法。

确定锻造温度范围的基本原则：要求坯料在锻造温度范围内锻造时，金属具有良好的塑性和较低的变形抗力；保证锻件品质；锻出优质锻件；并且锻造温度范围尽可能宽广些，以便减少加热火次，提高锻造生产效率，减少热损耗。

确定锻造温度范围的基本方法：以合金平衡相图为基础，再参考塑性图、抗力图和再结晶图，从塑性、品质和变形抗力三个方面加以综合分析，从而定出合适的始锻温度和终锻温度。

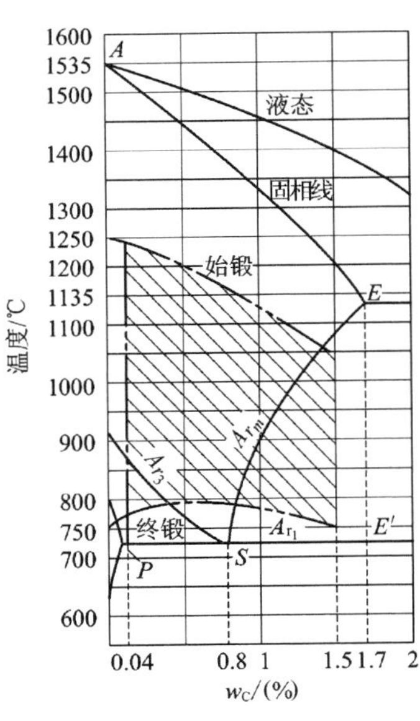

图 3.7　碳钢的锻造温度范围

下面以碳钢为例，来说明锻造温度范围的确定问题。

确定始锻温度时，应保证毛坯在加热过程中不产生过烧现象，同时也要尽力避免发生过热。按此，碳钢的始锻温度则应比铁-碳平衡图的固相线低 150～250℃。由图 3.7 可以看出，碳钢的始锻温度随着含碳量的增加而降低。合金钢通常随着含碳量的增加而降低得更多。请注意，靠近坐标原点的地方，碳的质量分数趋近于零，此时的铁碳合金不是钢，而是工业纯铁。

此外，始锻温度的确定还应考虑到毛坯组织、锻造方式和变形过程等因素。

如以钢锭为毛坯时，由于铸态组织比较稳定，产生过热的倾向比较小，因此钢锭的始锻温度可以比同钢种钢坯和钢材高 20～50℃。对于大型锻件的锻造，最后一火的始锻温度，应根据剩余的锻造比确定，以避免锻后晶粒粗大。这对不能用热处理方法细化晶粒的钢种尤为重要。

在确定终锻温度时，既要保证钢在终锻前具有足够的塑性，又要保证锻件能够获得良好的组织性能。所以终锻温度不能过高，温度过高，会使锻件的晶粒粗大，锻后冷却时出现非正常组织。相反，温度过低不仅导致锻造后期加工硬化，可能引起锻裂，而且会使锻件局部处于临界变形状态，形成粗大的晶粒。因此，通常钢的终锻温度应稍高于其再结晶温度。

按照以上原则，碳钢的终锻温度在铁-碳平衡图 A_1 线以上 25～75℃。由图 3.7 可以看出，中碳钢的终锻温度位于奥氏体单相区，组织均匀，塑性良好，完全满足终锻要求。低碳钢的终锻温度虽处在奥氏体和铁素体的双相区，但因两相塑性均较好，不会给锻造带来困难。高碳钢的终锻温度是处于奥氏体和渗碳体的双相区，在此温度区间锻造时，可借助塑性变形，将析出的渗碳体破碎成弥散状，而在高于 A_{r_m} 线的温度下终锻将会使锻后沿晶界析出网状渗碳体。

还应指出，终锻温度与钢种、锻造工序和后续工艺等也有关。

对于冷却时不产生相变的钢种，因为热处理不能细化晶粒，只能依靠锻造控制晶粒度，为了使锻件获得较细晶粒，这类钢的终锻温度一般偏低。

当锻后立即进行锻件余热处理时，终锻温度应满足余热处理的要求。如低碳钢锻件锻后进行余热处理，其终锻温度则要求稍高于 A_{r_3} 线。

锻造精整工序的终锻温度比常规值低 50～80℃。

各种钢的锻造温度范围见表 3-5。从表中可以看出，各种钢的锻造温度范围相差很大，一般碳钢的锻造温度范围比较宽，而合金钢的锻造温度范围比较窄，尤其高合金钢的锻造温度范围只有 200～300℃。因此，在锻造生产中高合金钢锻造较困难，对锻造工艺过程要求严格。

表 3-5 各种钢的锻造温度范围

钢　　种	始锻温度/℃	终锻温度/℃	锻造温度范围/℃
普通碳素钢	1280	700	580
优质碳素钢	1200	800	400
碳素工具钢	1100	770	330
合金结构钢	1150～1200	800～850	350
合金工具钢	1050～1150	800～850	250～300
高速工具钢	1100～1150	900	200～250
耐热钢	1100～1150	850	250～300
弹簧钢	1100～1150	800～850	300
轴承钢	1080	800	280

工业纯铁的含碳量很低，只有0.04%左右，或更低，因此也有人称其为无碳钢。在确定工业纯铁的锻造温度范围时，不少资料都将其看作一般低碳钢，没有考虑工业纯铁的特殊性能。而实践中，纯铁在750～1250℃锻造时，几乎所有的锻件都会被过烧成豆腐渣状。

工业纯铁锻造温度范围的确定，必须保证其在终锻前不产生加工硬化并且有较好的塑性，在终锻后具有细小的再结晶晶粒。

工业纯铁锻造时的过烧并非由于金属加热到接近熔点温度时，晶间低熔点物质发生熔化，炉气中的氧化性气体渗入晶粒边界，使晶间物质氧化，破坏了晶粒间的联系，而是由于纯铁不同于低碳钢——在一定的锻造温度下纯铁会产生同素异构转变。当纯铁由 γ-Fe（面心立方晶格）转变为 α-Fe（体心立方晶格）时，虽然滑移系均为12个，但由于滑移方向的数目作用比滑移面数目大，面心立方晶格每个滑移面上的滑移方向有3个，而体心立方晶格只有2个，故而具有面心立方晶格的 γ-Fe 比具有体心立方晶格的 α-Fe 的塑性好。

同时，当纯铁产生同素异构转变时，由于微观组织发生变化，体积突变，晶胞体积还会产生一定的膨胀。虽然体积变化不大，但在较低温度时的固态中却能产生较大的组织应力。这种组织应力若超过铁素体的晶界强度，会造成应力集中，晶间联系减弱，引起塑性恶化，严重影响锻造性能。

人们把在高温下发生的这种现象称为红脆现象。912℃称为低温红脆温度，1394℃称为高温红脆温度。工业纯铁在低温受载和高变形速率时，也经常出现脆性破坏现象，所以工业纯铁的锻造温度范围要避开产生过热和过烧的高温区和产生相变的温度范围，即避开红脆区。因此工业纯铁的始锻温度应低于其熔点150～250℃，终锻温度应控制在 γ-Fe 形成的温度范围；大约为两个温度范围：高温区为1350～1150℃，低温区为850～650℃。

理想的方案是在高温区锻造。如果形状和尺寸不能达到所要求的形状和尺寸时，待温度降低到850℃时再锻造。此刻锻件颜色为深黄色，温度低于650℃时停锻，此刻锻件已呈暗红色。

必须注意的是，1150～850℃是常用碳钢锻造温度，却是工业纯铁的锻造禁区。

此外，纯铁的冶炼方法不同，对红脆区的影响也不同。镇静纯铁比沸腾纯铁对红脆现象更敏感，化学成分中 P 和 S 杂质更起了推波助澜的不良作用。

3.5 钢的加热规范

3.5.1 金属加热规范制定的原则和方法

所谓加热规范（加热制度），是指毛坯从装炉开始到加热完成整个过程对炉子温度和毛坯温度随时间变化的规定。为了应用方便和表意清晰，加热规范采用温度-时间的变化曲线（又称加热曲线）来表示。

在锻造生产中，毛坯锻前加热采用的加热规范类型有一段、二段、三段、四段及五段加热规范，其加热曲线如图 3.8 所示。

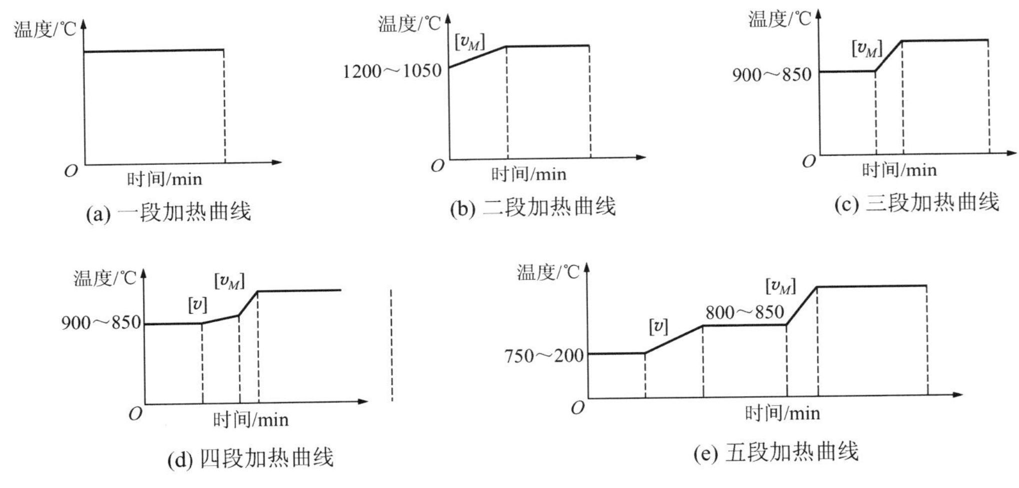

图 3.8 锻造加热曲线

制订加热规范的基本原则是优质、高效、低消耗，要求毛坯加热过程中不产生裂纹、过热与过烧，温度均匀，氧化和脱碳少，加热时间短，生产效率高和节省燃料等。

加热规范的核心问题是确定金属在加热过程不同时期的加热温度、加热速度和加热时间。通常可将加热过程分为预热、加热、保温三个阶段。预热阶段主要是合理规定装料时的炉温；加热阶段的关键是正确选择升温加热速度；保温阶段则应保证钢料温度均匀，给定保温时间。

1. 装炉温度

开始加热的预热阶段，毛坯的温度低而塑性差，同时还存在蓝脆区。为了避免温度应力过大引起裂纹，应规定毛坯的装炉温度。装炉温度的高低取决于温度应力，与钢的导温性和毛坯的大小有关。一般来讲，导温性好、尺寸小的钢材，装炉温度不受限制。而导温性差、尺寸大的钢材，则应规定装炉温度，并在该温度下保温一定时间。

目前，关于装炉温度的确定，虽然可以通过加热温度应力的理论计算来确定，但实际上主要还是依据生产经验和实验数据确定。如钢锭加热时的装炉温度，可按我国现行钢锭加热规范实践总结的经验而定（图 3.9）。图 3.9 中的实线表示装炉温度，虚线表示在装炉温度下的保温时间。

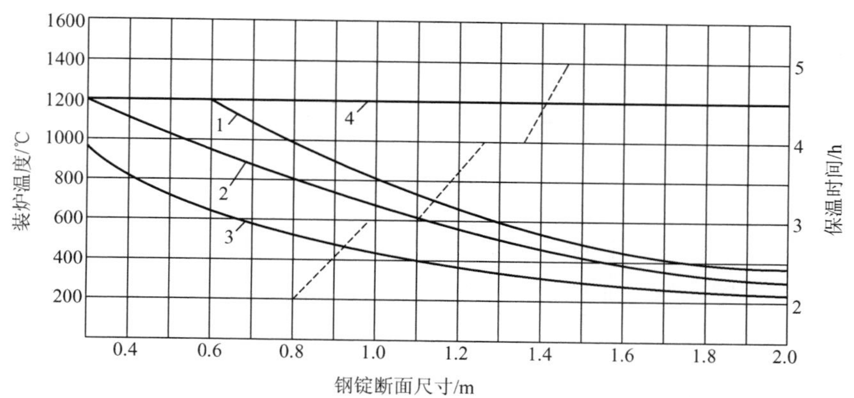

图 3.9 钢锭加热的装炉温度及保温时间

1—Ⅰ组冷锭的装炉温度；2—Ⅱ组冷锭的装炉温度；3—Ⅲ组冷锭的装炉温度；4—热锭的装炉温度

2. 加热速度

毛坯加热升温时的加热速度，一般采用单位时间内金属表面温度升高的多少（℃/h）；也可采是用单位时间内金属截面热透的数值（mm^2/min）。

加热规范中有两种不同含义的加热速度：一种是最大可能加热速度，另一种是毛坯允许加热速度。

（1）最大可能加热速度，是指炉子按最大供热能量升温时所能达到的加热速度。它与炉子的类型，燃料状况，毛坯的形状、尺寸以及放在炉中的位置等有关。

（2）毛坯允许加热速度，是指在不破坏金属完整性的条件下所允许的加热速度 $[v]$，取决于金属在加热过程中的温度应力。温度应力的大小与金属的导热性、热容量、线膨胀系数、力学性能及毛坯尺寸有关。根据温度应力理论计算公式，可导出圆柱体坯料允许加热速度 $[v]$ 的计算公式。

$$[v]=\frac{5.6k[\sigma]}{\beta ER^2} \tag{3-8}$$

式中 $[v]$——圆柱坯料允许的加热速度（℃/h）；

k——热扩散系数（m^2/h）；

$[\sigma]$——许用应力，可用相应温度强度极限计算（MPa）；

β——线膨胀系数（$℃^{-1}$）；

E——弹性模量（MPa）；

R——坯料半径（m）。

由式(3-8) 可知，毛坯的导热性越好，强度极限越大，断面尺寸越小，允许的加热速度越大。反之，允许的加热速度越小。因此，导热性好的毛坯在加热时，不必考虑允许的加热速度，可以采用最大加热速度。而加热导热性差的毛坯时，在低温阶段应以坯料允许的加热速度加热，升到高温后方可按最大加热速度加热。

在生产中，由于钢材或钢锭存在内部缺陷，实际允许的加热速度要比计算值低。但是，对于热扩散系数高、断面尺寸小的钢料，即使炉子按最大可能的加热速度加热，也很难达到实际允许的加热速度。因此，对于碳素钢和有色金属，其断面尺寸小于200mm时，根本不用考虑允许的加热速度。然而，对于热散率低、断面尺寸大的钢料，由于允许的加热速度较小，在炉温低于700～850℃时，应按允许加热速度加热，当炉温超过700～850℃时，可按最大可能的加热速度加热。

3. 保温时间

通常的保温包括装炉温度下的保温、700～850℃的保温、锻造温度下的保温。

(1) 装炉温度下的保温，目的是防止金属在温度内应力作用下引起破坏，特别是钢在200～400℃很可能因蓝脆而发生破坏。

(2) 700～850℃的保温，目的是减少前锻加热后钢料断面上的温差，从而减少钢料断面内的温度应力，使锻造温度下的保温时间不至过长。对于有相变的钢，当其几何尺寸较大时，为了不因相变吸热使内外温差过大，更需要在700～850℃保温。

(3) 锻造温度下的保温，目的是减少钢料的断面温差，使温度均匀。另外，借助扩散作用使组织均匀化，这样不但提高了金属的塑性，而且对提高锻件品质也具有重要的影响。例如高速钢在锻造温度下保温，就是使碳化物溶于固溶体中。对于有些钢，如铬钢(GCr15)，在高温下易产生过热，在锻造温度下的保温时间不能太长，否则会产生过热和过烧。

保温时间的长短，要从锻件品质、生产效率等方面考虑，特别是终锻温度下的保温时间尤为重要。因此，终锻温度下的保温时间规定了最小保温时间和最大保温时间。

最小保温时间是指能够使坯料温差达到规定的均匀程度所需的最短的保温时间，其具体确定可参考图3.10和图3.11。图3.11的横坐标为坯料直径，单位为m；纵坐标 y_k 为最小保温时间与表面加热到始锻温度时所需要的加热时间之比(%)。

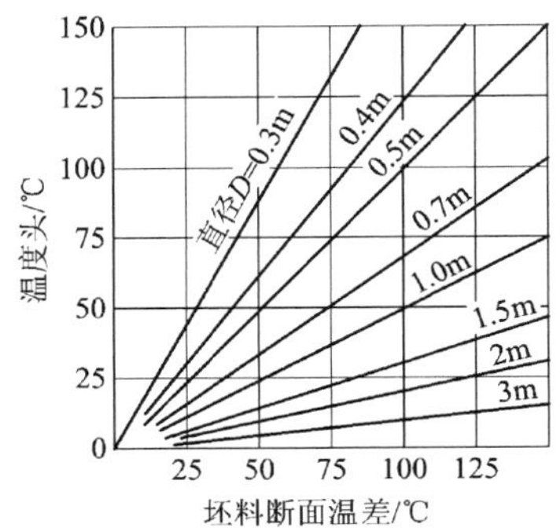

图3.10 炉温为1200℃时坯料断面温差与温度头、坯料直径的关系

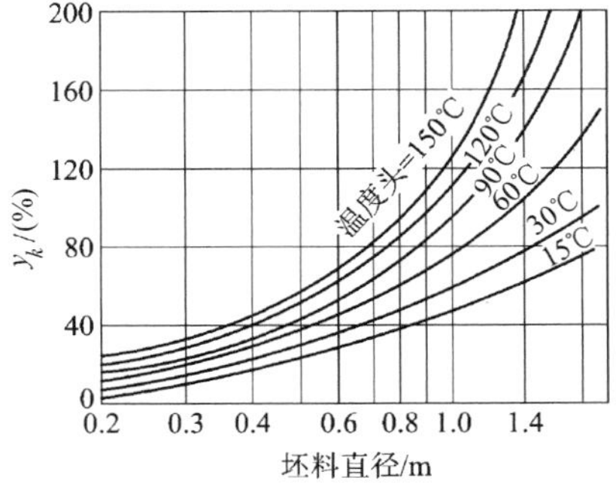

图3.11 y_k 与温度头、坯料直径的关系

由图 3.11 可以看出，最小保温时间与表面加热到始锻温度时所需要的加热时间之比与温度头（温度头为当毛坯表面加热到始锻温度时，炉温与毛坯表面的温差）和坯料直径有关。温度头越大且毛坯直径越大时，坯料断面的温差也越大，因此相应的最小保温时间也越长。反之，最小保温时间越短。

毛坯加热终了时，断面温差应达到的均匀程度因钢种的不同而不同，碳素钢和低合金钢要求小于 50～100℃，高合金钢要求小于 40℃。

最大保温时间是不产生过热、过烧缺陷的最大允许保温时间。

实际生产中，保温时间应大于最小保温时间，这样能保证产品的加热品质。但是又要防止出现缺陷，希望保温时间不要太长。如有原因不能按时将加热到锻造温度的毛坯出炉，应将炉温降至 700～850℃。

4. 加热时间

加热时间是指毛坯在炉中均匀加热到规定温度所用的时间，是加热各个阶段保温时间和升温时间的总和。按传热学理论进行计算来确定加热时间，这种方法非常烦琐复杂，误差也很大，生产中很少采用。实际中人们常以经验公式、试验数据或图线等来确定加热时间，虽然具有局限性，但应用简单方便。

下文简单介绍两种确定加热时间的方法。

（1）钢锭（或大型钢坯）的加热时间。冷钢锭（或钢坯）在室式炉中加热到 1200℃所需要的加热时间可按下式计算。

$$t=ak_1D\sqrt{D} \tag{3-9}$$

式中 t——加热时间（h）；

a——与钢料成分有关的系数（碳钢与低合金钢 $a=10$，高碳钢和高合金钢 $a=20$）；

k_1——与坯料的断面形状和在炉内排放情况有关的系数，其值为 1～4，可参阅图 3.12。

D——钢料直径（m）（方形截面取边长、矩形截面取短边边长）。

（2）钢材（或中小型钢坯）的加热时间。在连续炉或半连续炉中加热时间 t 可按下式计算。

$$t=a_0D \tag{3-10}$$

式中 D——钢料直径或边长（cm）；

a_0——与钢料成分有关的系数（碳素结构钢 $a_0=0.1\sim0.15$h/cm，合金结构钢 $a_0=0.15\sim0.2$h/cm，工具钢和高合金钢 $a_0=0.3\sim0.4$h/cm）。

采用室式炉加热时，加热时间的确定方法如下。

对于直径为 200～350mm 的钢坯，其加热时间可参考表 3-6 确定。表中的数据为单个毛坯的加热时间，加热多件及短料时，要乘以相应的修正系数 k_1、k_2（图 3.12）。

对于直径小于 200mm 的钢材，其加热时间可按图 3.12 确定，图中 $t_{碳}$ 为碳钢圆材单个坯料的加热时间。考虑到装炉方式、坯料尺寸和钢种类型的影响，加热时间还应乘以相应的修正系数 k_1、k_2、k_3。

总之，在制定毛坯加热规范时，应考虑毛坯的类型，钢种，断面尺寸，组织性能及有关性能（如塑性、强度极限、导热系数、膨胀系数），毛坯的原始状态，加热时的具体条件，并参考有关的手册资料。首先应制订出毛坯的始锻温度，然后确定加热规范的类型及其相应的加热工艺过程参数，如装炉温度、加热速度、保温时间、加热时间等。

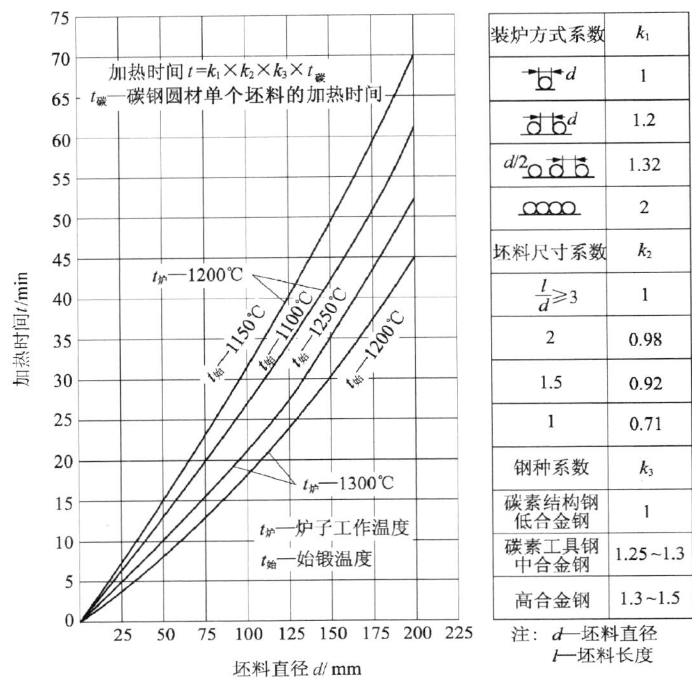

图 3.12　碳素钢在室式炉中单个放置时的加热时间

表 3-6　钢坯加热时间

钢　　种	加热时间/（h/100mm）
低碳钢、中碳钢、低合金钢	0.60～0.77
高碳钢、合金结构钢	1
碳素工具钢、合金工具钢、高合金钢、轴承钢	1.20～1.40

3.5.2　钢锭、钢材与中小钢坯的加热规范

大型自由锻件与高合金钢锻件多以钢锭为原材料。

钢锭按规格可分为大型钢锭和小型钢锭。一般把质量大于 2～2.5t、直径大于 500～550mm 的钢锭称为大型钢锭，其他是小型钢锭。

钢锭按锻前加热装炉时的温度又分为冷锭（一般为室温）和热锭（一般高于室温）。

因为冷锭在低于 500℃加热时塑性较差，加上其内部残余应力又与温度应力同向，各种组织缺陷还会造成应力集中，如果加热规范制定不当，容易引发裂纹。所以在冷锭加热的低温阶段，应限制装炉温度和加热速度。

加热大型钢锭时，由于其断面尺寸大，产生的温度应力也大。因此，要采用多段加热规范。

加热小型钢锭时，由于其断面尺寸小，产生的温度应力不大。因此，对于碳素钢与低合金钢小锭，多采用一段快速加热规范。对于高合金钢小锭，因其低温导温系数较差，和大型冷锭加热一样，也采用多段加热规范。

从炼钢车间铸锭脱模后，直接送到锻压车间装炉加热的钢锭为热锭。热锭在装炉时，其表面温度一般不低于600℃，处于良好的塑性状态，温度应力小，装炉温度不受限制，入炉后便可以最大的加热速度进行加热。

一般中小锻件采用钢材或中小钢坯为原材料，由于其毛坯断面尺寸小，钢材与钢锭经过塑性加工组织性能好。

在锻造生产中，钢材与小钢坯的加热规范如下。

直径小于150～200mm的碳素结构钢钢坯和直径小于100mm的合金结构钢钢坯，采用一段加热规范，一般炉温控制在1300～1350℃，温度头达100～150℃。

直径为200～350mm的碳素结构钢钢坯（含碳量大于0.45%～0.50%）和合金结构钢钢坯，采用三段加热规范，炉温控制在1150～1200℃，采用最大加热速度，钢坯入炉后需要进行保温，加热到始锻温度后也需保温，保温时间为整个加热时间的5%～10%，温度头达100～150℃。

对于导温性差、热敏感性强的高合金钢（如高铬钢、高速钢）钢坯，则采取低温装炉，装炉温度为400～650℃。

3.6 钢的锻后冷却

钢的锻后冷却是指锻件锻后从终锻温度冷却到室温的过程。锻后冷却的重要性并不亚于锻前加热和锻造成形过程。有时毛坯采用正常的加热规范和适当的锻造，虽然可以保证获得高质量的锻件，但如果冷却方法选择不当，锻件还有可能因产生缺陷而报废，也可能延长生产周期，影响生产效率。所以，钢的锻后冷却也是锻造生产中不可忽视的重要环节。普通钢料的小型锻件锻完后可放在地上自然冷却，但对于合金锻件及大型锻件，这样做会产生裂纹、网状碳化物、白点等缺陷。

3.6.1 锻件冷却时常见缺陷

1. 裂纹

毛坯加热时由于温度应力、组织应力及残余应力之和超过材料的强度极限而形成裂纹。同样，锻件在冷却过程中也会引起温度应力、组织应力及残余应力而有可能形成裂纹。

(1) 温度应力。冷却初期，锻件表面温度明显降低，体积收缩较大；而心部温度较高，收缩较小，表层收缩趋势受心部阻碍，结果在表层受到拉应力，心部则受到与其方向相反的压应力。对于塑性较好、变形抗力较小的软钢，这时由于心部温度仍然较高，变形抗力小，而且塑性较好，还可以产生微量塑性变形，使温度应力得以松弛。到了冷却后期，锻件表面温度已接近室温，基本上不再收缩，这时表层反而阻碍心部继续收缩，导致温度应力发生符号变化，即心部由压应力转为拉应力，而表层由拉应力转为压应力。

应该注意到，对于抗力大、难变形的金属，在冷却初期表层产生的拉应力可能得不到松弛，到了冷却后期，虽然心部收缩对表面产生附加压应力，但也只能使表层初期受到的拉应力和加热温度应力一样，也是三向应力状态，最大也是轴向应力。锻件冷却过程中轴向温度应力变化和分布如图 3.13 所示。

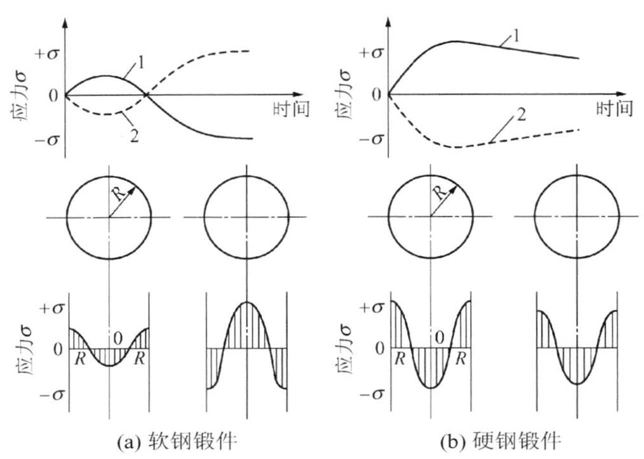

图 3.13　锻件冷却过程中轴向温度应力变化和分布

1—表面应力；2—心部应力

(2) 组织应力。锻件在冷却过程中如有相变发生，由于相变前后组织的比容不同，而且相变是在一定温度范围内完成的，因此锻件表层和心部相变不同时进行而产生组织应力。

例如，奥氏体钢的比容为 0.12～0.125cm^3/g，马氏体钢的比容为 0.127～0.131cm^3/g，如锻件在冷却过程中有马氏体转变，则在冷却过程中随着温度的不断下降，当锻件表层冷却到马氏体转变温度时，表层首先进行马氏体转变，而心部仍处于奥氏体状态。因此锻件表面的体积膨胀受到心部的制约，这时所引起的组织应力，表层是压应力，心部为拉应力。然而这时心部温度较高，塑性较好，通过局部塑性变形可以缓和上述组织应力。随着锻件冷却过程的进行，心部也发生马氏体转变，其体积膨胀，而表层体积却不再发生变化。此时心部的膨胀又受到表层的阻碍，这时产生的组织应力，心部是压应力，表层为拉应力。随着心部马氏体含量的逐渐增加，应力不断增大，到马氏体转变结束为止。

冷却时的组织应力和加热时一样也是三向应力状态，并且切向应力最大，这就是引起表面纵裂的原因之一。

(3) 残余应力。加热后的毛坯在锻造过程中，由于变形不均匀和加工硬化所引起的内应力，如未能及时通过再结晶软化将其消除，便会在锻后成为残余应力保持下来。残余应力在锻件内的分布根据变形不均的情况而有所不同，其中拉应力可能出现在锻件表层，也可能出现在心部。

总之，锻件在冷却过程中总的内应力为上述三种应力的叠加。当总的内应力超过材料某处的强度极限时，便会在锻件的相应部位产生裂纹。如不足以形成裂纹，也会以残余应力的形式保留下来，给后续热处理增加不利因素。

一般情况下，锻件尺寸越大，导热系数越小，冷却越快，温度应力和组织应力越大。

2. 网状碳化物

过共析钢和轴承钢，如果终锻温度较高，而且在 A_{r_m} ～A_{r_1} 缓冷时，将由奥氏体中大量析出二次渗碳体，这时碳原子由于具有较大的活动能力和足够的时间扩散到晶界，沿着奥氏体晶界形成网状碳化物。当网状碳化物较严重时，用一般的热处理方法不易消除，材料的冲击韧性降低，热处理淬火时常引起龟裂。

另外，奥氏体不锈钢（如 1Cr18Ni9Ti、1Cr18Ni9 等）在 800～550℃缓冷时，有大量含铬的碳化物沿晶界析出，形成网状碳化物。在这类钢中，由于碳化物的析出使晶界出现贫铬现象，使抗晶间腐蚀的能力降低。

3. 白点

白点是钢制锻件在冷却过程中产生的内部缺陷。白点在钢的纵向断口上呈圆形或椭圆形的银白色斑点（合金钢白点的色泽光亮，碳素钢白点较暗），在横向断口上呈细小的裂纹。白点的尺寸由几毫米到几十毫米不等。从显微组织上观察，在白点附近区域没有发现塑性变形的痕迹。白点是纯脆性的。

锻件存在白点对其性能极为不利，不仅会导致力学性能急剧下降，热处理淬火时还会使零件开裂，零件在交变和重复载荷的作用下，还会突然发生断裂。其原因是白点处为应力集中点，在交变和重复载荷的作用下，常常成为裂纹源而导致零件疲劳断裂。国外电站设备曾发生因转子和叶轮中有白点造成的严重事故。因此，白点是锻件的一种危险性较大的缺陷。

白点多发生在珠光体类和马氏体类合金钢中，碳素钢发生白点的程度较轻，奥氏体钢和铁素体钢极少发现白点，莱氏体合金钢也很少发现白点。

白点的形成，一般认为是钢中的氢和组织应力共同作用的结果。冷却速度越快时，它们的作用越明显，而锻件的尺寸越大，白点也越易形成。因此，锻造白点敏感钢的大锻件时，应特别注意冷却速度。

3.6.2 锻件的冷却规范

根据锻件在锻后的冷却速度，冷却方法分为空冷、坑（箱）冷和炉冷三种。

（1）空冷。空冷是指在空气中冷却，其速度较快。锻件锻后单个或成堆地直接放在车间地面上冷却，但不能放在湿地或金属板上，也不能放在有穿堂风的地方，以免锻件冷却不均或局部急冷引起裂纹。

（2）坑（箱）冷。坑（箱）冷是指锻件锻后放到地坑或铁箱中封闭冷却，或埋入坑内细砂、石灰或石棉材、炉渣内冷却。一般锻件入砂温度不应低于 500℃，周围蓄砂厚度不能小于 80mm。锻件在坑内的冷却速度，可以通过不同的绝热材料及保温介质进行调节。

为了有效防止精锻件在冷却过程中氧化，可将其放在具有保护气氛的装置中冷却。

(3) 炉冷。炉冷是指锻件锻后直接装入炉中按一定的冷却规范缓慢冷却。由于炉冷可通过控制炉温准确控制冷却速度，因此适于高合金钢、特殊钢锻件及各种大型锻件锻后冷却。一般锻件的入炉温度不得低于600～650℃，炉内应事先升至与锻件同样的温度，待全部炉冷件装炉后开始控制冷却速度。一般出炉温度不应高于100～150℃。炉冷常用的冷却规范有等温冷却和起伏等温冷却。

制定锻件冷却规范，关键是选择合适的冷却速度。通常根据毛坯的化学成分、组织特点、原料状态和断面尺寸等因素，参照有关资料确定合适的冷却速度。

一般来说，毛坯的化学成分越简单，锻后冷却速度越快；反之则慢。对中小型碳钢和低合金钢锻件，锻后均采用空冷。而合金成分复杂的合金钢锻件，锻后应采用坑冷或炉冷。对含碳量较高的钢（如碳素工具钢、合金工具钢及轴承钢等），为了防止在晶界析出网状碳化物，在锻后先用空冷、鼓风或喷雾快速冷却到700℃，再把锻件放入坑中或炉中缓慢冷却。对于无相变的钢（如奥氏体钢、铁素体钢等），由于锻件冷却过程中无相变，可采用快冷。同时，为了锻后获得单相组织，防止铁素体钢在475℃左右脆性大，也要求快速冷却。所以无相变钢锻成的锻件锻后通常采用空冷。对于空冷自淬钢，为了防止冷却过程产生白点，应按一定冷却规范进行炉冷。

通常用钢材锻成的锻件在锻后的冷却速度比用钢锭锻成的锻件的冷却速度大，断面尺寸小的锻件在锻后的冷却速度比断面尺寸大的锻件的冷却速度大。

锻件不仅在终锻后应按照规范冷却，有时在锻造过程中也要进行冷却，即中间冷却。中间冷却用于加热后没有锻完的锻件（如多火锻造大型曲轴）、需要进行局部加热的锻件及在锻造过程中要进行毛坯探伤或清理缺陷的锻件。锻件中间冷却规范的确定和最终冷却规范相同。

3.7 中小钢锻件的热处理

锻件在机械加工前后，一般都要进行热处理。机械加工前的热处理称为锻件热处理，也称毛坯热处理或第一热处理。机械加工后的热处理称为零件热处理，也称最终热处理或第二热处理。通常锻件热处理是在锻压车间进行的。

由于锻压成形过程锻件各部分变形程度、终锻温度和冷却速度不一致，锻件冷却后表现出内部组织不均匀、存在残余应力和加工硬化等现象。为了消除上述不足，保证锻件品质，锻后需要进行热处理。对于不再进行最终热处理的锻件，锻后热处理能保证达到规定的力学性能要求。

锻后热处理还可以调整锻件硬度，为后续锻件进行切削加工做准备；消除锻件内应力，避免机械加工时产生变形；改善锻件内部组织，细化晶粒，为最终热处理做好组织准备。

根据钢种和工艺过程要求，常采用的热处理方法有退火、正火、调质（淬火和高温回火）。

3.7.1 退火

退火是将钢加热到一定温度，保温一定时间后缓慢冷却。

退火的主要目的有以下几个方面。

(1) 降低硬度、改善切削加工性。由于锻件锻后冷却速度过快，一般硬度偏高，不易切削加工，退火后硬度降低到200～240HBS，切削加工性能较好。

(2) 细化晶粒、改善力学性能。锻件锻后往往存在粗大晶粒的过热组织或带状组织，退火时可进行再结晶，消除上述组织缺陷，改善性能，并为以后淬火热处理做组织准备。

(3) 消除内应力、防止锻件变形或开裂，稳定工件尺寸，减少淬火时的变形或开裂倾向。

(4) 提高塑性、便于冷加工。中小锻件常用的退火有完全退火和球化退火（不完全退火）两种。完全退火又称再结晶退火，主要用于亚共析钢锻件。它是把锻件加热到A_{c_3}+(30～50)℃保温一定时间后，随炉冷却至500～600℃出炉空冷。球化退火主要用于过共析钢及合金工具钢锻件，是把锻件加热到A_{c_1}+(10～20)℃，经较长时间保温后随炉缓冷。钢中渗碳体凝聚成球状，获得球状的珠光体组织。

3.7.2 正火

正火是将亚共析钢加热到A_{c_3}+(30～50)℃、过共析钢加热到A_{c_m}+(30～50)℃，保温一定时间后在空气中冷却。正火与退火主要区别是正火冷却速度较快，所获得的组织较细，强度和硬度较高。

正火的主要应用如下。

(1) 对于力学性能要求不高的普通结构钢锻件，正火可细化晶粒、提高力学性能，因此可作为最终热处理。

(2) 对于低、中碳普通结构钢，正火作为预热处理，可获得合适的硬度，有利于切削加工。

(3) 对于过共析钢，正火可以抑制或消除网状二次渗碳体的形成。因为在空气中冷却速度较快，二次渗碳体不能像退火时那样沿晶界完全析出形成连续网状。

(4) 正火比退火生产周期短，节省能源，所以低碳钢多采用正火而不采用退火。但正火后锻件硬度较高，为了降低硬度还应进行高温回火。

3.7.3 调质（淬火和高温回火）

淬火是为了获得不平衡组织，以提高强度和硬度，将锻件加热到A_{c_3}+(30～50)℃（亚共析钢）或A_{c_1}～A_{c_m}（过共析钢）之间，经保温后进行急冷。

回火是为了消除淬火应力，获得较稳定组织，将锻件加热到A_{c_1}以下某一温度，保温一定时间，然后空冷或快冷。

含碳量低于0.25%的低碳钢锻件，为了改善钢的切削性能，有时采用淬火或回火处理。其中，含碳量低于0.15%的低碳钢锻件，可以只进行淬火。而含碳量在0.15%～0.25%的低碳钢锻件，淬火后还需进行低温回火，一般回火温度为260～420℃。

上述各种锻件热处理的加热温度范围如图3.14所示。

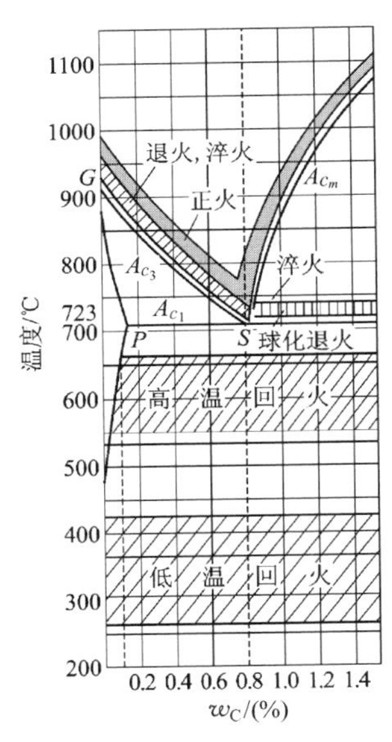

图3.14　各种锻件热处理加热温度范围示意图

锻件热处理时要按照一定的热处理规范进行。热处理规范根据锻件钢种、断面尺寸及技术要求等，并参考有关手册和资料制订。其内容包括加热温度、保温时间及冷却方式等。一般采用温度-时间变化曲线来表示，如图3.8所示。

另外，对于高温合金及铝合金，为了提高合金的塑性和韧性还需进行固溶处理，同时为了提高合金的强度和硬度，还需进行时效处理。

一些亚共析钢（中碳钢和中碳低合金钢）锻件，尤其是不再进行最终热处理时，为了获得良好的综合力学性能，采用调质处理较合适，即淬火+高温回火。

锻件调质处理后的力学性能（强度、韧性）比获得相同硬度的正火好，这是因为前者的渗碳体呈粒状，后者为片状。锻件调质处理后的硬度与高温回火的温度、钢的回火稳定性及工件截面尺寸有关，一般为25～35HRC。

调质处理主要用于各种重要的结构零件，特别是在交变载荷下工作的连杆、连接螺栓、齿轮及曲轴等。

3.7.4　锻件余热热处理

常规锻件热处理大多是当锻件冷却到室温后，再按工艺过程规程把锻件由室温重新加热进行热处理。为了使锻件的余热得到利用，可在锻后利用锻件自身热量直接进行热处理，即所谓的锻件余热热处理。生产中常用的锻件余热热处理方法有两种。第一种方法是锻件锻后不等冷却便送入热处理炉，仍按照常规的锻件热处理工艺过程执行。这种方法只是单纯利用锻件余热，节约燃料、降低成本、提高生产效率。第二种方法是锻件锻后立即进行热处理，把锻造和热处理紧密结合到一起，这种工艺过程称为形变热处理。形变热处理同时具有变形强化和热处理强化的双重作用，除了得到经济收益之外，还可使锻件获得良好的综合力学性能——高强度和高塑性，这是单一锻造加工和热处理所达不到的。

现有钢的形变热处理方法种类繁多，可按以下两种方法进行分类。

1. 按照变形与相变的先后顺序区分

（1）变形在相变前进行的形变热处理

① 高温形变淬火，是利用锻件锻后余热直接淬火，可结合各种锻造方法进行。此方

法适用于高温回火的各种碳钢和合金结构钢零件及机械加工量不大的锻件。

② 高温形变等温正火，是在锻造时适当降低终锻温度，锻后进行空冷。此方法适用于以碳素工具钢或合金钢制造的大型、复杂形状的锻件。

③ 高温形变等温淬火，是借助锻件锻后余热在珠光体或贝氏体区进行等温淬火。此方法适用于中、高碳钢小型锻件。

④ 低温形变淬火，是将钢料加热至奥氏体区域，然后急冷至最大转变孕育期进行变形，接着进行等温淬火。此方法适用于热模具钢和其他高强度结构钢的小型零件。

（2）变形在相变中进行的形变热处理

等温形变淬火，通常是在奥氏体发生分解的珠光体或贝氏体相变过程中进行变形。此方法适用于进行等温淬火的小型零件。

（3）变形在相变后进行的形变热处理

① 珠光体形变热处理，是将退火钢加热到700～750℃进行变形，然后慢速冷却到600℃左右出炉。此方法适用于轴承毛坯及其他球化组织要求较高的零件。

② 马氏体形变时效热处理，是使低碳钢淬成马氏体，在室温下变形，然后进行时效（200℃左右）。此方法适用于制造超高强度中小零件。

2. 按锻压变形温度高低区分

（1）与热锻相结合的形变热处理，如高温形变淬火、高温形变正火、高温形变等温淬火、连续冷却形变处理等。

（2）与温锻相结合的形变热处理，如低温形变淬火、低温形变等温淬火、等温形变淬火、珠光体形变等。

（3）与冷锻相结合的形变热处理，如马氏体形变时效等。

3.8 铝合金和铜合金的加热规范

3.8.1 铝合金的加热规范

铝合金根据其成分和工艺不同，可以分为铸造铝合金和变形铝合金。其中，变形铝合金按其使用性能和工艺性能不同，分为防锈铝、硬铝、超硬铝和锻铝四类。

变形铝合金可锻性较好，而且几乎所有锻造铝合金都有良好的塑性。一般来说，由于铝合金质地很软，外摩擦系数较大，流动性比钢差，因此在金属流动量相同情况下，铝合金消耗的能量比低碳钢多30%。铝合金的塑性受合金成分和变形温度的影响较大。随着合金元素含量的增加，合金的塑性不断下降。除某些高强度铝合金外，大多数铝合金的塑性对变形速度不十分敏感。

铝合金的锻造温度范围很窄，一般都在150℃以内，某些高强度铝合金的锻造温度范围甚至不到100℃。例如，7A04超硬铝，由于其成分中主要起强化作用的$MgZn_2$化合物与 Al 形成共晶产物后熔点为 470℃，所以始锻温度应低于此温度，一般取 430℃；其终锻温度应低于其退火温度（390℃），一般取 350℃。因此，7A04 超硬铝的锻造温度是 430～350℃，温差区间只有 80℃。

变形铝合金的锻造温度范围可查表 3－7。

表 3－7　变形铝合金的锻造温度范围

合金牌号	锻造温度范围/℃	合金牌号	锻造温度范围/℃
8A06（L6）	470～380	2A50（LD5“铸态”）	450～350
5A02（LF2）	590～380	2A50（LD5“变形”）	475～380
5A06（LF6）	450～380	2B50（LD6）	480～380
3A21（LF21）	500～380	2A70（LD7）	470～380
2A01（LY1）	470～380	2A80（LD8）	470～380
2A02（LY2）	450～350	2A90（LD9）	470～380
2A11（LY11）	475～380	2A14（LD10）	470～380
2A12（LY12）	460～380	7A04（LC4“铸态”）	430～350
6A02（LD2）	500～380	7A04（LC4“变形”）	430～350

尽管铝合金的锻造温度范围很窄，但是模锻过程的时间却无须加以限制。因为对于铝合金的锻造温度范围来说，模具的预热温度比较高，在锻造过程中毛坯降温较缓慢。另外，由于铝合金的变形热效应很大，可以产生一定的热量。铝合金在锻造过程中的温度是综合各种因素的结果，一般铝合金在锻造过程中温度有所种升高。

加热过程中必须严格控制铝合金的加热温度，一般要求毛坯加热到锻造温度的上限。铝和铝合金的加热温度不能通过肉眼观察来判断控制。铝合金的加热一般都采用能精确控制加热温度的带强制循环空气的箱式电阻炉或普通箱式电阻炉，加热温差为±10℃。

3.8.2　铜合金的加热规范

工业纯铜在室温及一定温度范围内具有很高的塑性，可用各种方法进行冷、热压力加工。由于纯铜强度低，通常在其中加入锌、锡、铝、镍、锰、硅和铬等元素，形成铜合金。铜合金有适当的强度和塑性，具有良好的导电性、导热性、耐磨性，以及良好的耐蚀性。因此，铜及铜合金在电力、仪表、航空、船舶等工业中得到较广泛的应用。

铜合金按所含合金元素的不同，可分为黄铜（以锌为主要元素），青铜（以锡或铝、硅、铍为主要元素，并可根据合金的元素的不同分为锡青铜、铝青铜、锰青铜、硅青铜、铬青铜、铍青铜等），白铜（以镍为主要元素）等。

铜合金种类不同，可锻性也有很大差异。黄铜在高温下具有良好的塑性和不大的变形抗力，所需的锻压力比普通碳钢小。青铜的组织比黄铜复杂，塑性也没有黄铜高，锻造青铜比锻造黄铜更困难。

总体来说，大多数铜合金在室温和高温下具有良好的塑性，可以顺利地进行锻造。但铜合金的锻造温度范围窄、导热性好，锻造时应采取必要的工艺过程措施，尽量减少金属的热量散失，使其在一火操作中有较长的操作时间。

一般要求铜合金毛坯加热到锻造温度上限。铜和铜合金的加热温度不能通过肉眼观察来判断。铜合金的加热应采用能精确控制加热温度的带强制循环空气的箱式电阻炉或普通箱式电阻炉进行，加热温差为±10℃。

铜合金的加热温度比钢的加热温度低，用普通钢材加热炉来加热时，应将燃烧装置调整到较小的燃烧功率下进行低温燃烧，或采用低温烧嘴。另外，在加热过铜的炉子里再加热钢料时，可能引起钢材热脆。因此在加热铜和铜合金时，应在炉底垫以薄铁板。此外，还应避免高温火焰直接接触铜料表面。在电炉中加热厚度小、面积大的铜合金坯料，可以叠放，层数一般不超过三层，否则容易发生过热或过烧。

铜合金的锻造温度范围见表 3-8。

表 3-8　铜合金的锻造温度范围

类别	牌号	锻造温度范围/℃	类别	牌号	锻造温度范围/℃
普通黄铜	H96	930～700	青铜	QAl7	840～700
	H90	900～700		QAl9-2	900～700
	H80	870～700		QAl10-3-1.5	850～700
	H68	830～700		QSi3-1	800～650
	H62	820～700		QBe2	750～650
	H59	800～700		QSn7-0.2	800～700
特种黄铜	HPb63-3	850～700		QCd1	850～650
	HPb59-1	800～650		QMn5	850～650
	HSn90-1	900～650	白铜	B19	1000～850
	HSn62-1	820～650		BZn15-20	940～810
	HSn60-1	820～650		BMn40-1.5	1030～800
	HMn58-2	800～650		BMn3-12	820～700
	HFe59-1-1	800～650		BMn43-0.5	1120～750
	HNi65-5	850～650	纯铜	T1	950～800
	HSi80-3	820～700		T2	950～800
	HAL59-3-2	800～650		T3	950～600
	HAL60-1-1	750～650			

习题及思考题

3-1　坯料加热时除注意遵照加热温度不要超出锻造温度范围外，还要注意哪些问题？锻造加热时如果毛坯（或坯料）加热不均匀，会产生哪些后果？

3-2　锻件加热时也要预热吗？为什么？

3-3　接触电加热有哪些优点和缺点？为什么采用接触电加热要对坯料表面粗糙度的形状尺寸要求严格？

3-4　什么是温度头？它和哪些因素有关？提高和降低温度头对加热规范有什么作用？

3-5　工业纯铁和低碳钢相比，哪种材料的锻造温度范围小？为什么？

3-6　为什么铝合金、铜合金和钢的锻造温度不同？加热铝合金、铜合金时要注意哪些问题？

第4章 自由锻主要工序分析

自由锻是将毛坯加热到锻造温度后，在自由锻设备和简单工具的作用下，通过人工操作控制金属变形以获得所需形状、尺寸和品质的锻件的一种锻造方法。自由锻分为人工锻打、锤上自由锻和水压机自由锻。人工锻打主要用于小型锻件，锤上自由锻和水压机自由锻主要用于大中型锻件。中小型锻件的原材料大多是经锻轧而成的质量较好的钢材，锻造时主要是使锻件成形。大型锻件和高合金钢锻件一般是以内部组织较差的钢锭为原材料，在锻造时关键是保证锻件品质。所以锻件成形规律和锻件品质是自由锻工艺过程研究的两个主要内容。

自由锻主要工序包括镦粗、拔长、冲孔、扩孔、弯曲等。了解和掌握自由锻主要工序的金属变形规律和变形分布，对合理制定自由锻过程的各项规程，准确分析锻件品质是非常重要的。

4.1 自由锻过程特征和工序分类

4.1.1 自由锻过程特征

（1）工具简单，通用性强，灵活性大，适合单件和小批量锻件生产。

（2）工具与毛坯部分接触，逐步变形，所需设备功率比模锻小得多，可锻造大型锻件，也可锻造变形程度相差很大的锻件。

（3）靠人工操作控制锻件的形状和尺寸，精度差、效率低、劳动强度大。

4.1.2 自由锻工序分类

根据变形性质和变形程度不同，自由锻工序分为三类。

(1) 基本工序，是指能够较大幅度地改变毛坯形状和尺寸的工序，也是自由锻过程中的主要变形工序，包括镦粗、拔长、冲孔、心轴扩孔、心轴拔长、弯曲、切割、错移、扭转、锻接等。

(2) 辅助工序，是指在毛坯进行基本工序前采用的变形工序，如预压夹钳把、钢锭倒棱、阶梯轴分段压痕等。

(3) 修整工序，是指用来修整锻件尺寸和形状使其完全达到锻件图要求的工序。一般是在某一基本工序完成后进行，如镦粗后的鼓形滚圆和截面滚圆、端面平整、拔长后校正和弯曲校直等。

上述各种工序部分简图见表 4-1。

表 4-1 部分自由锻工序简图

基本工序					
镦粗	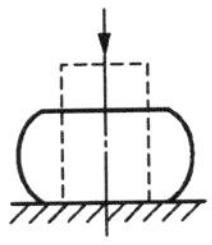	拔长	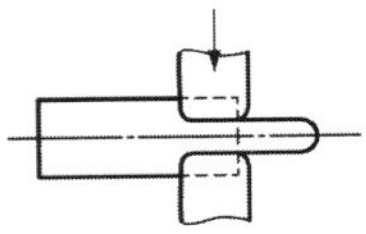	冲孔	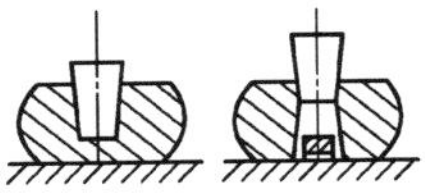
心轴扩孔	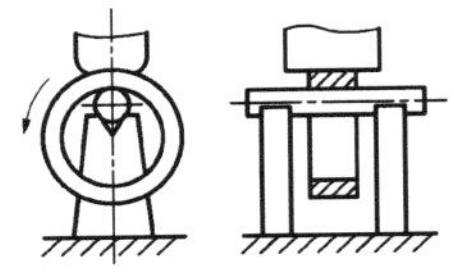	心轴拔长	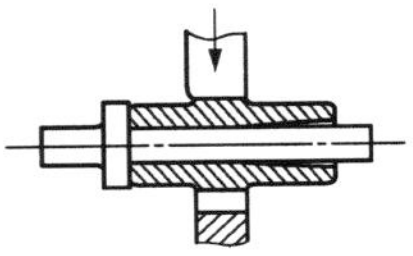	弯曲	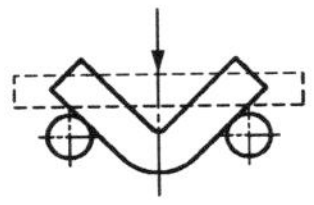
切割	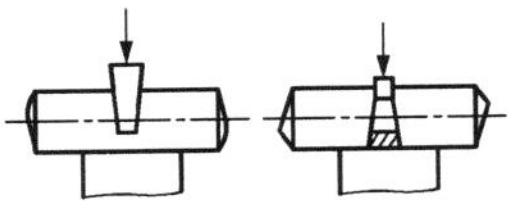	错移	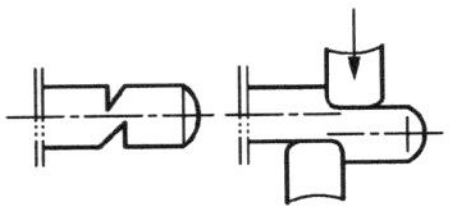	扭转	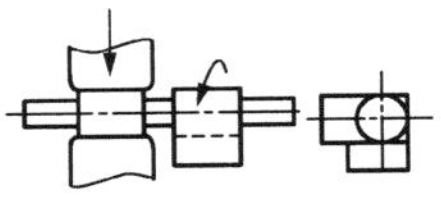
辅助工序					
预压夹钳把	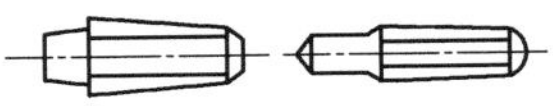	钢锭倒棱		阶梯轴分段压痕	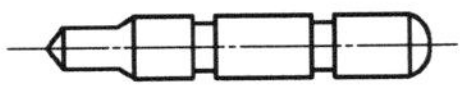
修整工序					
校正	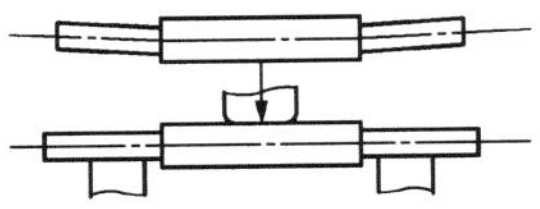	截面滚圆	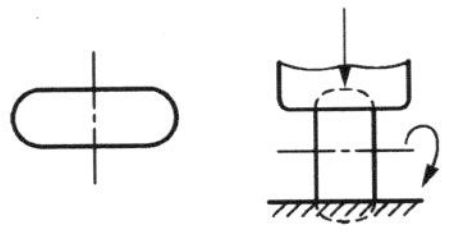	端面平整	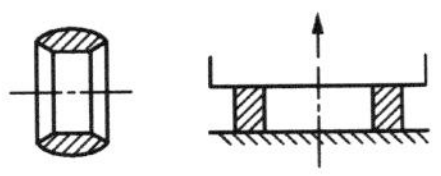

4.2 镦 粗

使毛坯高度减小而横截面增大的锻造工序称为镦粗。镦粗工序是自由锻中最常见的工序之一，具有如下用途。

(1) 将高径(宽)比大的毛坯锻成高径(宽)比小的饼(块)锻件。

(2) 锻造空心锻件时,在冲孔前使毛坯横截面增大和平整。

(3) 反复镦粗、拔长,可以提高后续拔长工序的锻造比;同时破碎金属中的碳化物,达到均匀分布。

【镦粗】

(4) 提高锻件的横向力学性能,减小力学性能的异向性。

镦粗一般可分为平砧镦粗、垫环镦粗和局部镦粗。

4.2.1 平砧镦粗

1. 平砧镦粗变形分析

毛坯完全在上下平砧间或镦粗平板间进行的镦粗称为平砧镦粗,如图 4.1 所示。

平砧镦粗的变形程度常用压下量 $\Delta H(\Delta H = H_0 - H)$ 和镦粗比 k_h 来表示。镦粗比 k_h 是毛坯镦粗前后的高度之比,即

$$k_h = \frac{H_0}{H}$$

式中 H_0——镦粗前毛坯的高度(mm);

H——镦粗后毛坯的高度(mm)。

圆柱毛坯在平砧间镦粗,随着轴向高度的减小,径向尺寸不断增大。由于毛坯与上下平砧之间的接触面存在摩擦,镦粗变形后毛坯的侧表面呈鼓形,同时造成毛坯变形分布不均匀。通过在毛坯子午面上划网格进行镦粗实验,可以看到网格镦粗后的变形情况,如图 4.2 所示。

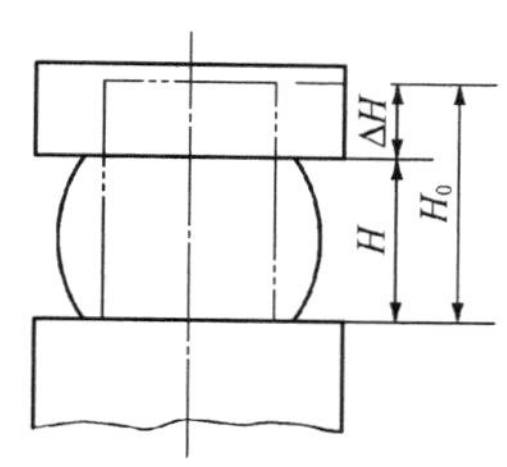

图 4.1 平砧镦粗

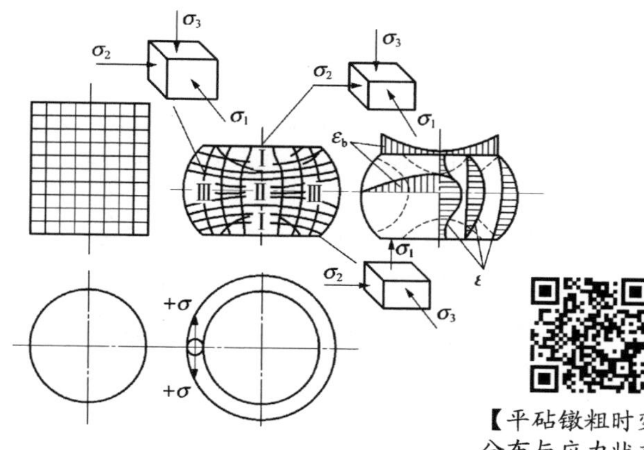

【平砧镦粗时变形分布与应力状态】

图 4.2 平砧镦粗时变形分布与应力状态

Ⅰ—难变形区;Ⅱ—大变形区;Ⅲ—小变形区

根据镦粗后网格的变形程度大小,平砧镦粗具有三个变形区。

(1) 难变形区(Ⅰ区),该变形区受端面摩擦的影响,变形十分困难。

(2) 大变形区(Ⅱ区),该变形区处于毛坯中段,受摩擦影响小,温度降低最慢,而且应力状态有利于变形,因此变形程度最大。

(3) 小变形区（Ⅲ区），变形程度介于Ⅰ区与Ⅱ区之间。

由于三个区域的变形量均不相同，变形方式也有差异，使得整个金属毛坯变形不均匀，所以毛坯平砧镦粗容易出现缺陷。

2. 平砧镦粗品质分析

由于毛坯镦粗时三个区域的变形不均匀，使得毛坯内部的组织变形不均匀，导致锻件性能不均匀。在难变形区（Ⅰ区）毛坯上下两端出现粗大的铸造组织。在大变形区（Ⅱ区），由于金属受三向压应力的作用，金属内部的某些缺陷易锻焊消除。在小变形区（Ⅲ区）的侧表面，出现鼓形，由于受到切向应力的作用易产生纵向开裂，随着鼓形的增大，这种倾向越可能发生。

对不同高径比尺寸的毛坯进行镦粗时，产生鼓形特征和内部变形分布均不相同，如图 4.3 所示。

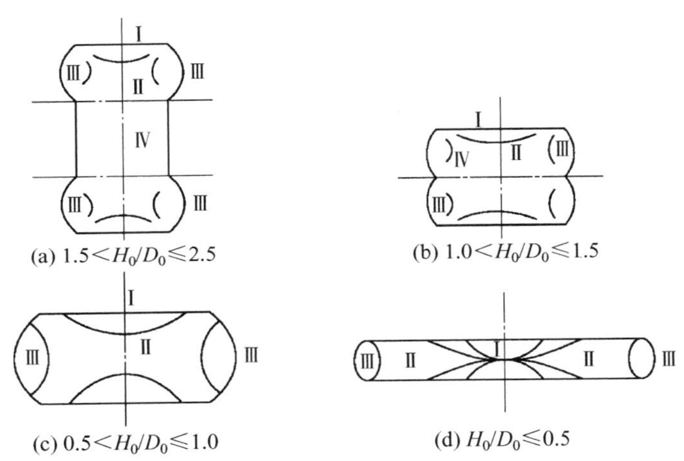

图 4.3 不同高径比毛坯镦粗时变形情况

Ⅰ—难变形区；Ⅱ—大变形区；Ⅲ—小变形区；Ⅳ—均匀变形区

(1) 当毛坯高径比满足 $1.5<H_0/D_0\leqslant2.5$ 时，镦粗时开始在上下两端先出现鼓形，形成Ⅰ、Ⅱ、Ⅲ、Ⅳ四个变形区。其中Ⅰ、Ⅱ、Ⅲ区与前述相同，而毛坯的中部Ⅳ区为均匀变形区，所受摩擦的影响最小，内部变形均匀，侧面保持圆柱形。

(2) 当毛坯高径比满足 $1.0<H_0/D_0\leqslant1.5$ 时，镦粗时由开始的双鼓形逐渐向单鼓形过渡。

(3) 当毛坯高径比满足 $0.5<H_0/D_0\leqslant1.0$ 时，镦粗时只产生单鼓形，形成三个变形区。

(4) 当毛坯高径比 $H_0/D_0\leqslant0.5$ 时，镦粗时毛坯的上下变形区相接触。

(5) 当毛坯的高径比 $H_0/D_0\geqslant2.5\sim3$ 时，毛坯镦粗时易产生失稳，导致纵向弯曲。

鼓形变化规律较复杂，端面摩擦的影响是一个主要因素，但变形速率、材料特性、操作规范的影响也不能忽视。例如，锤上与压机锻造时鼓形就不一样，所以在不同的条件下试验得到的情况不完全一致。

3. 减少平砧镦粗缺陷的工艺措施

为了减小平砧镦粗时的鼓形，提高变形均匀性，可以采取如下措施。

(1) 预热模具，使用润滑剂。预热模具可以减小模具与毛坯之间的温度差，有助于减小金属毛坯的变形阻力。使用润滑剂可减小金属毛坯与模具之间的摩擦，降低鼓形缺陷。

(2) 侧凹毛坯镦粗。采用侧面压凹的毛坯镦粗，在侧凹面上产生径向压力分量，可以减小鼓形，使毛坯变形均匀，避免侧表面纵向开裂，由于镦粗时毛坯直径增大，厚度变小，温度降低，变形抗力增大，毛坯明显镦粗，侧面内凹消失，呈现圆柱形。再继续镦粗，可获得程度不太大的鼓形，如图 4.4 所示。获得侧凹毛坯的方法如图 4.5 所示，图 4.5(a) 所示为采用铆镦的方法获得侧凹毛坯，图 4.5(b) 所示为采用端面辗压的方法获得侧面压凹毛坯。

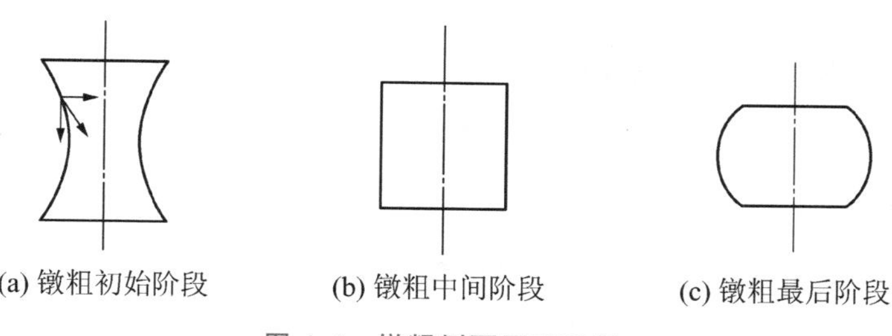

(a) 镦粗初始阶段　(b) 镦粗中间阶段　(c) 镦粗最后阶段

图 4.4　镦粗侧面压凹毛坯

(3) 软金属垫镦粗。将毛坯置于两软金属垫之间镦粗，如图 4.6 所示。图 4.6(a) 所示为采用板状软垫，图 4.6(b) 所示为采用环状软垫。由于软金属垫易于变形流动，对毛坯产生向外的主动摩擦，使端部金属在变形过程中不易形成难变形区，从而使毛坯变形均匀。

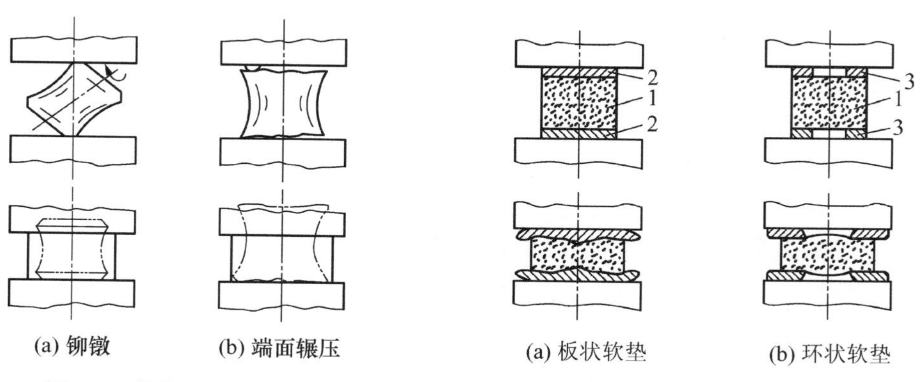

(a) 铆镦　(b) 端面辗压

图 4.5　铆镦与端面辗压

(a) 板状软垫　(b) 环状软垫

图 4.6　软金属垫镦粗

1—毛坯；2—板状软垫；3—环状软垫

(4) 叠料镦粗。叠料镦粗主要用于扁平法兰类锻件。将两毛坯叠起来镦粗［图 4.7(a)］；出现鼓形［图 4.7(b)］后，把毛坯翻转 180°对叠，再继续镦粗［图 4.7(c)］，可获得较大的变形量，最终如图 4.7(d) 所示。

(5) 套环内镦粗。在毛坯外加一个碳钢套圈，如图 4.8 所示。图 4.8(a) 所示为正欲镦粗加了碳钢套圈的毛坯，图 4.8(b) 所示为镦粗后加了碳钢套圈的毛坯。以套圈的径向压应力来减小毛坯由于变形不均匀而引起的表面拉应力，锻粗后将外套去掉。平砧镦粗主要用于镦粗低塑性高合金钢及合金等。

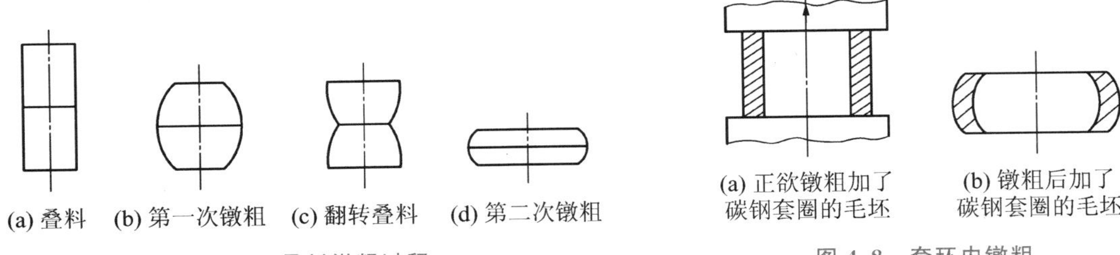

图 4.7 叠料镦粗过程

图 4.8 套环内镦粗

4.2.2 垫环镦粗和局部镦粗

1. 垫环镦粗

毛坯在单个垫环上或两个垫环间镦粗称为垫环镦粗，如图 4.9 所示。垫环镦粗可用于锻造带有单边［图 4.9(a)］或双边凸肩［图 4.9(b)］的饼块锻件。由于锻件凸肩和高度较小，采用的毛坯直径要大于环孔直径，因此，垫环镦粗变形实质属于镦挤。

垫环镦粗的关键是能否锻出所要求的凸肩高度。镦粗过程中既有挤压又有镦粗，必然存在一个金属变形（流动）的分界面，这个面被称为分流面，在镦粗过程中分流面的位置是变化的，如图 4.9(c) 所示。分流面的位置与下列因素有关：毛坯高度与直径之比 H_0/D_0、环孔与毛坯直径之比 d/D_0、变形程度 ε_H、环孔斜度 α 及摩擦条件等。

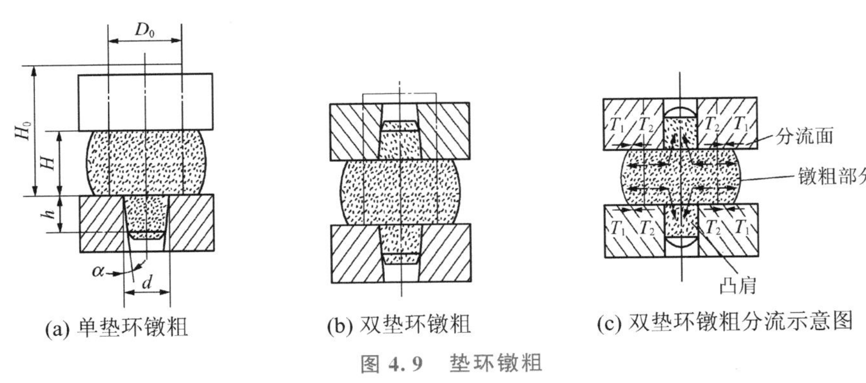

图 4.9 垫环镦粗

2. 局部镦粗

毛坯只是在局部（端部或中间）进行镦粗，称为局部镦粗。局部镦粗可以锻造凸肩直径和高度较大的饼块类锻件或带有较大法兰的轴杆类锻件，如图 4.10 所示。

局部镦粗时的金属变形（流动）特征与平砧镦粗相似，但受不变形部分（刚端）的影响。

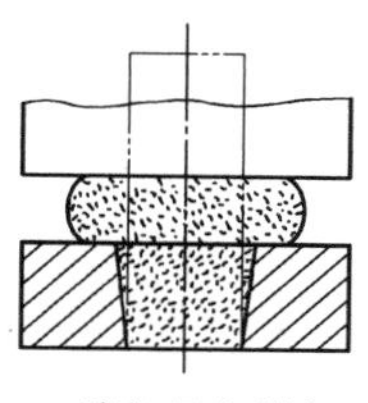
(a) 端部局部镦粗

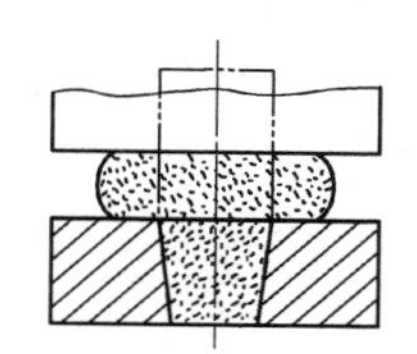
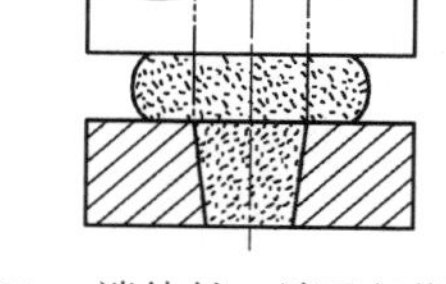
(b) 一端伸长一端局部镦粗

(c) 中间局部镦粗

图 4.10　局部镦粗

局部镦粗成形时的毛坯尺寸，应按杆部直径选取。为了避免镦粗时产生纵向弯曲，毛坯变形部分高径比应小于2.5～3，而且要求端面平整。对于头部较大而杆部较细的锻件，只能采用大于杆部直径的毛坯。锻造时先拔长杆部，然后镦粗头部；或者先局部镦粗头部，然后拔长杆部。

4.2.3 镦粗是提高锻件品质的重要手段

一般中小型锻件的锻造用原材料为经过改锻（锻压、轧制或锻压加轧制）加工后的型材，如各种圆钢、方钢和型钢，也有钢板、钢管等。而大型锻件和一些特殊锻件，它们的原始毛坯为钢锭。其内部组织是粗大不均的铸态组织，具有偏析、疏松、夹杂、气体、孔洞等冶金缺陷，只能通过镦粗变形来改善或消除。通过镦粗变形，可以打碎铸态结构，锻合内部孔隙、分散非金属夹杂和异相质点，产生比较细小而均匀的再结晶组织和合理的纤维分布，从而满足产品对组织性能的要求。

1. 使铸态组织变为锻造组织

镦粗变形时，当达到一定变形程度后，铸态的粗晶、树枝状结构及晶界物质被击碎。在热变形的同时，发生动态再结晶。当热变形停止时，又会产生静态再结晶。经过充分的锻造热变形和动态回复、动态再结晶及静态回复、静态再结晶联合作用，铸态组织将转变为再结晶组织，即锻造组织。

就热锻变形组织而言，晶粒度和均匀度主要取决于合适的变形温度和变形程度及其分布的均匀性。如果能控制变形程度、变形温度不达到临界值，而且匹配合理，分布均匀，便可得到比较理想的细小而均匀的再结晶组织。因而，对于某些锻件需要多火次加热锻造时，特别要重视控制最后一火的热锻参数。

对于无相变的铁素体不锈钢、奥氏体不锈钢等，由于不能通过热处理细化晶粒，通过热镦粗使晶粒细化、均匀化特别重要。

2. 改善碳化物及夹杂的分布

钢中的碳化物、非金属及过剩相，其物理性质和力学性能与基体材料的差别很大。如果在晶界中有偏析，或偏析呈团状、片状连续分布，就会大大影响锻件产品的使用性能。尤其是高合金钢锻件产品，其影响更严重。例如，制作模具、刀具的高速钢及轴承用钢锻件，就要求其所含的碳化物呈弥散状分布，保证力学性能均匀，使用寿命满意。对于品质要求高的许多锻件，就要求其内部的硫化物、氧化物、硅酸盐等非金属夹杂要尽可能少，呈细小弥散状分布。这都需要通过充分的塑性（如镦粗或镦粗加其他工序如拔长、冲孔、扩孔、弯曲、错移相结合）变形，使其发生不同方向的塑性流动，使夹杂物发生变形、破碎、均匀分布，再加上高温扩散和相互溶解来实现。

根据锻件对碳化物偏析级别的要求和原材料的偏析等级的差别大小，可确定镦粗拔长次数。一般来说，两者级别相差越大，要求镦粗拔长次数越多。具体要求镦粗拔长次数可参考表 4－2 选取。

表 4－2　镦粗拔长次数

		锻件碳化物偏析级别的要求			
		3	4	5	6
		镦粗拔长次数			
原材料碳化物偏析级别	4	4～3			
	5	6～5	4～3		
	6		6～5	3～2	
	7		7～6	5～4	3～2

生产实践表明，锻造对改善钢中碳化物偏析的作用，还取决于镦拔时的具体工序尺寸，即拔长后锻件的长度和镦粗后的高度。拔长比镦粗对改善碳化物的偏析作用要大些，但过大的拔长使随后的镦粗变形中易使中心偏移，碳化物的不均匀性反而有所增加。镦粗使得碳化物易于聚集，但有利于消除锻件内的网状组织和带状组织。所以在制定工艺过程时要注意将镦粗与拔长的工序尺寸匹配合理。一般从便于操作考虑，自由锻取拔长后锻件的长度 L 与边宽 B 之比为 2.5～3，镦粗后的高度尺寸 H 为镦粗前高度 H_0 的二分之一。

3. 锻合内部孔隙

钢锭内部的孔隙性缺陷（如疏松、气孔、微裂等宏观孔隙性缺陷）或微观孔洞、类孔隙性缺陷（如夹杂、偏析、粗晶等不密实组织），如果不被锻合压实，则锻件致密性低，力学性能差，加工件在使用过程中容易发生断裂等灾难性事故。所以，要通过塑性变形将孔隙锻合压实。具体要求如下。

(1) 锻造（镦粗）时要具有良好的应力状态，要有足够大的静水压应力。只有在三向压应力状态下，金属塑性得到提高，孔隙变形时才不致裂开或扩大。还有，受力变形要有利于金属塑性流动，利于孔隙变形闭合，趋于消失。

应当注意的是，在不是平砧的特别设计的型砧下镦粗或采取其他措施，才能使锻件心部产生足够大的静水压应力。

(2) 锻造（镦粗）时要有足够大的变形量。锻坯只有发生了较大的塑性变形后，内部孔穴才可能发生变形，趋于完全闭合。

(3) 锻造（镦粗）时要有足够高的变形温度，使锻坯易于塑性变形，孔隙容易闭合、焊合并发生金属键结合，提高锻合效果。

在上述变形条件下，首先发生屈服、变形，进而闭合、压紧，最后在高温、高压的作用下压合压实。经过合理镦粗后的坯料，其致密性、连续性和综合力学性能得到显著改善。

4. 形成纤维组织

随着锻造变形的增大，钢锭中晶粒沿金属塑性流动的主变形方向被拉长，晶界物质也随之流动，发生改变。其中塑性夹杂物，如硫化物则被拉成条状，而脆性夹杂物（如氧化物及部分硅酸盐）将破碎，沿主变形方向成链状分布，晶界上的过剩相和杂质被拉长后也沿变形方向分布，这种分布现象即使经过再结晶也不会消失，于是在锻件中留下明显的变形条纹。这种热变形组织具有方向性，通过腐蚀后可以清楚看到，称为“纤维组织”或“流线”。

如果只对锻件进行拔长，在锻造比（锻前截面积与锻后截面积之比）大于3时，便会出现纤维组织，如先镦粗后拔长，则拔长锻造比达到4～5时，才形成纤维组织。这是由于金属塑性流动方向的改变，影响了定向纤维的形成。

如在平砧上拔长钢锭，锻造比等于3时，纵向和横向的塑性及强度指标均有明显增长。继续增加锻造比，其增长减缓。而且由于形成了纤维组织，横向的塑性指标和韧性指标低于纵向，出现了明显的各向异性。

当钢中含有大量的非金属夹杂物时，锻件中还可能产生如同木纹一样的层状断口，使横向力学性能急剧降低。

制定合理的锻压过程，控制塑性流动，可得到合理的流线分布，提高制件的承载能力，防止成品零件过早失效破坏。因为明显的显微组织，其力学性能和理化性能必然有方向性。人们可以根据零件工作时的受力及破坏情况，设计纤维流向，使其与制件的工作条件相适应，如使工作面与正应力平行，与剪应力垂直，以提高制品的使用性能。

曲轴是说明这个问题的一个最典型的零件。由于曲轴在曲拐处受扭转剪应力轴颈磨损严重，所以希望锻压成形时纤维沿外廓线连续分布，其纤维流向与最大的工作拉应力方向一致，与剪应力垂直；而且力线最密切处，流线最密集，使用性能显著提高。起重机吊钩，经弯曲及模锻成形，可保证纤维连续，沿工作表面合理分布。

对于锤头及模块等锻件，要求各向同性，不希望有明显的纤维组织，不希望有各向异性，必须对其进行反复镦粗拔长。如果在模块中消除或打乱纤维方向有困难，应该注意锻造时的加载方向不能与纤维方向相同。还有在锻模设计和制造时，应该尽量最大限度地少切断纤维。例如，长锻模设计时应该考虑使锻件的轴线方向与纤维方向一致。在设计和制造短轴类锻件的锻模时，锻模纤维方向应该尽量与锻模键槽中心线的方向垂直，这样在锻造时不易使裂纹产生和扩展。

4.3 拔　　长

【拔长】

使毛坯的横截面减小而长度增加的锻造工序称为拔长。

拔长是自由锻中最常见的工序，特别是大型锻件的锻造。拔长工序有如下作用。

(1) 由横截面积较大的毛坯得到横截面积较小而轴向伸长的锻件。

(2) 反复拔长与镦粗可以提高锻造比，使合金钢中碳化物破碎而均匀分布，提高锻件品质。

根据毛坯截面不同，有矩形截面毛坯的拔长、圆截面毛坯的拔长、空心件拔长等。

4.3.1 矩形截面毛坯拔长和圆截面毛坯拔长

1. 变形程度表示

设拔长前变形区的长、宽、高分别为 l_0、b_0、h_0，拔长后变形区的长、宽、高分别为 l、b、h，送进量 l_0，相对送进量 l_0/h_0，压下量 $\Delta h=h_0-h$，展宽量 $\Delta b=b-b_0$，拔长量 $\Delta l=l-l_0$，如图 4.11 所示。拔长的变形程度是以毛坯拔长前后的截面积之比——锻造比 K_L 表示，即

$$K_L=\frac{A_0}{A}$$

式中 A_0——拔长前毛坯截面积（mm^2）；

A——拔长后毛坯截面积（mm^2）。

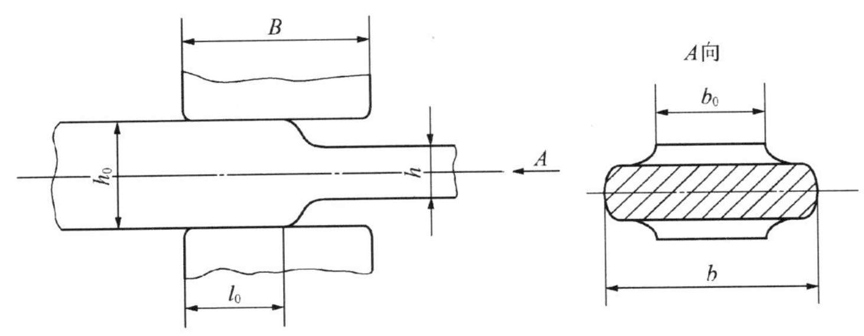

图 4.11 矩形截面拔长

2. 拔长工序分析

由于拔长是通过逐次送进和反复转动毛坯进行压缩变形的，所以它是锻造生产中耗费工时最多的锻造工序。因此，在保证锻件品质的前提下，应尽可能提高拔长效率。

(1) 拔长效率

在变形过程中，金属流动始终遵循最小阻力定律。因此，平砧间拔长矩形截面毛坯时，由于拔长部分受到两端不变形金属的约束，其轴向变形和横向变形就与送进量 l_0 有关，如图 4.11 所示。当 $l_0=b_0$ 时，$\Delta l\approx\Delta b$；当 $l_0>b_0$ 时，$\Delta l<\Delta b$；当 $l_0<b_0$ 时，$\Delta l>\Delta b$。由此可见，采用小送进量拔长可使轴向变形量增大而横向变形量减小，有利于提高拔长效率。但送进量不能太小，否则会增加太多压下次数，降低拔长效率，还会造成表面缺陷。所以通常取送进量 $l_0=(0.4\sim0.8)B$，B 为砧宽，相对送进量 $l_0/h_0=0.5\sim0.8$，比较合适。

相对压缩程度 Δh 大时，压缩所需的次数可以减小，故可以提高生产效率。但在生产

实际中，对于塑性较差的金属，应适当控制变形程度，不宜太大。对于塑性较好的金属，变形程度也应控制每次压缩后的宽度与高度之比小于 2.5。否则，翻转 90°再压缩时毛坯可能因弯曲而折叠。

（2）拔长品质

拔长时的锻透程度和锻件成形品质均与拔长时的变形分布和应力状态有关，并取决于送进量、压下量、砧子形状、拔长操作等过程因素。

① 送进量和压下量的影响。矩形截面毛坯在平砧下拔长的变形情况与镦粗相似，通过网格法的拔长实验可以证明这一点。所不同的是拔长有“刚端”影响，表面应力分布和中心应力分布与拔长时的变形参数有关。当送进量小时，拔长变形区出现双鼓形，这时变形集中在上表面层及下表面层，中心不但锻不透，而且出现轴向拉压力，如图 4.12(a) 所示。当送进量大时，拔长变形区出现单鼓形，这时心部变形很大，能锻透。但在鼓形的侧表面和棱角处受拉应力，如图 4.12(b) 所示。从图 4.12 可以看出，增大压下量，不但可以提高拔长效率，还可以强化心部变形，利于锻合内部缺陷。但变形量的大小还应考虑材料的塑性。塑性差的材料变形量不能太大，避免产生缺陷。

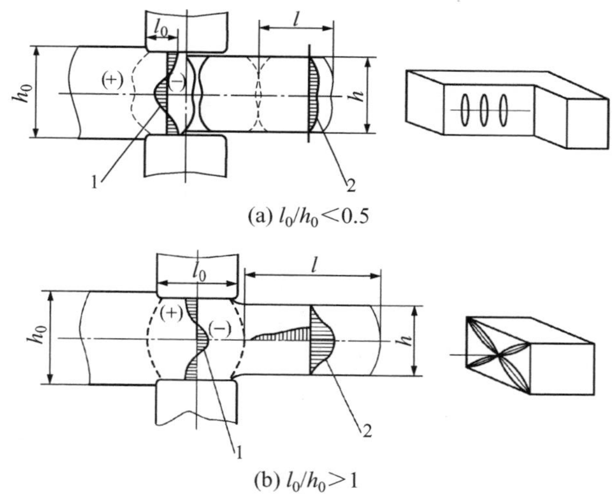

(a) $l_0/h_0<0.5$

(b) $l_0/h_0>1$

图 4.12 拔长送进量对变形和应力分布的影响

1—轴向应力；2—轴向变形

② 砧子形状的影响。拔长常用的砧子形状有三种，即上下平砧、上平下 V 砧和上下 V 形砧。用型砧拔长是为了解决圆形截面毛坯在平砧间拔长轴向伸长小、横向展宽大的拔长方法。毛坯在型砧内受砧面的侧向压力，如图 4.13 所示，减小毛坯金属的横向流动，迫使其轴向流动，这样可提高拔长效率。一般在型砧内拔长比平砧间拔长效率提高 20%～40%。

使用上下平砧拔长矩形截面毛坯时，只要相对送进量合适，能够使毛坯的中心锻透。如果采用大压下量，把毛坯压成扁方，锻透效果更好。但使用上下平砧拔长圆形截面毛坯时，因为圆形截面与砧子的接触面很窄，金属横向流动大，轴向流动小，拔长效率低。同时，由于变形区集中在上下表层，心部产生拉应力，容易引起裂纹，如图 4.14 所示。

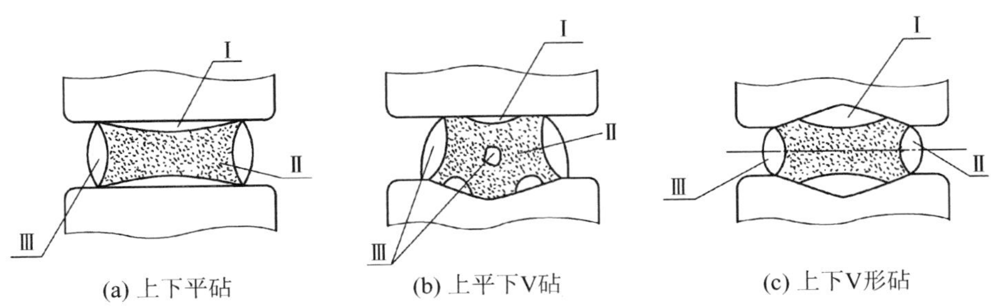

图 4.13　拔长砧子形状及其对变形区分布的影响

Ⅰ—难变形区；Ⅱ—易变形区；Ⅲ—小变形区

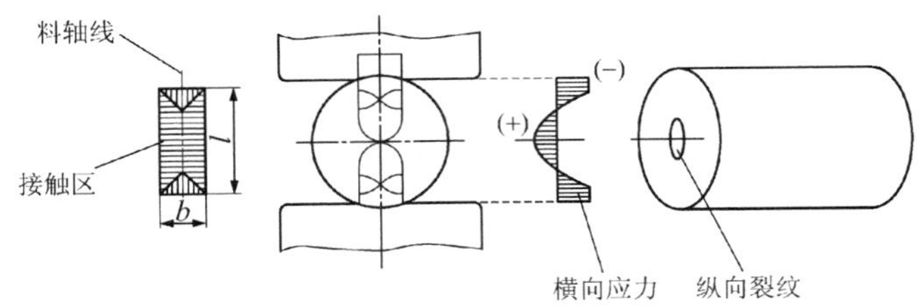

图 4.14　平砧拔长圆形截面时的变形区和横向应力分布

采用图 4.15 所示的毛坯截面变化过程的变形方案拔长，可以提高拔长效率，减小中心开裂的危险。

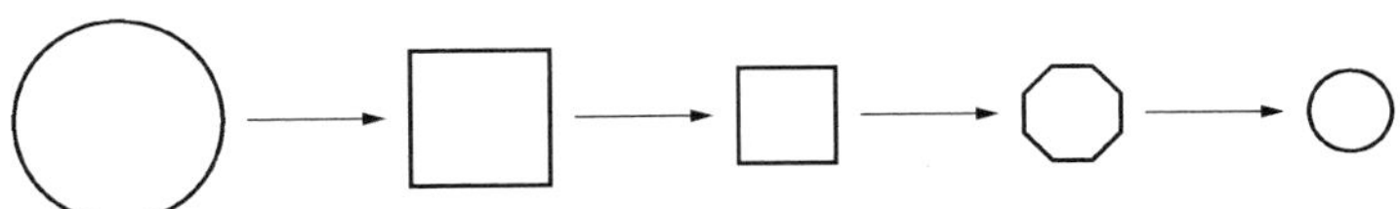

图 4.15　平砧拔长圆形截面毛坯时的截面变化过程

③ 拔长操作的影响。拔长时毛坯的送进和翻转有三种操作方法。一是螺旋式翻转送进，适合于锻造台阶轴 [图 4.16(a)]；二是往复翻转送进，常用于手工操作拔长 [图 4.16(b)]；三是单面压缩，即沿整个毛坯长度方向压缩一面，再翻转 90°压缩另一面，常用于大锻件锻造 [图 4.16(c)]。

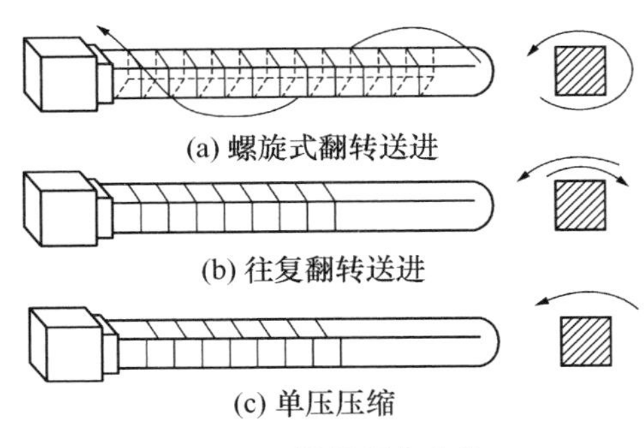

图 4.16　拔长操作方法

4.3.2 空心件拔长

减小空心毛坯外径（壁厚）而增加长度的锻造工序称为空心件拔长，因为在心轴上操作，所以也称心轴拔长，如图 4.17 所示。空心件拔长用于锻造各种长筒形锻件。

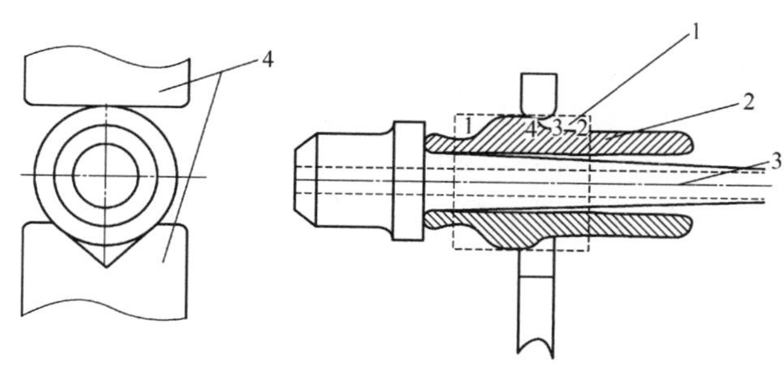

图 4.17　空心件拔长

1—毛坯；2—锻件；3—心轴；4—砧子

空心件拔长与矩形截面毛坯拔长一样，同样存在效率和品质问题。被上下砧压缩的那一部分金属是变形区，左右两侧金属为外端，如图 4.18 所示。在平砧上拔长空心毛坯时，变形区分为 A 区和 B 区。A 区是直接受力区，B 区是间接受力区。B 区的受力和变形主要由 A 区的变形引起，A 区金属沿轴向流动时，借助外端的作用拉着 B 区金属一起伸长，A 区金属沿切向流动时，则受到外端限制。因此，空心件拔长时，外端起着重要作用。外端对 A 区金属切向流动的限制越强烈，越有利于变形金属的轴向伸长；反之，则不利于变形区金属的轴向流动。如果没有外端的存在，则在平砧上拔长的环形件将被压成椭圆形，并变成扩孔变形。

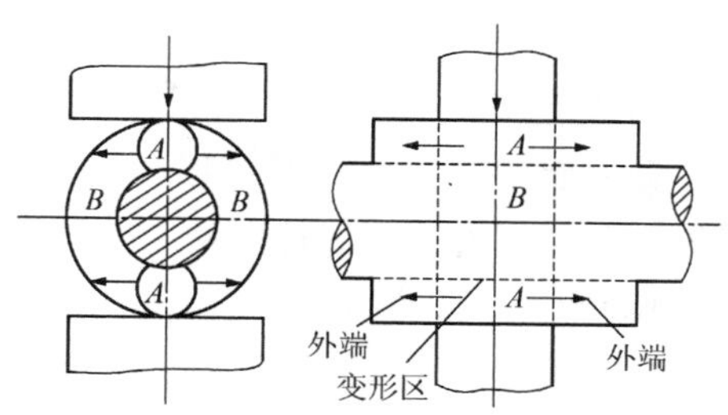

图 4.18　空心件拔长时的受力和变形

4.4　自由锻其他主要工序

自由锻件常常带有大小不一的盲孔或通孔，有些锻件的轴线弯曲，对于有孔的锻件，需要冲孔、扩孔等工序，对于轴线弯曲的锻件则需要弯曲工序。

4.4.1 冲孔

【冲孔】

采用冲子将毛坯冲出通孔或盲孔的锻造工序称为冲孔。

冲孔工序常用于以下情况。

(1) 锻件带有孔径大于 30mm 的通孔或盲孔。

(2) 需要扩孔的锻件应先冲出通孔。

(3) 需要拔长的空心件应先冲出通孔。

一般冲孔分为开式冲孔和闭式冲孔两大类。但在生产实际中，使用最多的是开式冲孔。开式冲孔常用的方法有实心冲子冲孔、空心冲子冲孔和在垫环上冲孔三种。

1. 实心冲子冲孔

实心冲孔时，如不采用垫环（图 4.21），都是双面冲孔。双面冲孔的一般过程：先将毛坯预镦，得到平整端面和合理形状［$H_0<D_0$，$H_0=(1.1\sim1.2)H$，$D_0\geqslant(2.5\sim3)d$，见图 4.19］后用实心冲子轻冲，目测或用卡钳测量是否冲偏，撒入煤粉，重击冲子直至冲子深入锻件 2/3 左右。翻转毛坯，把冲子放在毛坯出现黑印的地方，迅速冲除心料，得到通孔。

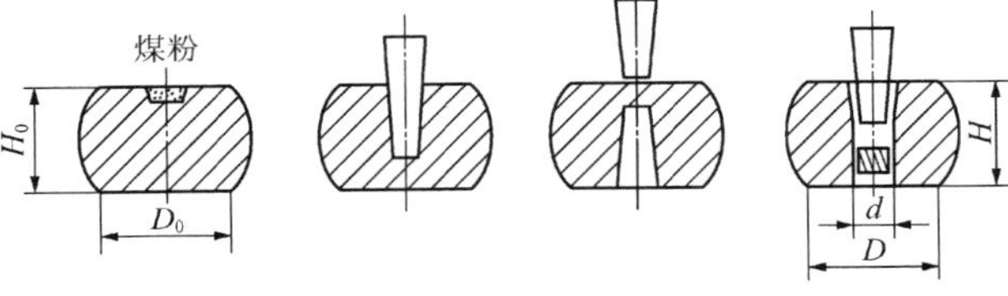

图 4.19　双面冲孔

由此可见，双面冲孔第一阶段是开式冲挤。毛坯局部加载，整体变形。毛坯高度减小，直径增大。变形区分为冲头下面的圆柱区和冲头以外的圆环区两部分。冲孔过程中，圆柱区的变形相当于在圆环包围下的镦粗，受到较大的三向压应力的作用，冲头下部金属被挤向四周；而圆环区金属在圆柱区金属的挤压下，径向扩大，同时上端面产生轴向拉缩，下端面略有突起。随着冲头下压，圆柱区金属不断向圆环区转移，圆环区外径也相应扩大，在外侧受切向拉应力作用。

冲孔后毛坯形状与毛坯直径 D_0 与孔径 d 之比有关。

当 $D_0/d\leqslant2\sim3$ 时，外径明显增大，上端面拉缩严重。

当 $D_0/d=3\sim5$ 时，外径有所增大，端面几乎无拉缩。

当 $D_0/d>5$ 时，因环壁较厚，扩径困难，圆环区内层金属挤向端面形成凸台。

双面冲孔第二阶段变形实质上是冲裁冲孔连皮。冲裁时可能会出现冲偏、夹刺、梢孔等缺陷。

双面冲孔工具简单，心料损失小，但冲孔后毛坯易走样变形，易冲偏，适用于中小型锻件的初次冲孔。

2. 空心冲子冲孔

空心冲子冲孔过程如图 4.20 所示。冲孔时毛坯形状变化较小，但心料损失较大，当锻造大锻件时，正好能将钢锭中心品质差的部分冲掉。为此，钢锭冲孔时，应把钢锭冒口端向下。这种方法主要用于孔径大于 400mm 的大锻件。

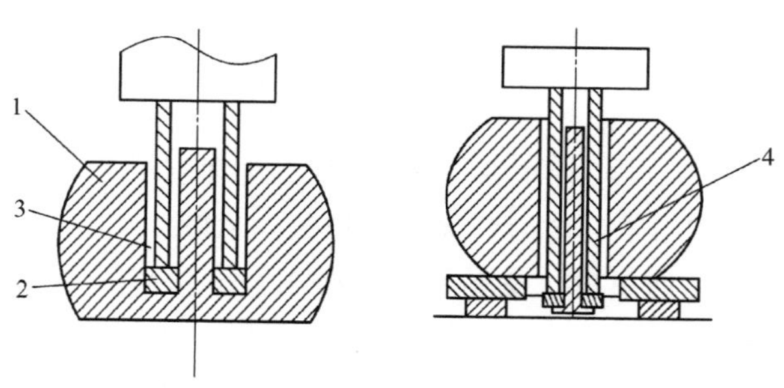

图 4.20 空心冲子冲孔
1—毛坯；2—冲垫；3—冲子；4—心料

3. 在垫环上冲孔

在垫环上冲孔时，毛坯形状变化很小，但心料损失较大，如图 4.21 所示。这种方法只适应于高径比 $H/D<0.125$ 的薄饼类锻件。

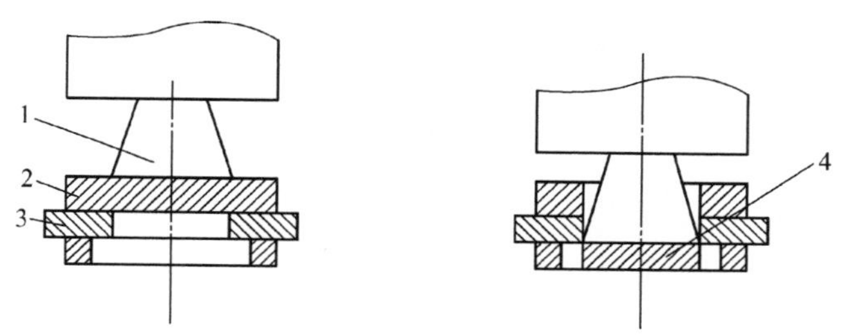

图 4.21 在垫环上冲孔
1—冲子；2—毛坯；3—垫环；4—心料

4.4.2 扩孔

减小空心毛坯壁厚而使其外径和内径均增大的锻造工序称为扩孔，用于锻造各种圆环锻件和带孔锻件。

在自由锻中，常用的扩孔方法有冲子扩孔和心轴扩孔两种。另外，还有在专门扩孔机上辗压扩孔、液压扩孔和爆炸扩孔等。这里只介绍冲子扩孔和心轴扩孔。

1. 冲子扩孔

采用直径比空心毛坯内孔大并带有锥度的冲子，穿过毛坯内孔使其内、外径扩大，如图 4.22 所示。

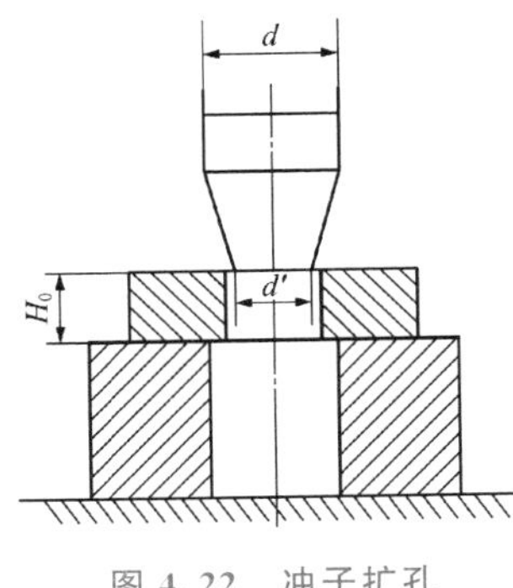

图 4.22　冲子扩孔

扩孔时由于沿毛坯径向胀孔，毛坯切向受拉应力，容易胀裂，故每次扩孔量不宜过大，一般取 25～30mm。

冲子扩孔一般用于 $D_0/d>1.7$ 和 $H_0>0.125D_0$ 时壁厚不太薄的锻件。

2. 心轴扩孔

将空心毛坯穿过心轴放在马架上，毛坯每转过一个角度压下一次，逐步将毛坯的壁厚压薄、内外径扩大，称为心轴扩孔（图 4.23）。心轴扩孔也称马架扩孔。

心轴扩孔的变形实质相当于毛坯沿圆周方向拔长。从图 4.23 看，毛坯变形区为一窄长扇形，宽度方向阻力大于切向阻力，变形区的金属主要沿切向流动。心轴扩孔应力状态较好，锻件不易产生裂纹，适合于扩孔量大的薄壁环形锻件。但要正确选择心轴，才能使扩孔件内壁光滑，而且心轴直径应随着扩孔量的增加而增大，一般在扩孔量增大时应更换心轴。

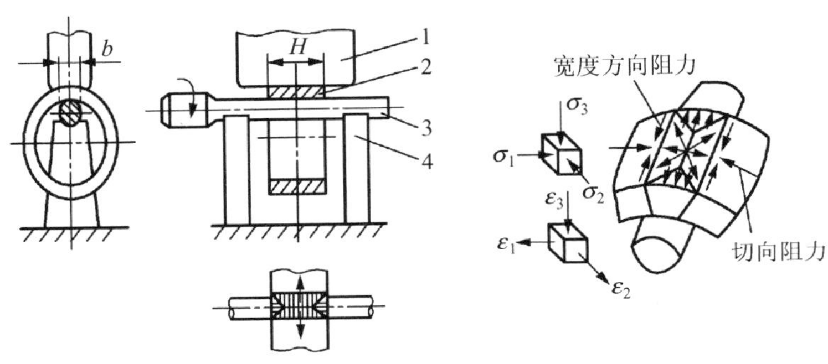

图 4.23　心轴扩孔

1—扩孔砧子；2—毛坯；3—心轴；4—支架

4.4.3 弯曲

【钢筋弯曲】

【圆形工件弯曲】

【其他类型工件弯曲】

将毛坯弯成规定外形的锻造工序称为弯曲。弯曲工序可用于锻造各种弯曲类锻件，如起重吊钩、弯曲轴杆等。

毛坯在弯曲时，弯曲变形区内侧金属受压缩，可能产生折叠。外侧金属受拉伸，容易引起裂纹，而且弯曲处毛坯断面形状发生畸变，断面面积减小，长度略有增加。弯曲时毛坯的形状变化如图 4.24 所示，左边的截面表示圆截面拉缩后的情况，右边的截面表示矩形截面拉缩后的情况。弯曲半径越小，弯曲角度越大，上述现象越严重。因此，毛坯弯曲时，毛坯待弯断面处应比

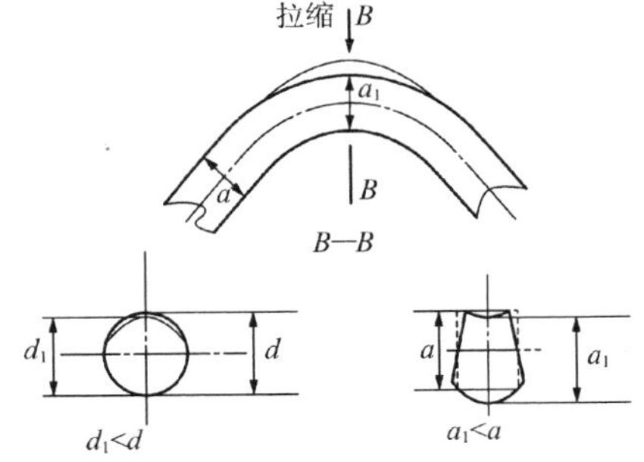

图 4.24　弯曲时毛坯的形状变化

锻件相应断面稍大（增大10%～15%）。弯曲毛坯直径较大时，可先拔长不弯曲部分。毛坯直径较小时，可通过集聚金属使待弯曲部分截面增大。

4.4.4 错移

将毛坯的一部分相对另一部分相互平行错移开的锻造工序称为错移。错移工序用于锻造曲轴锻件。

错移的方法有两种。

(1) 在一个平面内错移，如图4.25(a) 所示。

(2) 在两个平面内错移，如图4.25(b) 所示。

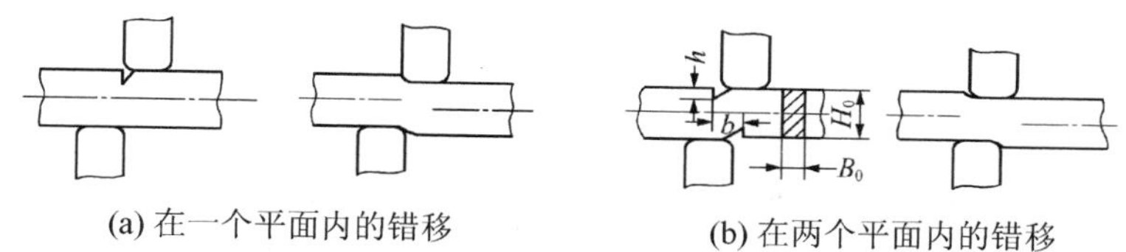

(a) 在一个平面内的错移　　(b) 在两个平面内的错移

图 4.25　错移

错移前毛坯压肩的深度 h 和宽度 b 的尺寸可按下式确定

$$h=0.5\times(H_0-1.5d)$$

$$b=0.9V/H_0B_0$$

式中　H_0——毛坯高度(mm)；

B_0——毛坯宽度(mm)；

d——锻件轴颈直径(mm)；

V——锻件轴颈体积(mm^3)。

习题及思考题

4-1　西方人说的开模锻造(open die forging)是不是自由锻？自由锻的主要技术特征是什么？

4-2　假设某车间某锻压设备可以将 ϕ100mm×200mm 坯料镦粗至高 100mm，你能不能设法利用该设备将 ϕ100mm×200mm 坯料镦粗至高 80mm？不用计算，说出原因即可。

4-3　什么是镦粗规则？不同高径比的圆柱体镦粗会发生什么现象？

4-4　拔长过程和镦粗过程有什么不同？它们有什么关系？

4-5　圆柱体镦粗时，终锻时的负载最大，除了终锻温度时金属的变形抗力大外，还有什么原因？

4-6　你知道几种特种锻造过程？试举例说明。

4-7　镦粗容易出现的缺陷有哪些，请问如何预防？

4-8　拔长变形的主要参数制定依据是什么，拔长变形常见缺陷是什么？如何预防？

第5章 自由锻过程

自由锻生产应根据锻件的形状和锻造过程特点制定过程规程，安排生产。自由锻过程规程的制定包括设计锻件图、确定坯料质量和尺寸、确定变形过程和锻造比、选择锻造设备等主要内容。

【自由锻盘套类锻件(胎膜)】

【自由锻小件(空气锤)】

5.1 自由锻件的分类

根据锻件的外形特征及其成形方法，可将自由锻件分为六类：饼块类锻件、空心类锻件、轴杆类锻件、曲轴类锻件、弯曲类锻件和复杂形状类锻件。自由锻件分类简图见表5-1。

表5-1 自由锻件分类简图

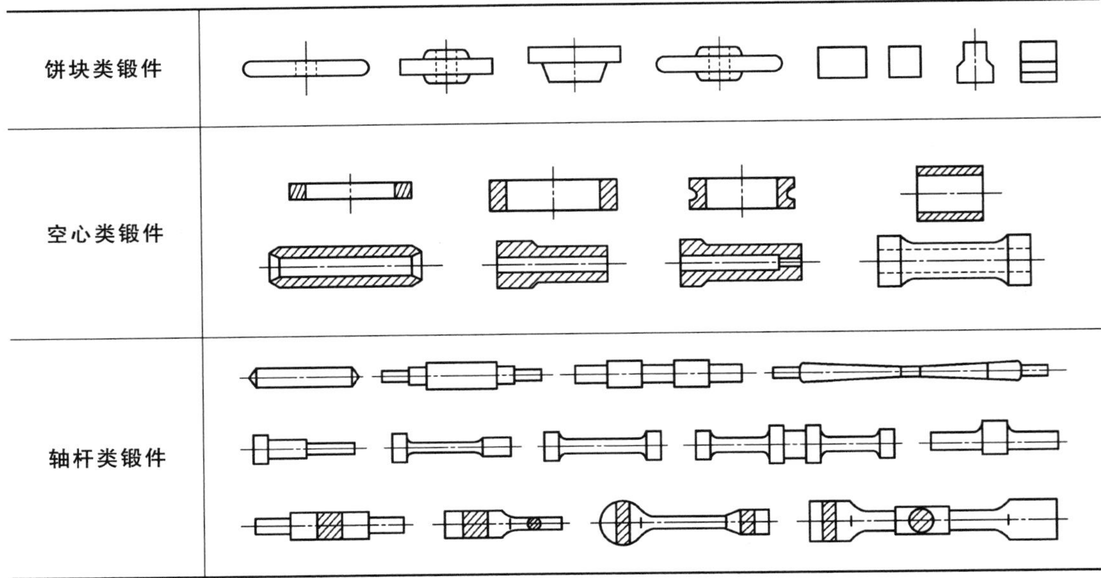

续表

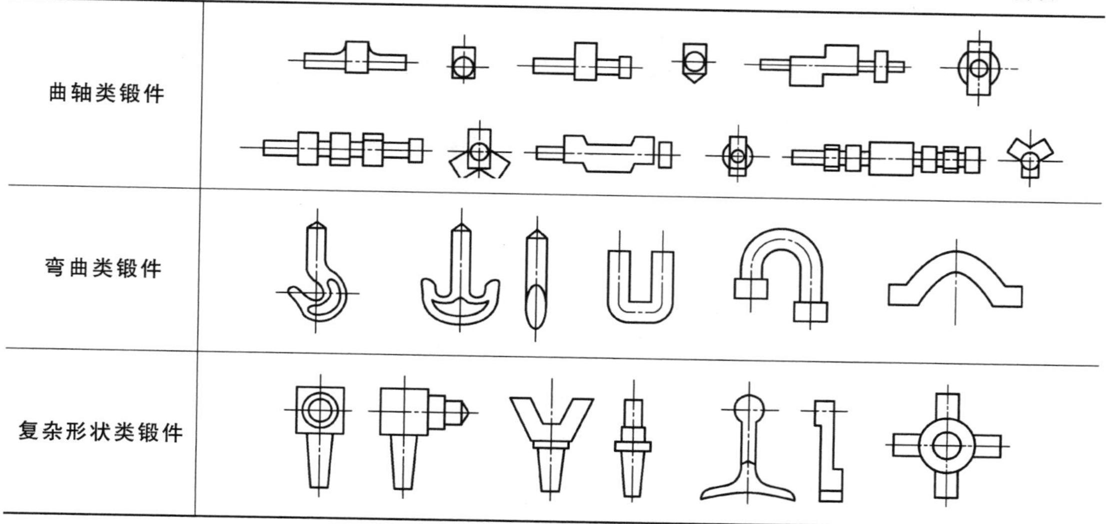

1. 饼块类锻件

饼块类锻件的外形特征为横向尺寸大于高度尺寸，或两者相近，如圆盘、叶轮、齿轮、模块、锤头等。锻造饼块类锻件的基本工序为镦粗，辅助工序和修整工序为倒棱、滚圆、平整等。图5.1所示为饼块类锻件的自由锻过程。

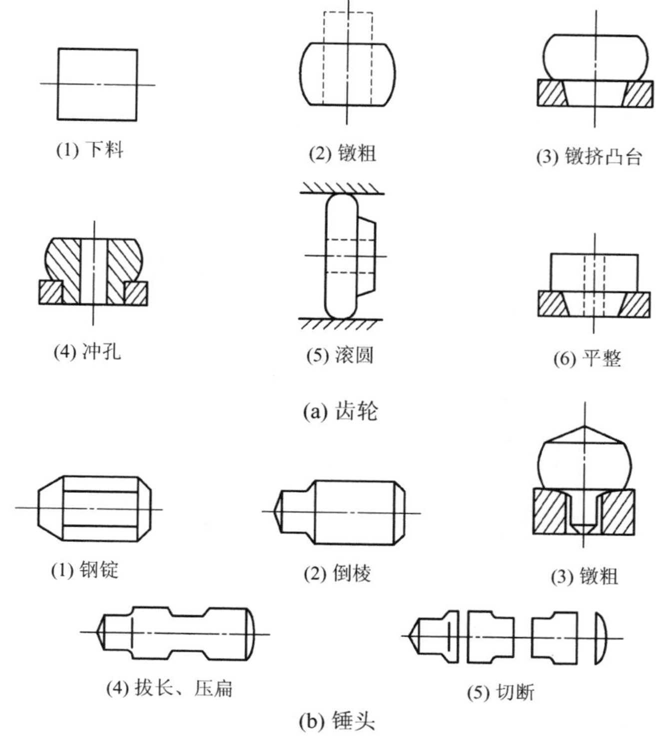

图5.1　饼块类锻件的自由锻过程

2. 空心类锻件

空心类锻件的外形特征为有中心通孔，一般为圆周等壁厚中空锻件，轴向可有阶梯变化，如圆环、齿圈和各种圆筒（异形筒）、缸体、空心轴等。锻造空心类锻件的基本工序为镦粗、冲孔、扩孔和心轴拔长，辅助工序和修整工序为倒棱、滚圆、校正等。图 5.2 所示为空心类锻件的自由锻过程。

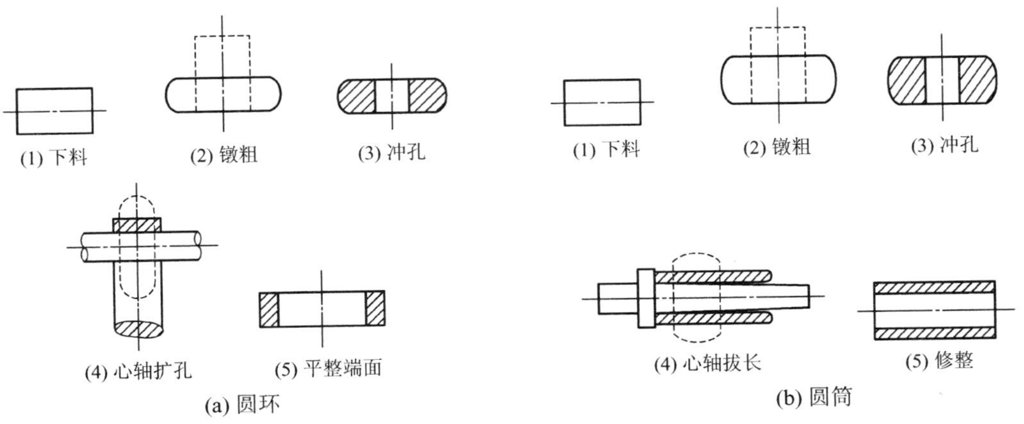

图 5.2　空心类锻件的自由锻过程

3. 轴杆类锻件

轴杆类锻件的外形特征为轴向尺寸远远大于横向尺寸的实轴轴杆，可以是直轴或阶梯轴，如传动轴、车轴、轧辊、立柱、拉杆等；也可以是矩形、方形、工字形或其他形状截面的杆件，如连杆、摇杆、杠杆、推杆等。锻造轴杆类锻件的基本工序是拔长，或镦粗加拔长，辅助工序和修整工序为倒棱、滚圆和校直。图 5.3 所示为轴杆类锻件（传动轴）的自由锻过程。

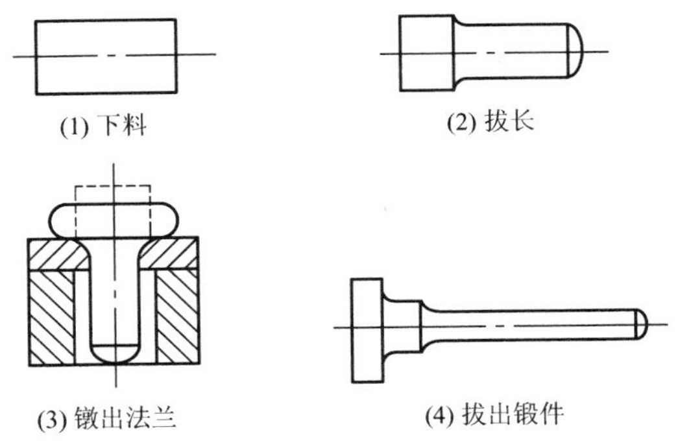

图 5.3　轴杆类锻件（传动轴）的自由锻过程

4. 曲轴类锻件

曲轴类锻件不仅沿轴线有截面形状和面积变化，而且轴线有多方向弯曲的实心长轴，包括各种形式的曲轴，如单拐曲轴和多拐曲轴等。锻造曲轴类锻件的基本工序是拔长、错移和扭转，辅助工序和修整工序为分段压痕、局部倒棱、滚圆、校正等。图 5.4 所示为曲轴类锻件的自由锻过程。

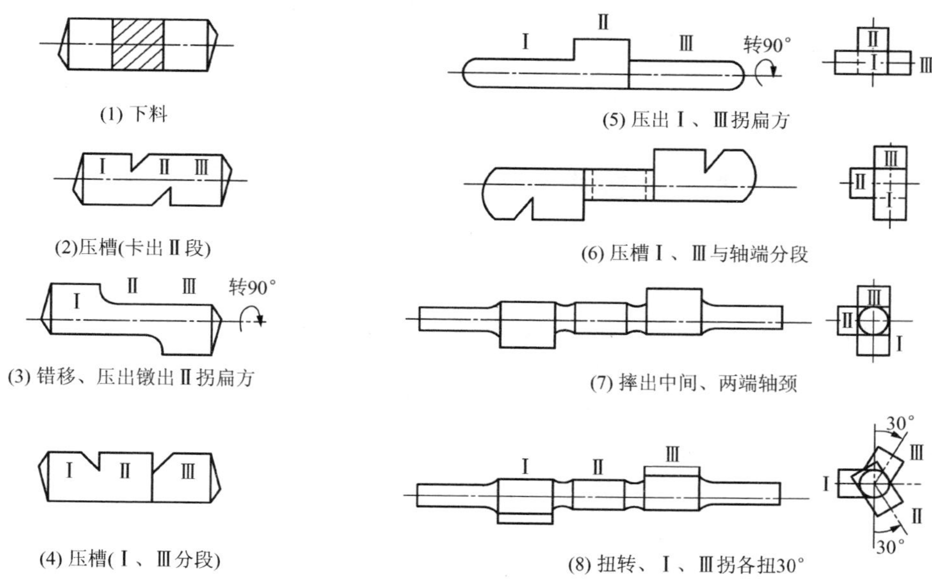

图 5.4 曲轴类锻件的自由锻过程

5. 弯曲类锻件

弯曲类锻件的外形特征是轴线有一处或多处弯曲，沿弯曲轴线，截面可以是等截面，也可以是变截面，弯曲可以是对称弯曲和非对称弯曲。锻造弯曲类锻件的基本工序是拔长、弯曲，辅助工序和修整工序是分段压痕、滚圆和平整。图 5.5 所示为弯曲类锻件（卡瓦）的自由锻过程。

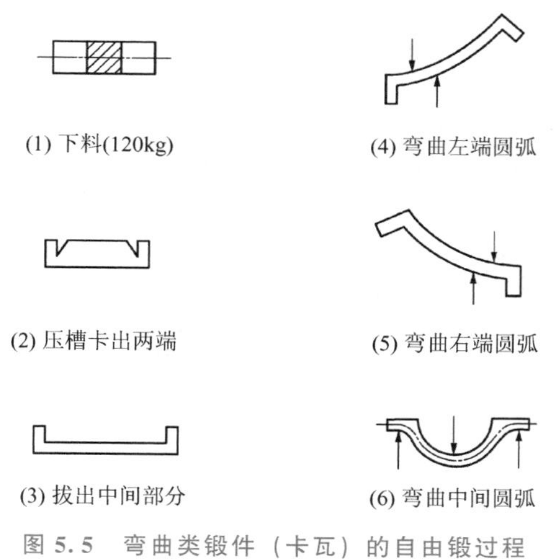

图 5.5 弯曲类锻件（卡瓦）的自由锻过程

6. 复杂形状类锻件

复杂形状类锻件为除了上述五类锻件以外的其他形状锻件，也可以是由上述五类锻件特征所组成的复杂锻件，如阀体、叉杆、吊环体、十字轴等。由于这类锻件锻造难度较大，所用辅助工序较多，因此，在锻造时应合理选择锻造工序，保证锻件顺利成形。

5.2 自由锻件变形过程的确定

确定自由锻件的变形过程，就是确定锻件成形必须采用的基本工序、辅助工序和修整工序，以及确定各变形工序顺序和中间坯料尺寸等。

制定变形过程规程是编制自由锻规程最重要的部分。对于同一锻件，不同的过程规程会产生不同的效果。合理的过程能使变形过程工序少、时间短，保证锻件各部分尺寸。

各类锻件变形工序的选择，应根据锻件的形状、尺寸和技术要求，结合各锻造工序的变形特点，参考有关典型过程具体确定。例如，锤上或水压机上锻造空心锻件过程方案，可分别参考图 5.6 和图 5.7。

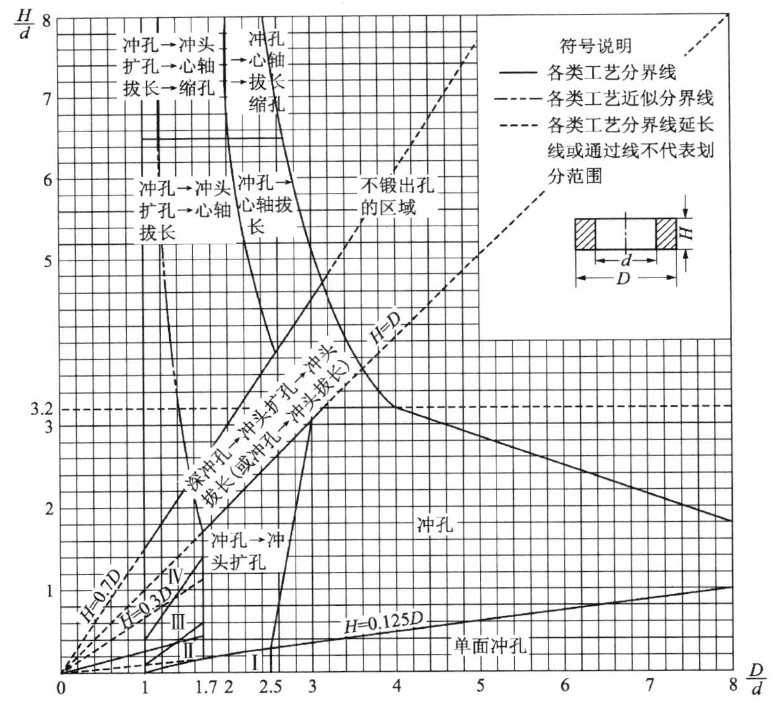

图 5.6 锤上锻造空心锻件过程方案选择

Ⅰ—数件合锻（或冲孔→扩孔→镦环）；Ⅱ—冲孔→心轴扩孔；

Ⅲ—冲孔→冲头扩孔→心轴扩孔；Ⅳ—冲孔→冲头扩孔→冲头拔长→心轴扩孔

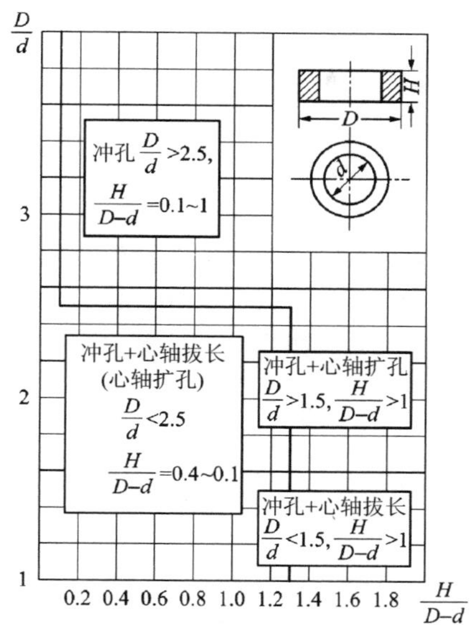

图 5.7 水压机锻造空心锻件过程方案选择

各工步坯料尺寸设计和工序选择是同时进行的，在确定各工序毛坯尺寸时应注意下列各项。

（1）各工序坯料尺寸必须符合变形规则。例如镦粗时的高径比小于 2.5～3 等。

（2）应考虑各工序变形时坯料尺寸的变化规律。例如冲孔时坯料高度略有减小，扩孔时坯料高度略有增加等。

（3）锻件最后需要精整时，应留一定的修整量。

（4）较大锻件经多火次完成时，应考虑中间各火次加热的火耗损失。

（5）有些长轴类锻件的轴向尺寸要求精确（而锻件太长又不能镦粗），必须预计锻件在精修时会略有伸长。

（6）应保证锻件各部分有适当的体积公差。

5.3 自由锻过程规程的制定

自由锻过程规程是指导、组织锻造生产，确保锻件品质的技术文件，具体包括以下内容。

（1）根据零件图绘制锻件图。

（2）确定坯料的质量和尺寸。

（3）确定变形过程及选用工具。

（4）确定设备吨位。

（5）选择锻造温度范围，制定坯料加热和锻件冷却规范。

（6）制定锻件热处理规范。

（7）提出锻件的技术条件和检验要求。

（8）填写工艺过程规程卡片等。

制定自由锻过程规程，必须密切结合生产实际条件、设备能力和技术水平等实际情况，力求在经济合理、技术先进的条件下生产出合格的锻件。

5.3.1 自由锻件图的制定与绘制

锻件图是编制锻造过程、设计工具、指导生产和验收锻件的主要依据。它是在零件图的基础上考虑机械加工余量、锻件公差、锻造余块、检验试样及操作用夹头等因素绘制而成的。锻件的各种尺寸和余量公差关系如图 5.8 所示。

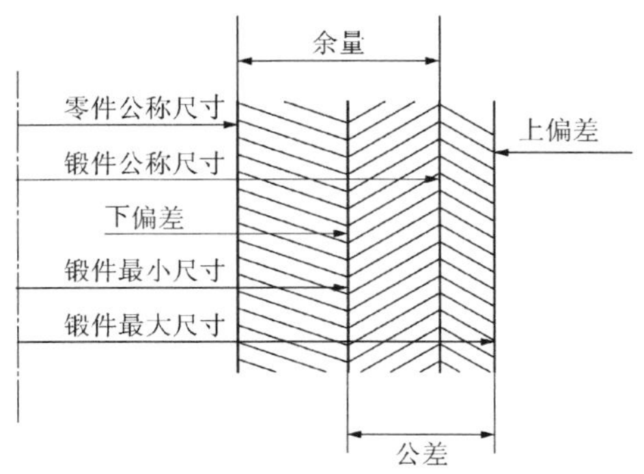

图 5.8 锻件的各种尺寸和余量公差关系

1. 机械加工余量

一般锻件的尺寸精度和表面粗糙度达不到零件图的要求，锻件表面应留有供机械加工用的金属层，这层金属称为机械加工余量。余量大小的确定与零件的形状尺寸、加工精度、表面品质要求、锻造加热品质、设备工具精度和操作技术水平等有关。对于非加工面则无须留余量。零件公称尺寸加上余量，即为锻件公称尺寸。

2. 锻件公差

锻造生产中，由于各种因素的影响，如终锻温度的差异，锻压设备、工具的精度和工人操作技术水平的差异，锻件实际尺寸不可能达到公称尺寸，允许有一定的偏差。这种偏差称为锻造公差。锻件尺寸大于其公称尺寸的部分称为上偏差（正偏差），小于其公称尺寸的部分称为下偏差（负偏差）。锻件上各部位不论是否机械加工，都应注明锻造公差。通常锻造公差为余量的 1/4～1/3。

锻件的余量和公差具体数值可查阅有关手册，或按工厂标准确定。在特殊情况下也可与机械加工技术人员商定。

3. 锻造余块

为了简化锻件外形以符合锻造过程需要，零件上较小的孔、狭窄的凹槽、直径差较小而长度不大的台阶等难以锻造的地方，通常填满金属，这部分附加的金属称为锻造余块。图 5.9 所示为锻件的各种余块。

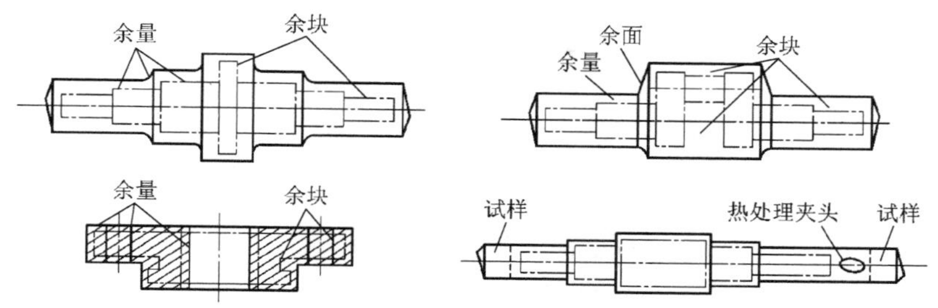

图 5.9 锻件的各种余块

4. 检验试样及操作用夹头

对于某些有特殊要求的锻件，须在锻件的适当位置添加试样余块，以供锻后检验锻件内部组织及测试力学性能。另外，为了锻后热处理的吊挂、夹持和机械加工的夹持定位，常在锻件的适当位置增加过程余块和热处理夹头，如图 5.9 所示。

5. 绘制锻件图

在余量、公差和各种余块确定后，便可绘制锻件图。在锻件图中，锻件形状用粗实线描绘。为了便于了解零件的形状和检验锻后的实际余量，在锻件图中，用假想线（双点画线）画出零件形状。锻件尺寸和公差标注在尺寸线上面，零件的公称尺寸要加上括号，标注在相应尺寸线下面。如果锻件带有检验试样、热处理夹头时，在锻件图上应注明其尺寸和位置。

在图形上无法表示的某些技术要求，以技术条件的方式加以说明。

5.3.2 毛坯质量和尺寸的确定

自由锻用原材料有两种：一种是钢材、钢坯，多用于中小型锻件；另一种是钢锭，主要用于大中型锻件。

1. 毛坯质量的计算

毛坯质量 $G_{坯}$ 为锻件质量与锻造时各种金属损耗质量之和。

$$G_{坯}=G_{锻}+G_{损}$$

式中 $G_{锻}$——锻件质量（kg），按锻件的公称尺寸计算；

$G_{损}$——各种金属损耗质量（kg），包括钢料加热烧损质量 $G_{烧}$、冲孔心料损失质量 $G_{心}$、端部切头损失质量 $G_{切}$。

用钢锭锻造时，还应考虑冒口质量和锭底质量。

钢料加热烧损 $G_{烧}$ 一般用钢料质量乘以烧损率 δ 来表示，烧损率 δ 的数值与所选用的加热设备类型有关，可查阅相关资料得到。

冲孔心料损失质量 $G_{心}$(kg)，取决于冲孔方式、冲孔直径 d(dm) 和坯料高度 H_0(dm)，在数值上可按以下公式计算。

实心冲子冲孔

$$G_{心}=(1.18\sim1.57)d^2H_0$$

空心冲子冲孔

$$G_{心}=6.16d^2H_0$$

垫环冲孔

$$G_{心}=(4.32\sim4.71)d^2H_0$$

端部的切头损失质量 $G_{切}$(kg) 为坯料拔长后端部不平整而应切除的料头质量，与切除部位的直径 D(dm) 或截面宽度 B(dm) 和高度 H(dm) 有关，可按下式计算。

圆形截面

$$G_{切}=(1.65\sim1.8)D^3$$

矩形截面

$$G_{切}=(2.2\sim2.36)B^2H$$

在采用钢锭锻造时，为保证锻件品质，必须切除钢锭的冒口和锭底。切除的质量以占钢锭质量的百分比表示。

2. 毛坯尺寸的确定

毛坯尺寸与锻造工序有关，采用的锻造工序不同，计算毛坯尺寸的方法也不同。

当头道工序采用镦粗方法制造时，为避免产生弯曲，毛坯的高径比应小于或等于 2.5。但毛坯过短会使毛坯的剪切下料操作困难。为便于剪切下料，高径比应大于或等于 1.25，即

$$1.25\leqslant H_0/D_0\leqslant2.5$$

根据上述条件，将 $H_0=(1.25\sim2.5)D_0$ 代入 $V_{坯}=\frac{\pi}{4}D_0^2H_0$，便可得到毛坯直径 D_0（或边长 a_0）的计算式

$$D_0=(0.8\sim1.0)\sqrt[3]{V_{坯}}$$

$$a_0=(0.75\sim0.9)\sqrt[3]{V_{坯}}$$

当头道工序为拔长时，原毛坯直径应按锻件最大截面积 $F_{锻}$，并考虑锻造比和修整量等要求确定。从满足锻造比要求的角度出发，原毛坯截面积

$$F_{坯}=K_LF_{锻}$$

由此便可算出原毛坯直径 D_0，即

$$D_0=1.13\sqrt{K_LF_{锻}}$$

初步算出毛坯直径 D_0（或边长 a_0）后，应按材料的国家标准，选择标准直径或标准边长，再根据选定的直径（或边长）计算毛坯高度（即下料长度）。

圆毛坯

$$H_0=\frac{V_{坯}}{\frac{\pi}{4}D_0^2}$$

方毛坯

$$H_0=\frac{V_{坯}}{a_0^2}$$

3. 钢锭规格的选择

根据钢锭损耗或经验确定钢锭利用率，计算钢锭质量，然后查表选取钢锭规格。

5.3.3 锻造比的确定

锻造比是表示锻件变形程度的一种方法，也是保证锻件品质的一个重要指标。

锻造比的大小能反映锻造对锻件组织和力学性能的影响。一般规律是，随着锻造比增大，由于内部孔隙的焊合，铸态树枝晶被打碎，锻件的纵向力学性能和横向力学性能均得到明显提高。当锻造比超过一定数值时，由于形成纤维组织，其横向力学性能（塑性、韧性）急剧下降，导致锻件出现各向异性。因此，在制定锻造过程规程时，应合理选择锻造比。

用钢材锻制锻件（莱氏体钢锻件除外），由于钢材经过了大变形的锻造或轧制，其组织与性能均已得到改善，一般不必考虑锻造比。用钢锭（包括有色金属铸锭）锻制大型锻件时，就必须考虑锻造比。锻造比一般取 2～4。合金结构钢比碳素结构钢铸造缺陷严重，锻造比应大些，重要受力件的锻造比要大于一般锻件的锻造比，可达 6～8。

由于各锻造变形工序的变形特点不同，因此锻造过程锻造比和变形过程总锻造比的计算方法也不尽相同，可参照表 5－2 计算。

表 5－2　锻造过程锻造比和变形过程总锻造比的计算方法

序号	锻造工序	变形简图	总锻比
1	钢锭拔长	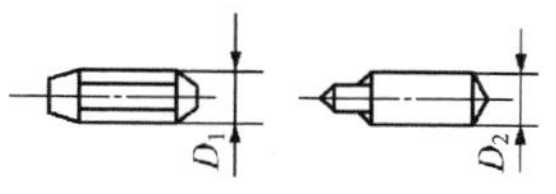 D_1　D_2	$K_L=\frac{D_1^2}{D_2^2}$
2	坯料拔长	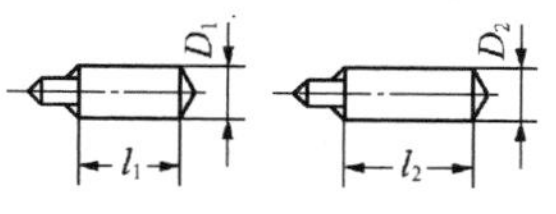 D_1　l_1　D_2　l_2	$K_L=\frac{D_1^2}{D_2^2}$　或　$K_L=\frac{l_2}{l_1}$
3	两次镦粗拔长	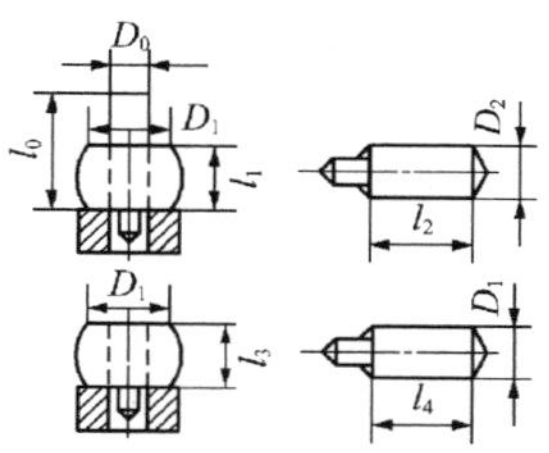 D_0　l_0　D_1　l_1　D_2　l_2　D_1　l_3　D_1　l_4	$K_L=K_{L1}+K_{L2}=\frac{D_1^2}{D_2^2}+\frac{D_3^2}{D_4^2}$ 或　$K_L=\frac{l_2}{l_1}+\frac{l_4}{l_3}$
4	心轴拔长	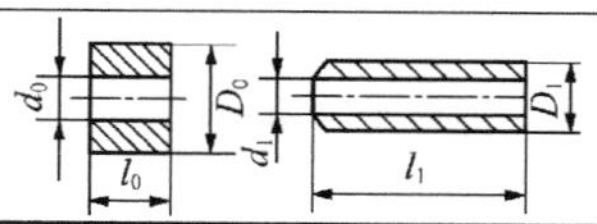 d_0　D_0　d_1　l_0　D_1　l_1	$K_L=\frac{D_1^2-d_0^2}{D_2^2-d_1^2}$　或　$K_L=\frac{l_1}{l_0}$

续表

序号	锻造工序	变形简图	总锻比
5	心轴扩孔	D_0 d_0 l_0 D_1 d_1 l_1	$K_L=\frac{F_0}{F_1}=\frac{D_0-d_0}{D_1-d_1}$ 或 $K_L=\frac{l_0}{l_1}$
6	镦粗	H H_0 H_1 H_1	轮毂 $K_H=\frac{H_0}{H_1}$ 轮缘 $K_H=\frac{H_0}{H_1}$

注：① 钢锭倒棱锻造比不计算在总锻造比内。

② 连续拔长或连续镦粗时，总锻造比等于分锻造比的乘积，即 $K_L=K_{L1}\ K_{L2}$。

③ 两次镦粗拔长和两次镦粗间有拔长时，按总锻造比等于两次分锻造比之和计算，即 $K_L=K_{L1}+K_{L2}$，并且要求分锻造比 $K_{L1}\geqslant 2$，$K_{L2}\geqslant 2$。

5.3.4 自由锻设备吨位计算与选择

自由锻的常用设备为锻锤和水压机，锻造过程中这类设备不会发生过载损坏。但设备吨位选得过小，锻件内部锻不透，生产效率低；设备吨位选得过大，不仅浪费动力，而且由于大设备的工作速度低，同样也影响生产效率和锻件成本。因此，正确选择锻造设备吨位是编制工艺过程规程的一个重要环节。自由锻所需设备吨位主要与变形面积、锻件材质、变形温度等因素有关。自由锻时，变形面积由锻件大小和变形工序性质决定。镦粗时锻件与工具的接触面积相对于其他变形工序要大得多，而很多锻造过程均与镦粗有关，因此，常以镦粗力的大小来选择自由锻设备。

确定设备吨位的传统方法有理论计算法和经验类比法两种。理论计算法是根据塑性成形原理的公式计算变形力或变形功选择设备吨位。经验类比法是根据生产实践统计整理出的经验公式或图表选择设备吨位。

现在也可以对锻造过程采用计算机数值模拟的方法准确而快速地计算出变形力及其他力能参数。

5.4 制定自由锻过程规程举例

现以图 5.10 所示齿轮零件为例，制定自由锻过程规程。该零件材料为 45 钢，生产批量小，采取自由锻锻造齿轮坯。其过程设计规程如下所述。

1. 设计、绘制锻件图

自由锻过程不可能锻出零件的齿形和圆周上的狭窄凹槽，应加上余块，简化锻件外形。

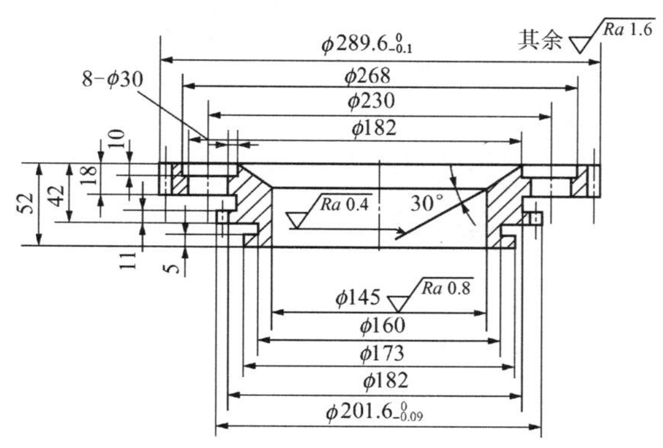

图 5.10　齿轮零件图

根据 GB/T 21470—2008《锤上钢质自由锻件机械加工余量与公差　盘、柱、环、筒类》：锻件水平方向的双边余量和公差为 $a=(12\pm5)$mm，锻件高度方向双边余量和公差为 $b=(10\pm4)$mm，内孔双边余量和公差为 (14±6)mm。绘制齿轮的锻件图，如图 5.11 所示。

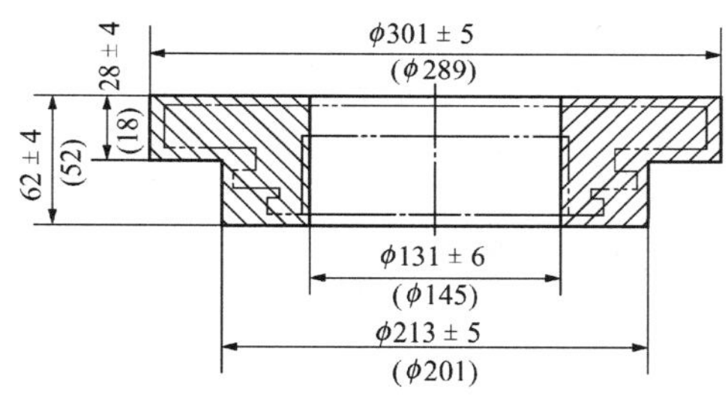

图 5.11　齿轮锻件图

2. 确定变形工序及工序尺寸

由图 5.11 可知，$D=301$mm，凸肩部分 $D_{肩}=213$mm，$d=131$mm，$H=62$mm，凸肩部分高度 $H_{肩}=31$mm，得到 $D/d=1.63$，$H/d=0.47$。参照图 5.6，变形工序为：镦粗→冲孔→冲子扩孔→修整锻件。根据锻件形状特点，各工序坯料尺寸确定如下。

(1) 镦粗

由于锻件带有单面凸肩，因此需采用垫环镦粗，需确定垫环尺寸。

垫环孔腔体积 $V_{垫}$ 应比锻件凸肩体积 $V_{肩}$ 大 10%～15%（厚壁取小值，薄壁取大值），本例取 12%，经计算 $V_{肩}=753253\text{mm}^3$，则

$$V_{垫}=1.12V_{肩}=1.12\times753253\text{mm}^3\approx843643\text{mm}^3$$

考虑到冲孔时会产生拉缩，垫环高度 $H_{垫}$ 应比锻件凸肩高度 $H_{肩}$ 增大 15%～35%（厚壁取小值，薄壁取大值），本例取 20%。

$$H_{垫}=1.2H_{肩}=1.2\times34\text{mm}\approx40.8\text{mm},取\ 40\text{mm}$$

垫环内径 $d_{垫}$ 可根据体积不变条件求得，即

$$d_{垫}=1.13\sqrt{\frac{V_{垫}}{H_{垫}}}=1.13\sqrt{\frac{843643}{40}}\text{mm}\approx164\text{mm}$$

垫环内壁应有斜度7°，上端孔径定为 163mm，下端孔径为 154mm。

为了去除氧化皮，在垫环镦粗之前应进行平砧镦粗。平砧镦粗后坯料的直径应略小于垫环内径，经垫环锻粗后上端法兰部分直径应小于锻件最大直径。

(2) 冲孔

冲孔应使冲孔心料损失小，同时扩孔次数不能太多，冲孔直径 $d_{冲}$ 应小于或等于 $D/3$，即 $d_{冲} \leqslant \frac{D}{3} = \frac{213}{3}\text{mm} = 71\text{mm}$，实际选用 $d = 60\text{mm}$。

(3) 冲子扩孔

总扩孔量为锻件孔径减去冲孔直径，即 131－60＝71(mm)。一般每次扩孔量为 25～30mm，分配各次扩孔量。现分三次扩孔，各次扩孔量为 21mm、25mm、25mm。

(4) 修整锻件

按锻件图进行最后修整。

齿轮锻造过程如图 5.12 所示。

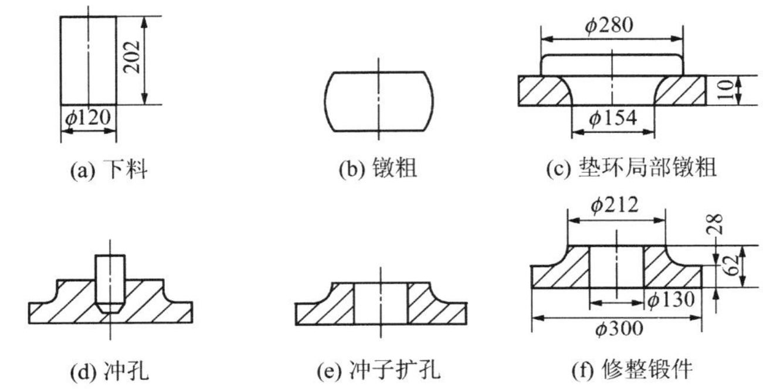

图 5.12 齿轮锻造过程

3. 计算坯料尺寸

坯料体积 V_0 包括锻件体积 $V_{锻}$ 和冲孔芯料体积 $V_{芯}$，并加上氧化体积，即

$$V_0 = (V_{锻} + V_{芯})(1 + \delta)$$

锻件体积按锻件图公称尺寸计算

$$V_{锻} = 2368283\text{mm}^3$$

冲孔芯料体积：冲孔芯料厚度与毛坯高度有关。因为冲孔毛坯高度

$$H_{孔} = 1.05H_{锻} = 1.05 \times 62\text{mm} \approx 65\text{mm}$$

$$H_{芯} = (0.2 \sim 0.3)H_{孔}$$

取 0.2，则

$$H_{芯} = 0.2 \times 65\text{mm} = 13\text{mm}$$

于是

$$V_{芯} = \frac{\pi}{4} d_{冲}^2 H_{芯} = \frac{\pi}{4} \times 60^2 \times 13\text{mm}^3 \approx 36756\text{mm}^3$$

氧化率 δ 取 3.5%。

代入 V_0 的计算公式，得

$$V_0 = 2489216\text{mm}^3$$

由于第一道工序是镦粗，坯料直径按以下公式计算。

$$D_0=(0.8\sim1.0)\sqrt[3]{V_0}\approx108.4\sim135.5\text{mm}$$

取

$$D_0=120\text{mm}$$

$$H_0=\frac{V_0}{\frac{\pi}{4}D_0^2}=220\text{mm}$$

4. 选择设备吨位

根据锻件形状尺寸查有关手册，选用5kN自由锻锤。

5. 确定锻造温度范围

45钢的始锻温度为1200℃，终锻温度为800℃。

6. 填写工艺过程卡片

略。

5.5 模具钢坯自由锻过程

对模具钢坯进行自由锻是为了充分发挥模具钢的性能，消除钢坯缺陷。例如，为了打碎钢坯里的共晶碳化物，使其颗粒细化且分布均匀，同时打乱纤维方向，形成理想的流线分布，这样才能充分发挥材料的力学性能。这是提高模具寿命的一项基本措施，一般人往往不重视，但模具工作者必须给予足够的重视。

5.5.1 碳素工具钢的自由锻与热处理

碳素工具钢是最普通的模具钢。其加工性较好、价格低廉、热处理后硬度较高，但是这类钢的淬火温度范围窄，易过热，淬火时畸变及开裂倾向大，易产生软点。与合金工具钢比，此类钢的淬透性低，热硬性及耐磨性均较差。

碳素工具钢有T10A、T8A等。

1. 自由锻

碳素工具钢的导热性较差，自由锻加热时应缓慢，勤于翻动，保证加热温度均匀。自由锻温度需严格控制。若终锻温度过高，容易过烧，锻后易形成碳化物网；若终锻温度过低，可能呈现带状碳化物，钢的塑性变差，产生裂纹。碳素工具钢坯件自由锻后的冷却速度应适当加以控制，以免析出粗大的网状碳化物。一般坯件在空气中冷却至表面温度约为700℃时，再埋入干砂或炉灰中冷却。为打碎坯件中的网状碳化物，必须采用多次镦粗拔长的方法锻造。

常用碳素工具钢的自由锻规范列于表 5 - 3。

表 5 - 3　常用碳素工具钢的自由锻规范

钢　　号	加热温度/℃	始锻温度/℃	终锻温度/℃	冷　　却
T8A、T10A	1100	1080～1050	850～750	空气中冷却至表面温度约为 700℃，再埋于干砂或炉灰中冷却

2. 退火

经自由锻后的碳素工具钢组织为粗片状的珠光体，有时还存在网状的渗碳体，导致锻件淬火后碳化物网包围马氏体，使钢脆化，切削加工性变差，加工时容易磨损刀具。为消除锻造应力、降低硬度、改善组织及改善加工性能，必须对锻件进行球化退火处理。对难以球化的 T8A 钢，也可以用预热球化法使之球化。当钢中的网状碳化物严重或晶粒粗大时，应先正火再球化退火。一般细化晶粒时所用的正火温度，较消除网状碳化物时的正火温度要低一些。当网状碳化物十分严重时，正火温度可适当高一些，促使碳化物网完全溶入奥氏体。另外，由于正火温度较高，必须注意防止锻件表面严重脱碳。

3. 淬火及回火

淬火温度对 T10A 钢的组织性能有很大的影响。

(1) 当淬火温度为 760℃时，淬火后硬度达 62HRC 以上，这表明 T10A 钢具有较高的淬硬性。淬火后钢中残余奥氏体含量较少，约为 8%。

(2) 当淬火温度在 760～800℃时，淬火后得到的基体组织为细针状马氏体，上面均匀分布着碳化物。随着淬火温度的升高，淬火后的硬度值变化不大，碳化物不断溶解，增加了固溶体中碳的质量分数，使马氏体转变起始点下降，淬火后钢中的残余奥氏体略有增加。

(3) 当淬火温度超过 800℃以后，钢中的晶粒开始长大，淬火后马氏体开始粗大，颗粒碳化物开始减少，直至溶解完毕。此时，由于残余奥氏体较多，导致材料整体的硬度略有降低。

碳素工具钢淬火后需做回火处理，以降低淬火硬度、提高韧性。

5.5.2 低合金工具钢的自由锻和热处理

不少冷作模具零件是使用低合金工具钢制成的。低合金工具钢主要有 CrWMn 钢、9Mn2V 钢和 GCr15 钢。低合金工具钢还包括热作模具钢 5CrNiMo 钢、5CrMnMo 钢等。

CrWMn 钢淬火后含有较多的碳化物，具有较高的硬度和良好的耐磨性，但由于碳化物较多，如形成网状，会降低材料的韧性。9Mn2V 钢也具有良好的耐磨性，碳化物分布较 CrWMn 钢更均匀，常用来代替 T10A 钢和 CrWMn 钢使用。GCr15 钢为轴承钢，具有很好的耐磨性和尺寸稳定性，适用于制造模具的导柱、导套等。

1. 自由锻

低合金工具钢的自由锻与碳素工具钢的相似，对于碳的质量分数较高、碳化物较多的坯件，应反复镦粗拉拔，严格控制终锻温度和冷却方法，避免形成网状碳化物，导致脆性增大，以及淬火变形大、易开裂等。为防止自由锻后的冷却过程中网状碳化物沿奥氏体晶界析出，要求终锻温度不宜过高，冷却方式为在800～600℃温度区间快速冷却、600℃以下缓慢冷却。这样做一方面可使奥氏体直接转变为珠光体，避免碳化物沿晶界析出；另一方面可减小锻造应力，减少开裂倾向。常用低合金工具钢的自由锻过程规范见表5-4。

表5-4　常用低合金工具钢的自由锻过程规范

钢　　号	加热温度/℃	始锻温度/℃	终锻温度/℃	冷　　却
CrWMn	1180	1150～1100	900～800	缓冷（坑冷或砂冷）
9Mn2V	1080～1120	1100～1050	850～800	缓冷（坑冷或砂冷）
GCr15	1180	1150～1100	900～850	缓冷（坑冷或砂冷）

2. 退火

低合金工具钢经自由锻后，组织为片状珠光体，硬度较高。例如，GCr15钢锻后硬度为225～240HB。为了改善组织、降低硬度、防止变形和开裂，低合金工具钢锻后应进行球化退火处理。

球化退火温度不宜太高，保温时间不宜过长，否则奥氏体晶粒长大，冷却后，会得到粗片状珠光体；若退火温度太低、保温时间太短，则冷却后转变不充分，组织中仍有残存的细片状渗碳体，硬度太高，甚至网状碳化物仍未消除。GCr15钢球化退火等温温度越低，退火后的硬度越高。

此外，低合金工具钢的原始组织如存在严重的网状碳化物，则应在球化退火前进行正火处理，促使碳化物网完全溶入奥氏体。

3. 淬火及回火

淬火温度对于低合金工具钢淬火后的组织性能影响很大。若淬火温度过高，碳化物溶解过多，淬火后钢中的残余奥氏体增多。由于残余奥氏体硬度较低，使得淬火组织的硬度和耐磨性降低，同时温度过高还会导致奥氏体晶粒粗大，冷却后得到粗片状马氏体，使钢材变脆，开裂倾向增大。当然，淬火温度也不宜过低，否则奥氏体组织中溶入较少的碳和合金元素，淬火后无法得到马氏体组织，不能获得较高的硬度。

低合金工具钢在淬火后必须及时进行回火，以稳定组织、消除淬火残余应力。

CrWMn钢的回火脆性温度是300±10℃，应予以避免。在不超过200～220℃条件下回火，钢中残余奥氏体的含量基本保持不变，硬度在60HRC以上，并且钢的韧性也得到了保证。9Mn2V钢的回火稳定性差，回火脆性温度约为200℃，应予以避免。当回火温度高于此温度时，硬度显著下降。GCr15的回火脆性温度约为200℃，应予以避免。在160℃回火后，硬度为61～65HRC，具有较高的抗压强度、抗弯强度和刚度。

5.5.3 冷作模具钢的自由锻和热处理

冷作模具常用的高合金工具钢是Cr12型钢，主要包括Cr12钢、Cr12Mo钢、Cr12MoV钢等。这类钢适用于制造冷作模的凸模、凹模，精冲模的齿形压边圈、反向压板等关键零件。

1. 自由锻

Cr12 钢坯轧制组织中往往存在大量不均匀分布的共晶网状碳化物。这些碳化物很硬很脆，降低了钢的力学性能和热处理性能。当模具热处理时，碳化物集中的部位可能出现开裂，热处理后模具硬度不均，脆性增加，冲击韧性降低。当碳化物堆聚或呈网状出现在模具刃口时，容易产生崩刃、折断和剥落，大大缩短了冷作模具的使用寿命。钢坯直径大时，存在树枝状组织，碳化物偏析严重。另外，钢坯的纤维方向只与轴线平行，不能满足不同模具零件的要求，对模具寿命也会产生重要影响。

Cr12 钢的导热性及塑性差，变形抗力大，过热敏感性大，变形温度区狭窄，易开裂，自由锻难度大，必须合理选择过程规范。

(1) 自由锻温度

Cr12 钢的变形温度区域狭窄，加热时必须严格控制上限温度、加热速度和加热时间。若上限温度过高，则容易出现过热、过烧。若加热速度过快，则钢坯表层与内部存在温差，表层因首先发生珠光体组织向奥氏体组织转变，体积收缩，内部则尚未发生相变，体积涨大，从而造成钢坯开裂。加热时间不可过短，否则会出现烧不透。另外，为减少高温加热时表面氧化与脱碳、防止晶粒粗大，钢坯高温加热时间也不宜过长。加热时要经常翻转坯料，控制风量，保证炉温均匀，使坯料均匀烧透。为避免加热速度过快、热应力过大导致的钢坯开裂，对于厚大钢坯，一般应进行二次预热。第一次预热温度是 400～600℃，第二次预热温度是 800～900℃。对于直径较小的钢坯，可以直接进行加热。Cr12 钢的自由锻加热规范列于表 5-5。Cr12 钢经加热后，塑性显著提高，适于自由锻。Cr12 钢的自由锻加热温度为 1100～1150℃，始锻温度为 1100～1030℃，终锻温度为 900～850℃。锻后的锻件采用炉冷或砂冷。

表 5-5 Cr12 钢的自由锻加热规范

钢坯直径或边长/mm	预热时间/(min/mm)		加热时间/(min/mm)
	第一次预热	第二次预热	
31～60	—	1.5	1/3
61～100	—	2.0	1/3
101～150	1.0	2.0	1/2.5

(2) 自由锻方法

Cr12 钢采用反复镦拔方法，具体的自由锻过程为横向自由锻过程。与纵向自由锻不同，不是沿着原钢坯的轴向（假定为 Z 轴）反复镦粗拔长，它是一种变方向镦粗拔长锻造方法，包括十字形镦拔、双十字形镦拔、多十字形镦拔等自由锻过程。

首先顺着钢坯轴线方向（Z 轴）镦粗；其次沿着轴向垂直面的 X 轴方向拔长，然后镦粗；最后沿着轴向垂直面的 Y 轴方向拔长，然后镦粗。这就是所谓的十字形镦拔，也称十字形锻造，如图 5.13 所示。重复一次这个过程就称为双十字镦拔，重复 n 次这个过程就称为 $n+1$ 次双十字形镦拔。

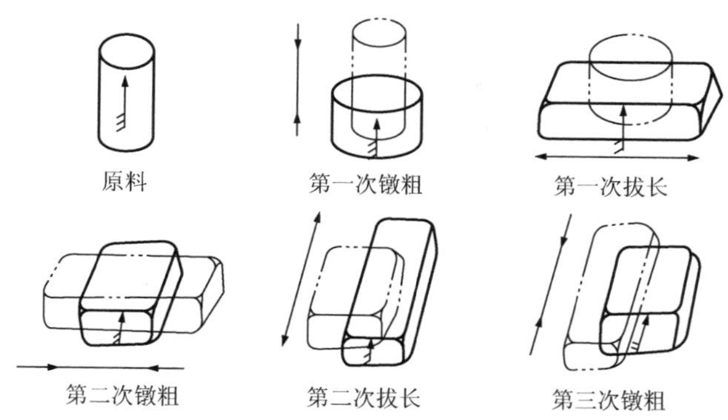

图 5.13 十字形镦拔示意图

十字形镦拔能较好地改善碳化物的分布，使其细小均匀，并且由于钢坯中心部分的金属流动不大，反复镦粗拔长数次也不易开裂。即便对于中心有一定疏松度的钢坯，也可用此法锻造。而采用纵向自由锻过程在镦粗拔长数次后两端容易开裂，碳化物的分布也不理想。

在十字形镦拔过程中要严格掌握“二轻一重”的锻造基本原则，在始锻和终锻时锤击要轻，在中间温度区间适当重击。每一次锤击，都应控制钢坯的变形量不宜过大。

千万要记住自由锻时锻件的“十字”方向，即锻件的 X、Y、Z 轴方向。要保证钢坯经反复镦粗拔长后仍保持轴线方向不错乱，在自由锻过程中采用扁方为过渡形状，即保持钢坯的横截面宽度尺寸大于截面高度尺寸，避免混淆方向造成只锻两个方向（四面）而不锻另一个方向。锤击变向时，应保证六面均匀变形。一旦发现表面裂纹，应立即去除。当发现锻件拔长后有明显的弯曲时，必须在校直后才能镦粗。

一般采用十字形镦拔时，由于坯料与锤头的接触面经常改变，温度不会降低太多，因而不易产生端部裂纹。又由于坯料中心部分相对流动量较大，中心部分变形不均匀程度得到改善。十字形镦拔的缺点是同一截面上各部位受打击的机会不一样，使得圆周表面上的碳化物的级别有差异，故只适合用来制作工作部位在中心的工具和模具。

在自由锻过程中还应该注意避免一直平行锤击镦粗。在模具钢坯镦粗变形量很大时，更应注意尽量变形均匀，如先锤击周边，形成倒角，然后镦粗。

模具钢坯锻打后一般应放置在砂或石灰中冷却到 100℃以下才取出，以免由于冷却不均、应力过大而形成裂纹。

模具钢坯经锻打后，碳化物的偏析应小于三级，纤维方向应垂直于模具的工作面。

2. 退火

Cr12 钢锻坯组织的晶粒大小不一，珠光体呈片状，硬度较高，可达 477～653HB。为消除锻造应力、降低硬度，锻件应进行球化退火处理，使硬度不超过 255HB。

如需进一步降低硬度，可在球化退火后再进行一次高温回火，即加热到 A_{c_1} 温度点（一般为 760～790℃）下，保温 2～3h。另外，以 Cr12 钢为材料的模具钢坯在镦粗加工后也可进行低温退火，消除加工硬化。对于部分成形的模具钢坯（如已镗孔的模具钢坯），可采用铸铁屑装箱保护加热。

3. 淬火及回火

由于合金元素 Cr、Mo、V 等的存在，Cr12 钢的奥氏体的稳定性较强，珠光体转变的孕育期很长，因此淬透性很高。淬火时，正确控制淬火加热温度和保温时间特别重要。淬火温度过高时，晶体明显长大，韧性降低，容易造成脱碳；也会导致残余奥氏体异常增多，降低淬火后的硬度。另外，即使淬火温度合适，保温时间过长也会产生上述不良后果。

Cr12 钢常用的淬火及回火过程可分为一次硬化法和多次硬化法两种。

一次硬化法采用较低的淬火温度（例如，Cr12 钢的淬火温度为 950～980℃，Cr12MoV 钢的淬火温度为 1000～1050℃）淬火和一次低温回火。经过一次硬化法处理后，钢中残余奥氏体的含量约占 20%，晶粒较细，强韧性好，变形较小，硬度较高，耐磨性较好。一次硬化法热处理过程简单有效，适用于工作负荷重、对力学性能要求高的模具。

多次硬化法采用较高的淬火温度（1050～1080℃，个别情况下超过 1130℃）淬火、二次（或三次）回火。淬火后钢中存在大量的残余奥氏体（例如，Cr12MoV 钢在 1125℃温度淬火后，残余奥氏体的含量可达 85%），硬度很低（40～50HRC）。为了提高硬度，必须进行两次或多次高温回火以产生二次硬化，使硬度上升至 60～62HRC。多次硬化法过程复杂，能使模具获得较高的红硬性和回火稳定性、良好的耐磨性，但是由于淬火温度高，晶粒明显粗大，强度和韧性下降，热处理变形也较大，适用于制造工作在 400～450℃下的模具，或需进行氮化处理的模具。

回火温度应根据淬火温度、工件的硬度要求和最小变形量确定。回火温度和回火次数对 Cr12MoV 钢的残余奥氏体含量和极限性能都有影响。回火次数一般为 1～3 次，回火次数越多，残余奥氏体的含量越低。

当模具对硬度、耐磨性要求较高时，回火温度为 150～170℃；当模具对韧性要求较高时，回火温度为 200～275℃。

5.5.4 热作模具钢的自由锻和热处理

我国常用的高合金热作模具钢有 3Cr2W8V（H21）钢、4Cr5MoSiV（H11）钢、4Cr5MoSiV1（H13）钢、3Cr3Mo3VNb（HM3）钢等，它们都是含铬钢。与中碳低合金热作模具钢不同，高合金热作模具钢更适合于制作热成形型腔锻模。

3Cr2W8V 钢属于低碳高合金钢，含钨量较高，从 20 世纪 60 年代沿用至今，但在国外该钢种已趋淘汰。4Cr5MoSiV 钢和 4Cr5MoSiV1 钢都是中碳中铬型热作模具钢，它们的含铬量都在 5%左右。但 4Cr5MoSiV1 钢的含钒量比 4Cr5MoSiV 钢略高一些，因而在中温下其耐磨性及硬度也高。3Cr3Mo3VNb 钢在 20 世纪 80 年代曾分别通过我国机械工业部、航空工业部成果鉴定，获航空工业部科技进步一等奖。

3Cr3Mo3VNb 钢是在碳含量较低的情况下加入微量元素 Nb，使钢具有更高的热稳定性、热强性，有明显的回火二次硬化效果，其缺点为有脱碳倾向。与 4Cr5MoSiV1 钢相比，在模具型腔表面温度为 700℃时，3Cr3Mo3VNb 钢的抗拉强度 σ_b 是 4Cr5MoSiV1 钢的 2.5 倍，屈服强度 σ_s 是 4Cr5MoSiV1 钢的 2.8 倍。在 620℃和 640℃时，3Cr3Mo3VNb

钢硬度可维持稳定在40～44HRC的时间是4Cr5MoSiV1钢的2.8倍。3Cr3Mo3VNb钢应用于热锻模、辊锻模、热挤压模、精锻模等模具上，可以有效克服模具因热磨损、热疲劳、热裂等引起的早期失效。

1. 自由锻

高合金热作模具钢的自由锻与冷作模具钢相似。对于合金的质量分数较高、碳化物较多的坯料，应反复镦粗拔长，严格控制终锻温度和冷却方法，避免形成网状碳化物，导致脆性增大。为防止自由锻后的冷却过程中网状碳化物沿奥氏体晶界析出，要求终锻温度不宜过高，冷却方式可采用快速冷却至700℃后缓慢冷却。这样做一方面可使奥氏体直接转变为珠光体，避免碳化物沿晶界析出；另一方面可减小锻造应力，降低开裂倾向。

加热高合金热作模具钢时，必须采取有效的措施防止氧化脱碳。

常见高合金热作模具钢的自由锻过程规范见表5-6。

表5-6 常见高合金热作模具钢的自由锻过程规范

钢　号	加热温度/℃	始锻温度/℃	终锻温度/℃	冷　却
3Cr2W8V	1200	1180～1120	900～850	缓冷（坑冷或砂冷）
4Cr5MoSiV	1110～1160	1110～1020	≥850	缓冷（坑冷或砂冷）
4Cr5MoSiV1	1110～1160	1110～1020	≥850	缓冷（坑冷或砂冷）
3Cr3Mo3VNb	1160～1180	1120～1150	≥900	缓冷（坑冷或砂冷）

2. 退火

高合金热作模具钢经自由锻后，组织为片状珠光体，硬度较高。为了改善组织、降低硬度、防止变形和开裂，高合金热作模具钢锻后应进行球化退火处理。3Cr2W8V钢属过共析钢，一般采用不完全退火。

球化退火温度不宜太高，保温时间不宜过长，否则奥氏体晶粒长大，冷却后会得到粗片状珠光体；若退火温度太低、保温时间太短，则冷却后转变不充分，组织中仍有残存的细片状渗碳体，硬度太高，甚至网状碳化物仍未消除。

此外，高合金热作模具钢的原始组织如存在严重的网状碳化物，则应在球化退火前进行正火处理，促使碳化物网完全溶入奥氏体。通过高温加热奥氏体化，使钢中沿晶界析出的碳化物溶解和球化，再冷至室温，消除了钢中沿晶界析出碳化物而引起的成分与组织的不均匀性，随后进行退火，使碳化物呈细小均匀分布状态析出。这样不仅能使塑性和冲击韧度都有较大的提高，而且可以减小力学性能的各向异性，耐热疲劳抗力也会大大提高。

对于大尺寸的模具，钢中的不均匀现象更严重，这样做更必要。

锻造后退火时工件的入炉温度应不高于500℃，最好是随炉升温缓慢加热至870±10℃，加热速度不大于200℃/h。退火保温后，以30℃/h的冷却速度缓慢冷却至500℃以下后，出炉空冷。退火后的硬度一般为192～229HB。

3. 淬火及回火

淬火温度对于高合金热作模具钢淬火后的组织性能影响很大。若淬火温度过高，碳化物溶解过多，淬火后钢中的残余奥氏体增多。由于残余奥氏体硬度较低，使得淬火组织的硬度和耐磨性降低，同时温度过高还会导致奥氏体晶粒粗大，冷却后得到粗片状马氏体，使钢材变脆，开裂倾向增大。淬火温度也不宜过低，否则奥氏体组织中溶入较少的碳和合金元素，淬火后无法得到马氏体组织，不能获得较高的硬度。

淬火加热时要先在800～850℃预热，否则容易在加热速度过快时，由于热应力过大造成开裂。

高合金热作模具钢淬火后必须立即回火，以稳定组织、消除淬火残余应力。时间间隔最长不能超过6h，以免因淬火应力过大而导致开裂。

以一般常用的温度（1050～1100℃）淬火后，3Cr2W8V钢的耐热性（这里是指硬度为45HRC时的回火温度）为580～600℃。当淬火温度升高到1150℃时，耐热性显著增加，达650℃。而经1250℃淬火时，高合金热作模具钢的晶粒已经十分粗大了，冲击韧度急剧下降。

4Cr5MoSiV钢的淬火温度为1000～1050℃，而4Cr5MoSiV1钢由于含钒量稍高，淬火加热温度也可略高一些，可以提高到1100℃。在这两种情况下加热后空冷淬火，4Cr5MoSiV钢的硬度为55～58HRC，4Cr5MoSiV1钢的硬度为53～57HRC。

3Cr3Mo3VNb钢的淬火温度为950～1080℃，淬火硬度为47～50HRC。其回火温度为570～630℃，回火硬度为42～49HRC（变形抗力小的材料可取偏高值），晶粒度为10～11级。

4Cr5MoSiV钢、4Cr5MoSiV1钢和3Cr2W8V钢都属于空冷硬化型热作模具钢，不仅淬透性好，而且回火稳定性也高。

4Cr5MoSiV钢和4Cr5MoSiV1钢推荐采用的回火温度为540～650℃，回火两次，每次2h。回火后，硬度在40～54HRC。在低于500℃回火时，随着回火温度的升高，硬度逐渐降低。在500～600℃回火后，由于Mo2C、V4C3等碳化物弥散析出，产生二次硬化效果，使强度大大提高，抗拉强度σ_b可达2000MPa。当淬火温度较低时，固溶体中合金元素溶解度很低，因而无所谓二次硬化现象产生。只有在较高温度加热时，才能充分地使3Cr2W8V钢中钨等合金元素溶入固溶体中，使淬火后的马氏体合金度高，从而提高耐热性。淬火加热温度不足，就不能充分发挥钨在钢中的作用，也不能保证良好的淬透性能。

由于含铬钢中铬元素的存在，使含铬钢具有较高的中温（540℃）强度、耐热疲劳性及抗氧化性，因此，它们很适宜用于制作热成形模具。又由于它们具有良好的综合力学性能、较高的抗氧化性和耐热疲劳性，因此在中温（200～500℃）长期使用时具有性能稳定性。

在任何淬火温度下，经650℃回火后，含铬钢韧度均会降低。韧度下降是由于在二次硬化中析出的碳化物发生了积聚。随着淬火温度的升高，冲击韧度有所下降，这是晶粒长大的缘故。

从热作模具的性能要求来看，为了保证模具在工作温度下的热稳定性和具有足够的韧性，回火温度一般都应该高于“二次硬化”现象出现的温度，而且最好进行二次回火或多次回火，以消除“二次硬化”引起的韧性的降低。

5.5.5 高速钢的自由锻和热处理

高速钢具有很高的强度，良好的韧性、红硬性和耐磨性。以高速钢为材料制造的冷作模具元件可用于条件恶劣的工况环境，生产形状复杂且强度高的冷冲件。

制作模具常用的高速钢有 W18Cr4V 钢、W9Cr4V 钢和 W6Mo5Cr4V2 钢。基体钢的成分与高速钢的淬火组织中的基体化学成分相同。它是在高速钢的基本成分中添加少量的其他元素，适当地增加或减少碳的质量分数改善钢的性能，以适应模具工作特性要求。65Cr4W3Mo2VNb（代号 65Nb）和 7Cr7Mo3V2Si（代号 LD）是基体钢。

1. 自由锻

高速钢属于莱氏体钢，钢中存在大量网状或带状分布的共晶碳化物，加热后造成碳化物分布很不均匀，使力学性能下降、过热敏感性增加、变形大，严重影响钢的强度、韧性和耐磨性。自由锻可以打碎粗大的网状或带状的碳化物，并在一定程度上提高碳化物分布的均匀性。

高速钢自由锻加热过程规范见表 5－7。自由锻加热时应严格控制加热温度上限和加热速度。高速钢的导热性和塑性都差，过热敏感性强，因此加热温度不能过高，加热速度不能过快。锻件加热注意均匀一致，并在保证锻件烧透的前提下，尽量缩短高温加热时间，以减少脱碳与氧化。另外，终锻温度不能过高，否则晶粒粗大，易形成网状碳化物；终锻温度也不能过低，以防产生裂纹。当温度下降时，要立即回炉加热。高速钢的自由锻加热温度为 1150～1200℃，始锻温度为 1150～1100℃，终锻温度为 930～880℃。

表 5－7 高速钢自由锻加热过程规范

钢坯直径/mm	预热时间/(min/mm)	加热时间/(min/mm)
≤85	0.5～1.0	0.4～0.5
>85	0.5～1.0	0.5～0.7

高速钢锻件的自由锻应采用双十字镦拔法。在镦拔过程中，镦粗拔长的次数越多，碳化物偏析改善越明显。高速钢锻打时，应注意变形一致，防止热效应，要遵照“二轻一重”原则，即在始锻（1050℃以上）和终锻（950℃以下）时，锤击不能过快、过重，而在 1050～950℃可适当重击。

自由锻操作中应注意：温度均匀、变形均匀；勤调头，避免镦歪，使锻件中心外移；防止产生严重鼓形，从而产生裂纹；发现裂纹要及时凿去；拔长时勤翻转，送进量要合适。

高速钢的锻造比 K_L 一般为 5～14。

高速钢自由锻后在空气中冷却，或埋入砂中或灰中缓慢冷却，防止锻件在冷却时因内应力过大产生开裂。

2. 退火

高速钢锻件必须进行退火，以消除锻造应力、降低硬度、获得较细晶粒，为后续机械加工和热处理做好准备。高速钢退火温度在 A_{c_1} 以上 30～50℃，温度过高或过低都会对高速钢的组织与性能产生不利影响，退火时间不宜过长。退火状态下，W18Cr4V 钢的硬度为 207～255HB，退火组织为索氏体＋粒状碳化物。W6Mo5Cr4V2 钢的退火加热温度比 W18Cr4V 钢要低 10～20℃。

3. 淬火及回火

高速钢退火后才能进行机械加工，机械加工后的零件必须进行淬火。通过将高速钢加热至淬火温度，使尽可能多的碳及合金元素溶于奥氏体中，再通过淬火冷却，得到合金度很高的淬火马氏体组织，从而使高速钢获得高的硬度和耐磨性。

淬火、回火后高速钢的力学性能有很大的改善和提高。

(1) 淬火

高速钢的导热性差、塑性低，淬火前必须预热，否则将产生很大的内应力，引起锻件变形甚至开裂。除此之外，通过预热还可以缩短工件在高温中加热的时间，减小工件的氧化与脱碳。对于形状简单的小型模具，一般采用一次中温预热；对于形状复杂的模具，可以采用低温、中温两次预热。

为保证高速钢淬火后既有高的硬度、强度和耐磨性，又有较好的塑性和韧性，确定高速钢淬火温度区时应最大限度地使碳及合金元素溶解于奥氏体中，同时又避免奥氏体晶粒过分长大。

高速钢具有很高的淬硬性与淬透性，过冷奥氏体非常稳定。对于中小型模坯，虽然淬火后空冷即可得到马氏体组织，但由于表面氧化和二次碳化物的析出，导致淬火后硬度降低，因此，高速钢淬火后一般不在空气中冷却。

高速钢淬火冷却操作最方便、成本最低廉的方法是将加热后的模具淬入油中冷却至 400～300℃后取出，空冷至室温，但这样处理后的模具易发生变形。使用较多的是分级淬火。二次或多次分级淬火主要用于形状复杂、易发生热处理变形的模具。

一次分级淬火是将加热后的模具淬入 620～580℃的中性盐浴中，停留一定时间（一般不超过 20min）后取出，空冷至室温。二次分级淬火是在一次分级淬火的基础上，再增加 400～350℃一次分级。

(2) 回火

高速钢淬火后应立即回火，回火是为了消除淬火应力、稳定组织、改善模具的综合力学性能。盐浴炉淬火后的回火，一般采用三次 560℃回火，每次回火时间为 1h。

高速钢在 550～570℃回火时，存在二次硬化现象，能获得较高的硬度、强度和较好的韧性。以 W18Cr4V 钢为例，在此温度范围回火时，钒、钨合金碳化物析出，并以极其细小的粒度弥散分布在马氏体基体上，这些碳化物很稳定，难以聚集长大，从而对钢的硬度的提升有益，钢中残余奥氏体也大部分转变为马氏体，使钢的硬度进一步升高，从而产生二次硬化现象。高速钢回火二次硬化现象，对提高其综合力学性能有很大的影响。

W18Cr4V 钢经三次回火后，残余奥氏体含量可从 25%降到 3%左右，可以获得最佳的抗弯强度和挠度。需要注意的是，回火时间不能过长，否则会使残余奥氏体稳定，增加随后回火的困难。

习题及思考题

5-1　设计自由锻件图要注意哪些问题？为什么？

5-2　如何在锤上锻造空心锻件？影响空心锻件锻造过程的主要技术参数是什么？

5-3　锻件中的纤维组织是如何形成的？它与锻件品质有什么关系？试举例说明。

5-4　模具的寿命与模块锻坯的内在品质有什么关系？为什么说提高模具寿命除了合理选用材料制作模具以外，锻造也是一个很重要的环节？

5-5　可以用冷作模具钢制作热锻模具吗？为什么？

5-6　W6Mo5Cr4V2钢是一种什么钢？为什么可以用它制作冷、热成形模具，甚至还能制作刀具？

5-7　什么是锻造比？在自由锻过程中如何考虑锻造比？

第6章 模锻成形工步分析

利用模具使坯料变形而获得锻件的锻造方法称为模锻。模具装在某种锻压设备上，当设备受到驱动并且带着模具闭合时，模具迫使毛坯进行塑性变形，最终充满整个模膛，形成形状与模具型腔轮廓完全一致的锻件。用模锻的方法生产锻件，一般一套模具只生产一种锻件。模具的投资较大，适用于大批量生产。为了能够使坯料充满模膛，减小模具的应力，用模锻方法生产外形较复杂的锻件时，一般需要经过几个工步。

按照模锻中最后成形工步成形方法，可以把模锻分为开式模锻、闭式模锻、挤压和顶镦四类。了解各种成形方法的成形特征和金属流动规律，合理进行工艺设计和模具设计，可以降低模锻变形力，降低模具危险点应力，低成本生产高质量模锻件。

6.1 模具的多样性

在工业生产中，用各种压力机和装在压力机上的专用工具，通过压力把金属或非金属材料制出所需形状的零件或制品，这种专用工具统称为模具。

模具是工业生产中使用极为广泛的主要过程装备。采用模具生产零部件，具有生产效率高、质量好、成本低、节省能源和节省原材料等一系列优点，已经成为当代工业生产的重要手段和过程发展方向。模具工业对国民经济和社会发展将会起到越来越重要的作用。在机械制造、轻工、汽车、电器、电机及仪器仪表等行业，有60%的零部件需要用模具加工，模具生产费用占产品成本的30%左右。螺钉、螺母、垫圈等标准紧固件，没有模具就无法大批量生产。此外，工程塑料、粉末冶金、橡胶、建材、金属铸造、玻璃成型等过程也都需要模具来完成大批量生产。同时，模具也是发展和实现少切削和无切削技术不可缺少的工具。

模具生产直接影响生产效率和新产品开发的速度。如果模具供应不及时，很可能造成停产；模具精度不高，产品质量就得不到保证；模具结构及生产过程落后，产品产量就难以提高。许多现代工业生产的发展和技术水平的提高，很大程度上取决于模具工业发展的水平。模具设计和制造的水平直接影响到工业产品的发展，也是衡量一个国家工业水平高低的重要标志之一。

在工业生产中，模具的种类很多，按材料在模具中成形的特点，主要分为冲模和型腔模两大类，如图 6.1 所示。

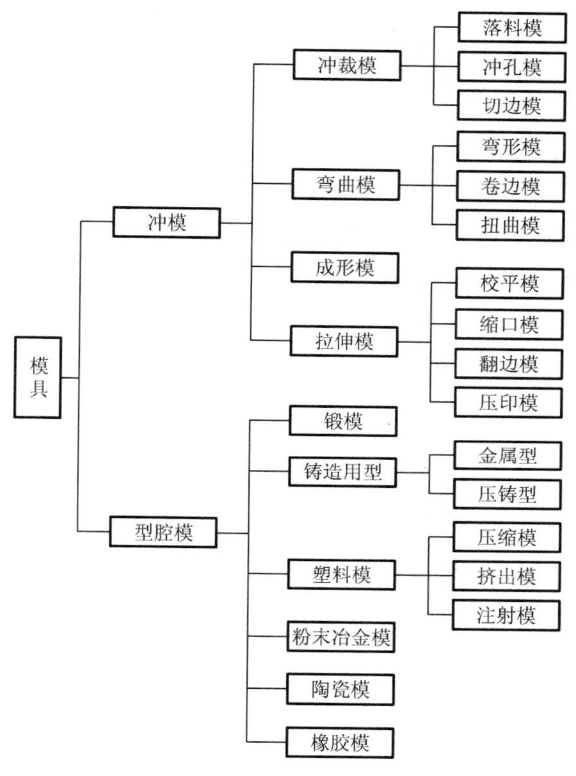

图 6.1　一般模具的分类

每一套模具都是一个完整的独立体，其结构由各种不同零部件组合而成。根据每个零部件的作用、要求，冲模主要由过程性零件和结构性零件两大类组成。

过程性零件：直接完成冲压工序，与材料或冲压件发生直接接触的零件，如成形零件（凸模、凹模、凸凹模），定位零件，压卸料零件等。

结构性零件：在模具中起安装、组合及导向作用的零件，如支撑零件（上下模座、凸凹模固定板），导向零件（导向杆、导向套）及紧固零件等。

利用模具加工制品与零件，主要有以下优点。

（1）生产效率高，适合大批量生产。

（2）节省原材料，材料利用率高。

（3）操作过程简单，不需要操作者有较高的水平和技艺。

（4）能制造出用其他加工方法难以加工的、形状复杂的制品。

（5）制品精度高，尺寸稳定，有良好的互换性。

（6）制品一般不需要再进一步加工，可一次成形。

（7）容易实现生产的自动化或半自动化。

(8) 加工成本比较低。

6.2　模具模膛形状对金属变形的影响

与自由锻相比，模锻生产的锻件精度高，加工余量小，形状较复杂。模锻时金属变形同样要遵循自由锻金属变形规律。

模具形状对金属变形的影响很大。

1. 控制锻件的形状和尺寸

模锻分单模膛锻造（图 6.2）和多模膛锻造（图 6.3）。单模膛锻造所使用的模具仅有一个模膛，该模膛决定锻件的尺寸和形状，称为终锻模膛。

为了保证锻件的形状和尺寸精度，设计热锻模具时应考虑锻件和模具的热收缩，设计精密模锻件还需要考虑模具的弹性变形。

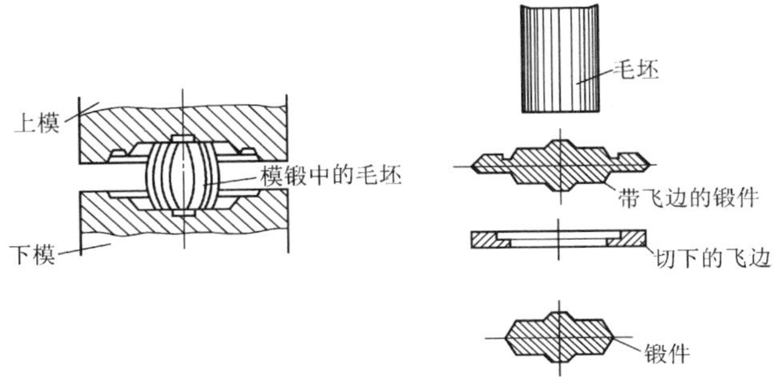

图 6.2　单模膛锻造示意图

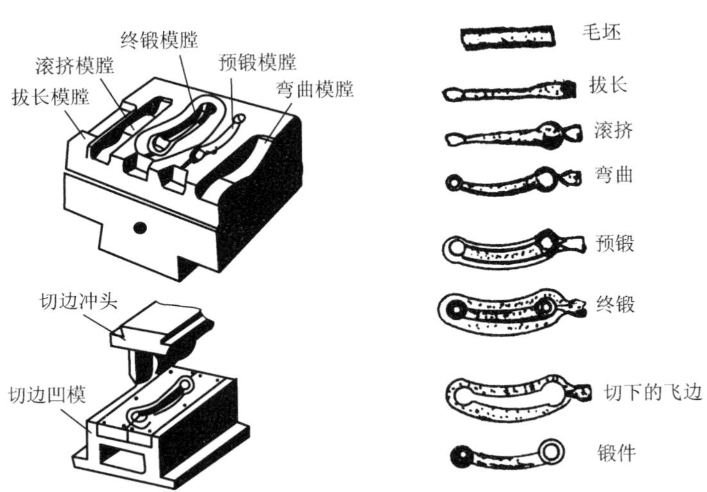

图 6.3　多模膛锻造示意图

2. 控制金属的变形方向

根据金属塑性成形理论，塑性变形时金属主要朝着最大主应力的方向流动。在三向压应力的情况下，金属主要朝着最小阻力方向流动。因此，对一个待加工的模锻件，通过设计不同的制坯工步如拔长、滚挤、弯曲、预锻等（图 6.3），就可控制金属的变形方向，完成对毛坯的塑性加工。

3. 改变变形区的应力场

变形体内的应力场是在外力的作用下产生的，一般外力通过模具施加在毛坯上，毛坯变形的反作用力也由模具承受。合理的模具设计还应该使锻件变形时的流动阻力尽量小，使模具的载荷分布均匀，降低模具的峰值应力。

4. 提高金属的塑性

金属的塑性与应力状态关系密切，压应力的个数越多，静水压应力数值越大，材料的塑性越好。封闭的模膛使金属在终锻的最后阶段处于三向压应力状态，材料的塑性好。

5. 控制坯料失稳，提高成形极限

细长杆在受压时会产生塑性失稳而弯曲，并可能发展成折叠。为控制顶镦时杆件失稳，要求模孔直径 $D=(1.25\sim1.50)D_0$（D_0为毛坯直径），这样可依靠模膛内壁限制弯曲的发展，避免折叠产生。

6.3 开式模锻

开式模锻在锻造过程中，上模和下模间的间隙不断变化，到变形结束时，上下模完全打靠（这里指的是锤锻模，如果热模锻压机锻模则不能打靠）。一般从毛坯开始接触模具到上下模打靠，锻造毛坯最大外廓的四周始终敞开，即飞边的仓部并未完全充满，锻造过程中形成横向飞边，如图 6.4 所示。飞边既能帮助锻件充满模膛，也可放松对毛坯体积的要求。飞边属于工艺废料，一般在后续工序中切除。

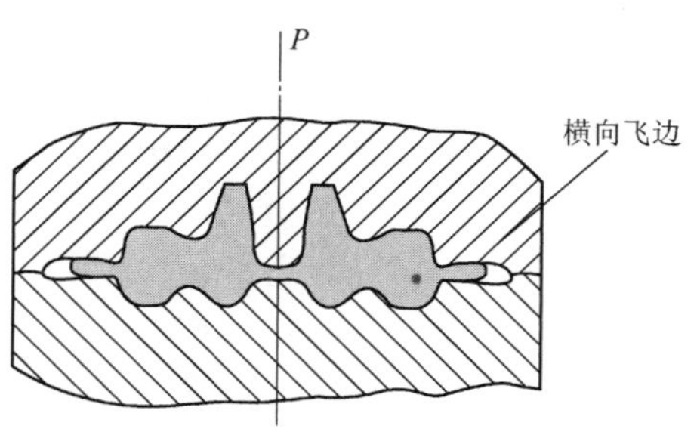

图 6.4 开式模锻示意图

6.3.1 开式模锻成形过程的分析

开式模锻成形过程的金属流动大体可分为三个阶段，如图 6.5 所示；总压下量为 ΔH，$\Delta H=\Delta H_1+\Delta H_2+\Delta H_3$。

（1）锻粗阶段。开式模锻的第一阶段是锻粗阶段。此时上模和下模的距离为 $\Delta H_2+\Delta H_3$，其压下量为 ΔH_1，模锻力为 P_1。此时整个坯料都产生变形，在坯料内部存在分流面。分流面外的坯料金属流向法兰部分，分流面内的金属流向凸台部分。

（2）充满模膛阶段。开式模锻的第二阶段是充满模膛阶段。此时上模和下模的距离为 ΔH_3，其压下量为 ΔH_2，模锻力为 P_2。这时下模膛已经充满，而凸台部分尚未充满，金属开始流入飞边槽。随着桥部金属的变薄，金属流入飞边的阻力增大，迫使金属流向凸台和角部，直到完全充满模膛，变形区仍然遍布整个坯料。

（3）打靠阶段。开式模锻的第三阶段是打靠阶段。此时上模和下模的距离为零，其压下量为 ΔH_3，模锻力为 P_3。此时金属已完全充满模膛，但上下模面尚未打靠（模锻结束时要打靠）。此时，多余金属挤入飞边槽，锻造变形力急剧上升，变形区已经缩小为模锻件中心部分的区域。

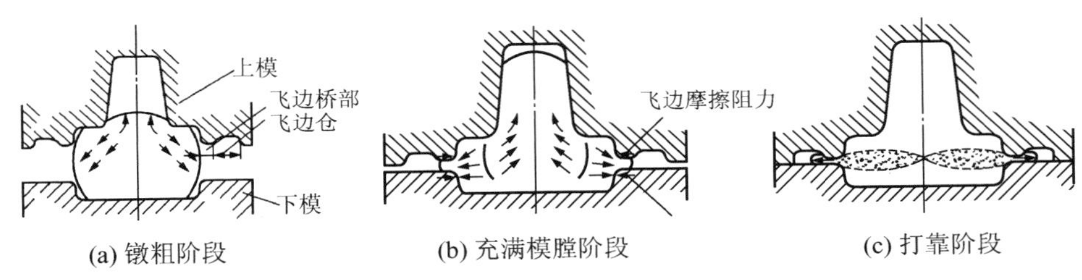

图 6.5 开式模锻成形过程的金属流动

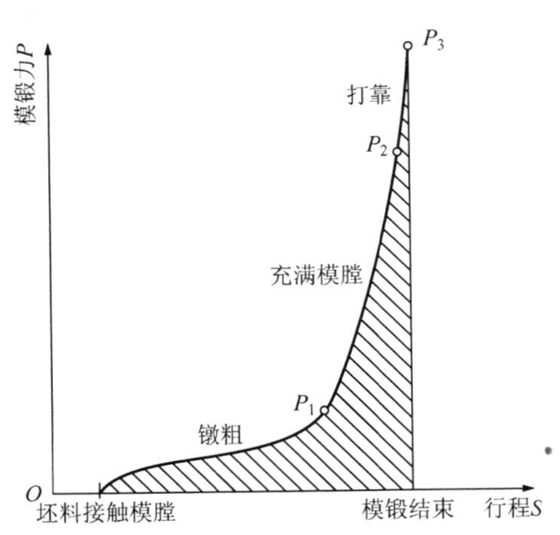

图 6.6 开式模锻成形过程锻造力-行程曲线

开式模锻成形过程锻造力-行程曲线如图 6.6 所示。

第二阶段是锻件成形的关键阶段，第三阶段是模锻变形力最大阶段。

研究锻件的成形问题，主要研究第二阶段；计算变形力可按第三阶段的变形区域考虑，我们希望第三阶段尽可能小。因为如果第三阶段小，就可以减少第三阶段流出的飞边金属，减小模锻所需要的载荷，减少锻压设备的功率消耗，延长模具寿命，提高劳动生产效率。

众所周知，在大批量的模锻生产条件下，有许多影响锻件充满成形的过程因素。例如，下料体积偏差、加热时坯料氧化损失量，锻造温度、模膛磨损程度、操作时坯料放入模膛的不对心等，都是在一定范围内波动且无法严格控制的。它们只有依靠第三阶段的多余飞边金属补偿或调节。

为了在大批量的生产条件下保证获得合格的锻件，不可能没有第三阶段。问题是怎样把第三阶段的压下量 ΔH_3 控制在必要的最小值范围内。国内有人指出，ΔH_3 与锻件的质量和形状复杂程度有关，在总压下量中，ΔH_3 所占的比例很小，不妨看成一个常数。一般 ΔH_3 不超过 2.5mm。

由于 ΔH_3 可近似地看作常数，故对某一个锻件的模锻变形过程来说，ΔH_3 与第一阶段的 ΔH_1 和第二阶段的 ΔH_2 之和也可近似看作常数。于是就有以下关系：扩大 ΔH_1，就必然缩短 ΔH_2；缩短 ΔH_1，就必然扩大 ΔH_2。

再看第一阶段和第二阶段。如果在总压下量中扩大 ΔH_1，缩短 ΔH_2，则意味着在第一阶段，毛坯就最大限度地充填了模膛，而当第二阶段开始时，上下模分模面间的间距已很小。这样，飞边一出来就较薄，形成较大的阻力，迫使金属充填模膛中未充满的部位，迅速实现第二阶段的变形。结果，只消耗较少的飞边金属，就能生产出合格的锻件，提高了材料利用率。相反，如果扩大 ΔH_2，缩短 ΔH_1，则意味着在第一阶段毛坯充填模膛很差，而当第二阶段开始时，上下模分模面间的间距还较大。这样，飞边一出来就较厚，形成阻力不大，金属大量流出模膛。结果，一直到上下模闭合，模膛不能充满，锻件不能成形。在这种情况下，要使锻件充满成形，只有增大毛坯体积，降低材料利用率。

还有，在总压下量中扩大 ΔH_1，缩短 ΔH_2，由于只需出较小的飞边就能生产出合格的锻件，因此会降低变形力的最大值，减少锻压设备的功率消耗，延长锻模的使用寿命。这些重要因素也是不可忽视的。

显然，扩大第一阶段的压下量 ΔH_1（即尽可能在第一阶段使金属最大限度地充填模膛），缩短第二阶段的压下量 ΔH_2，保证必要的最小的第三阶段的压下量 ΔH_3，是合理的模锻变形过程。

在模锻成形过程设计中保证获得合理的模锻变形过程，关键在于设计合适的制坯工步或预成形工步。还应指出，由于不同的锻压设备的工作特性不同，金属在模膛内的流动情况也不同。例如，热模锻压机和液压机模锻，由于没有锤上模锻时发生的那种惯性作用，模膛内的金属易于水平外流，不易于上下充填。因此，对于热模锻压机和液压机模锻，设计合适的制坯工步或预成形工步尤为重要。

制坯工步的作用是按照锻件图的要求分配毛坯体积，以求得到形状较简单的中间毛坯。最常用的制坯工步有镦粗、拔长、滚压、弯曲等。

预成形工步的作用是按照锻件图的要求和金属的流动规律较细致地分配毛坯体积，得到介于中间毛坯和终锻件之间而接近终锻件的过渡形状。合适的预成形件不仅要求易于成形，而且要做到置入终锻模膛模锻时在变形的第一阶段就能最大限度地充填模膛。

图 6.7 所示为锻件锻造时的金属流动平面和变形方向。以长轴类锻件为例，将锻件沿与分模面垂直的方向作若干个横截面，称为金属变形平面，如图 6.7(a) 所示。在模锻过程中，对于这些部位的金属，可近似地认为只沿这些平面变形，即只产生平面变形。而在这些平面的中心线上的金属流动，则是与模具运动方向平行。把各个流动平面的中心线连接起来，便得到锻件的中性面。中性面内的金属变形方向与模具运动方向平行，中性面以外的金属变形方向与模具运动方向垂直。

长轴类锻件的变形模型为其终锻成形前的预成形件设计提供了依据。

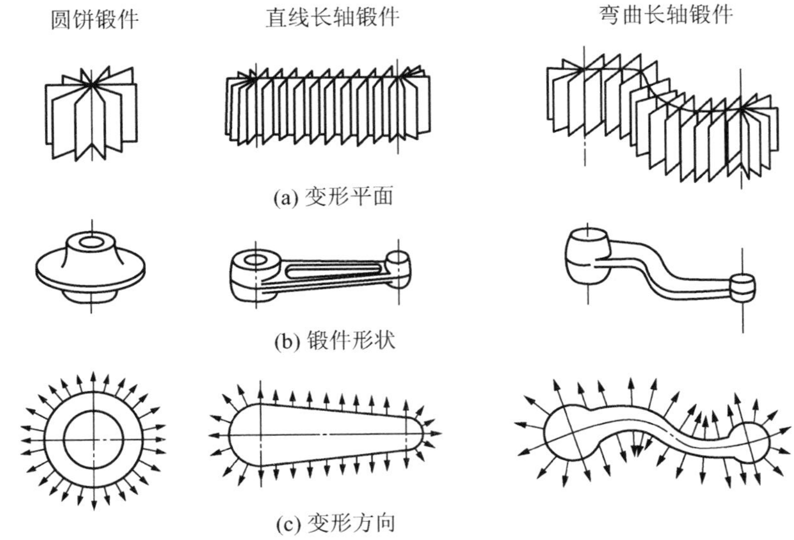

图 6.7　锻件锻造时的金属流动平面和变形方向

为了保证金属流动充满模膛而不产生缺陷，可将设计好的锻坯，先利用塑性泥或软金属（如铅）等进行试锻。如试锻结果令人不满意，则修改锻坯设计。如试锻结果令人满意，则再用碳钢进行热锻试验。经反复试锻和修改，便可设计出合理的制坯工艺和模具，得到满意的结果。

图 6.8 所示为某回转体锻件模锻第二阶段子午面的网格变化情况。

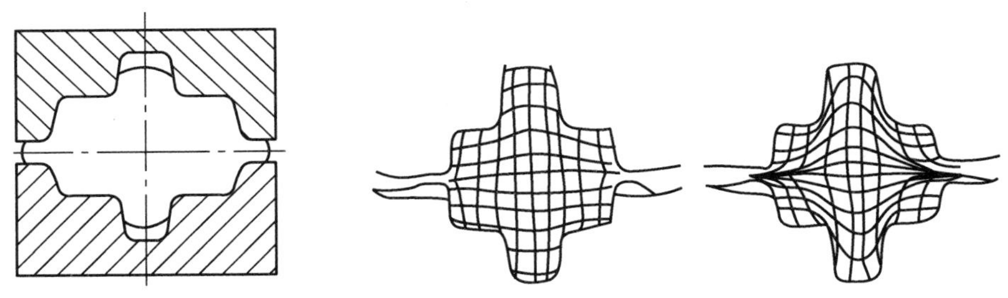

图 6.8　某回转体锻件模锻第二阶段子午面的网格变化情况

6.3.2　开式模锻时影响金属成形的主要因素

从对开式模锻变形金属的变形过程的分析可以看出，变形金属的变形情况主要取决于内外两方面的因素。①内部因素主要是终锻前毛坯的形状和尺寸，这将决定锻造时金属的变形量；毛坯本身成分和温度是否均匀，成分和温度不均匀将会引起材料变形应力不均匀。②外部因素主要是终锻模膛的尺寸和形状、飞边槽尺寸，设备工作速度对金属变形也有影响。

下面主要对影响金属变形的外部因素进行具体分析。

1. 模膛的尺寸和形状

一般来说，金属以镦粗方式比以压入方式充填模膛容易。本书以压入成形为例，首先分析锻件本身各种因素对充填模膛的影响。

金属变形时在模膛内遇到的阻力与下列因素有关。

(1) 变形金属与模壁间的摩擦系数。模膛表面的粗糙度低且润滑较好时，金属在模膛内变形时所受到的摩擦阻力小，有利于充满模膛。

(2) 模锻斜度。设计模膛内壁模锻斜度多数是为了便于锻件在模锻后从模膛中取出，但与无模锻斜度相比，不利于金属挤入充填。因为金属充填模膛的过程实质上是一个变截面的挤压过程，金属处于三向压应力状态，如图6.9所示。为了充填过程得以进行，必须有一定的挤压力F，模锻斜度越大所需的挤压力越大。

当模锻斜度为某一指定值时，在模壁处的摩擦阻力τ_f较大的情况下，挤压力F较大，并且随着τ_f的增大而增大。因为需要克服沿挤压方向的分力$\tau_f\cos\alpha$。当τ_f值不变时，α越大，充填反而容易，如图6.10所示。

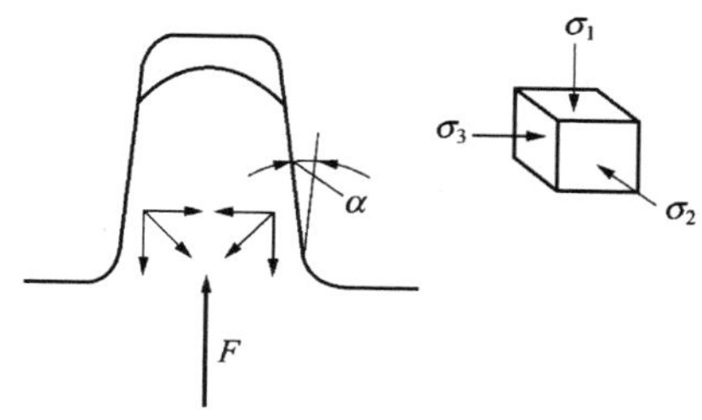

图6.9 模锻斜度对金属充填模膛的影响

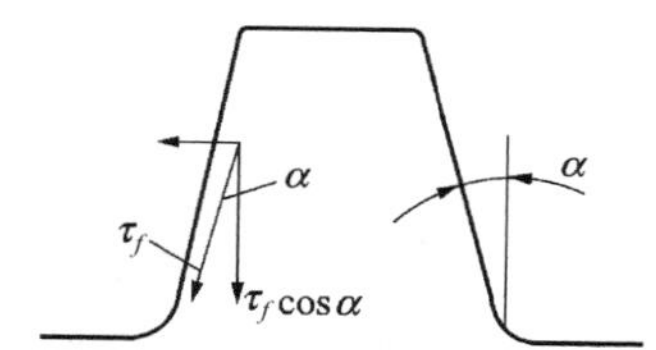

图6.10 摩擦力对金属充填模膛的影响

(3) 圆角半径R。模具圆角半径R对金属流动的影响很大。圆角半径R小时，金属经过圆角半径流入模具时要消耗较多的能量，不易充满模膛，还可能切断金属纤维。圆角半径R过大，不仅会增加金属消耗和机械加工量，还可能造成金属过早流失，使模膛充填不满，如图6.11所示。

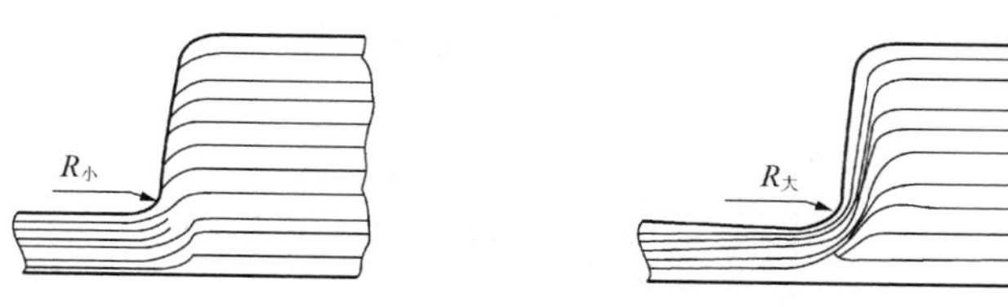

图6.11 模具圆角半径对金属流动的影响

(4) 模膛的宽度和深度。模膛越窄，金属流向模膛时受到的阻力越大，金属在流动过程中的温度降低越显著，充填模膛越困难。在其他条件相同的情况下，模膛越深时，充填越困难。

(5) 模具温度。模具温度较低时，坯料金属流入模膛后，坯料的温度降低较快，流动应力升高，充填模膛困难。模膛的横截面尺寸较小时困难尤为突出。模锻前，一般要将模具预热到200～300℃。模具预热温度不宜过高，模具温度过高一般会降低强度。

2. 飞边槽的尺寸

常见的飞边槽形式如图 6.12 所示。飞边槽包括桥部和仓部。桥部的主要作用是阻止金属外流，迫使金属充满模膛。同时，飞边槽桥部较薄有利于在后续工序中切除飞边。飞边槽仓部的作用主要是容纳多余金属，以免金属流到分模面上，影响上下模具打靠。

设计飞边槽，最主要的任务就是合理确定飞边槽桥部的宽度和高度。桥部主要靠桥部坯料上下表面与桥部的摩擦力来阻止金属外流。根据金属塑性变形规律，飞边的阻力与飞边槽桥部宽度和高度的比值 b/h 有关，减小飞边厚度或增加飞边宽度都可提高飞边阻力，但同时也增加了模锻的成形力。

有时为增加飞边阻力，还可在桥部做出阻力沟，如图 6.13 所示。

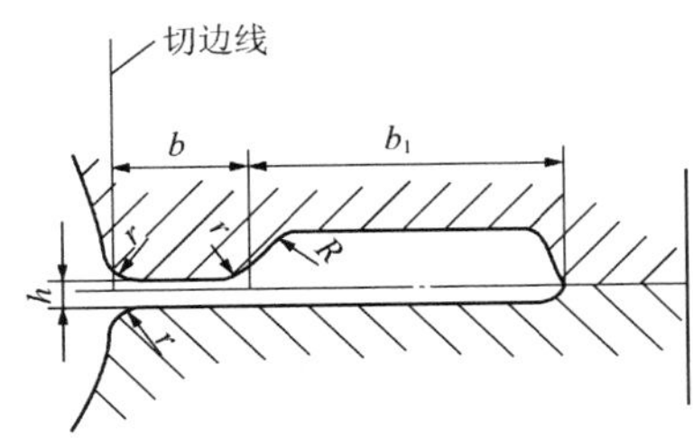

图 6.12　常见的飞边槽形式

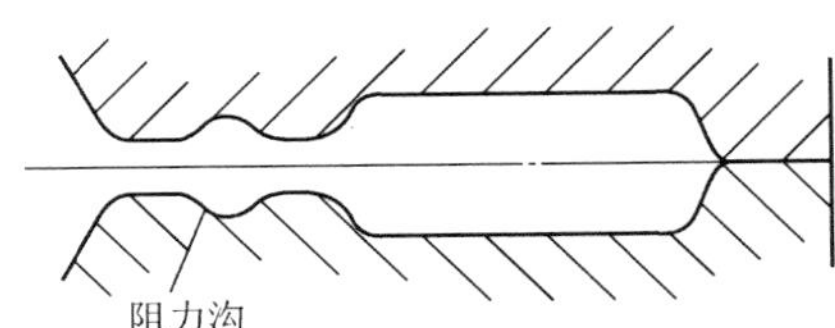

图 6.13　带阻力沟的飞边槽

为了保证金属充满模膛，希望飞边桥部阻力大一些。但是阻力过大，会使模锻成形的变形功和变形力不足，对模锻锤会造成因打击能量不足而上下模不能打靠，对热模锻压力机则可能发生超载“闷车”。因此，飞边槽的设计要根据模膛充填的难易程度决定。当模膛易充满时，b/h 值取小些，反之，取大些。图 6.14 给出了复杂圆饼类锻件飞边槽桥部尺寸与锻件质量的关系。

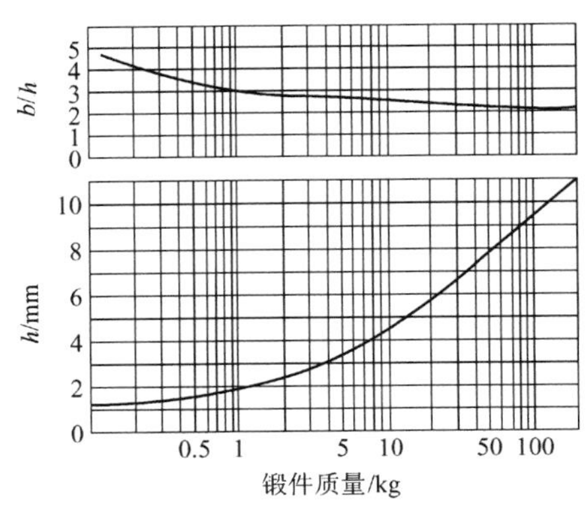

图 6.14　复杂圆饼类锻件飞边槽桥部尺寸与锻件质量的关系

飞边槽桥部的阻力还与飞边部分坯料金属的温度有关。如果变形过程中此处的温度降低很快，阻力会急剧增加。在设计飞边槽时应当考虑这一重要因素。

胎模模锻时，由于生产节拍慢，飞边与模具接触时间长，飞边处温度下降快，b/h 值就要比锤上模锻时取得小，约为同吨位模锻锤飞边槽 b/h 值的 1/2。

在摩擦压力机上模锻时，由于每分钟的行程次数少，锻件与锻模接触时间较长，因此摩擦压力机上的锻模飞边槽 b/h 值应该比同吨位的模锻锤小，但是比胎模锻大。

值得注意的是，模锻时飞边的消耗很大。飞边材料消耗占锻件质量的比例与锻件的形状有关，一般为20%～30%。

在模锻过程中，上模和下模逐渐接近，飞边槽桥部间的高度也不断减小。在模锻初期，由于上、下模间的距离大，产生的飞边阻力小，导致大量金属流入飞边槽，飞边阻力逐步加大，到最后阶段产生足够大的阻力。为此，要减少飞边消耗，应设法较早建立足够大的飞边阻力，可以通过改变分模面的位置，把飞边设计在变形较困难的端部，如图6.15所示。模锻初期，中间部位金属的变形受到模壁限制，容易向模膛流动，充填模膛，减少飞边金属的消耗。

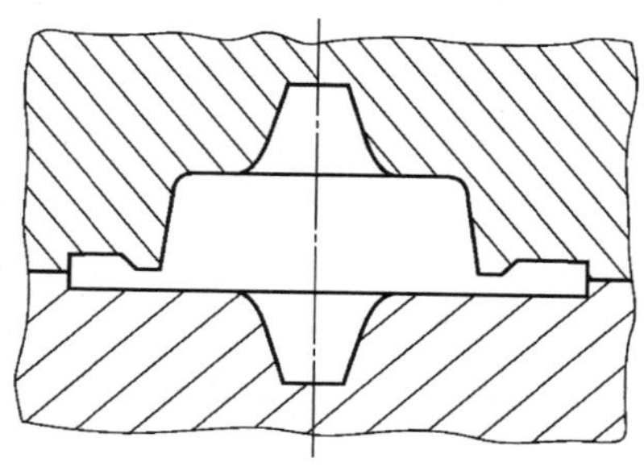
图6.15　飞边位置的设计

在具体设计飞边时，仅考虑 b/h 值还不够，还应该考虑 b 值与 h 值的具体大小。如果 b 值和 h 值太小，飞边易快速磨损或者塑性变形。

3. 设备工作速度

一般来说，设备工作速度高时，金属变形速度也快，金属变形的惯性和变形热效应突出。由于温度较高，氧化皮软化，摩擦系数有所降低，这时的氧化皮在某种程度上具有润滑剂的功能。在模锻时正确利用这些因素，有助于金属充填模膛，得到外形复杂、尺寸精确的锻件。

在锤上锻造时，变形金属具有很高的变形速度，在模具停止运动时，变形金属仍可依靠变形惯性继续充填模膛。不同工作速度设备锻造时所获得的锻件特征见表6-1。

表6-1　不同工作速度设备锻造时所获得的锻件特征　（单位：mm）

设备		高速锤	模锻锤、螺旋压力机	热模锻压力机
锻件尺寸特征	最小壁厚	1.5	2.0	3.0～4.0
	最小肋厚	1.0～1.5	1.5～2.0	2.0～4.0
	最小幅板厚	1.0	1.5～2.0	2.0～3.0
	最小圆角半径	0～1.0	2.0～3.0	3.0～5.0

6.4　闭式模锻

闭式模锻即无飞边模锻。一般在锻造过程中，上模和下模的间隙不变，坯料在四周封闭的模膛中成形，不产生横向飞边，少量的多余材料将形成纵向毛刺，毛刺在后续工序中除去。

【闭式热模锻液压机】

闭式模锻的主要优点是锻件的几何形状、尺寸精度和表面质量最大限度地接近产品，省去了飞边。与开式模锻相比，闭式模锻可以大大提高金属材料的利用率。

另外，由于金属处于三向压应力状态下成形，可以对塑性较低的材料进行塑性加工。

采用闭式模锻工艺过程的必要条件如下。

(1) 坯料体积准确。

(2) 坯料形状合理并且能够在模膛内准确定位。

(3) 设备的打击能量或打击力可以控制。

(4) 设备上有顶出装置。

由此可见，闭式模锻在模锻锤和热模锻压力机上的应用受到一定的限制，而摩擦压力机、液压机和平锻机则较适合进行闭式模锻。

闭式模锻的变形过程与变形力之间的关系如图 6.16 所示。与开式模锻类似，闭式模锻也可以分为三个变形阶段。第一阶段是基本变形阶段，第二阶段是充满阶段，第三阶段是形成纵向毛刺阶段。由图 6.16 可以看出每一阶段的压缩量和变形力之间的关系。

闭式模锻一般用于轴对称变形或近似于轴对称变形的锻件。

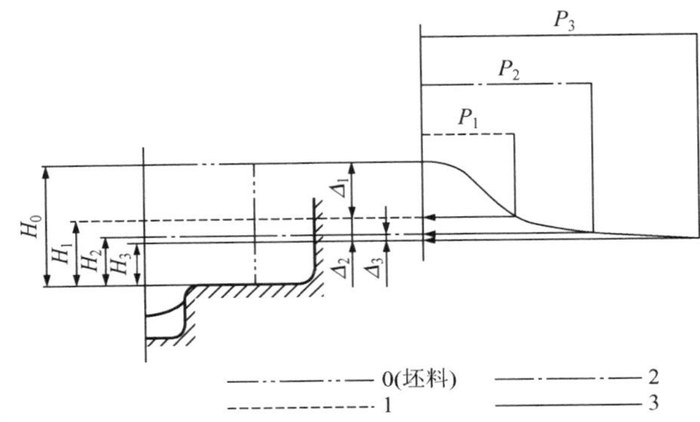

图 6.16 闭式模锻的变形过程与变形力之间的关系

6.4.1 闭式模锻的变形过程分析

图 6.17 所示为闭式模锻变形过程简图。

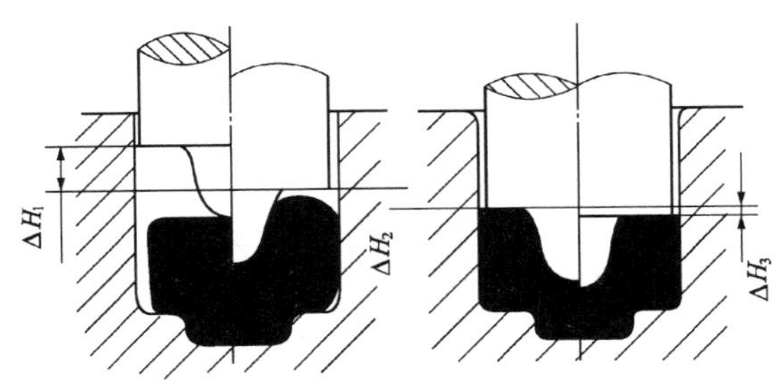

图 6.17 闭式模锻变形过程简图

第一阶段上模的压下量为 ΔH_1，由上模与坯料接触，毛坯开始变形到坯料与模膛侧壁接触为止，此阶段变形力增加较慢。

根据锻件和毛坯的不同情况，金属在此阶段的变形流动分为镦粗成形、压入成形、镦粗兼压入成形等几种方式。

第二阶段上模的压下量为 ΔH_2，由第一阶段结束到金属充满模膛为止，此阶段的变形力比第一阶段增大 2～3 倍，但压下量 ΔH_2 很小。

无论第一阶段以什么方式成形，在第二阶段的变形情况都类似。此阶段开始时，毛坯端部的锥形区和毛坯中心区都处于（或接近于）三向等压应力状态，不易发生塑性变形。毛坯的变形区仅位于未充满处附近的两个刚性区之间（图 6.18 中毛坯的涂黑部位），图 6.18 中 C 为未充满处角隙的宽度，并且随着变形过程的进行不断缩小。

第三阶段上模的压下量为 ΔH_3。此时，坯料基本上已经成为不变形的刚体，只有在极大的模锻力的作用下才能使端部金属产生变形，形成纵向毛刺。毛刺越薄、越高，模锻力 F 越大，模膛侧壁所受的压力也越大。

图 6.18 还表示了第三阶段作用于上模和下模模膛侧壁正应力 σ_Z 和 σ_R 的分布情况。

未充满处角隙的宽度越小，模膛侧壁所受的压力 F_Q 越大。锻件高径比 H/D、相对角隙宽度 C/D 对模膛侧壁所受的压力 F_Q 和模锻力 F 的比值 F_Q/F 的影响如图 6.19 所示。

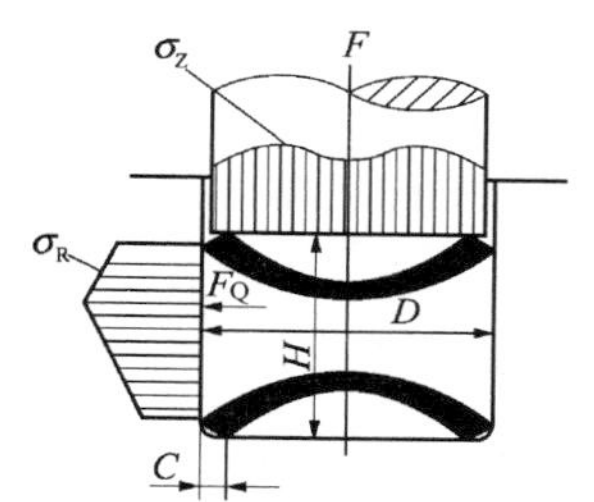

图 6.18　充满阶段变形示意图

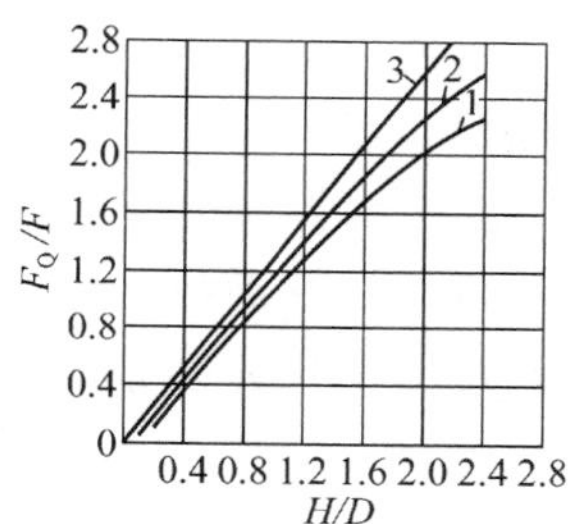

图 6.19　锻件高径比 H/D、相对角隙宽度 C/D 对模膛侧壁所受的压力 F_Q 和模锻力 F 的比值 F_Q/F 的影响

1—C/D=0.05；2—C/D=0.01；3—C/D=0.005

由上述分析可得如下结论。

(1) 闭式模锻过程宜在第二阶段末结束，允许在角隙处有少许充不满。

(2) 模壁的受力情况与锻件的高径比 H/D 值的大小有关。H/D 值越小，模壁的受力情况越好。

(3) 毛坯形状和尺寸是否合适，在模膛中定位是否正确，对金属分布的均匀性有重要影响。坯料形状不合适或定位不准确，将会使锻件一边产生毛刺，而另一边未充满。在生产中，整体变形的坯料一般以外形定位，局部变形的坯料则以不变形部分定位。

为防止坯料在模锻过程中产生纵向弯曲引起“偏心”变形，对局部镦粗成形的坯料，应使变形部分的 $H_0/D_0 \leqslant 1.4$；对冲孔成形的坯料 $H_0/D_0 \leqslant 0.9 \sim 1.1$。

6.4.2 闭式模锻时影响金属成形的主要因素

从以上对闭式模锻成形过程的分析可知，闭式模锻进入第三阶段形成纵向毛刺的条件是模膛内有多余金属，同时模锻设备能提供足够的打击能量或打击力。虽然人们希望在闭式模锻工艺过程中不出现第三阶段，但是坯料体积和模膛体积间的偏差，以及打击能量和模锻力等因素都会对金属成形产生很大影响。

1. 毛坯体积和模膛体积间的偏差对锻件尺寸的影响

闭式模锻时，忽略纵向毛刺的材料消耗，如果毛坯的体积和模膛体积之间有偏差 ΔV，将使锻件高度尺寸发生变化，其变化量 ΔH 为

$$\Delta H=\frac{4\Delta V}{\pi D^2} \tag{6-1}$$

式中 D——锻件最大外径。

由式(6－1) 可见，对于一定形状的锻件，毛坯的体积和模膛体积之间的偏差 ΔV 与毛坯高度变化量成正比。ΔV 受两方面因素的影响：一是实际毛坯体积的变化，主要是坯料直径和下料长度的公差、烧损量的变化、实际锻造温度的变化等；二是模膛体积的变化，主要是由于模膛磨损、设备和模具因工作载荷变化引起的弹性变形量的变化、锻模温度的变化等。

在实际生产中，这些因素对 ΔV 的影响都是按照经验或统计数值估算。

对于液压机和锤类设备，ΔH 仅仅表现为锻件高度尺寸的变化；但是对于行程一定的曲柄压力机类设备，ΔH 则表现为模膛充不满或是产生毛刺。当毛刺过高时，将造成设备超载（热模锻压力机闷车，平锻机夹紧滑块保险机构松脱）。

为了保证锻件高度方向尺寸公差满足要求，有时也可以在考虑其他因素的条件下，确定坯料允许的品质公差。

2. 打击能量和模锻力对金属成形品质的影响

打击能量和模锻力对金属成形品质的影响见表 6－2。

表 6－2　打击能量和模锻力对金属成形品质的影响

<table>
<tr><th rowspan="2">载荷性质</th><th rowspan="2">载荷情况</th><th rowspan="2">坯料体积情况</th><th colspan="2">成形情况</th></tr>
<tr><th>无限程装置</th><th>有限程装置</th></tr>
<tr><td rowspan="9">冲击性载荷</td><td rowspan="3">打击能量过大</td><td>大</td><td rowspan="3">产生毛刺</td><td>产生毛刺</td></tr>
<tr><td>合适</td><td>成形良好</td></tr>
<tr><td>小</td><td>充不满</td></tr>
<tr><td rowspan="3">打击能量合适</td><td>大</td><td colspan="2">成形良好，但锻件偏高</td></tr>
<tr><td>合适</td><td colspan="2">成形良好，锻件高度符合要求</td></tr>
<tr><td>小</td><td>成形良好，但锻件偏低</td><td>充不满</td></tr>
<tr><td rowspan="3">打击能量过小</td><td>大</td><td rowspan="3" colspan="2">充不满</td></tr>
<tr><td>合适</td></tr>
<tr><td>小</td></tr>
</table>

续表

<table>
<tr><th rowspan="2">载荷性质</th><th rowspan="2">载荷情况</th><th rowspan="2">坯料体积情况</th><th colspan="2">成形情况</th></tr>
<tr><th>无限程装置</th><th>有限程装置</th></tr>
<tr><td rowspan="9">可控制的静载荷（如液压机）</td><td rowspan="3">模锻力过大</td><td>大</td><td rowspan="3">产生毛刺</td><td>产生毛刺</td></tr>
<tr><td>合适</td><td>成形良好</td></tr>
<tr><td>小</td><td>充不满</td></tr>
<tr><td rowspan="3">模锻力合适</td><td>大</td><td colspan="2">成形良好，但锻件偏高</td></tr>
<tr><td>合适</td><td colspan="2">成形良好，锻件高度符合要求</td></tr>
<tr><td>小</td><td>成形良好，但锻件偏低</td><td>充不满</td></tr>
<tr><td rowspan="3">模锻力过小</td><td>大</td><td rowspan="3" colspan="2">充不满</td></tr>
<tr><td>合适</td></tr>
<tr><td>小</td></tr>
<tr><td rowspan="3">不可控制的静载荷（如热模锻压力机、平锻机）</td><td>模锻力过大</td><td>大</td><td colspan="2">产生毛刺</td></tr>
<tr><td>模锻力合适</td><td>合适</td><td colspan="2">成形良好，锻件高度符合要求</td></tr>
<tr><td>模锻力过小</td><td>小</td><td colspan="2">充不满</td></tr>
</table>

6.5 挤　压

挤压是金属在三个方向不同压应力的作用下，从模孔中挤出或流入模腔内以获得所需要尺寸、形状的制品或零件的锻造工艺。不仅冶金厂能利用挤压方法生产复杂截面型材，机械制造厂也常利用挤压方法生产各种锻件和零件。

【温锻】

挤压不但可以提高金属的塑性，生产复杂截面形状的制品，而且可以提高锻件的精度，改善锻件的力学性能，提高生产效率并节约金属材料等。例如，发动机上的小叶片，原来用方坯铣制，采用挤压工艺后，叶身部分仅需要抛光即能满足图样要求。我国目前的冷挤压零件，一般尺寸精度达 3 级，表面粗糙度 $Ra=0.2\sim0.4\mu m$。

【挤压】

挤压时金属的变形流动对挤压件品质有直接的影响。

挤压可以在专用的挤压机上进行，也可以在液压机、曲柄压力机或螺旋压力机上进行。对于较长的制件，挤压可以在卧式水压机上进行。

根据挤压时坯料的温度不同，挤压可以分为热挤压、温挤压和冷挤压。根据金属的流动方向与冲头的运动方向不同，挤压可以分为正挤压、反挤压、复合挤压和径向挤压。此外，还有冷静液挤压、热静液挤压、水电效应挤压等。

静液挤压是挤压杆挤压液体介质，使介质产生超高压（可达 2000～3500MPa 或更高），液体的传力特点使毛坯顶端的单位压力与周围的侧压力相等。由于毛坯与挤压筒之间无摩擦力，变形较均匀，又由于挤压过程中液体不断地从凹模模膛和毛坯之间挤出，即液体以薄层状态存在于凹模模膛和毛坯之间，形成了强制润滑，因而凹模模膛与毛坯间的摩擦很小，变形较均匀，产品品质较好。由于变形均匀，附加拉应力小，因而可以挤压一些低塑性材料。

6.5.1 挤压的应力应变分析

挤压是在局部加载的条件下整体产生内应力。变形金属可以分为 A、B 两区。A 区是在加载后直接产生应力的区域，B 区的应力主要由 A 区的变形引起。当毛坯不太高时，A 区的变形相当于一个外径受限制的环形件镦粗，B 区的变形犹如在圆形砧内拔长。正挤压时各变形区的应力应变简图如图 6.20 所示。

根据对 A、B 两区应力和应变情况的分析，很容易算得在 A、B 两区的交界处。两区的轴向应力相差 $2\sigma_s$，即此处存在轴向应力的突变。

在 A 区

$$\sigma_{径}-\sigma_{轴A}=\sigma_s$$

在 B 区

$$\sigma_{轴B}-\sigma_{径}=\sigma_s$$

将两式相加

$$\sigma_{轴B}-\sigma_{轴A}=2\sigma_s$$

毛坯较低时，该轴向应力突变的情况可以通过实验测出，可参见图 6.20 中的应力分布曲线。这种轴向应力突变的现象在闭式冲孔（反挤）、孔板间镦粗、开式模锻等不少锻造工序中都存在。

在液压机上进行挤压和闭式模锻一般不产生纵向毛刺。由于液压机属于可控制模锻力的设备，只要合理选择设备吨位，控制模锻力的大小，就能使正挤压变形过程稳定进行。

图 6.20 正挤压时各变形区的应力应变简图

6.5.2 挤压时凹模模膛内金属的变形

挤压时凹模模膛内金属的变形是不均匀的。

挤压时影响金属变形流动的因素有模具的形状、预热温度、坯料的性质等。

模具的形状对凹模模膛内金属的变形有重要影响。由图 6.21 可以看出，中心锥角的大小直接影响金属变形流动的均匀性。中心锥角 $2\alpha=30°$时，变形区集中在凹模模膛口附近，金属流动最均匀，这时挤出部分横向坐标网格线弯曲不大。外层和轴心部分的差别最小，“死区”也最小。随着中心锥角增大，变形区的范围逐渐扩大，挤出金属的外层部分和轴心部分的差别也增大，“死区”也相应增大。对平底凹模模膛，即当中心锥角 $2\alpha=180°$时，变形区和变形的不均匀程度最大。

α=15°　α=30°　α=45°　α=60°　α=75°

图 6.21　正挤压时凹模模膛口锥角大小对金属流动的影响

应当指出，采用锥角模具后，凹模模膛内金属特别是孔口附近金属的应力应变状态将发生很大的变化。例如，$2\alpha=150°$时，还可能分为 A、B 两区，而 $2\alpha=30°$时，就可能不存在两区了，因为这时在锥角处的径向水平分力很大，变形由挤压而变为缩颈了，如图 6.22 所示。

一般减小锥角可以改善金属的变形情况，但并非在所有情况下都适用。一方面是受挤压件本身形状的限制；另一方面是某些金属如铝合金在挤压时，为防止脏物挤进制件表面，通常采用 180°的锥角（即平底凹模模膛）。

模具的预热温度越低，变形金属的性能越不均匀，挤压时的变形不均匀性越严重。

“死区”形成主要是受凹模模膛底部摩擦的影响。越靠近凹模模膛侧壁处摩擦阻力越大，而孔口部分较小。因此，“死区”一般呈三角形（图 6.23 中 C 区）。另外，热挤压时，越靠近凹模模膛壁处，金属温度降低越多，变形也越困难。

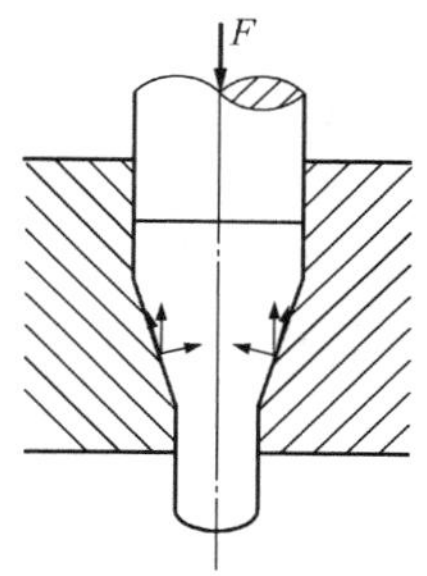

图 6.22　凹模模膛锥角很小时的挤压

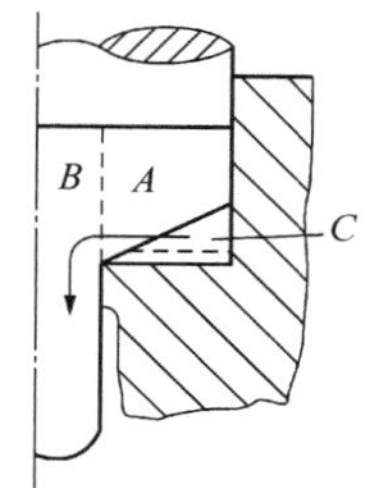

图 6.23　正挤压时的“死区”

在挤压过程中“死区”金属有可能出现以下情况。

（1）一般情况下此区仍可变形，高度降低，被压成扁薄状，金属被挤入凹模模膛孔口内。

此区的径向应力 σ_s除了使相邻的 B 区金属产生塑性变形，还应克服摩擦力的作用，故此区比其上部的 A 区金属难满足塑性条件，不易塑性变形。但在一定的条件下，如当其上部的金属变形强化（或 B 区金属流动时对其作用附加拉应力）后，该区可能满足塑性条件，产生塑性变形。

一般外径受限制的环形件镦粗时，C 区金属的位移量很小，但挤压时由于 B 区金属的附加拉应力作用，C 区金属常常被拉进凹模模膛孔口内，尤其当润滑较好或凹模模膛有一定锥角时，位移更大。

(2) 如果摩擦阻力很大或C区金属温度降低较大，C区与其上部A区金属相比不易满足塑性条件，于是便成为真正的"死区"。由于该区金属不变形，而与其相邻的上部金属有变形，于是在交界处发生强烈的剪切变形，可能引起金属剪裂，如图6.24所示，对挤压件的组织和性能有重要影响。有时也可能由于上部金属的大量流动带着"死区"金属流动而形成折叠，如图6.25所示。

为减小"死区"的不良影响，可改善润滑条件和采用带合理锥角的凹模模膛。

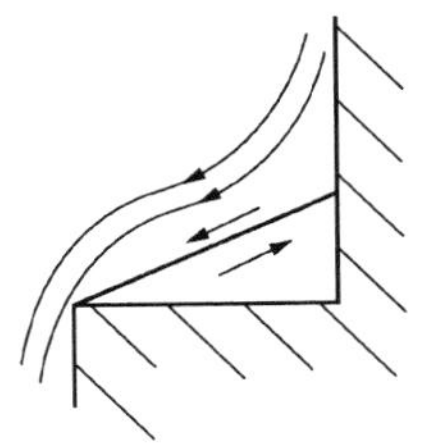

图6.24 "死区"附近的金属流动和受力示意图

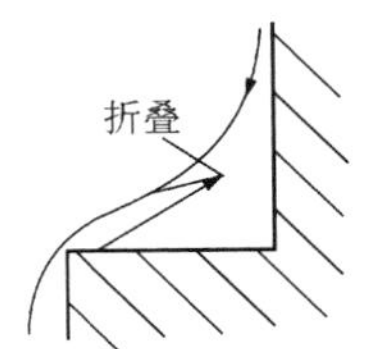

图6.25 折叠的形成

6.5.3 挤压时常见缺陷分析

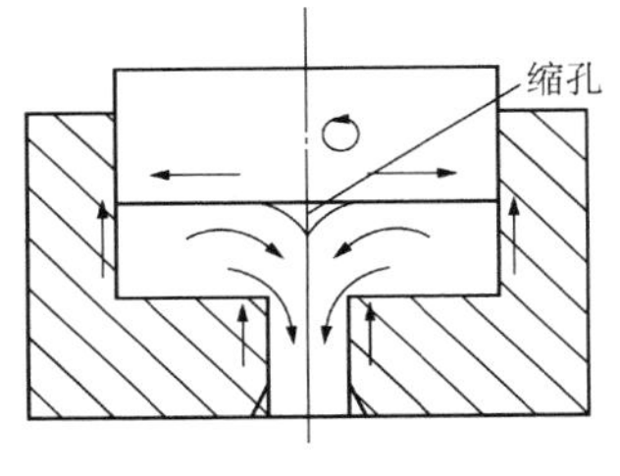

图6.26 挤压缩孔

挤压件在挤压筒内可能产生的缺陷除"死区"的剪裂和折叠等外，还有挤压缩孔，而在杆部易产生各种形式的裂纹。

1. 挤压缩孔

挤压缩孔是挤压矮坯料时易产生的缺陷。由于B区金属的轴向压应力很小，因此当A区金属往凹模模膛孔流动时便拉着B区金属一起流动，使B区上端面离开冲头并呈凹形，再加上径向压应力的作用形成缩孔，如图6.26所示。

2. 裂纹

在凹模模膛内尽管可能产生挤压缩孔和"死区"剪裂等缺陷，但变形金属处于三向压应力状态，能使金属内部的微小裂纹得以焊合，使杂质的危害程度大大减小。尤其当挤压比较大时，这样的应力状态对提高金属的塑性极为有利。但在挤压制品中常常产生各种裂纹，如图6.27、图6.28所示。这些裂纹的产生与凹模模膛内金属的不均匀变形（主要由"死区"引起）有很大关系，但更重要的是凹模模膛孔口部分的影响。

挤压时，变形金属在经过孔口部分时，由于摩擦的影响，表层金属流动慢，轴心部分流动快，使凹模模膛内已经形成的不均匀变形进一步加剧。由于内外层金属是一个整体，外层受拉应力作用，内层受压应力作用，而产生裂纹。图6.27(a)所示的裂纹就是附加拉应力作用的结果。当坯料被挤出一段长度而成为外端金属后，更增大了附加拉应力。

挤压空心件时，如果凹模模膛孔口部分冲头和凹模模膛间的间隙不均匀，间隙小处由于摩擦阻力相对较大，金属温度降低也较多，金属流动较慢，受附加拉应力作用，可能产生图 6.27(b) 所示的横向裂纹。流动快的部分由于受流动慢的部分的限制，受附加压应力作用，但是其端部受切向拉应力作用，因此常常产生纵向裂纹，如图 6.27(c) 所示。

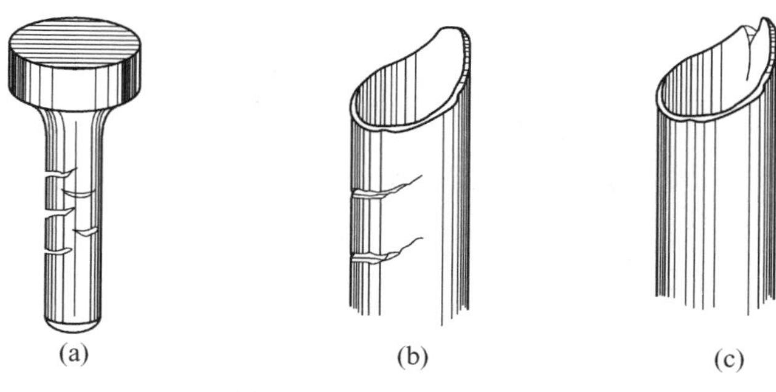

图 6.27 挤压件上的裂纹

如果凹模模膛孔口形状复杂，如挤压叶片时，由于厚度不均，各处的阻力也不一样，较薄处摩擦阻力大，冷却也较快，流动较慢，受附加拉应力作用，常易在此处产生裂纹，如图 6.28 所示，尤其是挤压低塑性材料时。

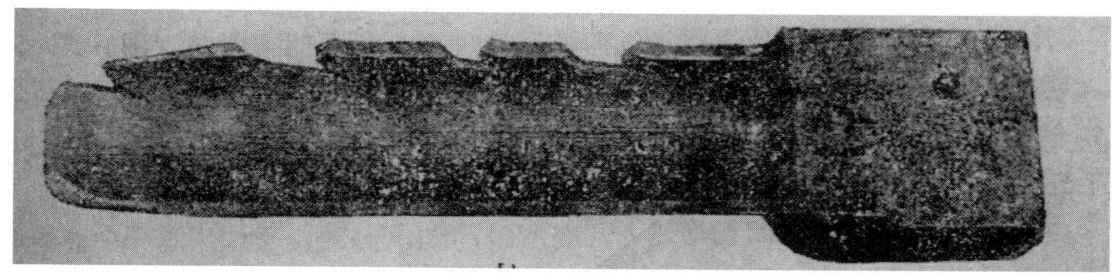

图 6.28 叶片挤压件上的裂纹

凹模模膛孔口部分的表面粗糙度是否一致，润滑是否均匀，圆角是否相等，凹模模膛工作带长度是否一致等，对金属的变形都有很大影响。

要解决挤压件的品质问题（一方面要使凹模模膛内的金属变形尽可能均匀，另一方面还应重视要使孔口部分的变形均匀），可以考虑下列措施。

(1) 减少摩擦阻力。例如降低模具表面粗糙度，采用良好的润滑剂和采用包套挤压等。

挤压钢材时，需将坯料磷化和皂化。挤压合金钢和钛合金时，除了在坯料表面涂润滑剂外，可在坯料和凹模模膛孔口间加玻璃润滑垫，如图 6.29 所示。挤压铝合金型材料，为防止产生粗晶环等，常在坯料外面包一层纯铝。

(2) 在锻件图允许的范围内，在凹模模膛孔口处做出适当的锥角或圆角。

(3) 用加反向推力的方法进行挤压（图 6.30）。这有助于减小内、外层变形金属的流速差和附加应力，挤压低塑性材料时宜采用。对形状复杂的挤压件可以综合采取一些措施，在难流动部分设法减小阻力，而在易流动部分设法增加阻力，使变形尽可能均匀，具体如下。

① 在凹模模膛孔口处采用不同的锥角。

② 凹模模膛孔口部分的定径带采用不同的长度（图 6.31）。

③ 设置一个过渡区（图 6.32），使金属通过凹模模膛孔口时变形尽可能均匀些。

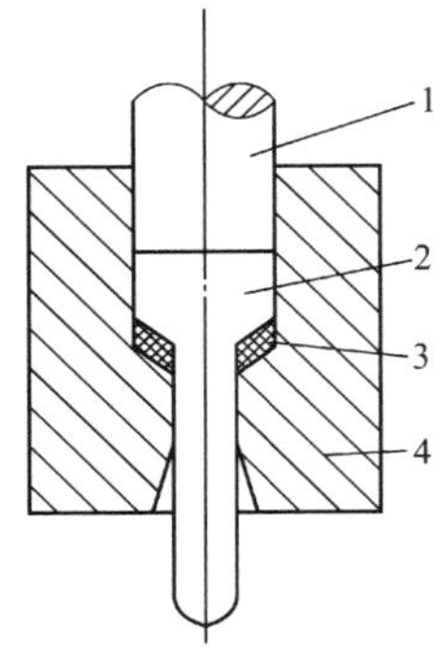

图 6.29　带润滑垫的挤压

1—冲头；2—坯料；3—润滑垫；4—凹模

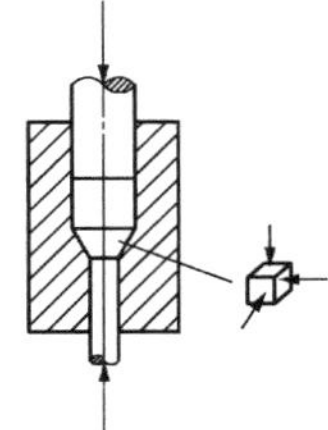

图 6.30　加反向推力的挤压

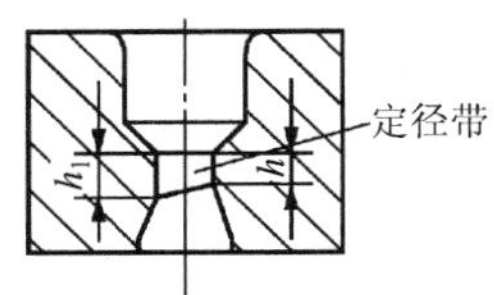

图 6.31　定径带具有不同长度的挤压凹模模膛

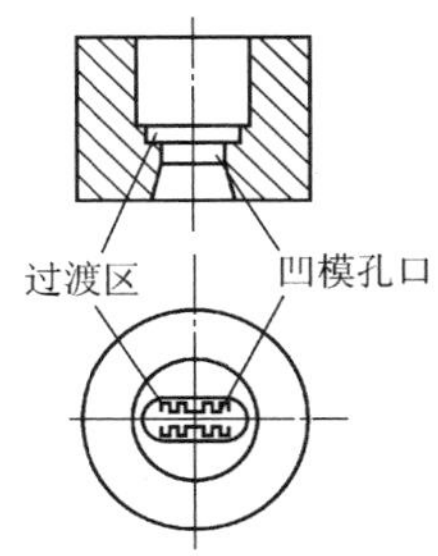

图 6.32　具有过渡区的挤压凹模模膛

6.6　顶镦、电热镦粗和在带有导向的模具中镦粗

顶镦指杆件的局部镦粗工艺过程。顶镦可以在平锻机、自由锻锤、摩擦压力机、自动冷镦机和自动热镦机等设备上进行。因为顶镦工艺过程常常在平锻机上完成，有时也称平锻工艺。与模锻类似，顶镦根据模具结构和变形过程中金属的流动方式不同，一般分为闭式顶镦和开式顶镦两种。闭式顶镦时产生纵向毛刺，如图 6.33（a）所示。图 6.33（b）所示为在顶镦时产生纵向毛刺前，先产生横向飞边。如果在顶镦时只产生横向飞边，称为开式顶镦。

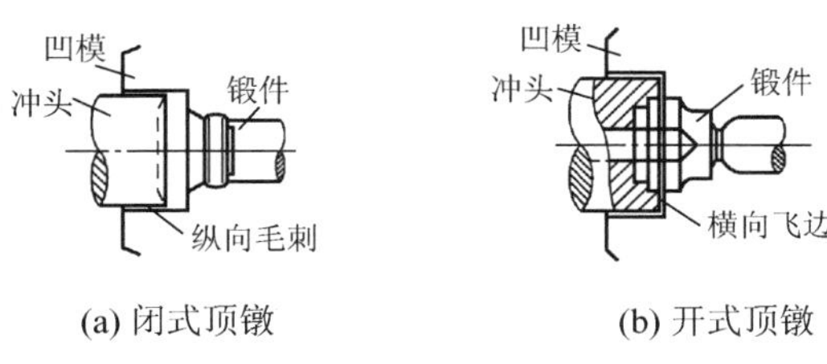

图 6.33　两种顶镦工艺示意图

6.6.1 顶镦

顶镦的生产效率较高，故在生产中应用较普遍。螺钉、汽车半轴等用顶镦生产非常适宜。

对细长杆沿轴向进行压缩，当压力超过临界载荷后，杆件失稳而产生弯曲。因此，顶镦的关键是使坯料在顶镦过程中不产生弯曲，或仅有少量弯曲但不发生折叠。

使顶镦不产生折叠的经验经过总结以后的数学表达式，称为顶镦规则。

当毛坯的端面平整且垂直于棒料轴线，其变形部分长径比 $l_B/D_0<3$ 时，可以一次顶镦成形。这就是顶镦第一规则。

然而，当变形部分的长径比高达 3.2 时，也可在平锻机一次行程中自由镦粗到任意尺寸而不产生纵向弯曲。

在实际生产条件下，棒料端面不平整且与轴线也不完全垂直，所以坯料变形部分的长径比允许值小于 3。

如果毛坯直径减小、端面斜度增加，坯料变形部分的长径比的允许值还应减小。坯料变形部分的长径比的允许值还与冲头形状有关。

符合顶镦第一规则（表 6-3），顶镦坯料将得到满意的镦粗形状，否则坯料在镦粗过程中弯曲，在锻件上形成折叠。

表 6-3 顶镦第一规则

冲头形状	一次行程顶镦条件 $\psi_{允许}$	说明
平冲头	$2.0+0.01D_0$	坯料端面斜度 $\alpha<2°$
	$1.5+0.01D_0$	坯料端面斜度 $\alpha=2°\sim6°$
带凸台冲头	$1.5+0.01D_0$	坯料端面斜度 $\alpha<2°$
	$1.0+0.01D_0$	坯料端面斜度 $\alpha=2°\sim6°$

注：$\psi_{允许}$ 表示长径比的许可值。

已知杆件产生塑性变形的力 P 为

$$P=\sigma_s S \tag{6-2}$$

式中 S——毛坯变形部分的截面面积（mm^2）；

σ_s——金属塑性变形时的流动应力（MPa）。

当坯料长径比大于 $\psi_{允许}$ 时，顶镦时产生塑性失稳。如果有模壁的限制，并且塑性变形的外力矩小于杆件内部的抗力矩时，顶镦时不产生压杆塑性失稳现象（图 6.34）。

$$Pe\leqslant\sigma_s W_p \tag{6-3}$$

$$e\leqslant\frac{\sigma_s W_p}{P}=\frac{W_p}{S} \tag{6-4}$$

式中 e——产生纵向失稳时的偏心距；

W_p——杆件的抗弯截面模量。

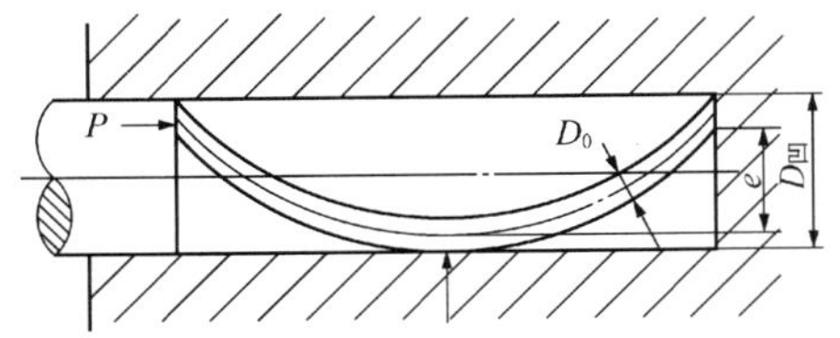

图 6.34　杆的塑性纵向弯曲示意图

对圆形截面杆来说，$W_p=\frac{1}{6}D_0^3$，$S=\frac{\pi}{4}D_0^2$，代入式(6-4)，得到

$$e\leqslant\frac{\frac{1}{6}D_0^3}{\frac{\pi}{4}D_0^2}\approx 0.2D_0 \tag{6-5}$$

由式(6-5)可看出，圆形截面杆件在模腔内压缩，只要加载偏心距 $e<0.2D_0$，就不会产生压杆失稳现象。生产中常采用 $D_凹=(1.25\sim1.50)D_0$。

根据上述分析，加上人们的生产实践经验，还有下面两条镦粗规则。

(1) 在凹模中聚料，当聚料直径 $D_凹=1.50D_0$，棒料伸到模膛外面的长度 $A\leqslant D_0$ 或 $D_凹=1.25D_0$，$A\leqslant1.25D_0$ 时，即使局部镦粗长径比超过允许值，也可进行正常的局部镦粗而不产生折叠。此为顶镦第二规则（图 6.35）。

通常，$D_凹=1.50D_0$ 适用于 $l_0/D_0<10$ 的情况；$D_凹=1.25D_0$ 适用于 $l_0/D_0>10$ 的情况。由顶镦第二规则可见，每次的镦缩量有限。当坯料的 l_0 较长时，需要进行多次镦锻，使坯料尺寸满足 $l_0\leqslant(2.2\sim2.5)D_0$ 的要求后再顶镦到所需的尺寸和形状。

(2) 在冲头的锥形模膛内聚料时，当 $D_k=1.50D_0$，$A\leqslant2D_0$；或 $D_k=1.25D_0$，$A\leqslant3D_0$ 时，也可进行正常的局部镦粗而不产生弯曲折叠。此为顶镦第三规则（图 6.36）。

由顶镦规则可看出每次顶镦的镦缩量有限。当坯料变形部分的长度 l_0 较长时，要经过多次顶镦，使坯料变形部分的长径比满足要求，再顶镦到所需的尺寸和形状。

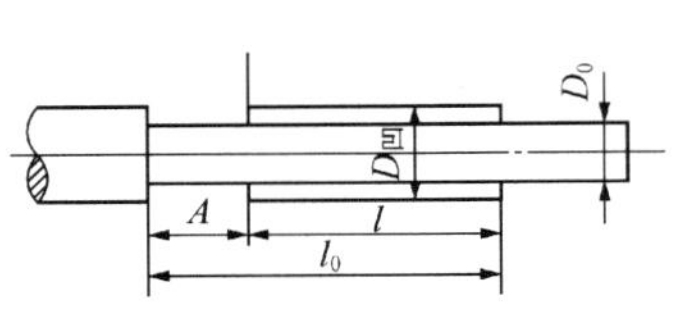

图 6.35　顶镦第二规则

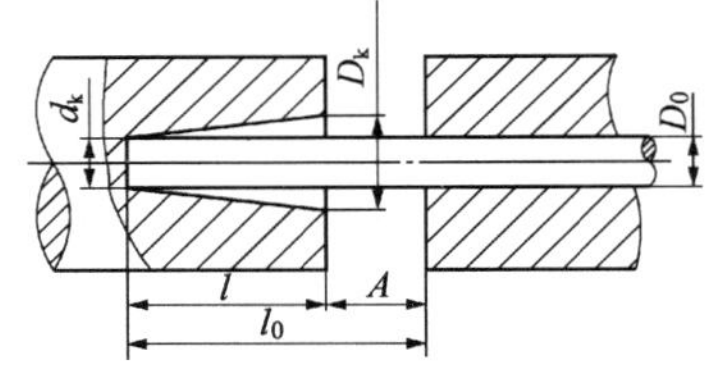

图 6.36　顶镦第三规则

比较顶镦第二规则和第三规则，可见在冲头内聚集允许伸到模膛外面的坯料长度较大。这是因为在平锻机上镦粗时，坯料的一端由凹模夹紧，另一端自由。坯料弯曲的最大处靠近自由端一侧。在弯曲最大处，冲头的锥形模膛和坯料间的间隙，要比在凹模内顶镦凹模中的圆柱模膛和坯料间的间隙小得多，可以抑制棒料产生弯曲。

在凹模内顶镦时，金属易从坯料端部和凹模分模面间挤出，形成毛刺，在下一工步顶镦时，毛刺可能被压入锻件内部，形成折叠，所以生产中常采用在冲头内顶镦。

6.6.2　电热镦粗

图 6.37 所示为电热镦粗工作原理图。固定砧 1 和夹紧砧 3 分别接在变压器 8 的副线圈上。工作时，夹紧砧 3 夹住坯料 2（夹持的力量由夹紧缸 4 来控制）。坯料的右端被加压缸 6 通过加压砧 5 压向固定砧 1，这时固定砧 1 和夹紧砧 3 成为变压器 8 的两个电极。通

电后，固定砧1和夹紧砧3之间的坯料A段迅速被加热。当温度达到900～1150℃时，在加压缸6的压力作用下，A段被镦粗，随着加压砧5不断向左移动，A段被连续镦粗，到加压砧5抵住定位块7为止。

电热镦粗初期，在坯料被镦粗的同时，固定砧1要向左移动一段距离，该距离由限位块9控制。固定砧1移动的目的是减小初期变形区的长径比。固定砧1的移动靠加压缸6和定位缸10间的压力差完成。为了防止出现失稳，坯料镦粗过程任一瞬间变形部分的长度与其平均直径之比均应小于2.5～3。

电热镦粗属于无模镦粗，多数用来进行预成形，镦粗后坯料一般呈蒜头状，如图6.38所示。温度尚保持在1000～1200℃，卸载后可直接送到摩擦压力机或热模锻压力机上终锻。

电热镦粗的生产效率可达每小时400～500件。

目前电热镦粗坯料变形部分的长度与直径的比值可高达60以上。

电热镦粗能够一次镦粗细长杆件是充分利用了金属变形不均匀、变形首先发生在变形抗力小的部位的金属变形规律。

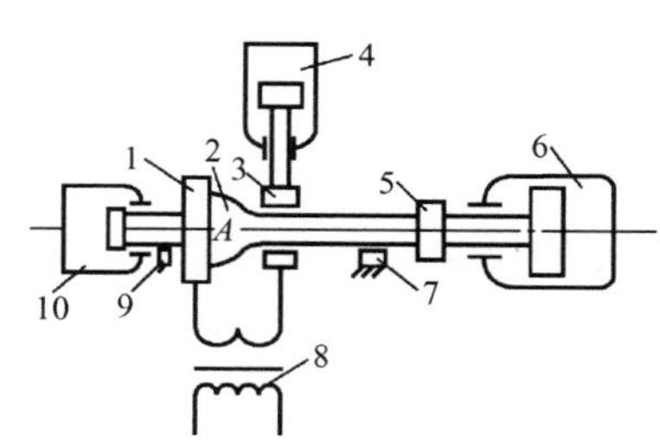

图6.37 电热镦粗工作原理图

1—固定砧；2—坯料；3—夹紧砧；4—夹紧缸；5—加压砧；6—加压缸；7—定位块；8—变压器；9—限位块；10—定位缸

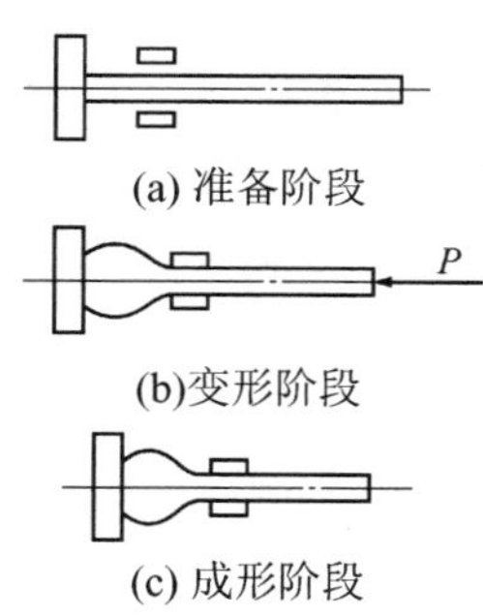

图6.38 电热镦粗变形过程

6.6.3 在带有导向的模具中镦粗

在带有导向的模具中镦粗的变形过程如图6.39所示。其实，这也如同分模模锻一样。上模分解成上模体和上模芯（冲头），上模芯（冲头）可在上模体的内孔中上下运动。

工作时，上模体在力F_Q的作用下向下运动，与下模体闭合，保压。然后上模芯（冲头）在力F的作用下沿上模体内孔（导向孔）向下运动并对毛坯加压镦粗。毛坯直径也略小于上模体内孔（导向孔）直径。

镦粗开始时，毛坯稍有变粗和弯曲，并与模具导向部分接触，因此坯料的弯曲受到了限制。当镦粗继续进行时，位于导向部分的坯料（B区）处于三向压

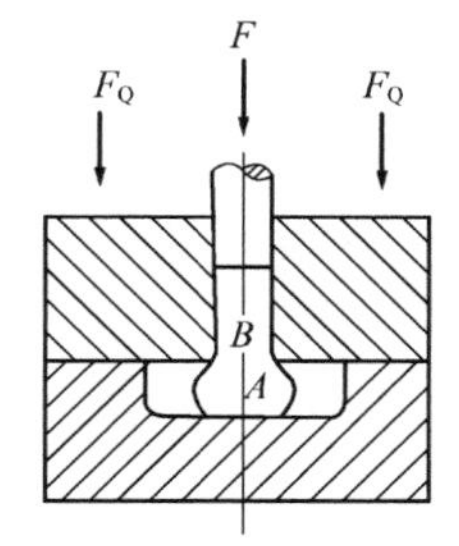

图6.39 在带有导向的模具中镦粗的变形过程

应力状态，并且径向变形被限制，而下部的 A 区处于单向压应力状态，变形阻力小，因此变形便在 A 区发生。由于 A 区的高度和直径的比值较小，所以不会发生失稳弯曲现象。这种方法可以在一次行程中获得较大的镦粗变形，适用于一般通用设备对细长坯料镦粗。

采用这种方法镦粗时，A 区的侧表面部分受到的附加拉应力比一般镦粗大，容易产生裂纹。由于圆柱体镦粗时侧表面产生附加拉应力，使最外层金属纤维切向伸长，切向伸长越大，附加拉应力越大。因此该工艺过程对材料的塑性要求较高。

习题及思考题

6-1　开式模锻是不是就是西方说的闭模锻造（close die forging)？它的主要技术特征是什么？

6-2　什么是扩张型飞边槽？它适用于哪一类锻件？为什么扩张型飞边槽的设计主要是确定桥口斜度？

6-3　指出图 6.20 中的应力分布示意曲线。在 A 区和 B 区分界处的直线段表示什么？该曲线在表达形式上有何主要缺陷？

6-4　挤压有哪几种常见缺陷？叙述其形成原因及防治措施。

6-5　顶镦有哪三种情况？如何用顶镦第三规则在冲头里设计锥体模膛？试举例说明。

6-6　什么是分模模锻？为什么说在有导向的模具中镦粗也是一种分模模锻？

6-7　可以用热作模具钢制作冷成形模具吗？请叙述其利弊。

第7章 模锻过程

按照模锻所使用锻压设备的不同，模锻过程可以分为锤上模锻、热模锻压力机模锻、螺旋压力机模锻、平锻机模锻、水压机模锻、高速锤模锻和其他专用设备模锻。虽然模锻的种类很多，但都是在压力的作用下迫使毛坯在锻模模膛内成形。

7.1 常用模锻设备及其模锻过程特征

模锻设备的种类很多，模锻锤、热模锻压力机、螺旋压力机和平锻机是目前锻压车间的主要生产设备。了解各种模锻设备及其相应的过程特征是合理选用模锻设备的基本条件。

7.1.1 模锻锤及其过程特征

【弯曲连杆的模锻】

模锻锤结构简单、过程性能好、生产效率高、设备造价低、适合于多模膛锻造，因此广泛应用于汽车、拖拉机、机车车辆的零部件生产等，主要用于锻造连杆、曲轴、齿轮等。模锻锤的打击能量可在操作中调整，能实现轻重缓急打击。毛坯在不同能量的多次锤击下，经过镦粗、打扁、拔长、滚挤、弯曲、预锻和终锻等各类工步，使各种形状的锻件得以成形，因此在生产中得到广泛应用。模锻锤的缺点是振动大、噪声大、工人劳动强度大。

模锻锤结构与操纵系统如图 7.1 所示。

锤锻模结构如图 7.2 所示。锤锻模由上下两个模块组成。两模块借助燕尾、楔铁和键块分别紧固在锤头和下模座的燕尾槽中。燕尾的作用是使模块固定在锤头（或砧座）上，使燕尾底面与锤头（或砧座）底面紧密贴合。楔铁的作用是使模块在左右方向定位。键块的作用是使模块在前后方向定位。

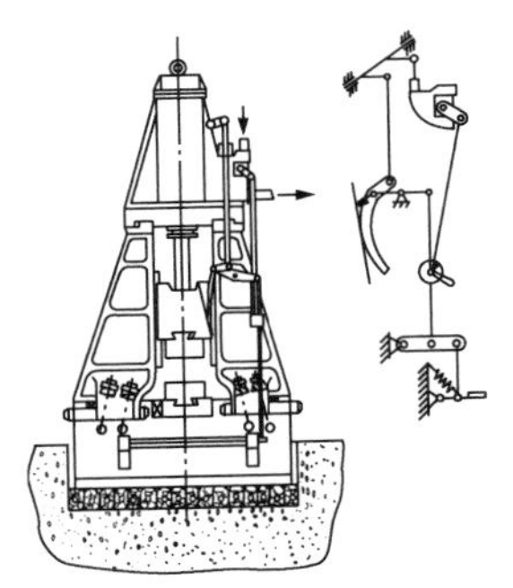

图 7.1 模锻锤结构与操纵系统

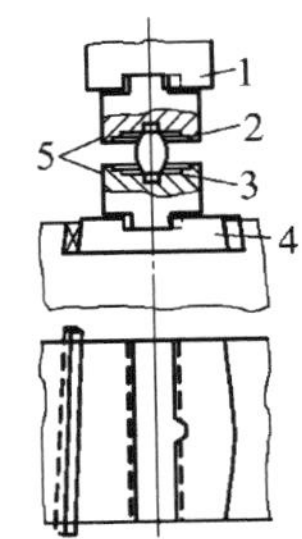

图 7.2 锤锻模结构

1—锤头；2—上模；3—下模；4—模座；5—分模面

【锤上模锻】

锤上模锻有多种不同方式。按照模锻时有无横向飞边形成，可分为开式模锻及闭式模锻；按照模块上布置的模膛个数不同，可分为单模膛模锻和多模膛模锻；按照模块上终锻模膛上模锻件数的不同，可分为一模一件的单件模锻和一模多件的多件模锻等。

开式模锻中，由于允许飞边的存在，对毛坯或坯料体积精度要求不高，模膛的充填性能较好，因此得到广泛应用。无飞边模锻可节省飞边损耗，提高材料利用率。但是无飞边模锻对锻件毛坯或坯料的体积精度要求精确，一般需要锯切下料或车床下料。

在锤上模锻时，金属在锤头多次打击下逐步成形，锤头打击速度大而每次锤击下金属变形量较小，这种方式有利于毛坯上下端部金属变形，金属较易充满模膛。

单模膛模锻适用于形状简单的锻件。如果锻件外形复杂，则可在其他设备上预制坯，然后再采用单模膛模锻。多模膛模锻是把多个模锻工步所需要的模膛都布置在一个模块上，毛坯可在一次加热后连续进行塑性变形。不足之处是模锻锤和锻模要承受偏心载荷，锻模结构复杂。

锤上模锻时可采用单件模锻。若锻件不大，锻造时产生的错移力不大，也可考虑多件模锻。

模锻锤是定能量设备，其能量来自运动的落下部分，包括锤头、锤杆、活塞及上模块。模锻锤公称吨位由落下部分总质量给出。由于能量可以累积，因此可以通过多次锤击完成变形。模锻时，每个工步都需要一次或多次锤击，尤其是终锻工步，锤击最猛烈，所以模块尺寸要求较大，要保证有足够大的承击面。

7.1.2 热模锻压力机及其过程特征

【热模锻压力机】

【日本曲轴自动化锻造】

热模锻压力机机构及传动原理如图 7.3 所示。热模锻压力机依靠曲柄连杆机构运动使滑块上下往复运动进行锻压。电动机通过飞轮释放能量，滑块对锻件的作用可以认为属于静压。

热模锻压力机一般具有带附加导向装置的象鼻式滑块，导向精度高。

热模锻压力机上模锻和锤上模锻相比，具有振动小、噪声小、劳动条件好、操作安全，对操作工人技术要求低的特点。由于热模锻压力机的导向精度高、滑块和工作台上都有顶出器，并且模具采用导柱导套结构等，因此锻件的余块、余量、公差和模锻斜度都可以减小。另外，热模锻压力机的滑块行程和工作节拍（行程次数）固定，便于实现机械化和自动化。

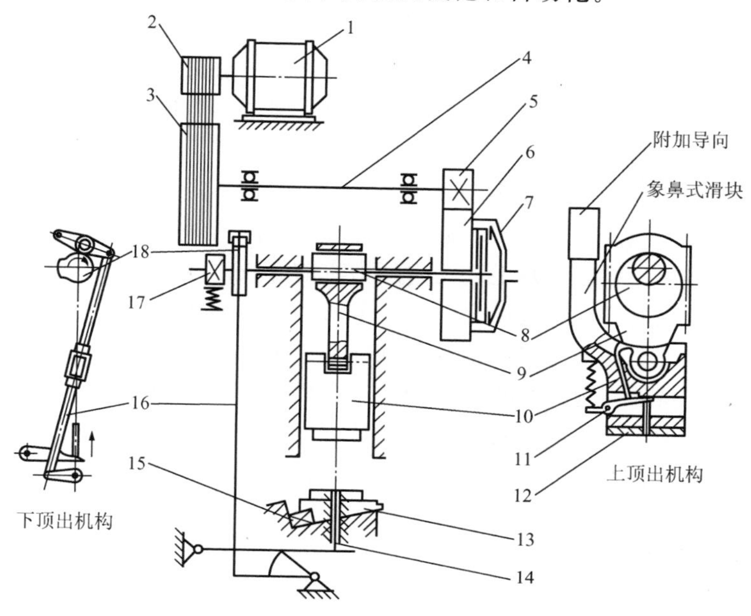

图 7.3 热模锻压力机机构及传动原理

1—电动机；2—小皮带轮；3—大皮带轮（飞轮）；4—传动轴；5—小齿轮；6—大齿轮；7—离合器；8—曲柄；9—连杆；10—象鼻式滑块；11—上顶出机构；12—上顶杆；13—斜楔工作台；14—下顶杆；15—斜楔；16—下顶出机构；17—带式制动器；18—凸轮

热模锻压力机的一个重要结构特征就是具有楔块式调整结构。楔块式调整结构是热模锻压力机本身的一部分而不是独立的附件，具体可参见图 7.3 中的斜楔工作台 13 和斜楔 15。通过水平调整斜楔可以调整工作台面高度位置，从而调整模具的闭合高度，这在开发新产品试模时很重要，而且在工作受载时一旦超载闷车，可以使工作台面降落卸载，解除闷车。

对变形速度很敏感的某些材料不适于锤上模锻，但是可以在热模锻压力机上模锻。在热模锻压力机上除了可以进行一般模锻外，还可以进行热挤压和热精压等过程。

和同样能力的模锻锤相比，热模锻压力机的初次投资大，但维护费用低，动力消耗也小；而模锻锤需要经常换锤杆，维护费用高。

和其他压力机上模锻相比，热模锻压力机上模锻的生产效率较高，便于自动化。但是，由于热模锻压力机结构复杂，制造条件要求高，锻造生产厂不便加工制造。

根据热模锻压力机的工作特性，热模锻压力机模锻过程具有下列特点。

(1) 在锤上模锻时，在锤头多次打击下金属逐步成形。锤头打击速度快而每次锤击下金属变形量较小，这种方式有利于毛坯上下端部金属变形，金属较易充满模膛。热模锻压力机滑块行程速度慢，一次行程中金属变形量大，毛坯中部变形大且易向水平方向流动，形成很大的飞边，而模膛深处由于金属不够造成充填不满，比锤上模锻更易形成折纹。这对于横断面形状复杂、分模面接近于圆形或方形的锻件（如薄辐齿轮）尤其明显。对于这类锻件必须正确设计预锻工步，通过几个预锻工步使毛坯逐步接近锻件形状。对于横截面形状不复杂的锻件，上述的金属流动特点对模膛充填影响不大，预锻工步的选用和锤锻模基本相近。

（2）模锻锤每分钟行程次数多，打击的轻重快慢可以人为控制。对于长轴类锻件，模锻锤进行拔长、滚压等制坯操作方便，热模锻压力机则比较困难。因此对于断面相差很大的长毛坯，一般需要用其他设备（如辊锻机、平锻机、电镦机等）进行制坯。我国较常用的配套制坯设备是辊锻机，热毛坯经过辊锻制坯后立即送至热模锻压力机上模锻（一火锻成）。也可以采用周期性轧坯供给热模锻压力机模锻。

（3）在锤上模锻过程中，毛坯表面的氧化皮容易被打落吹走。用热模锻压力机模锻时，氧化皮不易去除，尤其毛坯上下表面的氧化皮容易嵌入锻件。因此最好使用电加热及其他少无氧化加热方法，或者在热毛坯送进压力机前有效清除氧化皮。

（4）热模锻压力机的导向精度较高，工作方式和普通冲床相近。采用带导柱的组合模能锻出精度较高的锻件。各个工步的模膛分别开在单个的、易于更换的镶块上，这些镶块紧固在通用模架（夹持器）上。采用带镶块的组合模具，可节约大量模具钢。有时切边模也可以装在同一副模架上，有利于提高切边品质和进行自动化生产。

与同等能力的模锻锤相比，热模锻压力机的造价高，一次性投资大。

7.1.3 螺旋压力机及其过程特征

螺旋压力机是借助螺旋工作机构将传动装置的能量转变成有用功的模锻设备。

螺旋压力机分为两种：一种是向螺栓上施加扭矩而产生静压，另一种是通过螺栓上固定飞轮的旋转能量一次模锻成形。

锻件在螺旋压力机上变形的基本特点由其主要工作机构的性质决定。采用非自锁螺旋机构能够在滑块向下空程运动期间，积蓄飞轮转动动能。这些动能于工作行程期间完全消耗，满足模锻工序能量要求。螺旋压力机发出的克服锻件抗力的变形力，不仅与工作部分的动能储备量有关，还与工作行程滑块的位移大小有关，即和锻件塑性变形、机身和压力机其他零件及模具在滑块位移方向上的弹性变形有关。当模锻薄壁锻件时，压力机的能量消耗能够满足锻件的变形需要，产生很大的压力，如模锻汽轮机叶片。

螺旋压力机由电动机驱动。传动机构有机械摩擦的、液压的、电动的或气动的，因此，螺旋压力机可分为摩擦螺旋压力机（简称摩擦压力机）、液压螺旋压力机和电动螺旋压力机等。

1. 摩擦压力机

传统的螺旋压力机是摩擦压力机，一度是国内用得比较多的螺旋压力机。

图 7.4 为摩擦压力机传动系统简图。飞轮 6 靠两个摩擦盘（3 和 5）传动。两个摩擦盘装在传动轴 4 上，传动轴的左端设有传送带轮，由电动机 1 通过传送带 2 直接带动传动轴和摩擦盘转动；传动轴的右端有拨叉，压下操作手柄 13，通过连杆 7 和 10 可把传动轴拉向左（或向右），从而使左摩擦盘（或右摩擦盘）压紧飞轮，或者两摩擦盘均与飞轮脱离。当滑块和飞轮位于行程最高点时，压下操作手柄，传动轴右移，左摩擦盘 3 压紧飞轮 6，通过大螺母 8 和螺杆 9 的传动，驱动滑块 12 向下。随着飞轮向下运动，摩擦盘与飞轮接触点的半径也逐渐增大，使飞轮不断加速，从而积聚大量旋转动能。在滑块将接触毛坯时，滑块上的限程板与挡块 11 相接触，使传动轴左移，飞轮此时与两个摩擦盘均不接触。

当滑块接触毛坯后，飞轮在所积蓄的动能作用下继续旋转，并且通过螺旋副对锻件产生巨大的压力，使毛坯变形，直至飞轮的旋转动能消耗殆尽。

在打击最后阶段，由于螺旋副并不自锁，滑块在锻件和机身弹性恢复力的作用下产生回弹，促使飞轮反转。此时，抬起手柄，操纵系统把传动轴拉向左边，右摩擦盘压紧飞轮，摩擦力使飞轮反转，并带动滑块向上。当滑块接近行程最高点时，固定在滑块上的限程板与上挡块接触，通过操纵机构使传动轴右移，两个摩擦盘均不与飞轮接触，飞轮在惯性的作用下继续带动滑块上行，螺杆下端处的制动器（图中未画出）吸收飞轮的剩余旋转动能，使滑块停止在行程最高点。

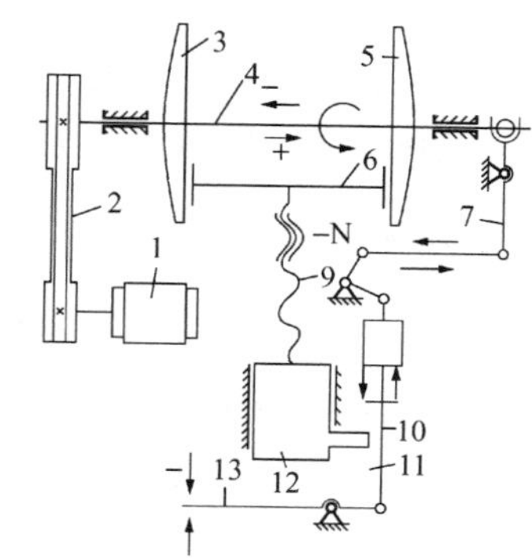

图 7.4 摩擦压力机传动系统简图

1—电动机；2—传送带；3、5—摩擦盘；4—传动轴；6—飞轮；7、10—连杆；8—大螺母；9—螺杆；11—挡块；12—滑块；13—操作手柄

摩擦压力机可以做单次打击，也可做连续打击。

摩擦压力机在动作过程中有两个明显的特征。

（1）摩擦压力机靠预先积蓄于飞轮的能量进行工作。与锻锤的工作特性相同，摩擦压力机原则上可通过多次打击实现小设备干大活。其实际有效打击次数为2～3次。

（2）摩擦压力机是螺旋副传动，因而在飞轮动能转变为毛坯塑性变形功的过程中，在滑块和工作台之间产生巨大的压力。由于框式机架在受力后形成封闭力系，因此又具有压力机的工作特性，对地基没有特殊要求。

摩擦压力机兼有锻锤和压力机双重工作特性，过程的适应性强，可以完成热模锻、冲压和切边等各种过程。此外，由于摩擦压力机一般都具有下顶料装置，适宜完成挤压、顶镦、无飞边模锻等。

摩擦压力机还有一个重要特点，就是其滑块行程不固定，即没有固定的下死点。摩擦压力机特别适用于精整、精压、校正、校平等工序。

摩擦压力机除了具有过程适应性好的优点外，还有设备制造成本低，模具结构简单、安装调整方便，操作、维修简便，劳动条件好等优点。

摩擦压力机的缺点是生产效率不高、传动效率较低、抗偏载能力差。

摩擦压力机是目前我国较普遍使用的一种锻压设备。它的效率比模锻锤低，但比热模锻压力机高。在摩擦压力机上模锻，可完成模锻成形工步和模锻后续工步两大类变形工步。模锻成形工步包括制坯工步和模锻工步。制坯工步包括镦粗工步、聚料工步、弯曲工步、成形工步、压扁工步等。模锻工步包括预锻工步和终锻工步。模锻后续工步包括精压、压印、校正、校平、精整、切边、冲连皮、弯曲等工步。

摩擦压力机常用来镦制螺栓、螺母、铆钉等紧固件。使用摩擦压力机进行模锻造比胎模锻生产效率高，模具寿命较长，劳动条件有所改善。与锤上模锻造比，摩擦压力机造价低、投资少、过程应用范围广、材料利用率高，并且容易实现机械化。

摩擦压力机模锻一般也需要在其他设备上制坯。

摩擦压力机模锻一般用于单模膛模锻，用其他设备如自由锻锤、辊锻机进行制坯，也可以在偏心载荷不大的情况下布置两个模膛，将压弯（或镦粗）模膛与终锻模膛布置在一起。对于细长锻件，也有将预锻和终锻两模膛布置在一个模块上的，但要注意两模膛中心线的距离应小于摩擦压力机主螺杆直径的一半。

摩擦压力机的缺点是靠摩擦力来传动，传动效率较低、生产效率不高、传动件易磨损，抗偏载能力差。随着时代的发展，摩擦压力机已逐步被电动螺旋压力机取代。

2. 电动螺旋压力机

电动螺旋压力机采用开关磁阻电动机驱动，依靠螺旋传动，摩擦力是阻力。与摩擦压力机相比，电动螺旋压力机传动环节少，零部件少，无摩擦盘、横轴等中间传动装置和摩擦带易损件，更容易制造，操作和维修更方便，冲压能量稳定，可靠性高；每分钟行程次数提高了 2～3 倍，不必经常更换易损件；只须开关磁阻伺服电动机，数控打击能量和打击力，不过载，打击时间较短，受热影响较小。

电动螺旋压力机与液压螺旋压力机相比，不需复杂的液压驱动设备，不存在因液压油泄漏污染环境的问题，也不存在液压故障问题。

电动螺旋压力机根据传递形式的不同可分为两种：一种是经一级齿轮传递的电动螺旋压力机，规格有 0.4～80MN；另一种是直驱式电动螺旋压力机，规格有 0.16～16MN。

图 7.5 为电动螺旋压力机结构简图。电动螺旋压力机为分体式结构，由上横梁、左右立柱、底座组成，通过四根拉杆预紧在一起，形成一个受力框架机身。

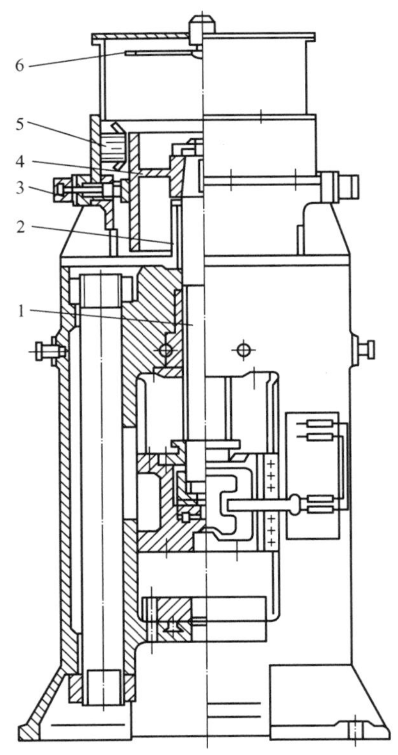

图 7.5 电动螺旋压力机结构简图

1—主螺杆；2—导套；3—制动器；4—转子；5—定子；6—电动机

开关磁阻电动机的定子和转子均为圆筒形，开关磁阻电动机的定子5安装在机身上，而电动机的转子4（即为飞轮）与主螺杆上端通过花键固定连接，平放在电动螺旋压力机顶部。转子的外缘有齿形，与电动机上的小轴相啮合。转子高度与滑块行程加定子高度尺寸之和相同。主螺杆下端通过螺纹与固定在滑块内部的铜螺母相啮合，螺杆只做旋转运动。定子和转子由低碳钢制成，结构简单，加工容易，可靠性好。当开关磁阻电动机正、反向旋转时，转子和定子之间的磁场产生的力矩，驱动转子（飞轮）正、反转，通过主螺旋副的螺旋运动，使滑块做直线运动，进行打击和提升，完成工作循环。

电动螺旋压力机的飞轮上部装有轴瓦式气体-弹簧制动器。进气时，制动器不动作，滑块向下运动；当滑块需要停止时，对其断气，制动器动作，实现制动。

电动螺旋压力机的特点如下。

（1）能量控制准确，抗偏心锻造能力强。

（2）可根据锻件成形过程准确设置打击力和打击能量，并且可显示。

（3）结构简单、紧凑，体积小、传动链短，操作维修方便，检修工作量小，节约劳动力和维修费用，运行安全。

（4）采用先进的开关磁阻电动机驱动和电气控制技术，电动螺旋压力机工作时不会对电网产生冲击和影响其他设备的正常运行。

7.1.4 平锻机及其过程特征

【平锻机上模锻】

1. 平锻机

模锻锤、热模锻压力机、螺旋压力机等模锻设备的工作部分（锤头或滑块）是做垂直往复运动的，这些锻压设备为立式锻压设备。工作部分做水平往复运动的模锻设备称为水平锻造机（简称平锻机），是卧式锻压设备。平锻机也属于曲柄连杆机构。它有两个滑块，主滑块沿水平方向运动，侧滑块垂直于主滑块运动方向运动。

平锻机分为垂直分模平锻机和水平分模平锻机两种。图7.6为垂直分模平锻机传动原理示意图。

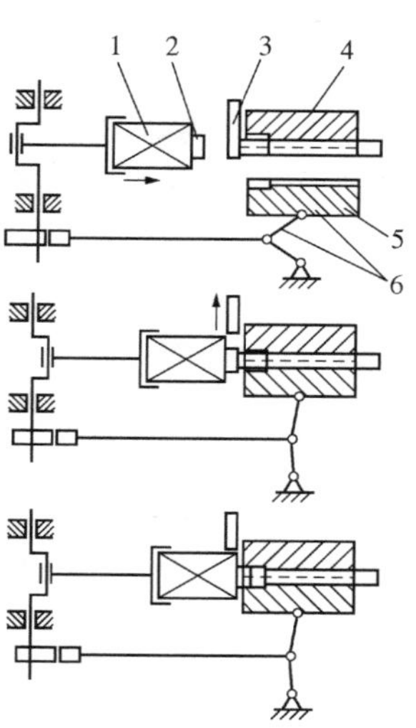

图7.6 垂直分模平锻机传动原理示意图

1—主滑块；2—冲头；3—前定料板；4—固定凹模；5—活动凹模；6—侧滑块

平锻机起动前，把棒料放在固定凹模4的模膛中，并由前定料板3定位，以确定棒料变形部分长度。然后，踏下脚踏板，使离合器工作。平锻机的曲柄-凸轮机构保证按下列顺序工作：在主滑块1前进过程中，侧滑块6带动活动凹模5迅速将棒料夹紧，前定料板3退去，冲头2与热毛坯接触，并且使其产生塑性变形直到充满模膛。当机器回程时，各部分的运动顺序如下：冲头2从凹模中退出，活动凹模5回复原位，冲头2回复原位，从活动凹模5中取出锻件。

2. 平锻机模锻过程的优点

(1) 平锻机锻造过程中毛坯水平放置，其长度不受设备工作空间限制，可锻出立式锻压设备不能锻造的长杆类锻件，也可用于长棒料逐个连续锻造。

(2) 平锻机有两个分模面，可以锻出在两个方向有凹挡和凹孔的锻件（如双凸缘轴套等），锻件形状与零件形状更加接近。

(3) 平锻机导向性好，行程固定，锻件长度方向尺寸稳定性比锤上模锻高。但是平锻机传动机构受力产生的弹性变形随锻压力的增大而增加，所以，必须准确预调模具闭合尺寸，否则将影响锻件长度方向的尺寸精度。

(4) 平锻机可进行开式模锻和闭式模锻，可进行终锻成形和制坯，也可进行弯曲、压扁、切料、穿孔、切边等工步。

3. 平锻机模锻过程的缺点

(1) 平锻机结构复杂，价格高、投资大。

(2) 平锻机靠凹模夹紧棒料进行锻造变形，一般要使用高精度热轧钢材或冷拔钢材，否则会夹不紧或在凹模间产生大的纵向毛刺。

(3) 锻前需清除毛坯上的氧化皮，否则锻件表面粗糙度会比锤锻件高。

(4) 平锻机模锻过程的适应性差，不宜模锻非对称锻件。

(5) 和曲柄压力机相比，垂直分模平锻机不易实现操作机械化和自动化。

4. 水平分模平锻机在设备结构上的优点

在设备结构上，水平分模平锻机与垂直分模平锻机相比具有如下优点。

(1) 水平分模平锻机的传动环节少，尤其是移动环节少（包括前进运动副和像凸轮副那样的高级运动副），基本零件数量比垂直分模平锻机少25%～30%。

(2) 工作机构安排在一个平面上，机身呈对称布置。有些水平分模平锻机采用了夹紧连杆，使机身封闭，在机器刚度和强度相同的情况下，质量减少15%～20%。

(3) 水平分模平锻机轮廓尺寸比垂直分模平锻机的轮廓尺寸小10%～15%。

(4) 水平分模平锻机的夹紧力等于或略大于主滑块的模锻力。

从第一台平锻机用于镦锻各种螺栓、铆钉类锻件开始，随着工业的不断进步和发展，目前平锻机已用于大批量生产气门、汽车半轴、环形锻件等。平锻机所能生产的锻件品种更加多样化，过程适应性也更加广泛。

5. 水平分模平锻机在操作过程中的优点

由于水平分模平锻机具有上述结构特征，反映在操作过程中有如下优点。

(1) 由于夹紧力大，可利用夹紧滑块作为模锻变形机构，扩大了它的过程应用范围，可提高锻件精度。

(2) 模锻时毛坯沿水平方向传送，易于实现机械化和自动化操作。

6. 水平分模平锻机的缺点

和垂直分模平锻机相比，水平分模平锻机有如下缺点。

(1) 曲柄连杆式的夹紧机构导致凹模夹紧状态的保持时间有限，一般不宜进行深冲孔和管坯端部镦锻成形。

(2) 连续锻造时（如环形锻件），需要辅助装置把锻好的锻件从模具表面卸除，而垂直分模平锻机可依靠锻件自重由两半凹模间落下。

(3) 不易从凹模中清除氧化皮和冷却水，安装和调整模具不如在垂直分模平锻机上方便。

7.2 模锻过程及模锻件分类

模锻过程（或模锻方法）与锻件外形密切相关。形状相似的锻件，其模锻过程及所用的锻模结构基本相同。为了便于拟定过程规程，提高锻件及锻模的设计速度，需要对模锻件进行科学分类。

常见的模锻件一般按照锻件外形和毛坯的轴线长度分为圆饼类锻件和长轴类锻件。这两类锻件可在模锻锤、热模锻压力机和螺旋压力机上生产。如果长轴类模锻件只是进行局部镦粗，也可专门列为顶镦类锻件。顶镦类锻件一般在平锻机上生产。

7.2.1 圆饼类锻件

圆饼类锻件一般是指在分模面上锻件的投影为圆形或长宽尺寸相差不大的锻件。模锻时，毛坯轴线方向与打击方向相同，金属沿高度、宽度和长度方向同时发生塑性变形。为了去除氧化皮、保证锻件成形品质，这类锻件常利用镦粗台或拍扁台制坯。圆饼类锻件根据形状复杂程度可分为简单形状锻件、较复杂形状锻件和复杂形状锻件三类（图 7.7）。

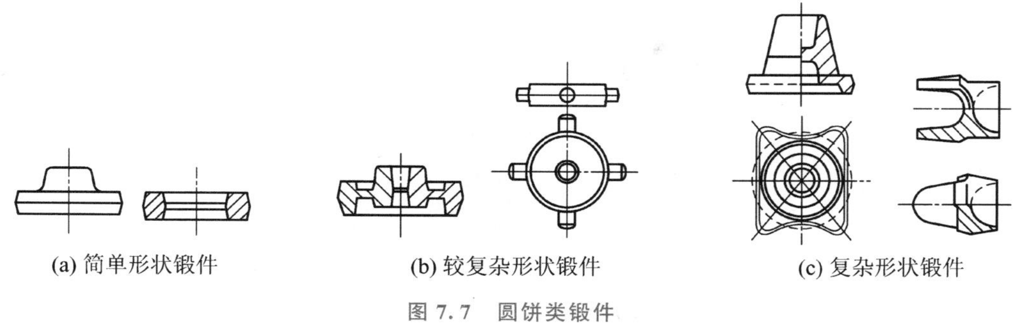

图 7.7 圆饼类锻件

7.2.2 长轴类锻件

长轴类锻件的轴线较长，即锻件的长度尺寸远大于其宽度尺寸和高度尺寸。模锻时，毛坯的轴线方向与打击方向垂直。在成形过程中，由于金属沿长度方向的变形阻力远大于其他两个方向，因此主要沿高度和宽度方向变形，而沿长度方向的变形很小。因此，如果当锻件沿长度方向截面变化较大时，必须考虑有效的制坯工步，如卡压、拔长、滚挤、弯曲等工步，以保证模膛完全充满。

长轴类锻件虽然多种多样，但按其外形、主轴线、分模线的特征，一般可分为四类。

1. 直长轴锻件

直长轴锻件的主轴和分模线均为直线，一般采用拔长制坯或滚挤制坯。

2. 弯曲轴锻件

弯曲轴锻件的主轴或分模线为曲线。在过程措施上，除了可能要拔长制坯或拔长加滚挤制坯外，还要弯曲制坯或成形制坯。

3. 枝芽类锻件

枝芽类锻件带有突出部分，如同枝芽状。因此，除了需要拔长制坯（或拔长加滚挤）制坯外，为了便于锻出枝芽，还要进行成形制坯或预锻制坯。

4. 叉类锻件

叉类锻件的头部呈叉状，杆部或长或短。针对这两种情况采用的过程措施不同。若叉类锻件的杆部较短，则除拔长制坯（或拔长加滚挤）制坯外，还要进行弯曲制坯；若叉类锻件的杆部较长，则需采用带劈料台的预锻制坯工步，不需弯曲制坯。

长轴类锻件分类及简图列于表 7－1。

表 7－1　长轴类锻件分类及简图

类　　别	简　　图	过程特征
直长轴锻件	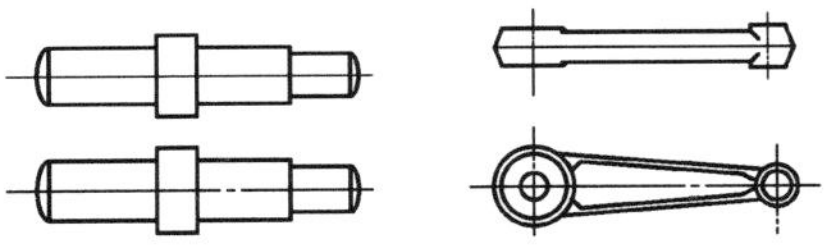	一般采用拔长制坯（或滚挤制坯）
弯曲轴锻件	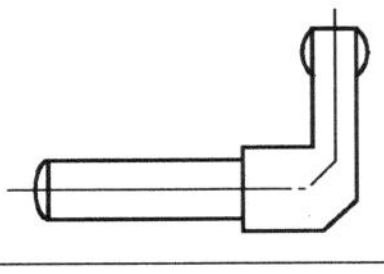	采用拔长制坯（或拔长加滚挤）制坯，再加弯曲制坯（或成形制坯）
枝芽类锻件	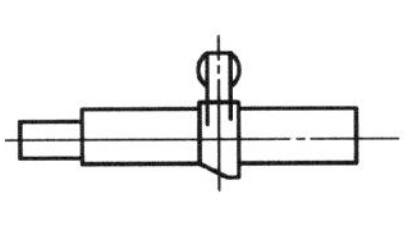	采用拔长制坯（或拔长加滚挤制坯），再加成形制坯（或增加预锻制坯工步）
叉类锻件	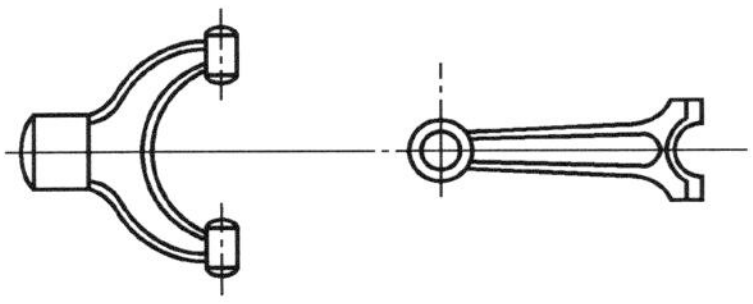	除采用拔长制坯（或拔长加滚挤制坯）外，对短杆锻件加弯曲制坯，对长杆锻件加劈料预锻制坯

7.2.3 顶镦类锻件

顶镦类锻件品种多，尺寸范围广。为了便于进行过程设计和模具设计，根据顶镦类锻件的形状特征，可将平锻件分为四类，见表7-2。

表7-2 顶镦类锻件分类

类型	简图	过程特征
带头部的杆类锻件	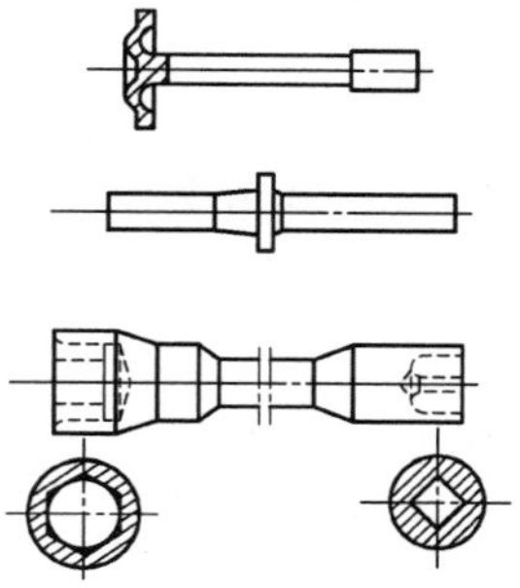	（1）原材料直径按锻件杆部选用； （2）多为单件、后定料模锻； （3）模锻工步为聚料、预锻和终锻； （4）开式模锻时有切边工步
无杆部的锻件	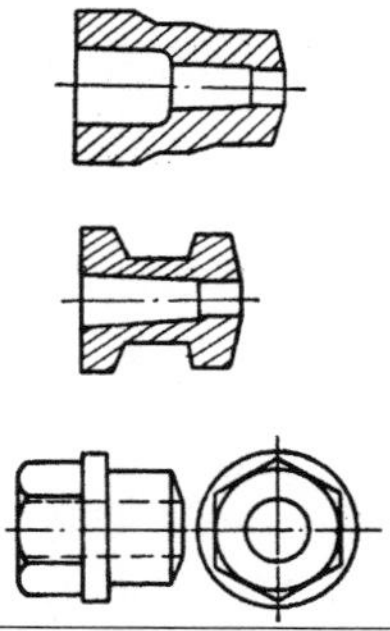	（1）原材料直径尽量按孔径选用； （2）多为长棒料、前定料连续锻造； （3）主要工步为聚料、冲孔、预锻、终锻和穿孔
管材镦粗	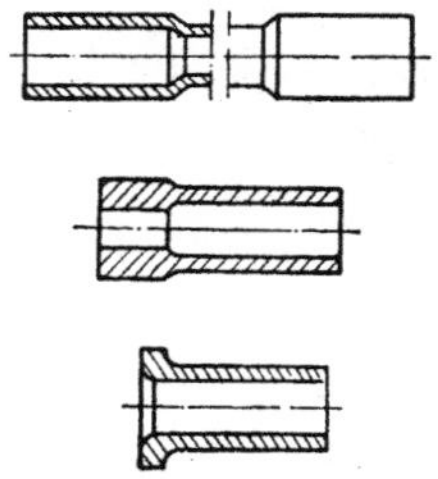	（1）原材料直径按锻件杆部的管子规格选用； （2）基本是单件、后定料模锻； （3）加热部分略超过变形部分尺寸； （4）主要工步为聚料、预锻和终锻
联合模锻件	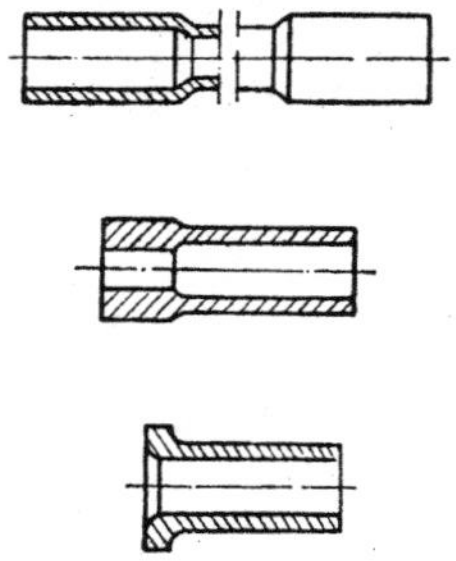	根据锻件的形状、尺寸，采用其他设备制坯、平锻机上成形；或者平锻机上制坯、其他设备成形；或采用不同设备成形锻件的不同部位

7.3 模锻件图设计

模锻件图是模锻生产过程、模锻过程规范制定、锻模设计、锻模检验及锻模制造的依据。模锻件图是根据产品图设计的，分为冷锻件图和热锻件图两种。如无特殊说明，模锻件图一般指冷锻件图。冷锻件图用于最终锻件的检验和校正模的设计，也是机械加工部门制定加工过程、设计加工夹具的依据。热锻件图用于锻模设计和加工制造。热锻件图是对冷锻件图上各尺寸相应地加上热胀量绘制的。

在不同模锻设备上获得模锻件的过程一般都相同，即都是在产品图上确定分模面位置、考虑机械加工余量和锻件公差、模锻斜度、圆角半径，冲孔件还要设计冲孔连皮，然后就可以设计冷锻件图样了。但在考虑分模面、机械加工余量和模锻斜度等方面，对于不同的模锻设备并不完全一致，要考虑各自特点。

本书主要介绍锤上模锻时模锻件图的设计，对其他设备上的模锻仅介绍其有别于锤上模锻时模锻件图的设计特点。

7.3.1 锤上模锻件图设计

模锻锤在成形过程中利用冲击载荷成形，不能设置顶出装置。这是模锻锤与其他模锻设备所不同的地方。

1. 分模面位置的选择

确定分模面位置最基本的原则是保证锻件形状尽可能与零件形状相同，以及锻件容易从锻模模膛中取出。确定分模面时，应考虑以镦粗成形为主，使模锻件容易成形。此外还应考虑材料利用率（应较高）。

分模面的位置与模锻方法直接有关，而且它决定着锻件内部金属纤维（流线）方向。金属纤维方向对锻件性能有较大影响。合理的锻件设计应使最大载荷方向与金属纤维方向一致。若锻件的主要工作应力是多向的，则应设法制造与其相应的多向金属纤维。为此，必须将锻件材料的各向异性与零件外形联系起来考虑，选择恰当的分模面，以保证锻件内部的金属纤维方向与主要工作应力一致。

在满足上述原则的基础上，为了保证生产过程可靠且锻件品质稳定，锻件分模位置一般都选择在具有最大轮廓线的地方。此外，还应考虑下列要求。

（1）尽可能采用直线分模，使锻模结构简单，防止上下模错移，如图 7.8 所示。

（2）尽可能将分模位置选在锻件侧面中部，这样易于在生产过程中发现上下模错移，如图 7.9 所示。

（3）对头部尺寸较大的长轴类锻件可以折线分模，使上下模膛深度大致相等，使尖角处易于充满，如图 7.10 所示。在上下模膛深度相等的情况下，由于考虑模锻斜度所增加的余料，体积应尽可能最小。

（4）当圆饼类锻件 $H \leqslant D$ 时，应采取径向分模，不宜采用轴向分模，如图 7.11 所示。

这是因为圆形模膛易于车削加工，能够提高模具加工速度。此外，切边模的刃口形状简单、制造方便，还可以加工出内孔，提高材料的利用率。

（5）锻件形状较复杂部分应该尽量安排在上模，因为在冲击力的作用下，上模的充填性较好。

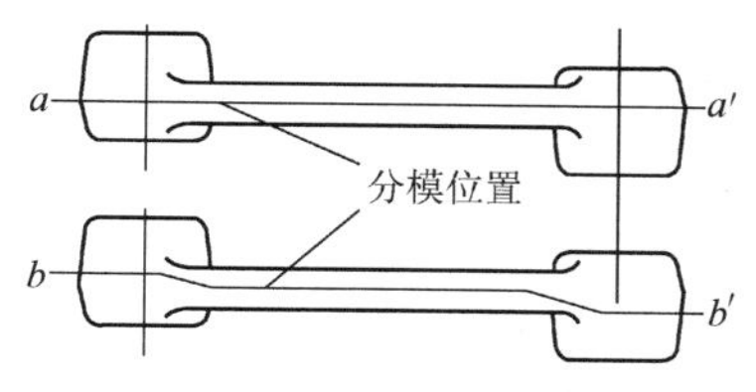

图 7.8　直线分模防错移

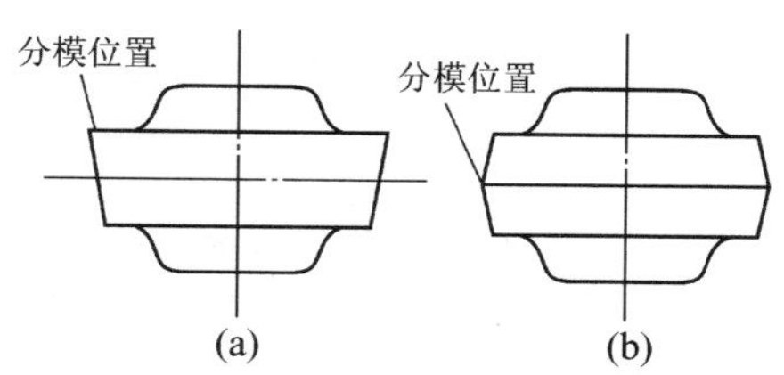

图 7.9　分模位置居中便于发现错模

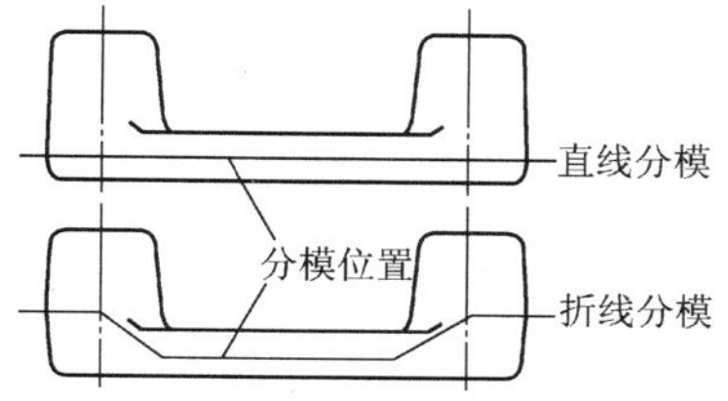

图 7.10　上下模膛深度大致相等易充满

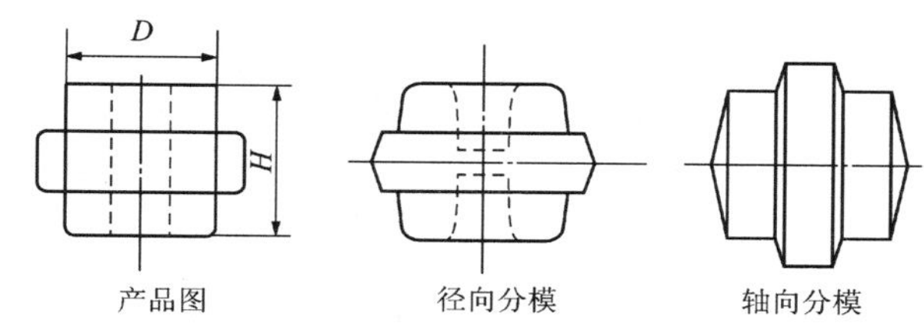

图 7.11　圆饼类锻件分模位置

2. 加工余量和公差的确定

对于带有小孔和某些凹槽等结构的锻件，即使采用可分凹模模锻，也难免会有些不便模锻成形的部位。对于这些不便模锻成形的部位，可以加上敷料，简化成可以将其锻出的锻件。

锻件上凡是尺寸精度和表面品质达不到产品零件图要求的部位，需要在锻后进行机械加工，这些部位应根据加工方法的要求预留加工余量。

普通模锻件的加工余量要大小恰当。加工余量过大，既浪费材料又会增加机械加工工时；加工余量不足，容易增加锻件的废品率。

精密模锻就是在不影响零件加工品质的前提下模锻生产小加工余量的精化毛坯。

锻件的精度可用锻成尺寸与锻件公称尺寸的偏差判定。由于毛坯下料时的体积变化，模锻时的模膛磨损及终锻温度波动，以及模锻过程中毛坯在高温条件下的表面氧化、脱碳及合金元素蒸发或其他污染等现象，不仅有可能使锻件表面力学性能不合格或产生其他缺陷，而且会使锻件尺寸难以精确控制，出现偏差。

锻件的主要公差项目有尺寸公差（包括长度、宽度、厚度、中心距、角度、模锻斜度、圆弧半径和圆角半径等），形状位置公差（包括直线度、平面度、深孔轴的同轴度、错移量、剪切端变形量和杆部变形量等），表面技术要素公差（包括表面粗糙度、直线度和平面度、中心距、毛刺尺寸、残留飞边、顶杆压痕深度及其他表面缺陷等）。

锻件图上的公称尺寸所允许的偏差范围称为尺寸公差。

为了控制锻件实际尺寸的偏差范围，人们规定了适当的锻件尺寸公差，这对于控制模具使用寿命和锻件检验都很必要。

目前各工厂企业所采用的锻件加工余量和尺寸公差标准不统一。确定锻件加工余量和尺寸公差的方法也不尽相同，但一般都离不开查表法和经验法。

在查表法和经验法中，又可将所使用的方法归纳为按锻件形状、尺寸确定锻件加工余量和尺寸公差的“尺寸法”及按锻锤吨位大小的“吨位法”。

（1）锻件的形状

锻件形状的复杂程度由形状复杂系数 S 表示。S 是锻件质量 G_d 或体积 V_d 与其外廓包容体的质量 G_b 或体积 V_b 的比值，即

$$S=G_d/G_b=V_d/V_b \tag{7-1}$$

GB/T 12362—2016《钢质模锻件公差及机械加工余量》中，将锻件形状复杂程度分成四级，见表 7-3。

表 7-3 锻件形状复杂程度等级

代　号	组　别	形状复杂系数 S	形状复杂程度
S_1	Ⅰ	0.63～1	简单
S_2	Ⅱ	0.32～0.63	一般
S_3	Ⅲ	0.16～0.32	较复杂
S_4	Ⅳ	0～0.16	复杂

（2）锻件的材质

锻件材质由锻件材质系数按锻压的难易程度划分等级，材质系数不同，公差不同。

航空模锻件的材质系数分为四类。

M_0——铝、镁合金；

M_1——低碳低合金钢（$w_C<0.65\%$，或 Mn，Cr，Ni，Mo，V，W 总含量在 5%以下）；

M_2——高碳高合金钢（$w_C\geqslant0.65\%$C，或 Mn，Cr，Ni，Mo，V，W 总含量在 5%以上）；

M_3——不锈钢、高温耐热合金和钛合金。

（3）锻件的公称尺寸和质量

根据锻件图的公称尺寸计算锻件的质量，再按质量和尺寸查表确定锻件加工余量和尺寸公差，在未完成锻件图设计前，可根据锻件大小初定加工余量进行计算。

（4）模锻件的精度

模锻件的精度与所使用的锻压设备类型、分模形式和模具状况有关。例如，锻锤、曲柄压力机、平锻机、螺旋压力机等每一种锻压设备的导向精度不同，运动特性不同，模锻过程也有差异。

如平直分模及对称弯曲分模比不对称弯曲分模产生的错移程度低，加工余量和公差自然不同。此外，模具材质及强度不同，磨损程度不同，加工余量和公差也有所差别。

模锻件的公差一般可根据模锻件的技术要求、本厂设备、技术水平、批量大小及经济合理性等因素分为三级。①普通级公差，指用一般模锻方法能达到的精度公差。②精密级公差，指用精锻过程能达到的精度公差。精密级锻件公差可根据需要自行确定。③半精密级公差，指处于普通级公差和精密级公差之间的公差。

锻件加工余量、高度尺寸公差和水平尺寸公差可以以零件尺寸形状和大小为依据（尺寸法）查阅有关手册来确定。

在查表确定锻件加工余量和公差时，应注意以下几个问题。

(1) 一般表中的加工余量适用于表面粗糙度 Ra=3.2～12.5μm。当表面粗糙度 Ra≥25μm 时，应将该处加工余量减少 0.25～0.5mm；当表面粗糙度 Ra≤1.6μm 时，应将该处加工余量增加 0.25～0.5mm。

(2) 对于台阶轴类模锻件，当其端部的台阶直径与中间的台阶直径差别较大时，可将端部台阶直径的单边余量增加 0.5～1.0mm。

(3) 如果机械加工的基准面已经确定，可将基准面的加工余量适当减少。

锻件加工余量和尺寸公差还可采用以锻锤吨位大小为依据的“吨位法”来确定。锻件自由公差用锻件尺寸大小确定。

锻件尺寸公差具有非对称性，即正公差大于负公差。这是由于高度方向影响尺寸发生偏差的主要原因是锻不足，次要原因是模膛底部磨损及分模面压陷引起尺寸变化。模膛磨损和上下模错移还会增加锻件的水平方向尺寸。此外，负公差规定了锻件尺寸的最小界限不宜过大；而正公差的大小不会导致锻件报废。正公差大对稳定过程、提高锻模使用寿命有好处，所以有所放宽。锻件的最大允许尺寸是锻件公称尺寸加上正公差，锻件的最小允许尺寸是锻件公称尺寸减去负公差。

在大量生产的情况下，如果锻件的质量与影响锻件尺寸变动的各项因素（模锻不足、模具磨损等）之间存在直接联系，也可通过称量锻件的方法，在规定好的尺寸公差范围内精确定出锻件可以达到的最小质量和最大质量。这样对锻件的验收就可以简化为不需长度计量，而是按质量验收。在锻件图上，尺寸公差可以以锻件的总质量公差代替。

3. 模锻斜度的选择

为了便于将成形后的锻件从模膛中取出，在锻件上与分模面相垂直的平面或曲面上必须加上一定斜度的余料，这个斜度就是模锻斜度，参见 6.3.2 节。图 7.12 为模锻斜度示意图。锻件外壁的斜度称为外模锻斜度 α，锻件内壁的斜度称为内模锻斜度 β。锻件成形后，随着温度的下降，外模锻斜度上的金属由于收缩而有助于锻件出模，内模锻斜度的金属由于收缩反而将模膛的突起部分夹得更紧。所以，在同一锻件上内模锻斜度比外模锻斜度大。

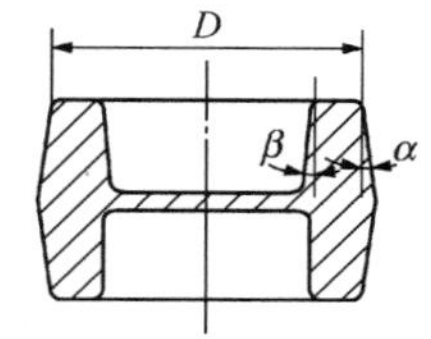

图 7.12 模锻斜度示意图

很明显，加上模锻斜度后会增加金属损耗和机械加工工时，因此应尽量选用较小的模锻斜度，同时要注意充分利用锻件的固有斜度。

表 7-4 是生产上常用金属锻件的模锻斜度。

表 7-4 生产上常用金属锻件的模锻斜度

锻件材料	外模锻斜度	内模锻斜度
铝及铝合金、镁及镁合金	3°、5°（精锻时为 1°、3°）	5°、7°（精锻时为 3°、5°）
钢、钛及钛合金、耐热合金	5°、7°（精锻时为 3°、5°）	7°、10°、12°（精锻时为 5°、7°、9°）

模锻斜度与模膛内壁斜度相对应。模膛内壁斜度用指状标准铣刀加工而成，所以模锻斜度应该选用 3°、5°、7°、10°、12°标准度数，以便与铣刀规格一致。为了减少铣削加工的换刀次数，可选用相同的内外模锻斜度。

还有一种模锻斜度匹配斜度。从图 7.12 可看出，匹配斜度主要是为了使在模锻件分模线两侧的模锻斜度相互衔接，匹配斜度的大小与具体锻件有关。

模锻斜度的公差值为±30′和±1°。

4. 圆角半径的确定

锻件上凸起和凹下的部位均应带有适当的圆角，不允许出现锐角。

凸圆角的作用是避免锻模在热处理时和模锻过程中因应力集中导致开裂，也使金属易于充满相应的部位。凹圆角的作用是使金属易于流动，防止模锻件产生折叠，防止模膛过早磨损和被压塌。

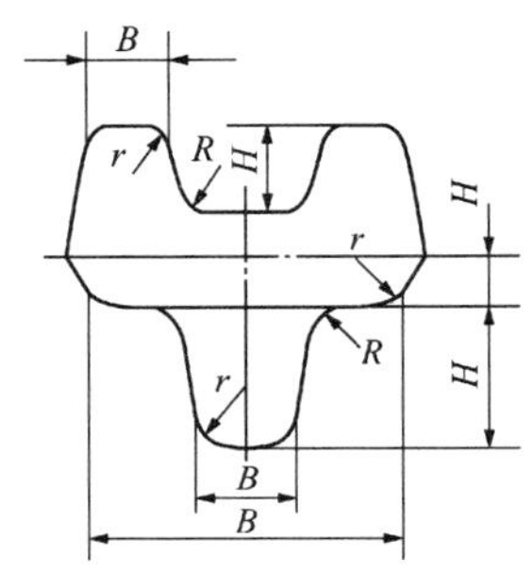

图 7.13 圆角半径的相关尺寸

生产上把模锻件的凸圆角半径称为外圆角半径 r，凹圆角半径称为内圆角半径 R，圆角半径的相关尺寸如图 7.13 所示。适当加大圆角半径，对防止锻件转角处的流线被切断、提高模锻件品质和模具寿命有利。然而，加大外圆角半径 r 将会减少相应部位的机械加工余量，加大内圆角半径 R 将会加大相应部位的机械加工余量，增加材料损耗。对某些复杂锻件，内圆角半径 R 过大，也会使金属过早流失，造成局部充不满现象。

圆角半径的大小与模锻件各部分高度 H 及高度 H 与宽度 B（图 7.13）的比值 H/B 有关，可按照下列公式计算。

当 $H/B \leqslant 2$ 时，圆角半角

$$r = 0.05H + 0.5,\ R = 2.5r + 0.5 \quad (7-2)$$

当 $4 \geqslant H/B > 2$ 时，圆角半角

$$r = 0.05H + 0.5,\ R = 3.0r + 0.5 \quad (7-3)$$

当 $H/B > 4$ 时，圆角半角

$$r = 0.05H + 0.5,\ R = 3.5r + 0.5 \quad (7-4)$$

为保证锻件外圆角处的最小机械加工余量，可按下式对外圆角半径 r 进行校核，即在按照式(7-2)、式(7-3) 或式(7-4) 计算的值和下式的计算值中取大值。

$$r = 余量 + \alpha \quad (7-5)$$

式中 α——零件相应处的圆角半径或倒角值。

为了适应制造模具所用刀具的标准化，可按照下列序列值设计圆角半径（mm）：1.0，1.5，2.0，2.5，3.0，4.0，5.0，6.0，8.0，10.0，12.0，15.0。当圆角半径大于 15mm 后，按以 5mm 为递增值生成序列选取。

应当指出，在同一锻件上选定的圆角半径规格应该尽量一致，不宜过多。

5. 冲孔连皮

具有通孔的零件，在模锻时不能直接锻出通孔，所锻成的盲孔内留一层具有一定厚度的金属层，称为冲孔连皮。冲孔连皮可利用切边压力机切除。模锻时锻出盲孔是为了使锻件更接近零件形状，减少金属消耗、缩短机械加工工时。

连皮的厚度 s 要适当，过薄易发生锻不足，而且容易导致模膛凸起部分打塌；过厚虽可以避免或减轻上下锻模刚性接触损坏，但切除连皮困难，而且浪费金属。一般情况下，当锻件内孔直径小于 30mm 时，孔可不锻出。当锻件内孔直径大于 30mm 时，可考虑冲孔，要合理设计冲孔连皮的形状和尺寸。

各种连皮的形式及其使用条件如下。

(1) 平底连皮

这是常用的连皮形式，其厚度 s 可根据图 7.14 确定，也可按照下述经验公式计算。

$$s=0.45\sqrt{d-0.25h-5}+0.6\sqrt{h} \tag{7-6}$$

式中 d——锻件内孔直径 (mm)；

h——锻件内孔深度 (mm)。

因模锻成形过程中金属流动激烈，连皮上的圆角半径 R_1 应比内圆角半径 R 大，可按下式确定。

$$R_1=R+0.1h+2 \tag{7-7}$$

(2) 斜底连皮

当锻件内孔较大 ($d>2.5d_1$ 或 $d>60$mm)，采用平底连皮锻造时，锻件内孔处的多余金属不易向四周排除，容易在连皮周边产生折叠，冲头部分也容易过早磨损或压塌，此时应采用斜底连皮，如图 7.15 所示。增加连皮周边的厚度，既有助于排除多余金属，又可避免折叠的形成。

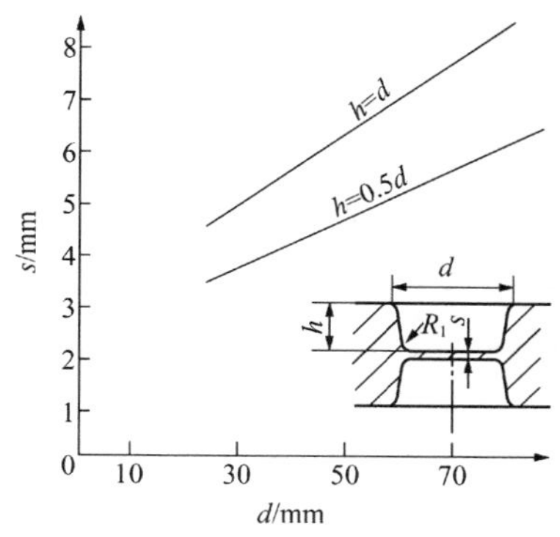

图 7.14 平底连皮的选择线图

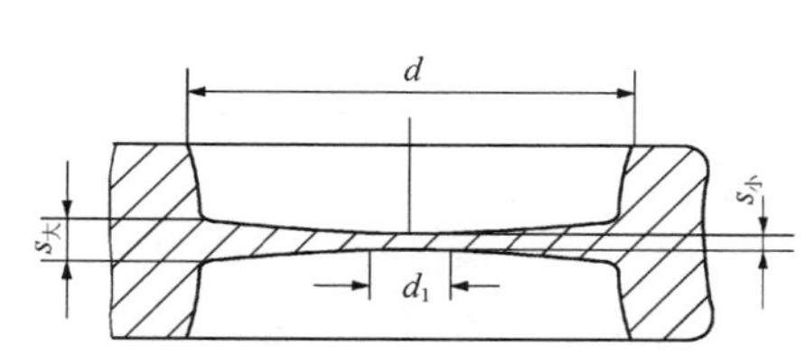

图 7.15 斜底连皮

斜底连皮的有关尺寸如下。

$$\left.\begin{aligned} s_{大}&=1.35s \\ s_{小}&=0.65s \\ d_1&=(0.25\sim0.35)d \end{aligned}\right\} \tag{7-8}$$

式中　s——中心部位厚度（mm），与采用平底连皮时的厚度相同，按图 7.14 确定；

　　d_1——中心部位直径（mm），它的正确设计能保证冲头边缘有一定的斜度，使毛坯在模膛中放置准确及便于模锻时金属流动。

斜底连皮的主要缺点是在冲切连皮时容易引起锻件形状走样。

（3）带仓连皮

如果锻件要经过预锻成形和终锻成形，在预锻模膛中可采用斜底连皮，在终锻模膛中可采用带仓连皮，如图 7.16 所示。

带仓连皮的厚度 s 和宽度 b 可按飞边槽桥部高度 h 和桥部宽度 b 确定。仓部体积应能够容纳预锻厚斜底连皮上多余的金属。

带仓连皮的优点是周边较薄，可避免冲切时锻件的形状走样。

（4）压凹

当锻件内孔直径较小时，如连杆小头的内孔，不易锻出连皮，应改为压凹形式，如图 7.17 所示。其目的不是节省金属，而是压凹变形有助于小头部分饱满成形。

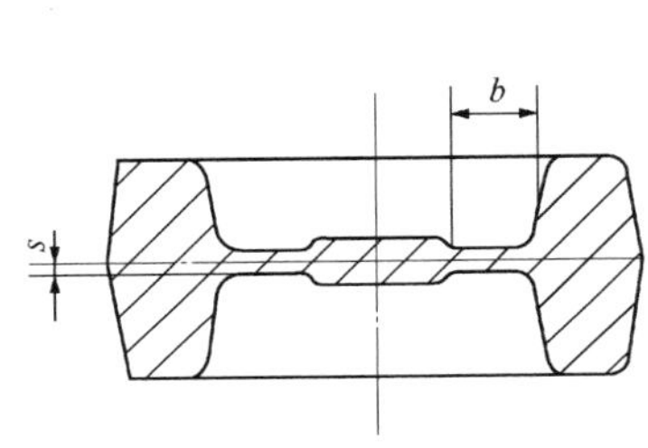

图 7.16　带仓连皮

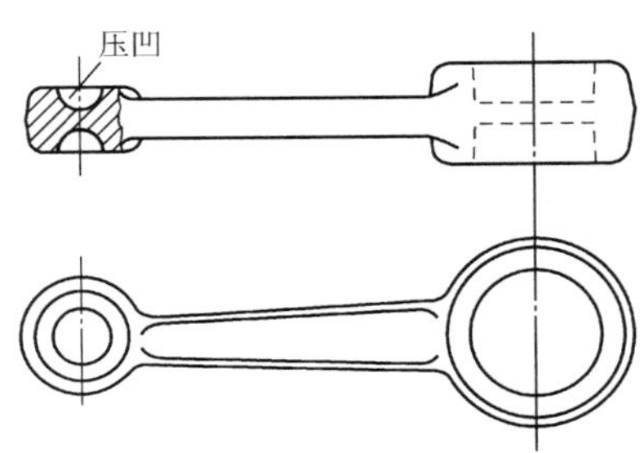

图 7.17　压凹

上述各参数确定后，便可绘制模锻件图。

带连皮的模锻件，不需要绘出连皮的形状和尺寸，因为模锻件检验时连皮已经冲除。产品图的主要轮廓线应用点画线在模锻件图上表示。这样便于了解各部分的加工余量是否满足加工后成品的要求。

6. 技术条件

有关锻件质量的其他检验要求，凡是在图上无法表示的技术要求，均在技术条件中加以说明。钢质模锻件通用技术条件可按国标 GB/T 12361—2016《钢质模锻件 通用技术条件》确定。一般内容如下。

（1）锻件热处理过程及硬度要求，锻件测硬度的位置。

（2）未注明的模锻斜度和圆角半径。

（3）允许的表面缺陷深度（包括加工表面和非加工表面）。

（4）允许的模具错移量和残余飞边宽度。

（5）表面清理方法。

（6）其他特殊要求，如锻件同心度、弯曲度等。

7.3.2 热模锻压力机上模锻件图设计特征

热模锻压力机上模锻件图的设计过程和设计原则与锤上模锻相同，但是要针对热模锻压力机的结构和模锻过程特征选择参数。

1. 分模面位置的选择

由于热模锻压力机有顶出机构，使模锻件有可能方便地从较深的模膛内取出，因此可按成形要求较灵活地选择分模面。图 7.18 所示的杆形件，在锤上模锻时分模面为 $A—A$，即平放在模膛内，内孔无法锻出，飞边体积较多。在热模锻压力机上模锻，则可选 $B—B$ 为分模面，将毛坯立放在模膛内局部镦粗并且冲出内孔。模锻后用顶料杆将锻件顶出。

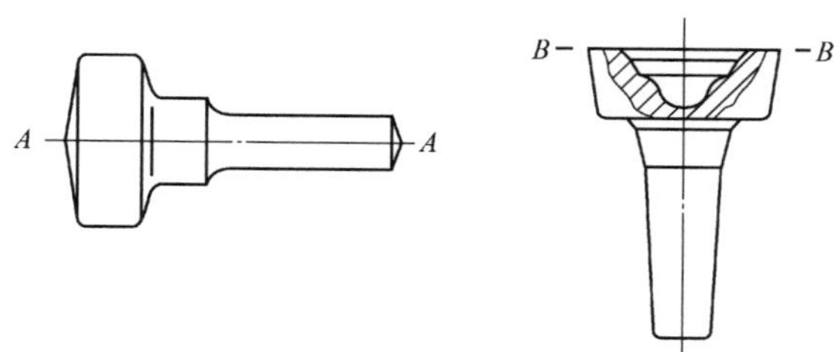

图 7.18 杆形件的两种分模方法

2. 加工余量和公差的确定

由于热模锻压力机导向精度高，因此锻件的加工余量和公差可以比锤上模锻相应减小，可参考有关手册。

3. 模锻斜度的选择

热模锻压力机上模锻件的模锻斜度一般比锤上模锻件小，一般为 2°～7°或更小，可参考有关手册。

4. 圆角半径的确定

热模锻压力机上模锻件的圆角半径参照锤上模锻件来确定。

5. 冲孔连皮

冲孔连皮的形状和设计方法也同锤上模锻，连皮厚度通常取 6～8mm，直径小于 26mm 的孔一般不锻出。

7.3.3 螺旋压力机上模锻件图设计特征

由于螺旋压力机带有顶杆装置，可以顶出模锻件，必要时也可将凹模顶出。螺旋压力机模锻件的设计特征大体如下。

1. 分模面位置的选择

根据模锻件形状的不同，分模面可以为一个或多个。采用组合凹模，可得到两个方向上有凹坑、凹挡的锻件，如三通阀体等。

在确定分模面时，由于螺旋压力机上开式模锻多为无钳口模锻，如不采用顶杆装置，应注意减少模膛深度尺寸，以利于锻件出模。

2. 加工余量和公差的确定

由于螺旋压力机上模锻时不易去除氧化皮，因此模锻件的表面粗糙度一般大于锤上模锻件。若采用少无氧化加热措施，螺旋压力机上饼类模锻件和轴类模锻件的加工余量和公差可达到与锤上模锻件相同，顶镦类锻件的加工余量和公差可参考平锻机模锻件的加工余量和公差。

3. 模锻斜度的选择

螺旋压力机模锻斜度的大小取决于有无顶杆，也与材料的相对尺寸和材料种类有关，可参考有关手册。

4. 圆角半径的确定

圆角半径主要取决于锻件材料和锻件高度方向尺寸，可参考有关手册。

7.3.4 平锻机上模锻件图设计特征

平锻机上模锻件图的设计内容与使用前述三种设备模锻件图的设计内容基本相同，大致如下。

1. 分模面位置的选择

对于采用后挡板定位的局部镦粗类锻件，因为棒料尺寸精度会影响变形部分金属体积，因而大多采用开式模锻，分模面的位置选在锻件最大轮廓处。图 7.19 所示为分模面分别选在最大轮廓的前端面、中间和后端面的三种形式。图 7.19(a) 所示分模面的优点是凸模 2 结构简单，凸模 2 和凹模 1 的错移不会反映在锻件上。对非回转体锻件，还可以简化模具的调整工作，其缺点是切边时容易拉出纵向毛刺。图 7.19(b) 所示分模面的优点是便于检查和及时发现凸模 2 和凹模 1 的错移，切边时可以获得较好的品质。图 7.19(c) 所示分模面，锻件将在凸模内成形，锻件内外径的同心度好。

2. 加工余量和公差的确定

加工余量和公差根据零件每一部分的直径 D 和该直径相对应的长度尺寸和设备吨位来确定，可参考有关手册。

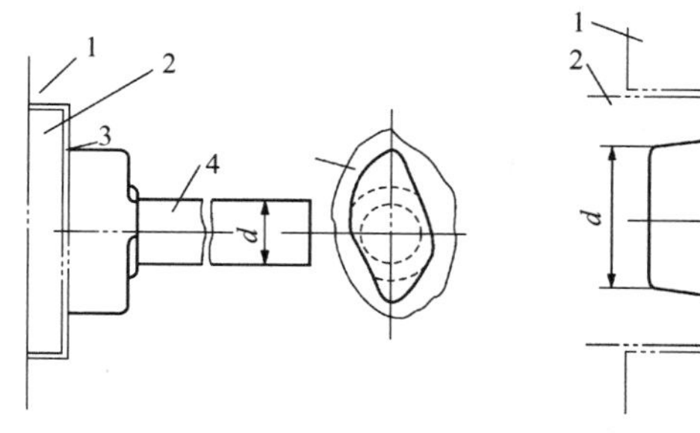

(a) 分模面在前端面

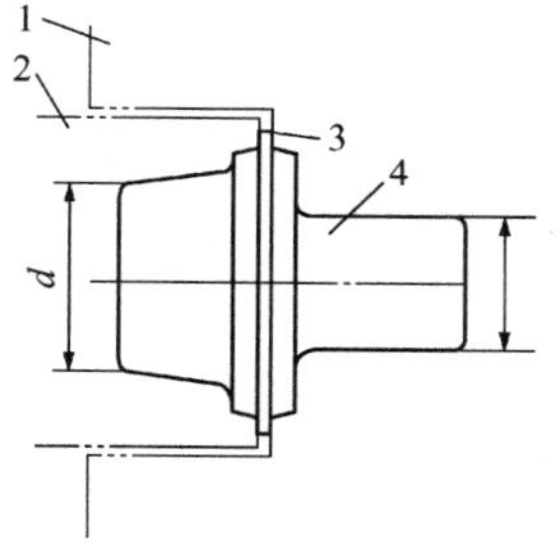

(b) 分模面在镦粗后大端的中间

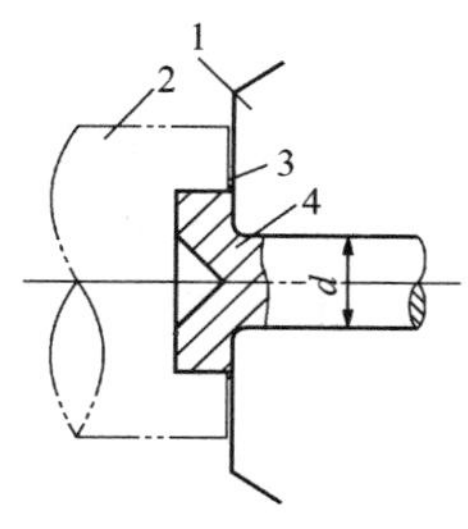

(c) 分模面在后端面

图 7.19 顶镦类锻件的分模面选择

1—凹模；2—凸模；3—飞边；4—局部镦粗件

3. 模锻斜度的选择

平锻件模锻斜度的选择取决于平锻分模面的位置。当在凹模中成形带凹挡的锻件时，为保证冲头在回程时不把锻件内孔“拉毛”及凹挡内的模具能顺利取出，需要设计内斜度β；锻件在冲头内成形，则需要设计外斜度α，具体数值可参考有关手册。

4. 圆角半径的确定

（1）在凹模中成形部分

外圆角半径

$$r_1=\frac{\Delta_H+\Delta_D}{2}+\gamma \tag{7-9}$$

式中 Δ_H、Δ_D——锻件的高度加工余量和径向加工余量；

γ——零件的倒角值或圆角半径值。

内圆角半径

$$R_1=0.2\Delta+0.1 \tag{7-10}$$

式中 Δ——内圆角部位的深度。

（2）在冲头中成形部分

外圆角半径

$$r_2=0.1H+1.0 \tag{7-11}$$

内圆角半径

$$R_2=0.2H+1.0 \tag{7-12}$$

式中 H——冲头中成形部分深度。

7.4 模锻过程的设计和模锻过程方案选择

模锻过程的设计就是要制定模锻规程，使模锻件生产有规可循、有法可依。模锻规程是模锻生产最重要的过程文件，它应该完整而系统地提供锻件在生产中的一系列程序。它不仅是车间生产工人的操作指南，而且为车间的计划、调度、检验、财务等部门提供了详细而可靠的基础数据。

正确的执行过程规程是保证生产节奏、提高锻件品质及确保生产计划完成的重要条件，同时也对改进劳动组织及提高车间管理水平有着重要影响。因此，编制完整的具有指导意义的过程文件十分重要。

7.4.1 模锻过程设计依据

模锻过程设计主要以产品图、锻件图、技术标准、生产条件和生产批量为依据。

1. 产品图

产品图是设计模锻件及模锻过程的主要技术依据。产品图确定了模锻件的基本形状、尺寸、组织、性能及技术要求。因此在制定模锻过程之前，必须对产品图认真分析，掌握其技术要点和重要的注意事项。

2. 锻件图

锻件图是设计模锻过程的直接依据。锻件图不仅全面反映了产品图对模锻件的要求，而且反映了已选定的主要成形方法、加工方法和检验方法等。

3. 技术标准

模锻件技术标准是和产品图具有同等效力的指令性文件。它详细规定了模锻件的技术要求和验收方法，因此也是设计模锻过程的主要依据。

4. 生产条件

模锻生产过程必须通过实际生产条件实现。必要时，还可以通过适当的技术改造，采用新材料、新技术和新设备实现。

5. 生产批量

模锻过程必须根据给定的生产批量设计，因为生产批量的大小直接影响技术方法、过程装备和设备的选择。

7.4.2 模锻过程设计步骤

模锻过程设计有很强的经验性，成熟的模锻过程都是在生产中逐步完善的。一般可按照以下的步骤进行模锻过程设计。

1. 模锻过程分析

根据产品图、锻件图和技术标准所提出的原始条件和技术要求，结合现场生产条件并吸收最新科技成果和经验，找出技术难点，论证实施方案，确定过程参数，估算技术经济指标，提出技术改造意见。

2. 确定主导过程

根据过程技术分析的结果，在零件图、模锻件图和有关技术标准的基础上，确定制造模锻件的主导过程，即确定毛坯类型（圆毛坯、方毛坯或自由锻后的毛坯），加热方式(火焰加热还是电加热)，主要成形方法（锤上模锻、热模锻压力机模锻、螺旋压力机模锻或是平锻机模锻）等。

3. 设计模锻工步

除了少数已有专门文件规定（或简单的模锻件）外，一般的模锻件均需要对成形工步和各工序进行详细的计算和设计，其中包括：计算工步、设计工步成形件的图形结构要素并提出技术要求、设计工序成形件简图；工步和工序成形件的品质标准及检验方法；原材料品种规格及毛坯尺寸与质量；过程参数；设备型号与规格、数量；过程装备（包括通用工具的规格及精度、数量和技术要求)；辅助材料、辅助操作内容和管理要求；操作细则；需要采用的通用性文件等。

4. 确定过程

在确定主导过程的同时，就可根据零件图、锻件图和技术标准的要求，初步拟定基本过程路线。在工步设计完成后，再将全部过程和工步按照加工顺序进行排列，然后结合工厂现有生产条件适当调整，最终形成完整的模锻过程路线。

5. 编写过程规程

过程规程文件是用文字和图表形式来表述已经确定的过程规程、工序内容、材料消耗、劳动定额等，是加工和验收模锻件的指令性文件。

编写过程规程大致按以下步骤进行。

(1) 选择适当的图表标准格式。

(2) 按规则书写文字内容，绘制图样。

(3) 编写工序和工具目录。

(4) 进行标准化检查、技术校对和审批。

7.4.3 模锻过程总体设计要点

设计和确定与生产模锻件有关的各类工序和过程内容的原则、方法和步骤前文已述及，但是在设计过程的总体构成时，应该注意锻件原始条件（如锻件的材料、形状和尺寸)，现场实际状况（设计、工具、模具和人员），以及前后工序的匹配等各种因素的影响，并进行必要的综合分析，以便正确地选择过程方法和参数，使设计的过程先进、合理、实用、经济。

1. 备料工序

备料工序包括原材料检验、切割毛坯、清除毛坯上的毛刺和表面缺陷、毛坯检验等工序。设计备料工序时应注意以下几点。

(1) 下料方法应根据材料性质、毛坯精度和生产批量加以选择。例如，高温合金毛坯、镁合金毛坯和钛合金毛坯不宜用剪切下料，应采用锯切下料；精锻件用毛坯可采用精密下料；小批量生产用毛坯宜选用一般方法下料等。

(2) 有非加工表面的模锻件或精锻件的毛坯，一般应有严格的表面清理工序。

(3) 原材料和毛坯必须有无损探伤和牌号鉴别等详细的检验规定。材质品种必须严格控制，不允许混料和将不合格料投入生产。

(4) 模锻件要从毛坯开始进行管理，其中包括炉号、批次和档案管理等。

2. 模锻成形工序

模锻成形工序包括制坯、预锻、终锻等工序。这些工序的设计除应遵循有关规定外，还应考虑以下几点。

(1) 成形工序各工步的尺寸和变形量应根据模锻件材料的允许变形程度和临界变形程度确定，防止在模锻时产生裂纹和低倍粗晶组织。

(2) 低塑性材料应选用提高静水压应力的成形方法。

(3) 毛坯中的金属纤维方向要合理，避免形成明显的弯折、切断及涡流等缺陷。

(4) 根据锻件材料的塑性和锻造温度范围，以及对锻件金属纤维方向和形状、生产条件、生产量等因素的要求，选用自由锻制坯、专用设备制坯或模锻制坯。

(5) 必须注明润滑剂及其涂敷方法和涂敷部位等。

(6) 应明确规定模锻时的放料方向、清除氧化皮的方法、锤击力和欠压量的大小及从模膛中取出锻件的方法等。

3. 加热与冷却工序

模锻前毛坯加热应注意以下几点。

(1) 确定加热规范应该以模锻件材料、形状、尺寸和加工余量为主要依据，还应考虑一火次所完成的工步类型、数量和变形量。在满足成形要求的前提下，毛坯的加热次数应力求最少。

(2) 锻造加热温度一般是材料允许的最高加热温度。毛坯各工序或工步的具体加热温度，应根据操作的复杂程度加以调整，原则是保证终锻在规定的温度区间进行。终锻温度过高，会出现组织粗大、二次氧化严重及收缩量大等缺陷；终锻温度过低，会导致金属变形抗力增大、塑性降低、成形困难、产生裂纹等。

(3) 在设计加热工序时，除选定加热温度、速度和时间等过程参数外，还应根据加热炉特性、材料加热适应性和模锻件的重要程度，确定装炉量、装炉方式及保持炉中清洁度措施、控温精度、保护方式、重复加热（回炉）的次数和温度等。

(4) 冷却规范主要根据材料特性确定，同时应考虑锻件的形状、尺寸及车间环境。

4. 模锻件热处理工序

确定模锻件的热处理工序，除应遵循模锻件热处理的规定外，还应注意以下几点。

(1) 当模锻件的热处理有两种以上过程可供选择时，应按规定的技术要求选择一种模锻件热处理过程。选择的热处理过程，应尽可能达到消除应力、调整硬度和改善组织等多项目的。

（2）铝合金模锻件和镁合金模锻件锻后必须进行最终热处理，以满足机械加工需要。叶片等热处理时易变形的锻件，必须有防止热处理变形的措施。合金结构钢模锻件的非加工表面尺寸会因热处理而发生变化，热处理时也应有防止措施。

（3）热处理前，应清除模锻件的油污和裂纹。

5. 模锻件的表面清理与加工工序

此工序的目的是清除模锻件表面异物、污染层、氧化物和缺陷，或减少多余金属和提高模锻件精度。

（1）清理和加工方法，应根据模锻件精度，模锻件上有无非加工表面，模锻件材料、形状和尺寸及后续加工或成品零件的要求等选择。例如，精锻件应选用能获得精密尺寸和光洁表面的加工方法。具有需要电镀的非加工表面的锻件，应选用能保持锻件表面洁净的清理方法。薄长形锻件应选用喷砂清理，不宜采用滚筒清理，避免锻件产生变形。

（2）清除表面异物或缺陷的工序，应在产生异物和缺陷的工序后进行。

（3）马氏体钢模锻件酸洗前一般先安排消除应力退火工序。钛合金模锻件进行化学清洗时有吸氢现象，一般在清洗后马上安排去氢退火工序。

（4）对于表面品质要求高的锻件（精密模锻件、有非加工面的模锻件）或在空气中易锈蚀的模锻件（铝合金模锻件和镁合金模锻件），应在其最终清理工序完成后，进行防锈和油封处理（包括氧化覆盖）。

6. 品质保证和品质检验条款

模锻过程中的品质保证条款包括保证加工工序和工步品质的操作细则（如镦粗、去氧化皮）和工序件品质标准。品质检验条款包括工序间检验条款和最终检验条款，在确定这些条款时，应注意以下几点。

（1）对模锻件品质有决定性影响的工序，或只能靠正确操作才能保证品质而又很难在最终检验时发现品质问题的工序，应规定详细的操作说明。

（2）原材料品质等级、设备精度、工具精度和其他生产条件的品质标准，应按模锻件的重要程度进行选择。

（3）应选择可靠的过程参数。

（4）尽量缩短工序件缺陷存留的时间，一旦发现应及时排除，以防在后续加工时扩大或导致产生新的缺陷。

（5）对品质难以保持稳定的主导工序，应设置工序间检验和定期抽检。对于炉温波动范围和化学清洗溶液成分等重要生产条件，应严格控制。

（6）产品缺陷应尽量使之暴露出来，而后再检验。例如，铝合金锻件须先用硫酸阳极化，再检验其表面缺陷。

（7）应尽量扩大无损检验的应用范围，以及能直接考核过程稳定程度和模锻件品质水平的检验内容。例如，断口检验和模锻件定期的全面鉴定等。

7.4.4 模锻过程方案选择

多数锻件是单件模锻，即一件毛坯只锻一件模锻件。但在特定条件下，某些中型锻件可采用调头模锻，小型锻件可采用一火多件等不同的模锻方法，这样不但提高了生产效率，也节省了锻钳夹头金属。

1. 单件模锻

单件模锻即一件毛坯锻制一个模锻件的模锻方案。大中型模锻件均可采取这种方案。对于长轴类锻件，单件模锻时要在棒料上留出锻钳夹头，以便用锻钳夹持毛坯进行各工步的锻造操作。锻钳夹头在切边时，作为废料与飞边一起切掉。

2. 调头模锻

对于质量小于 2.5kg，长度小于 300mm 的中小型模锻件，可以采用一件毛坯锻制两个模锻件的模锻方案。锻完第一件后，将毛坯调转 180°，以第一个锻件作为锻钳夹头锻制第二个模锻件，这种模锻方案即为调头模锻（图 7.20）。调头模锻后，连在一起的两个锻件一般可送至切边压力机进行单个切边。

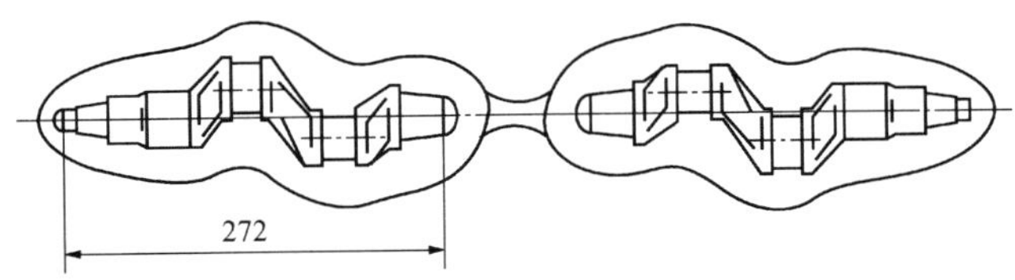

图 7.20 调头模锻

对于细长、扁薄或带落差的锻件，不宜采用调头锻。因为在锻第二个锻件时，会使夹持着的第一个锻件产生变形。

3. 一火多件模锻

对于质量在 0.5kg 左右的小型模锻件，可以采用一件毛坯在一次加热后连续锻制数个模锻件的模锻方案。锻造时，每锻完一个模锻件需要用切断模膛将锻件从毛坯上切下。一火多件模锻所用的锤锻模必须设置切断模膛。当锻出倒数第二个模锻件时，可以不切下锻件而采用调头模锻，不要钳夹头。连续锻打的锻件数一般为 4～6 个。个数过多会使操作不方便，而且会因温度过低降低而锻模寿命。为了避免毛坯温度降低过多，同时也便于操作，毛坯的长度一般不超过 600mm。

4. 一模多件模锻

对于质量小于 0.5kg 的小型模锻件，在设备允许的情况下，可以在同一副模具上设置几套模膛，同时锻出几个模锻件，即一模多件的模锻方案（图 7.21）。一模多件也可以是一火多

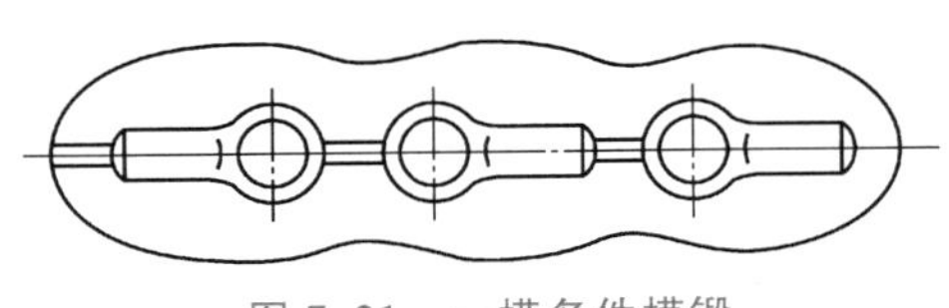

图 7.21 一模多件模锻

件，这样就需要设置切断模膛。一模多件模锻的锻件往往采取冷切飞边。

带落差的锻件，通过对称排列，可以抵消模锻单个模锻件时产生的错移力。

7.5 模锻变形工步的选择

模锻变形工步是模锻过程最关键的组成部分，它决定采取什么工步来完成所需的锻件。制定模锻过程的主要任务是制定制坯工步。圆饼类、长轴类和顶镦类模锻件的制坯工步有很大区别，其确定方法互不相同。

7.5.1 圆饼类模锻件制坯工步选择

圆饼类模锻件一般使用镦粗制坯，形状复杂的宜用成形镦粗制坯。不过在特殊情况下，也有用拔长、滚挤或打扁制坯的。圆饼类模锻件制坯工步示例见表7-5。

表7-5 圆饼类模锻件制坯工步示例

序　号	模锻件简图	变形工步	说　明
1		自由镦粗 镦粗	一般齿轮锻件
2		自由镦粗 成形镦粗 终锻	轮毂较高的法兰锻件
3		拔长 终锻	轮毂特高的法兰锻件
4		自由镦粗 打扁 终锻	平面接近圆形的锻件

圆饼类模锻件的毛坯采用镦粗制坯，目的是避免终锻时产生折叠，兼有除去氧化皮的作用。在确定毛坯镦粗后的尺寸时，尚需明确以下几点。

(1) 轮毂矮的模锻件（图 7.22），为了防止轮毂和轮缘间产生折叠，镦粗后直径 $D_镦$ 应满足 $D_1>D_镦>D_2$。

(2) 轮毂高的模锻件（图 7.23），为了防止轮毂和轮缘间产生折叠，镦粗后直径 $D_镦$ 应满足$\frac{D_1+D_2}{2}>D_镦>D_2$。

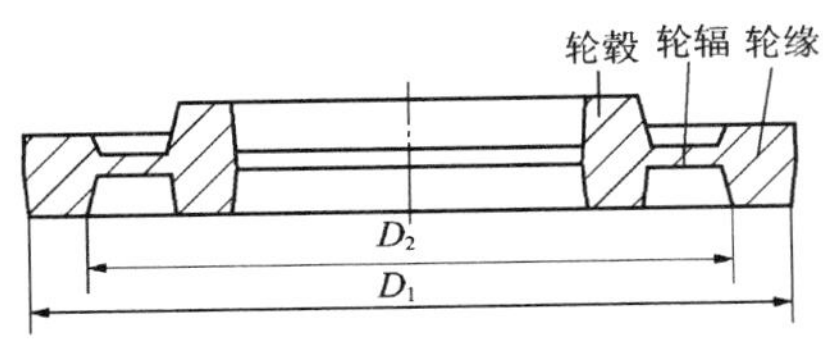

图 7.22　轮毂矮的模锻件

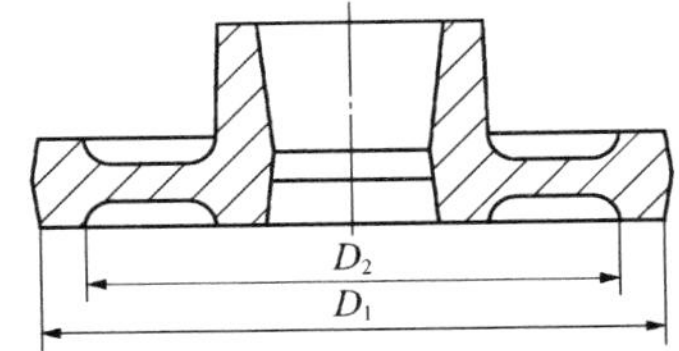

图 7.23　轮毂高的模锻件

(3) 轮毂高且有内孔和凸缘的模锻件（图 7.24），为保证模锻件充满并便于毛坯在终锻模膛中放稳，宜采用成形镦粗。镦粗后的毛坯尺寸应符合下列条件。

$$H_1'>H_1,\ D_1'\leqslant D_1,\ d'\leqslant d$$

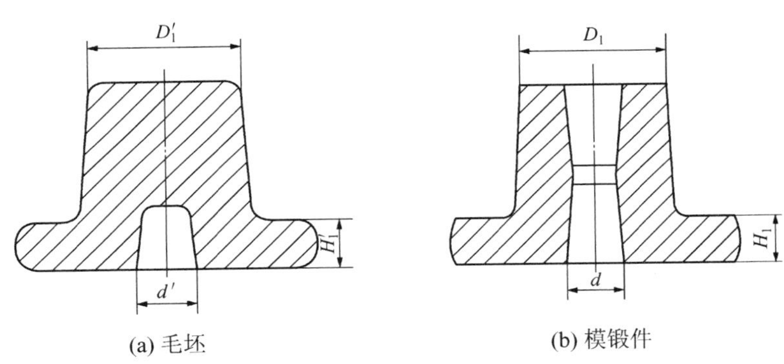

(a) 毛坯　(b) 模锻件

图 7.24　轮毂高且有内孔和凸缘的模锻件

7.5.2　长轴类模锻件制坯工步选择

长轴类模锻件有直长轴锻件、弯曲轴锻件、带枝芽长轴锻件和带叉长轴锻件等。由于形状的需要，长轴类模锻件的模锻工序有拔长、滚挤、弯曲、成形、预锻等制坯工步。长轴类模锻件制坯工步示例见表 7-6。

表 7-6　长轴类模锻件制坯工步示例

模锻件类型	模锻件简图	制坯工步简图	制坯工步说明
直长轴锻件			拔长 滚挤

续表

模锻件类型	模锻件简图	制坯工步简图	制坯工步说明
弯曲轴锻件	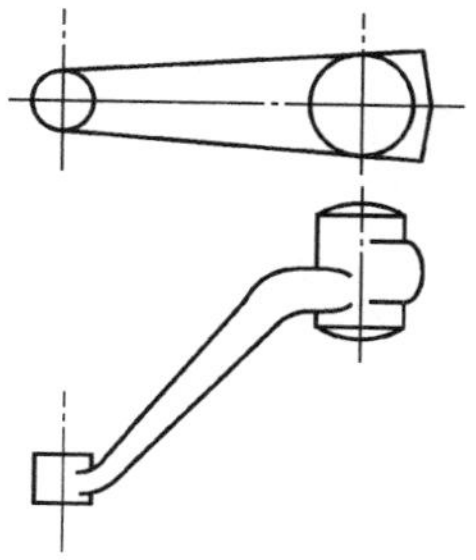	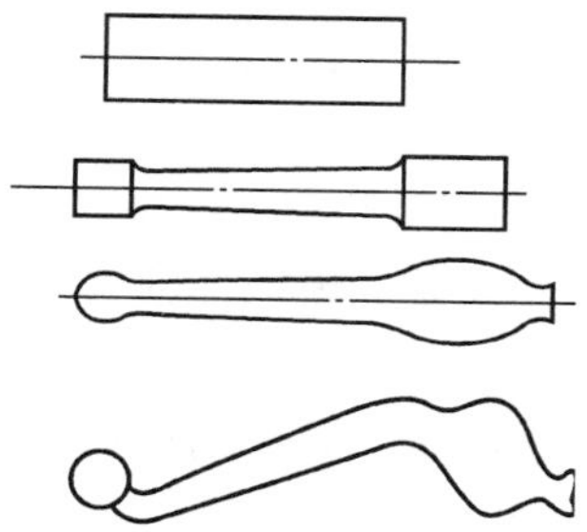	拔长 滚挤 弯曲
带枝芽长轴锻件	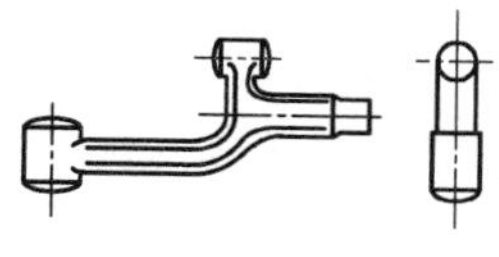	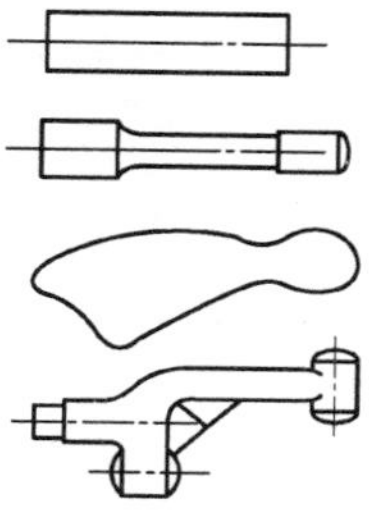	拔长 成形 预锻
带叉长轴锻件	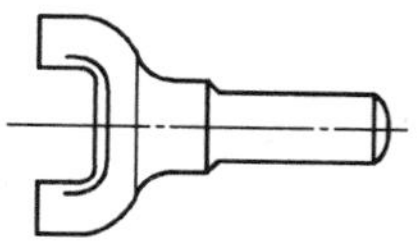	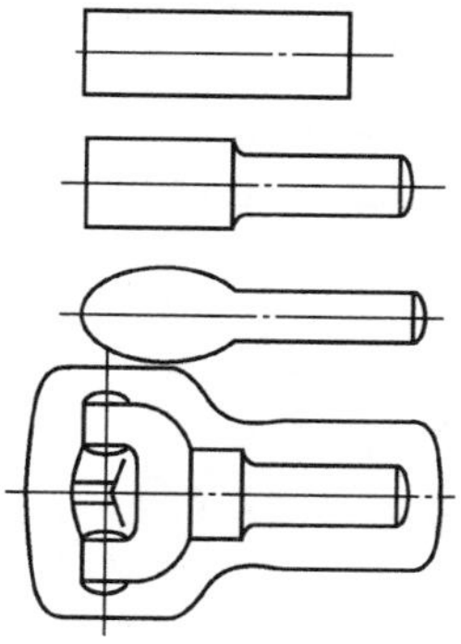	拔长 滚挤 预锻

长轴类模锻件制坯工步可根据模锻件轴向横截面积变化特点确定，要使毛坯在终锻前分布与模锻件的要求一致。按金属流动效率，制坯工步的优先次序是拔长正、滚挤正和卡压工步。为了得到弯曲轴模锻件或带枝芽长轴锻件、带叉长轴锻件，还要应用弯曲工步和成形工步。

拔长、滚挤和卡压三种制坯工步，可以“计算毛坯”为基础，参照经验图表资料，结合具体生产情况确定。对于有一定生产实践经验的技术人员，也可用经验类比法选定制坯工步。

一般计算步骤如下。

1. 绘制计算毛坯截面图和直径图

以模锻件图为依据，沿模锻件轴线做若干个横截面，计算出每个横截面的面积，同时加上飞边处的金属面积。

$$F_{计}=F_{锻}+2\eta F_{飞} \tag{7-13}$$

式中 $F_{计}$——计算毛坯的断面积；

$F_{锻}$——模锻件的断面积；

η——飞边充满系数，形状简单的模锻件取0.3～0.5，形状复杂的模锻件取0.5～0.8；

$F_{飞}$——飞边槽的断面积。

计算毛坯的截面图就是以模锻件轴线为横坐标，计算毛坯的截面积为纵坐标绘出的曲线。该曲线下的面积就是计算毛坯的体积。

根据计算毛坯的截面积可以得到计算毛坯直径

$$d_{计}=\sqrt{\frac{4}{\pi}F_{计}} \tag{7-14}$$

计算毛坯的直径图是以模锻件轴线为对称轴，计算毛坯的半径为纵坐标绘出的对称曲线。

一张完整的计算毛坯图包括三个部分，即模锻件的主视图、截面图和直径图（图7.25）。

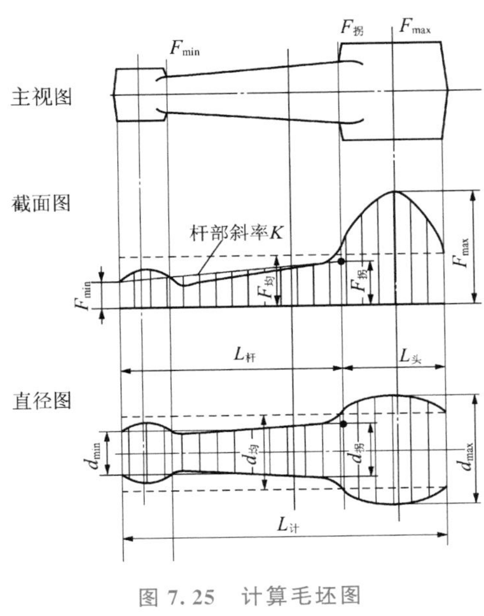

图7.25 计算毛坯图

2. 计算平均直径

将计算毛坯的体积 $V_{计}$ 除以模锻件长度 $L_{锻}$ 或模锻件计算毛坯长度 $L_{计}$，可得到平均截面积

$$F_{均}=\frac{V_{计}}{L_{锻}}=\frac{V_{计}}{L_{计}}$$

平均直径

$$d_{均}=\sqrt{\frac{4}{\pi}F_{均}}$$

3. 确定计算毛坯的头部及杆部

将平均截面积 $F_{均}$ 在截面图上用虚线绘出，平均直径 $d_{均}$ 在直径图上用虚线绘出（图7.25）。凡是大于平均直径的部分称为头部，反之称为杆部。

如果选用的毛坯直径恰与计算毛坯的平均直径相等，并且不制坯进行模锻，将导致头部金属不足而杆部金属多余。为了使模锻件顺利成形，应选择合适的毛坯直径和制坯工步。

4. 计算过程繁重系数

制坯工步的基本任务是完成金属的轴向分配，该任务的难易可用金属变形过程繁重系数描述。

$$\alpha=\frac{d_{max}}{d_{均}} \tag{7-15}$$

$$\beta=\frac{L_{计}}{d_{均}} \tag{7-16}$$

$$K=\frac{d_{拐}-d_{min}}{L_{杆}} \tag{7-17}$$

式中 α——金属流入头部的繁重系数；

d_{max}——计算毛坯的最大直径；

$d_{均}$——计算毛坯的平均直径；

β——金属沿轴向变形的繁重系数；

K——计算毛坯的杆部斜率；

$d_{拐}$——计算毛坯拐点处直径，可由拐点处截面积换算；

d_{min}——计算毛坯的最小直径。

α 值越大，表明金属往头部流动的金属越多；β 值越大，表明金属轴向流动的距离越长；K 值越大，表明杆部锥度大，杆部金属越过剩。此外，锻件质量 G 越大，表明金属的变形量越大，制坯越困难。

5. 查表确定制坯工步

图 7.26 为根据生产经验绘制的长轴类模锻件制坯工步方案选择图。可根据上述系数 α、β、K 和 G，分别在图中查找出制坯工步的初步方案。图中，“开滚”指开式滚挤制坯，“闭滚”指闭式滚挤制坯。

必须指出，制坯工步的选择并非易事，需要在工作中不断完善制坯工步并注意积累经验。

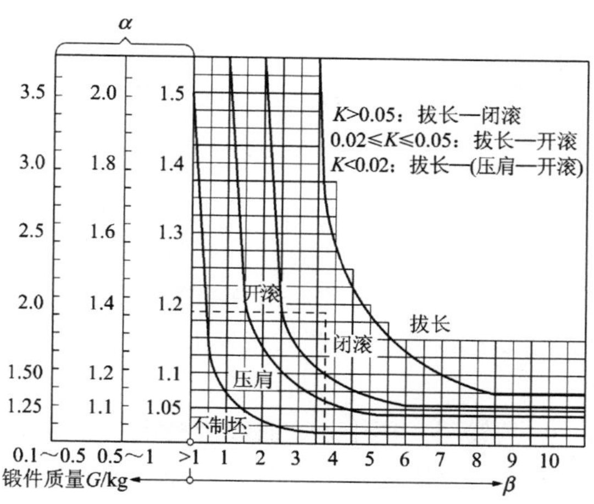

图 7.26 根据生产经验绘制的长轴类模锻件制坯工步方案选择图

7.5.3 顶镦类模锻件变形工步确定

可在平锻机上进行的工步有镦粗（又称聚集）、成形、冲孔、穿孔、切断和切边等。平锻过程设计就是将各种工步选配组合，锻出各种各样的顶镦类模锻件。

在平锻机上常见的过程有以下几种：一次镦粗—成形，二次镦粗—成形，三次镦粗—成形，冲孔成形—穿孔，镦粗—冲孔成形—穿孔等。

1. 局部镦粗规则

局部镦粗是平锻机上模锻的基本工步，与立式锻压设备上的一些局部镦粗工步的根本区别是，棒料并非自由放入模膛，而是对另一端局部夹紧，因此成形过程较稳定。局部镦粗规则是在实践中总结出的一次行程顶镦聚料不产生折叠的限制条件，具体参见6.6.1节中的顶镦规则。

2. 镦粗工步的计算

生产中经常出现毛坯变形部分的长径比大于允许值的情况，这时就不能采用一次镦粗完成成形，而要按照顶镦第二规则、顶镦第三规则进行逐次镦粗，到满足第一规则时为止。

镦粗模膛可设在冲头或凹模中，也可一部分设在冲头而另一部分设在凹模中。

根据体积不变条件，锥形体积与毛坯变形部分的体积相等，即

$$\frac{\pi}{12}(D_k^2+d_k^2+D_kd_k)l=\frac{\pi}{4}D_0^2l_0$$

将等式两边化简、整理得

$$\frac{1}{3}\left(\frac{D_k^2}{D_0^2}+\frac{d_k^2}{D_0^2}+\frac{D_kd_k}{D_0^2}\right)\frac{l}{D_0}=\frac{l_0}{D_0}$$

设

$$\frac{D_k}{D_0}=\varepsilon，\frac{d_k}{D_0}=\eta，\frac{l}{D_0}=\lambda，\frac{l_0}{D_0}=\psi，\frac{A}{D_0}=\beta$$

则有

$$\frac{1}{3}(\varepsilon^2+\eta^2+\varepsilon\eta)\lambda=\psi \tag{7-18}$$

在式(7-18)中，ψ为已知数，$\eta=1.05\sim1.2$。当$\psi>3$时，$\eta=1.05$；当$\psi>\psi_{允许}$时，$\eta=1.2$。

从图7.26容易看出，$\lambda=\psi-\beta$。根据生产实践，$\beta=(1.2+0.2\psi)<3.0$，因此式(7-18)仅有一个未知数ε。

图7.27是$\varepsilon=f(\psi,\beta)$的线图。图中$abc$曲线为极限线。选用位于其左下方$\varepsilon-\beta$区域的参数生产，可得到合格产品。设计镦粗工步时，已知ψ值，根据选定的η值，由图7.27查出合理的ε和β值，计算锥形模膛尺寸。

经过一次镦粗后，是否需要进行第二次、第三次……第n次镦粗，可根据$D_{平均}=\frac{D_{大头}+d_{小头}}{2}$，$\psi_1=\frac{l_{锥}}{D_{平均}}$，若$\psi_1<\psi_{允许}$，就不再进行第二次镦粗了，否则还需要进行第二次镦粗。依此类推，到满足顶镦第一规则为止。

为了避免因毛坯尺寸偏差导致金属体积大于锥形体积而产生飞边，模膛体积应比变形金属的体积增大5%～6%。

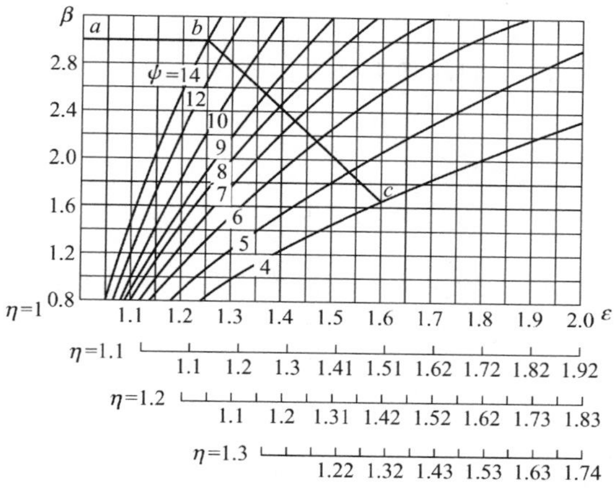

图 7.27 锥形镦粗模膛设计线图

3. 孔类模锻件变形工步确定

孔类模锻件通常采用的工步是镦粗、冲孔、终锻、穿孔、切芯。某典型带孔模锻件的平锻工步如图 7.28 所示。其中基本变形工步是镦粗和冲孔。制定该类锻件过程时，首先要确定终锻成形，并在此基础上确定冲孔次数、冲孔尺寸等。

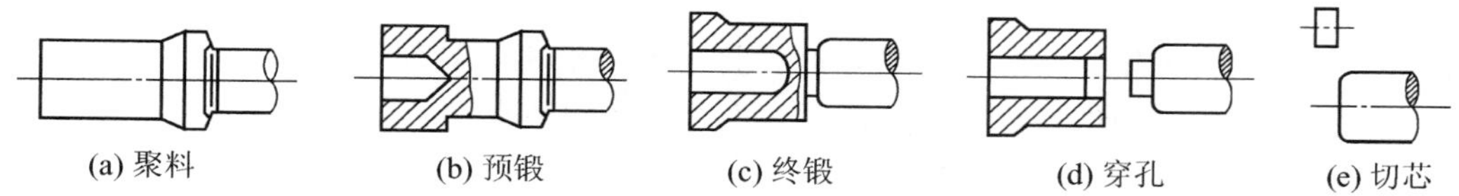

图 7.28 某典型带孔模锻件的平锻工步

切芯是为了保证下一个模锻件的生产周期能顺利进行。

设计终锻件时，冲孔芯料（连皮）不能太厚，否则冲孔费力，冲头寿命短。当模锻件支承面较小时，还会引起模锻件底面变形。若芯料太薄则终锻成形冲头回程时，可能将芯料拉断而将模锻件带走。合适的冲孔芯料尺寸，应该使最后一次冲孔力大于终锻成形的卸件力，小于模锻件支承面的压皱变形力。

终锻成形的典型形状如图 7.29 所示。生产中的冲孔连皮尺寸按下列公式确定。

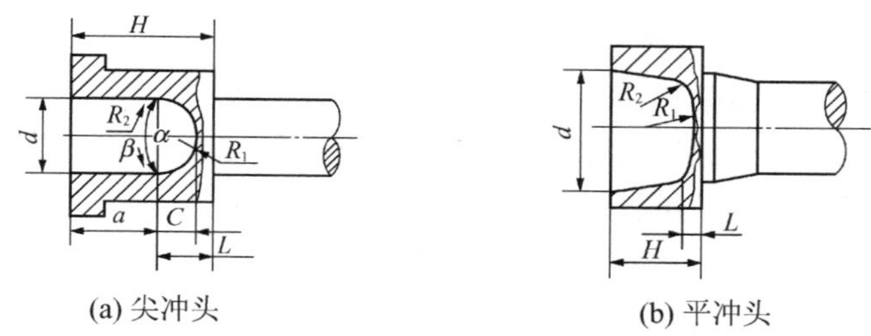

图 7.29 终锻成形的典型形状

对于尖冲头［图 7.29(a)］，有

$$L=K_1 d \qquad C=0.5L \qquad R_1=0.2d \qquad R_2=0.4d$$

其中，$K_1=0.2\sim0.5$，它与模锻件总高度与孔径比 H/d 有关。当 $H/d=0.4$ 时，$K_1=0.2$，当 $H/d\geqslant1.2$ 时，$K_1=0.5$。

冲头锥角 α 常取 60°、75°、90°、110°、120°等。

尖冲头冲孔适用于 $H/d>1$ 的深孔类环形模锻件。冲孔时省力、壁厚均匀，但是冲切连皮费力，冲头寿命短。

对于平冲头［图 7.29(b)］，有

$$L=2\sim8\text{mm} \qquad R_1=(0.8\sim1.8)d \qquad R_2=(0.1\sim0.15)d$$

平冲头冲孔适用于 $H/d\leqslant1$ 的深孔类环形模锻件。平冲头冲孔具有反挤压成形性质，需要较大的终锻变形力。平冲头冲孔易造成较大的壁厚差，但是冲切连皮省力，冲切面品质好，冲头寿命长。

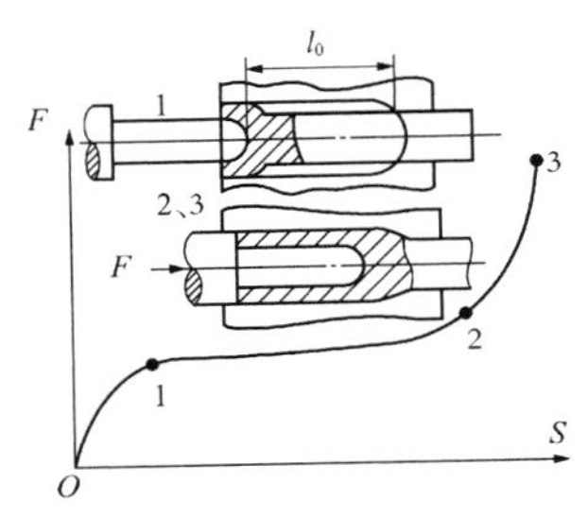

图 7.30 冲孔力-行程关系曲线

在冲孔过程中，根据冲孔力的变化情况可分为三个阶段，如图 7.30 所示。第一阶段从冲头和毛坯接触到冲孔部分直径达到孔径 d 时，随着冲孔深度的增加，冲孔力急剧增大；第二阶段，随着冲孔深度的增加，冲孔力稍有增大，该阶段一直延续到冲孔过程基本结束；第三阶段相当于闭式模锻的终锻阶段，冲孔力随着冲孔深度的增加急剧增大。

平锻机的载荷-行程允许曲线是给定的，如果在一次行程中完成的冲孔深度过大，则需要很大的变形功。当平锻机及其飞轮储存的动能不足时，将引起平锻机飞轮转速急剧降低，甚至停车。另外，如果平锻机在一次行程中冲孔深度过大，毛坯和冲头容易发生弯曲变形和冲偏。所以，对于深孔锻件，必须逐步冲孔。生产中一次行程的冲孔深度常取为 $(1\sim1.5)d$。

冲孔次数取决于冲孔深度和冲孔直径的比值，冲孔次数可按表 7-7 确定。

表 7-7 冲孔次数的确定

冲孔深度/冲孔直径	≤1.5	1.5～3.0	3.0～5.0
冲孔次数	1	2	3

4. 管类模锻件变形工步的确定

管类模锻件通常采用的工步是镦粗、终锻和切边等，其基本工步是镦粗。管件顶镦可以在凹模内进行，也可在凸模内进行，但以在凹模内为主。在顶镦过程中，管坯难以夹紧，同时为保证凸模有良好的导向性，常采用后定料装置。

管料局部镦粗时同样要满足顶镦规则，但是其具体参数与棒料的参数有所不同。

当管坯变形部分的长度 l_0 与壁厚 t 的比值 $l_0/t\leqslant3$ 时，可在一次行程中自由镦粗成形。当 $l_0/t>3$ 时，应分步进行镦粗。

在镦粗工步中，管料壁厚 t 的变化规则为

$$t_n=(1.5\sim1.3)t_{n-1} \tag{7-19}$$

式中 t_n——第 n 次镦粗时的管壁厚度；

t_{n-1}——第 $n-1$ 次镦粗时的管壁厚度。

锻前加热时，加热长度不应该超过变形区长度过多。

成形过程中应先增加管壁厚度，再顶镦成形。

7.6 毛坯尺寸的确定

根据模锻件形状、飞边尺寸、加热方法等计算锻造毛坯体积，然后选择毛坯规格，计算下料长度。

计算锻造毛坯的体积应当包括锻件本体、飞边、连皮、锻钳夹头和毛坯加热氧化引起的烧损等。

7.6.1 圆饼类模锻件

圆饼类模锻件一般用镦粗制坯。计算毛坯尺寸时，以镦粗变形为依据。

毛坯体积为

$$V_{坯}=(1+k)V_{锻} \tag{7-20}$$

毛坯直径为

$$d_{坯}=1.13\sqrt[3]{\frac{V_{坯}}{m}} \tag{7-21}$$

式中 k——宽裕系数，综合了模锻件复杂程度、飞边体积和火耗量的影响。对圆形模锻件，$k=0.12\sim0.25$；对非圆形模锻件，$k=0.2\sim0.35$。

$V_{锻}$——模锻件本体体积。

m——毛坯高度与直径的比值，一般取 1.8～2.2。

毛坯下料长度

$$L_{坯}=\frac{4V_{坯}}{\pi d_{坯}^{2}} \tag{7-22}$$

式中 $d_{坯}$——所选用的毛坯直径。

7.6.2 长轴类模锻件

计算长轴类模锻件的毛坯尺寸，应以计算毛坯截面图上的平均截面积为依据，并考虑不同制坯工步所需飞边的断面积。具体计算方法如下。

不用制坯工步时

$$F_{坯}=(1.02\sim1.05)F_{均} \tag{7-23}$$

用卡压工步或成形工步制坯时

$$F_{坯}=(1.05\sim1.3)F_{均} \tag{7-24}$$

用滚挤工步制坯时

$$F_{坯}=(1.05\sim1.2)F_{均} \tag{7-25}$$

式中 $F_{坯}$——毛坯截面积；

$F_{均}$——计算毛坯图上的平均截面积。

模锻件只有一头一杆时，应选大的系数；模锻件为两头一杆时，则应选小的系数。

用拔长工步制坯时

$$F_{坯}=F_{拔}=\frac{V_{头}}{L_{头}} \tag{7-26}$$

式中 $V_{头}$——包括氧化皮在内的模锻件头部体积；

$L_{头}$——模锻件头部长度。

用拔长工步和滚挤工步制坯时

$$F_{坯}=F_{拔}-K(F_{拔}-F_{滚}) \tag{7-27}$$

应当指出，制坯操作时先拔长后滚挤，拔长过程中金属沿轴向流动会使毛坯长度增加；滚挤时头部能获得一定程度的聚料作用。在确定毛坯的截面积时，要考虑滚挤作用，适当减少毛坯的截面积，其减少部分为 K（$F_{拔}-F_{滚}$），这里的系数 K 为金属毛坯直径图杆部的斜率。在用式(7-27)计算 $F_{坯}$时，系数 K 取 1.2。

对上述各种情况，求出毛坯断面积后，按照材料规格选取标准直径或边长，然后确定毛坯下料长度。

$$L_{坯}=\frac{V_{坯}}{F'_{坯}}+l_{钳} \tag{7-28}$$

式中 $V_{坯}$——毛坯体积，$V_{坯}=(V_{锻}+V_{飞})(1+\delta)$，其中 δ 为火耗率，可查表 3-2 选取；

$F'_{坯}$——选定规格的断面积；

$l_{钳}$——锻钳夹头长度。

7.6.3 顶镦类模锻件

头部无孔的顶镦类模锻件的毛坯可方便地由体积不变条件得到。对头部有孔的锻件，为了保证冲孔成形品质好，冲头直径和毛坯直径应有适当的比例。例如，当冲孔直径和毛坯直径相等时，先镦粗变形，而后反挤压变形。这样，金属在模膛中反复剧烈变形，将加剧模具磨损，降低模具寿命。

实践证明：当冲孔直径和毛坯直径之比小于或等于 0.5～0.7 时，在冲孔过程中，金属将不产生明显的轴向流动，主要是径向流动。

为了使金属在变形过程中没有明显的轴向流动，要求有一个合适的冲孔毛坯——计算毛坯。计算毛坯的长度与锻件的长度相等，各截面的面积与锻件的截面积相等。因为顶镦件多数为轴对称形状，计算毛坯的直径图比锤上模锻件图简单得多。首先将顶镦类模锻件计算毛坯图依其几何图形特征分为三部分，第 1 部分为圆柱体，第 2 部分为锥形空心体，第 3 部分为圆筒，如图 7.31 所示。根据这样的划分，毛坯和锻件的第 1 部分一样，毛坯的其余部分将充满第 2 部分和第 3 部分。根据体积不变条件，在忽

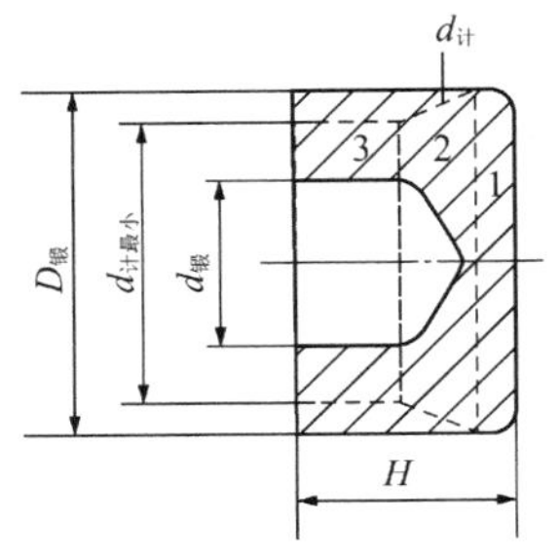

图 7.31 顶镦类模锻件计算毛坯图

略毛坯斜度的情况下，可算出

$$d_{计}=\sqrt{D_{锻}^2-d_{锻}^2} \tag{7-29}$$

毛坯直径选定后，即可确定锻件所需毛坯长度 $l_{坯}$。

$$\frac{\pi}{4}d_{坯}^2\ l_{坯}=V_{坯} \tag{7-30}$$

式中 $V_{坯}$——毛坯体积，包括锻件本体体积、火耗、飞边、冲孔、芯料等项。

7.7 模锻设备的选择和模锻力的计算

模锻过程必须在一定的设备上进行，模锻变形力和变形功是选择模锻设备的依据。

7.7.1 模锻锤

模锻锤是定能量的锻压设备，其公称吨位由落下部分的总质量给出。模锻锤吨位与终锻成形时所需的最大打击能量一致，可由金属塑性变形理论算出。但模锻件的形状一般都比较复杂，理论计算结果与实际情况误差很大。确定模锻设备公称吨位的材料系数见表7-8。生产实践中，模锻锤的吨位可按下列经验公式计算。

双作用锤：

$$m=(3.5\sim6.3)KA \tag{7-31}$$

单作用锤：

$$m_1=(1.5\sim1.8)m \tag{7-32}$$

无砧座锤：

$$E=(20\sim25)m \tag{7-33}$$

式中 m，m_1——模锻锤落下部分质量（kg）；

K——材料系数，由表7-8查得；

A——锻件和飞边（飞边仓部按50%计算）在水平面上的投影面积（cm^2）；

E——无砧座锤的能量（J）。

表7-8 确定模锻设备公称吨位的材料系数

材料	碳素钢（$w_C<0.25\%$）	碳素钢（$w_C>0.25\%$）	低合金钢（$w_C<0.25\%$）	低合金钢（$w_C>0.25\%$）	高合金钢（$w_C>0.25\%$）	合金工具钢
材料系数 K	0.9	1.0	1.0	1.15	1.25	1.55

在确定模锻锤吨位的各公式中，对于形状简单的模锻件，系数取小值；对于形状复杂的模锻件，系数取大值；一般形状的模锻件系数可取中间值。

应该注意，模锻锤是以落下部分总质量提供的能量完成成形的，如果模锻件成形所需的力较大，在一次打击中产生的变形量就较小。为了达到规定的变形量，可以采用多打几锤的办法。然而模锻锤的打击能量不易精确控制。如果模锻锤的能量过小，锻件在连续打击中温度降低，金属材料塑性变差，会出现开裂。如果模锻锤的能量过大，则多余的能量由模具和锤杆吸收，常产生较大的纵向毛刺且锻件不易脱模，降低模具和锤杆的使用寿命。

如采用自由锻锤进行胎模锻，由于自由锻锤的砧座与机身不相连，模具的弹性变形可以吸收一部分剩余能量。自由锻锤的操作空间也比较大，取出锻件方便。因此，闭式模锻在胎模锻生产中应用也较多。

7.7.2 小型夹杆锤

夹杆锤是采用钢棒（夹杆）提升锤头的简易落锤。小型夹杆锤简图如图 7.32 所示。常见的夹杆锤落下部分质量为 100～500kg，适用于锻造小型胎模锻件。

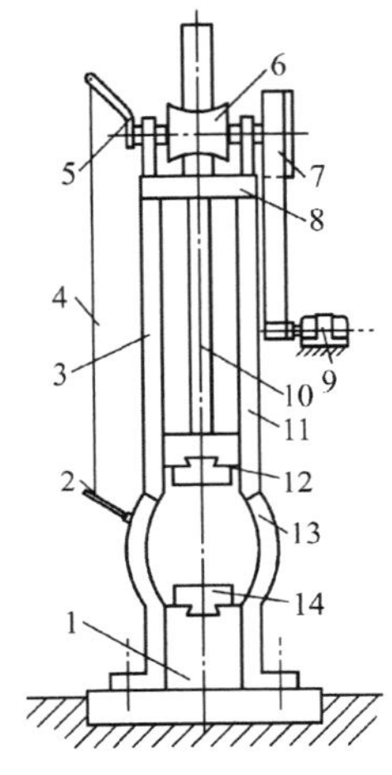

图 7.32 小型夹杆锤简图

1—底座；2—手把；3—钢轨；4—钢丝绳；5—偏心轴；6—摩擦轮；7—皮带轮；8—机架；9—电动机；10—夹杆；11—钢轨；12—锤头；13—机架；14—砧座

落锤打击能量等于其位能，即等于落下部分质量与落锤行程（落下高度）的乘积。

$$E=GH \tag{7-34}$$

式中 E——落锤打击能量（kN · m）；

G——落下部分质量（kg）；

H——落锤行程（m）。

7.7.3 热模锻压力机

热模锻压力机属于曲柄连杆传动的锻压设备，其滑块上的载荷随曲柄的转角周期性地变化，其公称吨位指的是滑块距下死点前一定距离内，压力机所允许的最大作用力。热模锻压力机不容许超载使用，否则会产生“闷车”。

热模锻压力机的过载保护机构在发生“闷车”时，不能自行卸载和自行恢复。必须采取可靠的措施避免由于毛坯体积波动（ΔV）引起的过载，一般不容易做到。因此在热模锻压力机上应用闭式模锻有一定的限制。

热模锻所需变形力可按下列经验公式选取。

$$P=(0.64\sim0.73)KA \tag{7-35}$$

式中 P——热模锻成形载荷（kN）；

K——材料系数，由表7-8查得；

A——锻件和飞边（仓部按50%计算）在水平面上的投影面积（mm^2）。

7.7.4 螺旋压力机

选择螺旋压力机公称压力时，可先按下式计算变形力。

$$P=\alpha\left(2+0.1\frac{A\sqrt{A}}{V}\right)\sigma_s A \tag{7-36}$$

式中 P——模锻变形力（N）；

α——与模锻类型有关的系数，开式模锻$\alpha=4$，闭式模锻$\alpha=5$；

A——模锻件的投影面积（开式模锻时包括飞边桥部面积）（mm^2）；

V——锻件体积（mm^3）；

σ_s——终锻时金属的流动应力（MPa）。

式(7-36) 考虑了锻件厚度对成形力的影响。容易看出，在相同的模锻件截面积下薄的工件模锻时所需要的成形力大。

在选择螺旋压力机的规格时，应充分注意螺旋压力机具有锻锤和压力机的双重工作特性。在螺旋压力机主要技术规格和性能参数中，除了按其滑块最大打击力的一半左右表示其公称压力外，还注明每次打击所具有的最大能量。

螺旋压力机主要靠飞轮传动储存的能量做功。螺旋压力机的工作特性与锻锤的工作特性有相同之处，即两者都是把工作部分所储存的打击能量转化为模锻件的变形功。螺旋压力机实际打击力的大小与模锻件的变形量有关。模锻件变形量越小，所产生的打击力越大。

锻锤所产生的打击力主要由锤头和砧座部分承受，不通过锤杆、活塞传给机身部分。与锤上用锻模类似，螺旋压力机上使用的锻模也可以设计承击面吸收剩余能量，保证锻件高度尺寸。螺旋压力机所产生的打击力将通过螺杆、螺母直接传给机身。螺旋压力机的这种封闭机身系统又与一般机械压力机相同。这种特性对模锻时产生纵向毛刺有一定的抑制作用。

螺旋压力机有下顶出装置，有助于锻件出模。

由于螺旋压力机兼有锻锤和机械压力机的工作特性，因此在设计、制造和使用时，既要考虑螺旋压力机所产生的打击能量，又要考虑其允许的使用压力。

设螺旋压力机工作部分产生的总打击能量为E_T，锻件的塑性变形功E_P，机身系统的弹性变形功E_e，运动部分的螺旋损失功E_f，滑块所产生的实际压力为P，螺旋压力机的公称吨位为$P_{公称}$，螺旋压力机的冷击力为P_{max}。螺旋压力机的力能曲线如图7.33所示。

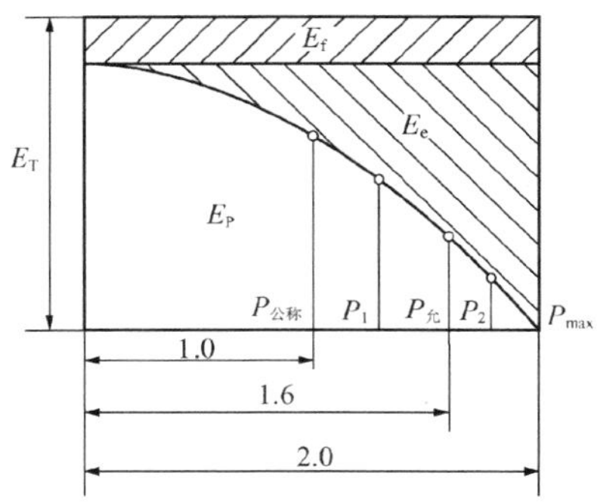

图 7.33 螺旋压力机的力能曲线

由于塑性变形功 E_P 等于平均变形力与塑性变形量的乘积，因此设备每次打击的变形量越大，则设备发挥出来的平均打击力越小；如果进行刚性打击（冷击），设备的打击力则会达到 P_{max}。锻造时，最大变形量和最大打击力不能同时出现。在选择螺旋压力机规格时，必须考虑工步变形量的大小。

P_{max} 是螺旋压力机进行强度设计的依据，为了充分发挥螺旋压力机的承载能力，在选用设备时，可以使实际需要的模锻力 P 稍大于公称压力 $P_{公称}$。根据具体过程的不同情况，一般可按 $P=(1\sim1.6)P_{公称}$ 选取。对中等变形量的工步（如冲孔、切边），成形力可按 $P_1=(1\sim1.6)P_{公称}$ 选取；对小变形量的工步（如精压和校正），成形力可按 $P_2=(1.6\sim2.0)P_{公称}$ 来选取。

7.7.5 平锻机

在平锻机上进行闭式模锻时，通常采用冷拔棒料。冷拔棒料的直径精度一般较高，平锻机上毛坯变形部分的长度可以准确调节，也可由毛坯的不变形部分定位。平锻机的连杆长度不能调节，模具闭合长度仅能靠斜楔调节 2～4mm，一旦调定以后，冲头的行程便固定下来。这些条件都保证了毛坯体积和模膛体积的偏差 ΔV 较小，在模锻时不产生或只产生很小的纵向毛刺。若因意外情况产生很大的毛刺时，由于侧向力 F_Q 急剧增大，夹紧滑块保险机构使夹紧凹模松开，自行卸载。当过载消除后，保险机构恢复原状，夹紧机构重新开始工作。另外，由于凹模是剖分式组合结构，模锻结束后可以顺利取出工件。这些工作条件保证了平锻机闭式模锻过程稳定。

平锻机模锻件所需变形力可按下列经验公式计算。

$$P=57.5KA \tag{7-37}$$

式中 P——热模锻成形载荷（kN）；

K——材料系数，由表 7-8 查得；

A——模锻件和飞边（仓部按 50%计算）在水平面上的投影面积（mm^2）。

平锻机的公称载荷一般以主滑块所提供的变形力表示，由于平锻机模锻件绝大多数是轴对称的，因此可据公式算出平锻机模锻件与平锻机公称载荷间的对应关系。表 7-9 是以 45 钢为例算出的平锻机公称载荷与平锻机模锻件的尺寸。

表 7-9 平锻机公称载荷与平锻机模锻件的尺寸（45 钢）

平锻机公称载荷/kN	1000	1600	2500	4000	6300	8000	10000	12500	16000	20000	25000	315000
可锻棒料直径/mm	20	40	50	80	100	120	140	160	180	210	240	270
可锻锻件直径/mm	40	55	70	100	135	155	175	195	225	255	275	315

习题及思考题

7-1 模锻件图设计要注意哪些问题？结合你自己的实际情况，你认为哪个问题最重要？为什么？

7-2 什么是计算毛坯？如何设计计算毛坯？计算毛坯的外形尺寸与哪一个制坯模膛相同？为什么？

7-3 在同一台螺旋压力机上模锻汽车行星锥齿轮和模锻自行车变速锥齿轮，哪一个难度大？为什么？

7-4 自由锻锤可否用于模锻？有何利弊？

7-5 热模锻压力机有什么特点？利用热模锻压力机模锻时要特别注意哪些问题？

7-6 平锻机平锻过程（多工位成形）的特点是什么？设计模锻件时考虑多工位成形的主要目的是什么？

第8章 锻模设计

锻模是金属在热态或冷态下进行体积成形时所用模具的统称。由于各种模锻设备的工作特点不同，因而锻模的结构差别较大，然而锻模模膛的设计却都类似。本章对锻模按设备进行分类，分别介绍各种设备上的锻模设计，以锤锻模设计为主。

8.1 锤用锻模

锻模工作时承受很大的压力，特别锤锻模还要承受很大的冲击力（高于 2000MPa）。由于金属的剧烈流动，模膛极易磨损，模具工作温度高达 400～500℃（有时甚至高达 600℃）；而且需在连续反复地加热、冷却的条件下工作，模膛表面容易产生热疲劳破坏。因此，热锻模材料应具备下列性能：在高温下具有较高的强度、硬度和冲击韧性，较好的耐热疲劳性，良好的回火稳定性，良好的淬透性，良好的导热性和抗氧化性，良好的加工性能。

锤上常用的模锻工步是终锻、预锻；常用的制坯工步是拔长、滚压、弯曲、成形、镦粗等。

锤锻模钢的碳质量分数一般为 0.30%～0.60%，具有较高的冲击韧性和耐热疲劳性。5CrNiMo 钢是锤锻模制造中应用最多的材料，具有很好的淬透性和良好的综合力学性能，适合制造大型锻模（最小边长大于 400mm）。

5CrMnMo 钢在锤锻模制造中也经常应用，以锰代镍并不降低钢的强度，但使钢的韧性稍有降低。5CrMnMo 钢具有良好的强度、耐磨性和韧性，有良好的淬透性，适合制造中型锻模（最小边长小于 300～400mm）。

生产实践证明，5CrMnSiMoV 钢可作为 5CrNiMo 钢的代用材料，它具有良好的淬透性、抗热疲劳性和高温强度，韧性接近于 5CrNiMo 钢。

6SiMnV 钢有较好的综合力学性能，适合制造负荷不大的小型锻模（最小边长小于 250mm），可代替 5CrNiMo 钢。

常用锤锻模材料及热处理硬度见表8-1。

表8-1 常用锤锻模材料及热处理硬度

种类	材料		热处理硬度			
			模膛表面		燕尾部分	
	主要材料	代用材料	HBS	HRC	HBS	HRC
小锻模（小于1t锤用）	5CrNiMo	5CrMnMo	387～444① 364～415②	42～47① 39～44②	321～364	35～39
中小锻模（1～2t锤用）			364～415① 340～487②	39～44① 37～42②	302～340	33～37
中型锻模（3～5t锤用）			321～364	35～39	286～321	31～35
大型锻模（大于5t锤用）			240～302	32～37	269～321	28～32
校正模	5CrMnSiMoV	5Cr2NiMoVSi③	390～460	42～47	302～340	32～37

注：① 用于模膛浅且形状简单的模锻；

② 用于模膛深且形状复杂的模锻；

③ 当模块截面小于300mm×300mm时，硬度为375～429HBS；当模块截面大于300×300mm时，硬度为350～388HBS。

8.1.1 模锻模膛设计

模锻模膛包括终锻模膛和预锻模膛。

任何锻件的模锻过程都必须有终锻，都要用终锻模膛。模锻件的几何形状和尺寸靠终锻模膛保证，预锻模膛要根据具体情况决定否采用。

1. 终锻模膛设计

终锻模膛是锻模中各种模膛中最主要的模膛，用来完成锻件最终成形的终锻工步。通过终锻模膛可以获得带飞边的锻件。

终锻模膛通常由模膛本体、飞边槽和钳口三部分组成，其中模膛本体是根据热锻件图设计的。

热锻件图是将冷锻件图的所有尺寸计入收缩率而绘制的。钢锻件的收缩率一般取1.2%～1.5%；钛合金锻件的收缩率一般取0.5%～0.7%；铝合金锻件的收缩率一般取0.8%～1.0%；铜合金锻件的收缩率一般取1.0%～1.3%；镁合金锻件的收缩率一般取0.8%左右。

加放收缩率时：对于无坐标中心的圆角半径不加放收缩率；对于细长的杆类锻件、薄的锻件、冷却快或打击次数较多而终锻温度较低的锻件，收缩率取小值；对于带大头的长杆类锻件，可根据具体情况将较大的头部和较细杆部取不同的收缩率。

由于终锻温度难以准确控制，因此不同锻件的准确收缩率往往需要在长期实践中修正。

为了保证能锻出合格的锻件，一般情况下，热锻件图形状与锻件图形状完全相同。但在某些情况下，需将热锻件图尺寸做适当的改变以适应锻造过程要求。

终锻模膛易磨损处，故应在锻件负公差范围内预留磨损量，以在保证锻件合格率的情况下延长锻模寿命。图 8.1 所示的齿轮锻件，其模膛中的轮辐部分容易磨损，使锻件的轮辐厚度增加。因此，应将热锻件图上的尺寸 A 比锻件图上的相应尺寸减小 0.5～0.8mm。

锻件上形状复杂且较高的部位应尽量放在上模。在特殊情况下要将复杂且较高的部位放在下模时，锻件在该处表面易“缺肉”。这是由于下模局部较深处易积聚氧化皮。图 8.2 所示的曲轴锻件局部加厚，可在其热锻件图相应部位加深约 2mm。

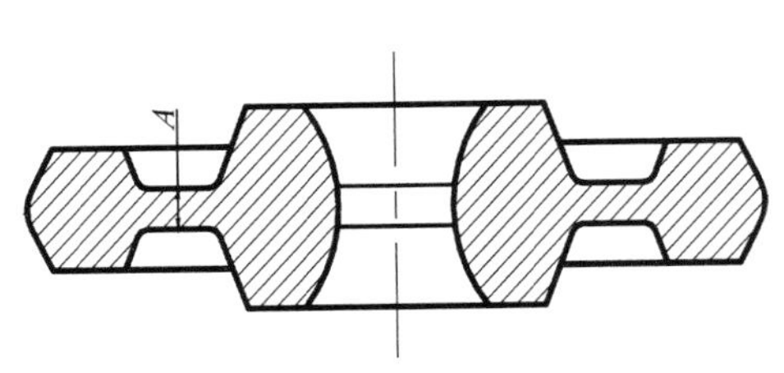

图 8.1　齿轮锻件

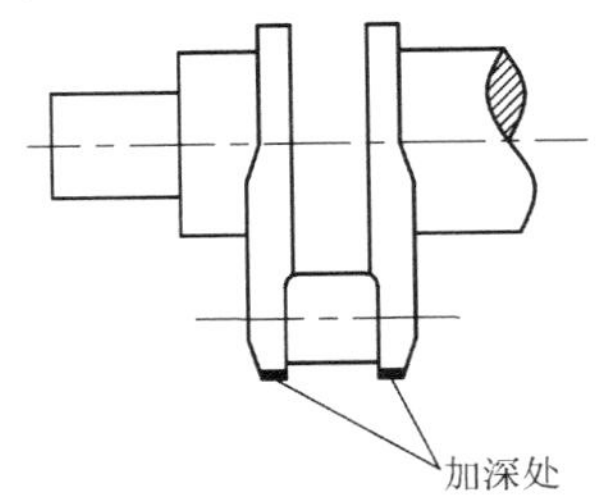

图 8.2　曲轴锻件局部加厚

当设备的吨位偏小，上下模有可能打不靠时，应使热锻件图高度尺寸比锻件图上相应高度减小（接近负偏差或更小一些），抵消模锻不足的影响。相反，当设备吨位偏大或锻模承击面偏小时，可能产生承击面塌陷，应适当增加热锻件图高度尺寸，其值应接近正公差，以保证在承击面下陷时仍可锻出合格锻件。

锻件的某些部位在切边或冲孔时易产生变形而影响加工余量时，应在热锻件图的相应部位增加一定的弥补量，以提高锻件合格率，如图 8.3 所示。

图 8.4 所示的一些形状特别的锻件，不能保证坯料在下模膛内或切边模内准确定位，在锤击过程中可能因转动而导致锻件报废。此时热锻件图上需增加定位余块，以保证多次锻击过程中的定位以及切飞边时的定位。

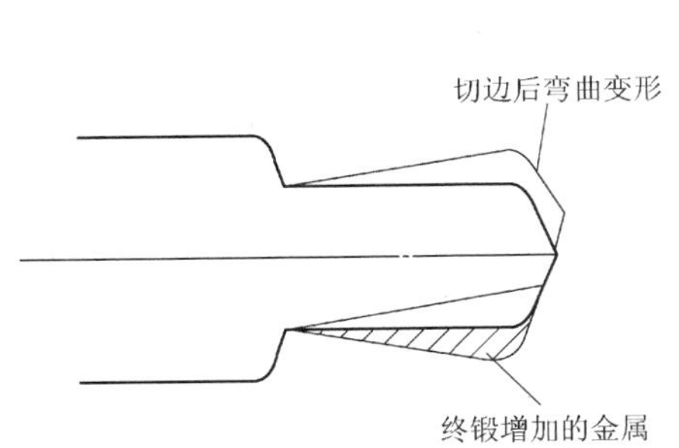

图 8.3　切边或冲孔易变形锻件

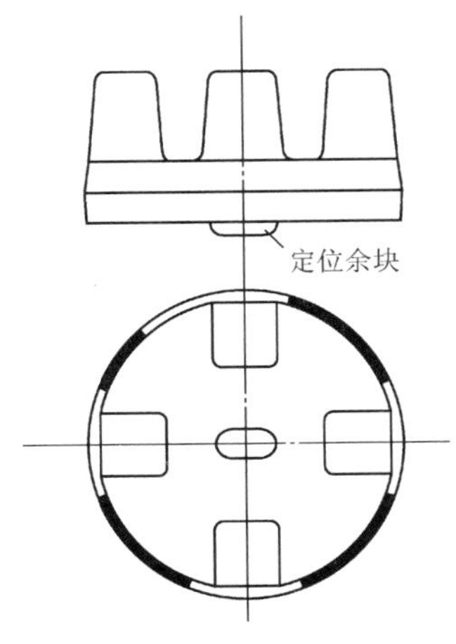

图 8.4　需增设定位余块的锻件

此外，在绘制热锻件图时还需注明分模面和冲孔连皮的位置、尺寸，写明未注圆角半径、模锻斜度与收缩率。高度方向尺寸以分模面为基准，以便锻模机械加工和准备检验样板；但在热锻件图中不需注明锻件公差和零件的轮廓线。

(1) 飞边槽及其设计

锤上模锻为开式模锻，一般终锻模膛周边必须有飞边槽，其主要作用是增加金属流出模膛的阻力，迫使金属充满模膛，飞边槽还可容纳多余金属。锻造时飞边起缓冲作用，能减弱上模对下模的打击，使模具不易压塌和开裂。此外，飞边处厚度较薄，便于切除。

① 飞边槽的结构形式。飞边槽一般由桥口与仓部组成，其结构形式如图 8.5 所示。

形式Ⅰ：标准形，一般都采用此种形式。其优点是桥口在上模，模锻时受热时间短，温升较低，桥口不易压坍和磨损。

形式Ⅱ：倒置形，当锻件的上模部分形状较复杂，为简化切边冲头形状，切边需翻转时，采用此形式。当上模无模膛，整个模膛完全位于下模时，采用此种形式飞边槽简化了锻模的制造。

形式Ⅲ：双仓形，此种结构的飞边槽的特点是仓部较大，能容纳较多的多余金属，适用于大型和形状复杂的锻件。

形式Ⅳ：不对称形，此种结构的飞边槽加宽了下模桥部，提高了下模寿命。此外，仓部较大，可容纳较多的多余金属，适用于大型锻件及复杂锻件。

形式Ⅴ：带阻力沟形，此种结构的飞边槽大大地增加了金属外流阻力，迫使金属充满深而复杂的模膛，多用于锻件形状复杂、难以充满的部位，如高肋、叉口与枝芽等处。

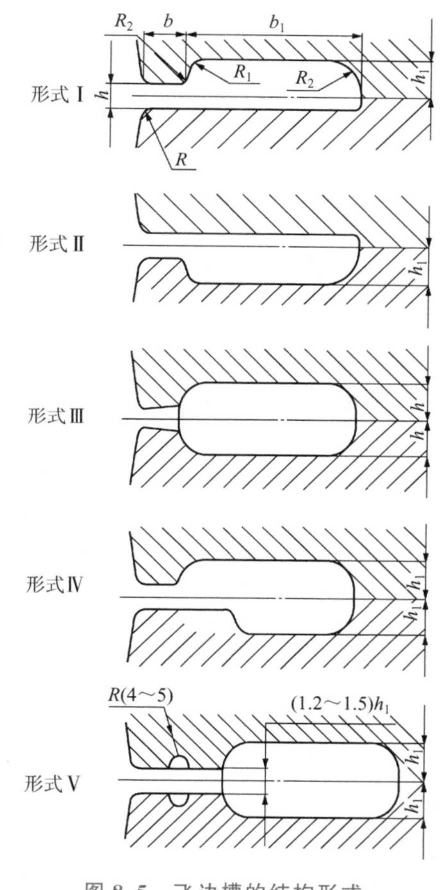

图 8.5 飞边槽的结构形式

② 飞边槽尺寸的确定。飞边槽的主要尺寸是桥口高度 $h_飞$、桥口宽度 b。桥口高度 $h_飞$ 增大，阻力减小；桥口宽度 b 增加，阻力增加。在成形过程中，如阻力过大，则导致锻不足，锻模过早磨损或压坍；如阻力太小，则产生大的飞边，模膛不易充满。

设计锤上飞边槽尺寸有两种方法。

a. 吨位法。锻件的尺寸既是选择设备吨位的依据，又是选择飞边槽尺寸的主要依据。生产中通常按设备吨位来选定飞边槽尺寸。飞边槽尺寸与锻锤吨位的关系见表 8-2。

b. 计算法。根据锻件在分模面上的投影面积，利用经验公式计算求出桥口高度 $h_飞$，然后根据 $h_飞$ 查表 8-2 确定其他有关尺寸。

$$h_飞 = 0.015\sqrt{S}$$

式中　S——锻件在分模面上的投影面积（mm^2）。

表 8-2　飞边槽尺寸与锻锤吨位的关系

锻锤吨位/kN	h/mm	h_1/mm	b/mm	b_1/mm	R/mm	备　注
10	1～1.6	4	8	22～25	1.5	齿轮锁扣 $b_1=30$mm
20	1.8～2.2	4	10	25～30	2.5	齿轮锁扣 $b_1=40$mm
30	2.5～3.0	5	12	30～40	3	齿轮锁扣 $b_1=45$mm
50	3.0～4.0	6	12～14	40～50	3	齿轮锁扣 $b_1=55$mm
100	4.0～6.0	8	14～16	50～60	3	
160	6.0～9.0	10	16～18	60～80	4	

模锻锤吨位偏大时，为防止金属过快向飞边槽流动，应减小 $h_飞$ 值。模锻锤吨位偏小时，应减小飞边的变形阻力，防止锻不足。在保证模膛充满的条件下，应适当增大 $h_飞$ 值。

锻件形状比较复杂时，要增加模膛阻力，应增加仓部宽度值，或适当减小 $h_飞$ 值。

短轴类锻件锻模带有封闭形状的锁扣时，应适当加大 b_1，可参考表 8-2 备注栏中尺寸。

在夹板锤上进行模锻时，也可参考表 8-2 设计飞边槽，如 10kN 的夹板锤与 10kN 的锻锤相比，$h_飞$ 要更小，约为 0.6mm，其他尺寸相当。

(2) 钳口及其尺寸

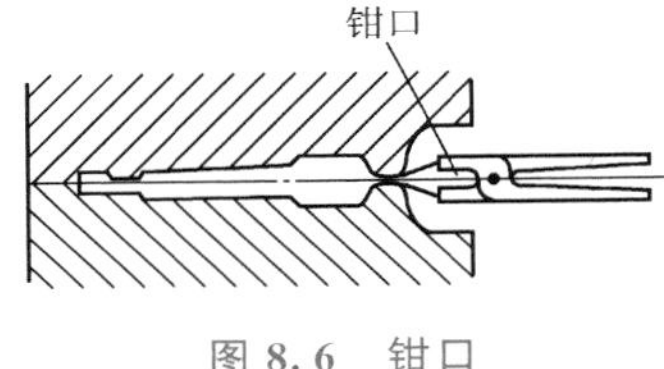

图 8.6　钳口

钳口是指在锻模的模锻模膛前面加工的空腔，它一般由夹钳口与钳口颈两部分组成，如图 8.6 所示。

钳口的主要用途是在模锻时放置棒料及钳夹头。在锻模制造时，钳口还可作为浇注金属盐溶液（如 30% KNO_3 和 70% $NaNO_3$ 或铅熔液）的浇口，浇注件用来检验模膛加工品质和合模状况。

齿轮类锻件在模锻时无夹钳料头，钳口作锻件起模之用。钳口颈用于加强夹钳料头与锻件之间的连接强度。

长轴类锻件常用的钳口形式如图 8.7 所示。钳口的尺寸主要依据夹钳料头的直径及模膛壁厚等尺寸确定，应保证夹料钳子自由操作，在调头锻造时能放置下锻件的相邻端部（包括飞边），详细情况可参阅有关手册。图 8.8 所示的特殊钳口用于模锻齿轮等短轴类锻件。图 8.9 所示的圆形钳口用于模锻质量大于 10kg 的锻件。如果有预锻模膛，并且预锻与终锻两模膛的钳口间壁小于 15mm 时，为了便于模具加工，可将两个相邻模膛的钳口开通，成公用钳口，如图 8.10 所示。

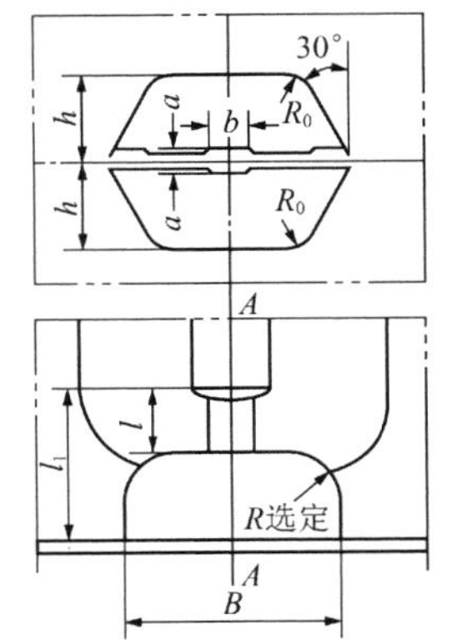

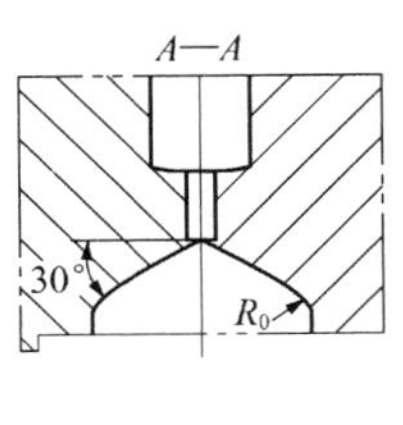

图 8.7　长轴类锻件常用的钳口形式

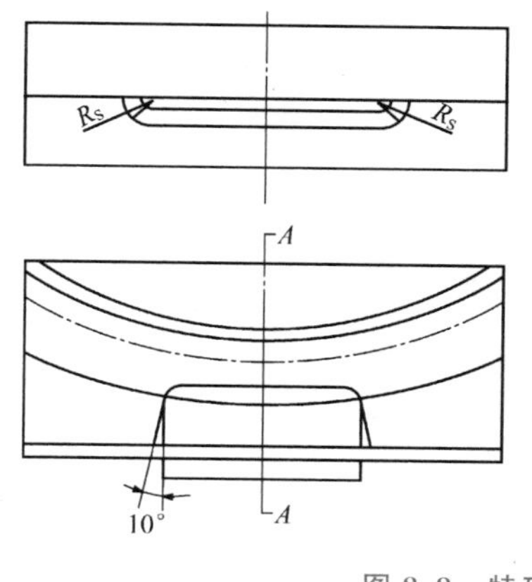

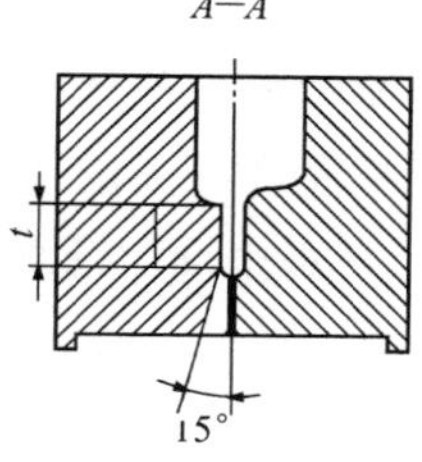

图 8.8　特殊钳口

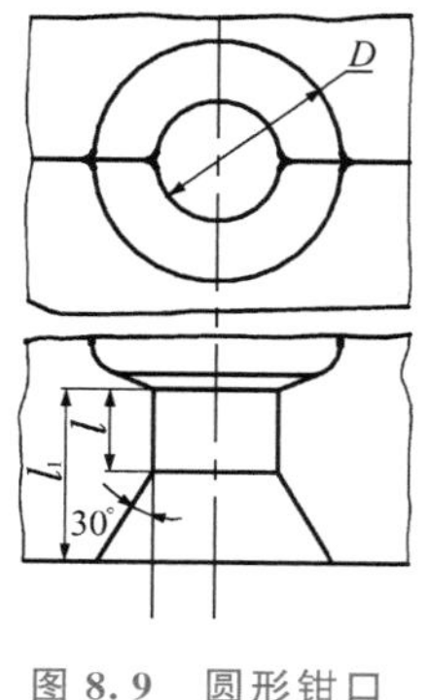

图 8.9　圆形钳口

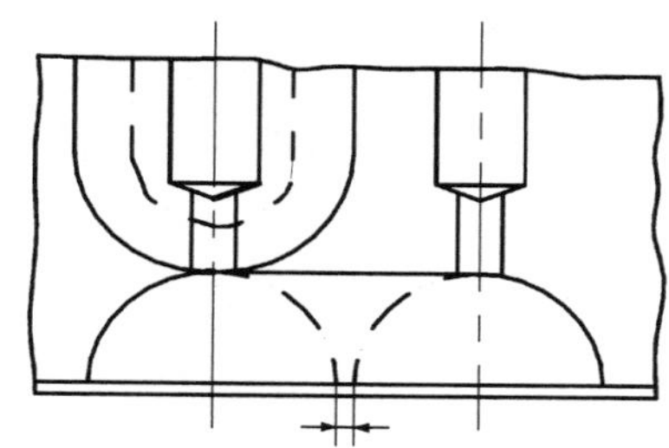

图 8.10　公用钳口

2. 预锻模膛设计

预锻模膛用来对制坯后的坯料进一步变形，合理地分配坯料各部位的金属体积，使其接近锻件外形，改善金属在终锻模膛内的流动条件，保证终锻时成形饱满，避免折叠、裂纹或其他缺陷，减少终锻模膛的磨损，提高模具寿命。预锻带来的不利影响是增大了锻模平面尺寸，从而使锻模中心不易与模膛中心重合，导致偏心打击，增大错移量，降低锻件尺寸精度，使锻模和锤杆受力状态恶化，影响锻模和锤杆寿命。

预锻并不是在任何情况下都必需的。

（1）预锻模膛的设计要点

预锻模膛和终锻模膛的形状基本一样，也是根据热锻件图加工出来的，两者之间的主要区别如下。

① 预锻模膛的宽和高。预锻模膛与终锻模膛的差别不大，为了尽可能做到预锻后的坯料能容易地放入终锻模膛并在终锻过程中以镦粗成形为主，预锻模膛的宽度比终锻模膛小 1～2mm。预锻模膛一般不设飞边槽，但在预锻时可能产生飞边，因此上下模不能打靠。预锻后坯料实际高度将比模膛高度高一点。预锻模膛的横断面积应比终锻模膛略大，高度比终锻模膛高 2～5mm。也就是说，要求预锻模膛的容积比终锻模膛略大。

② 锻模斜度。为了锻模制造方便，预锻模膛的斜度一般应与终锻模膛相同。但根据

锻件的具体情况，也可以采用斜度增大、宽度不变的方法来解决成形困难问题。

③ 圆角半径。预锻模膛的圆角半径一般比终锻模膛大，这样可以减轻金属流动阻力，防止产生折叠。

凸圆角半径 R_1 单位为 mm，可按下式计算。

$$R_1 = R + C$$

式中 R——终锻模膛相应位置上的圆角半径值；

C——与模膛深度有关的常数，一般为 2～5mm。

对于终锻模膛在水平面上急剧转弯和断面突变处，预锻模膛可采用大圆弧，防止预锻和终锻产生折叠。

(2) 典型预锻模膛的设计

① 带工字断面锻件。带工字断面锻件模锻成形过程中的主要缺陷是折叠。根据金属的变形流动特性，为防止折叠产生，应当注意以下几点。

a. 使中间部分金属在终锻时的变形量小一些，即由中间部分排出的金属量少一些。

b. 创造条件（如增加飞边桥口部分的阻力或减小充填模膛的阻力）使终锻时由中间部位排出的金属量尽可能向上和向下流动，继续充填模膛。

带工字断面的锻件的预锻模膛设计常用形式如图 8.11 所示。

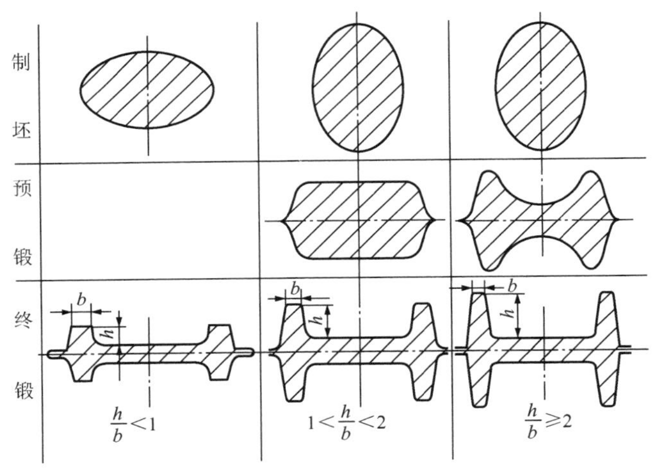

图 8.11 带工字断面的锻件的预锻模膛设计常用形式

为防止工字形锻件终锻时产生折叠，在生产实践中制坯时还可采取如下措施，即根据面积相等原则，使制坯模膛的横截面积接近于终锻模膛的截面积，如图 8.12 所示，使制坯模膛的宽度 B_1 比终锻模膛的相应宽度 B 大 10～20mm，即

$$B_1 = B + (10\sim20)\text{mm}$$

由制坯模膛锻出中间坯料，覆盖终锻模膛将绰绰有余。终锻时，首先出现飞边，在飞边桥口部分形成较大的阻力，迫使中心部分的金属以挤入的形式充填肋部。因中心部分金属充填肋部后已基本无剩余，故最后仅极少量金属流向飞边槽，从而避免折叠产生。

对于带孔的锻件，为防止折叠产生，预锻时用斜底连皮，终锻时用带仓连皮。这样可以保证在模锻最后阶段，内孔部分的多余金属保留在冲孔连皮内，不会流向飞边，造成折叠。

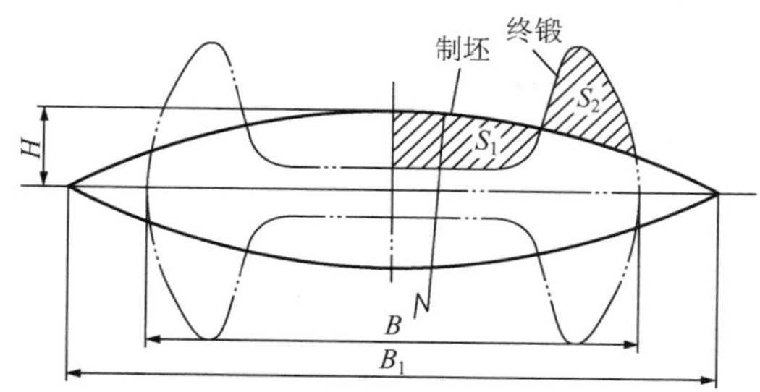

图 8.12　工字截面锻件预锻模膛

② 叉形锻件。叉形锻件模锻时常常在内端角处产生充不满的情况，如图 8.13 所示。其主要原因是将坯料直接进行终锻时，横向流动的金属与模壁接触后，部分金属转向内角处流动，如图 8.14 所示。这种变形流动路径决定了内角部位最难充满；同时此处被排出的金属除沿横向流入模膛之外，有很大一部分轴向流入制动槽（图 8.15），造成内端角处金属量不足。为避免这种缺陷，终锻前需进行预锻，用带有劈料台（图 8.16）的预锻模膛先将叉形部分劈开。这样，终锻时就能改善金属流动情况，保证内端角部位充满。

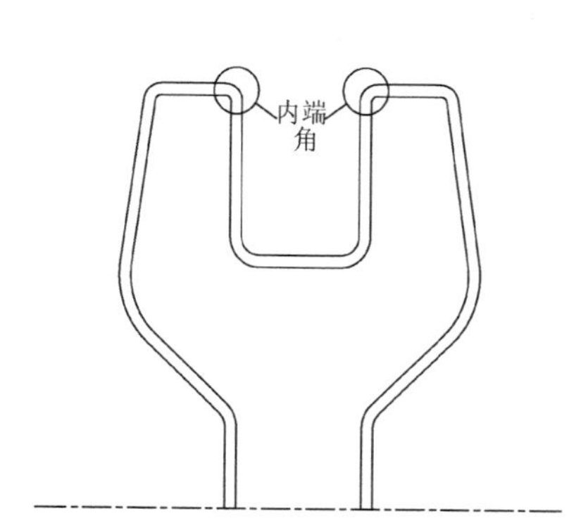

图 8.13　叉形锻件内端角充不满

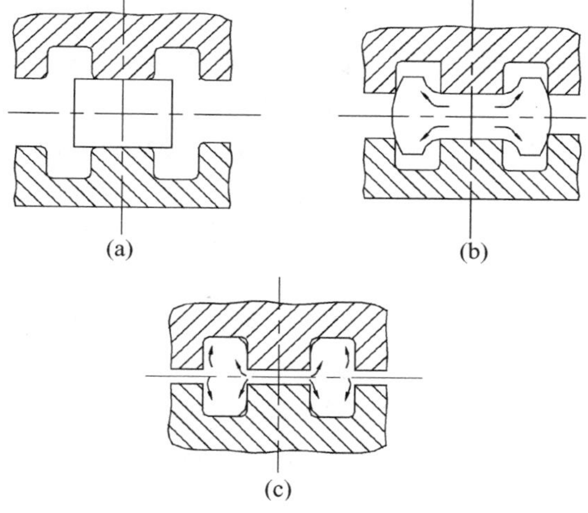

图 8.14　叉形锻件金属的变形流动

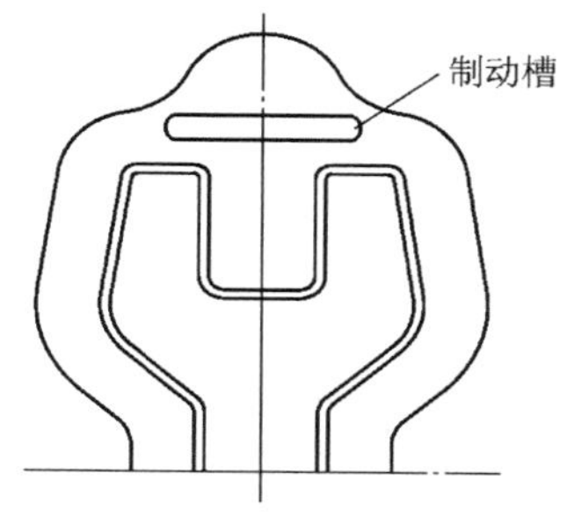

图 8.15　制动槽的布置

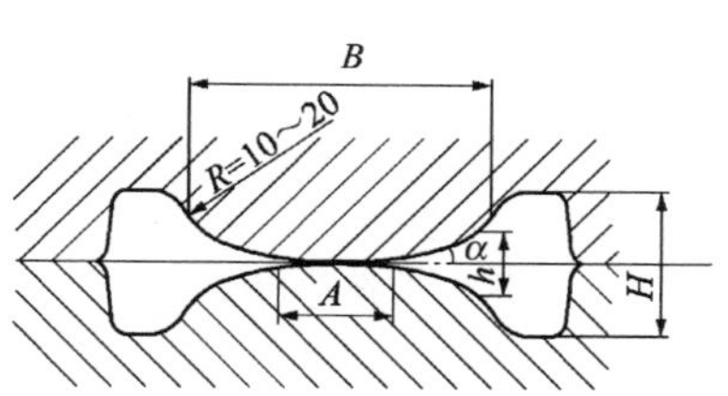

图 8.16　叉形部分劈料台

图 8.16 所示各部分尺寸按下列各式确定。

$A \approx 0.25B$，但要满足 $5 < A < 30$。

$h = (0.4 \sim 0.7)H$，通常取 $h = 0.5H$。

$\alpha = 10° \sim 45°$，根据 h 选定。

当需劈开部分窄而深时，可设计成图 8.17 所示的形状。为限制金属沿轴向大量流入飞边槽，在模具上可设计制动槽。

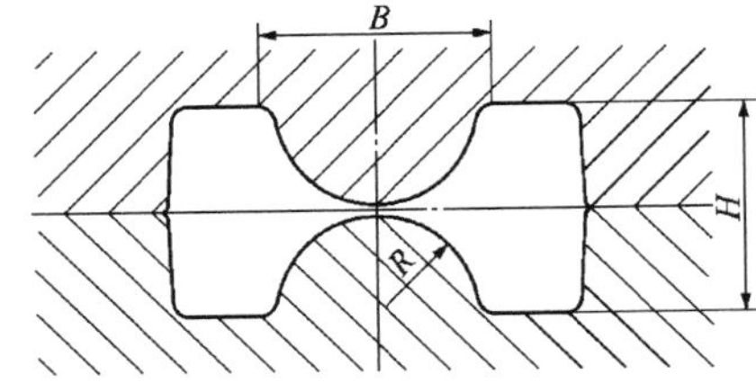

图 8.17 窄深叉形部分的劈料台

③ 带枝芽锻件。带枝芽锻件模锻时，常常在枝芽处充不满。其原因是枝芽处金属量不足。因此，预锻时应在该处聚集足够的金属量。为便于金属流入枝芽处，应简化预锻模膛枝芽形状，与枝芽连接处的圆角半径应适当增大，必要时可在分模面上设制动槽，加大预锻时流向飞边的阻力。图 8.18 所示为带枝芽锻件的预锻模膛。

在没有使用计算机的年代，设计图 8.15 和图 8.18 所示的制动槽完全凭现场经验。制动槽的大小、截面形状和与模膛的距离设计得合理，有利于带枝芽锻件枝芽部位的成形。如设计得不好，要么增加了变形力，而枝芽部位的金属充填情况没有得到多大改善；要么流入制动槽的金属增多，同样影响锻件枝芽部位的成形品质。

④ 带高肋锻件。带高肋锻件模锻时，在肋部由于摩擦阻力、模壁引起的垂直分力和该处金属冷却较快、变形抗力大等原因，常常充不满。在这种情况下，设计预锻模膛时可采取一些措施迫使金属向肋部流动，如在难充满的部位减少模膛高度并增大模膛斜度。带高肋锻件的预锻模膛如图 8.19 所示。这样，预锻后的坯料终锻时，坯料和模壁间有了间隙，模壁对金属的摩擦阻力和由模壁引起的向下垂直分力减小，预锻件金属容易向上流动从而充满模膛。但要注意的是，由于增大了模膛斜度，预锻模膛本身不易充满。为了充满预锻模膛，必须增大圆角半径。但是圆角半径也不宜增加过大，因为圆角半径过大不利于预锻件在终锻时金属充满模膛，甚至终锻时可能在此处将预锻件金属啃下并压入锻件内形成折叠，一般取 $R_1 = 1.2R + 3\text{mm}$。

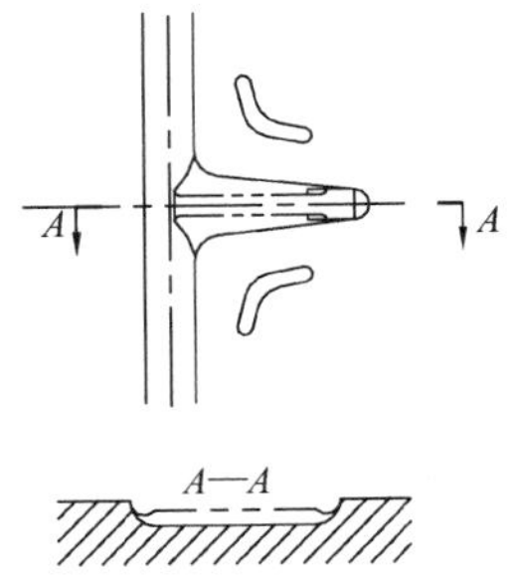

图 8.18 带枝芽锻件的预锻模膛

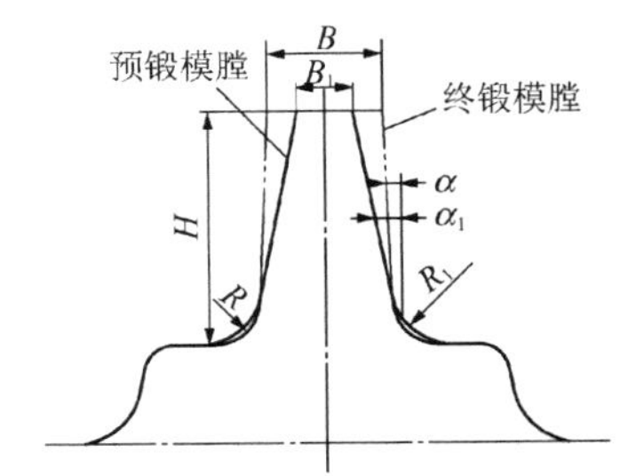

图 8.19 带高肋锻件的预锻模膛

如果难充填的部分较大，B 较小，则预锻模膛的拔模斜度不宜过大，否则预锻后 B_1 很小，冷却快，终锻时反而不易充满模膛。也有把预锻模膛的拔模斜度设计成与终锻模膛一致，以减小高度 H 的。

8.1.2 制坯模膛设计

制坯工步的作用是初步改变原始毛坯的形状，合理地分配金属材料，以适应锻件横截面积和形状的要求，使金属能较好地充满模膛。不同形状的锻件采用的制坯工步不同。锤上锻模所用的制坯模膛主要有拔长模膛、滚挤模膛、弯曲模膛、成形模膛，以及镦粗台、压扁台、切断模膛等。

1. 拔长模膛设计

(1) 拔长模膛的作用

拔长模膛用来减小毛坯的截面积，增加毛坯长度。一般拔长模膛是变形工步的第一道，它兼有清除氧化皮的作用。为了便于金属纵向流动，在拔长过程中毛坯要不断翻转，还要送进。

(2) 拔长模膛的形式

通常按横截面形状将拔长模膛分为开式拔长模膛和闭式拔长模膛两种。开式拔长模膛的拔长坎横截面形状为矩形，边缘开通，如图 8.20 所示。这种形式结构简单，制造方便，在实际生产中应用较多，但拔长效率较低。闭式拔长模膛的拔长坎横截面形状为椭圆形，边缘封闭，如图 8.21 所示。这种形式拔长效果较好，但操作较困难，要求把毛坯准确地放置在模膛中，否则毛坯易弯曲，一般用于 $L_{杆}/d_{杆}>15$ 的细长锻件。

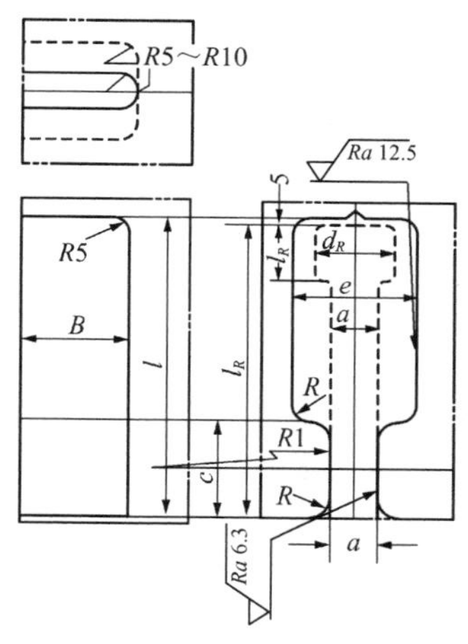

图 8.20 开式拔长模膛

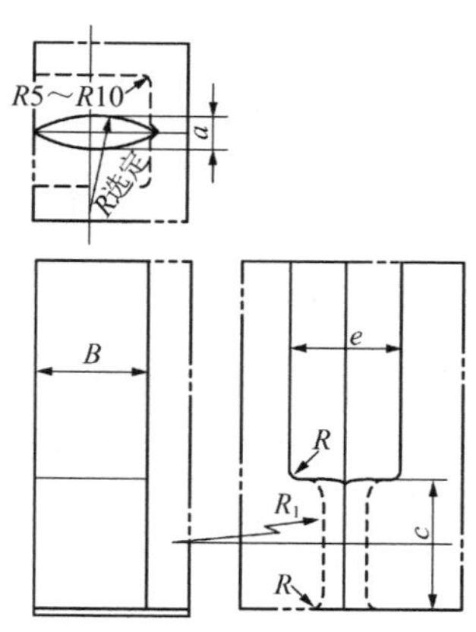

图 8.21 闭式拔长模膛

按拔长模膛在模块上的布置情况，拔长模膛又可分为直排式拔长模膛［图 8.22(a)］和斜排式拔长模膛［图 8.22(b)］两种。直排式拔长模膛杆部的最小高度和最大长度靠模具控制，斜排式拔长模膛杆部的高度及长度靠操作者控制。

当拔长部分较短，或拔长台阶轴时，可以采用较简易的拔长模膛，即拔长台，如图 8.23 所示。拔长台是在锻模的分模面上留一平台，将边缘倒圆，用此平台进行拔长。

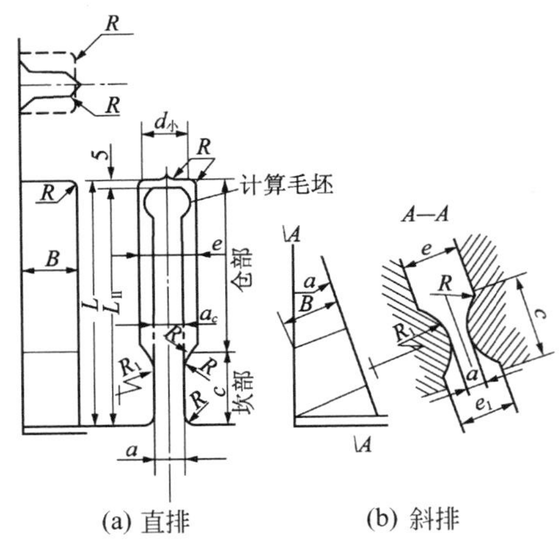

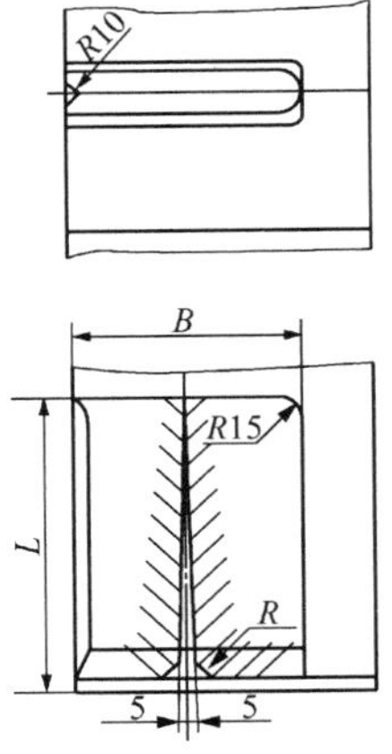

图 8.22 拔长模膛的直排与斜排

图 8.23 拔长台

(3) 拔长模膛的尺寸计算

拔长模膛由坎部和仓部组成。坎部是主要工作部分，而仓部容纳拔长后的金属，所以在拔长模膛设计中，主要设计坎部尺寸，包括坎部的高度 h、坎部的长度 c 和坎部的宽度 B。设计依据是计算毛坯。

① 拔长模膛坎部的高度 h。拔长模膛坎部的高度 h 与坯料拔长部分的厚度 a 的关系为

$$h=0.5(e-a)=0.5\times(3a-a)=a$$

式中 e——拔长模膛仓部的高度（mm），如图 8.22 所示。

$$e=1.2d_{\min} \qquad e=3a \qquad R_1=10R=25c$$

② 毛坯拔长部分的厚度 a。毛坯拔长部分的厚度 a 应该比计算毛坯的最小断面的边长小，这样每次的压下量可以较大，拔长效率较高。因此在计算毛坯拔长部分的厚度 a 时，可根据以下两个条件确定。

a. 设拔长后坯料的截面为矩形，$b_{平均}$ 为平均宽度，并取

$$\frac{b_{平均}}{a}=1.25\sim1.5$$

b. 根据计算毛坯的形状和尺寸。如果毛坯杆部尺寸变化不大，拔长后不再进行滚挤，其毛坯拔长部分的厚度 a 应保证能获得最小断面，而较大截面可以用上下模打不靠来保证，因此取

$$b_{计}a=S_{计\min}$$

运算后可得

$$a=(0.8\sim0.9)\sqrt{S_{计\min}}$$

或

$$a=(0.7\sim0.85)d_{\min}$$

式中 $b_{计}$——毛坯拔长后的宽度；

$S_{计\min}$——计算毛坯的最小面积（包含锻件相应处的断面积和飞边相应处的断面积）。

当 $L_{杆}>500$mm 时，上述计算拔长部分厚度 a 的公式中，系数取小值，当 $L_{杆}<200$mm 时，系数取大值，当 200mm$\leqslant L_{杆}\leqslant$500mm 时，系数取中间值。

拔长后需进行滚挤，应保证拔长后获得平均截面或直径，取

$$b_{平均}a=S_{杆平均}$$

运算后得

$$a=(0.8\sim0.9)\sqrt{S_{杆平均}}$$

或

$$a=(0.7\sim0.8)d_{平均}$$

$$S_{杆平均}=V_{杆}/L_{杆}$$

式中 $S_{杆平均}$——锻件杆部平均面积（mm^2）；

$d_{平均}$——锻件杆部平均直径（mm）；

$V_{杆}$——计算毛坯杆部体积（mm^3）；

$L_{杆}$——计算毛坯杆部长度（mm）。

③ 坎部的长度 c。坎部的长度 c 取决于原始毛坯的直径和被拔长部分的长度。太短将影响毛坯表面品质。为了提高拔长效率，每次的送进量应小，坎部不宜太长。可按下式选取

$$c=Kd_0$$

式中 d_0——被拔长的原始毛坯直径。

系数 K 与被拔长部分原始长度 l 有关，可按照表 8-3 选用。

表 8-3 系数 K 与被拔长部分原始长度 l 的关系

被拔长部分原始长度 l	$l\leqslant1.2d_{坯}$	$1.2d_{坯}<l<1.5d_{坯}$	$1.5d_{坯}<l\leqslant3d_{坯}$	$3d_{坯}<l\leqslant14d_{坯}$	$l\geqslant4d_{坯}$
系数 K	0.8～1	1.2	1.4	1.5	2

④ 坎部的宽度 B。应考虑上下模一次打靠时金属不流到坎部外面；翻转 90°锤击时，不产生弯曲，取

$$B=(1.3\sim2.0)d_0$$

另外，坎部的纵截面形状应做成凸圆弧形，这样有助于金属的轴向流动，可以提高拔长效率。关于拔长模膛其他尺寸的确定可参阅有关手册。

2. 滚挤模膛设计

滚挤模膛可以改变毛坯形状，起到分配金属，使毛坯某一部分截面积减小，某一部分截面积稍稍增大（聚料），获得接近计算毛坯图形状和尺寸的作用。滚挤时金属的变形可以近似看作镦粗与拔长的组合。在两端受到阻碍的情况下杆部拔长，而杆部金属流入头部使头部镦粗。它并非是自由拔长，也不是自由镦粗。由于杆部接触区较长，两端又都受到阻碍，沿轴向流动受到的阻力较大。在每次锤击后大量金属横向流动，仅有小部分流入头部。每次锤击后翻转 90°再进行锤击并反复进行，到接近毛坯形状和计算尺寸为止。另外，滚挤还可以将毛坯滚光并清除氧化皮。

（1）滚挤模膛的分类

滚挤模膛从结构上可以分为以下几种。

① 开式。模膛横截面为矩形，侧面开通，如图 8.24(a) 所示。此种模膛结构简单、制造方便，但聚料作用较小，适用于锻件各段截面变化较小的情况。

② 闭式。模膛横截面为椭圆形，侧面封闭，如图 8.24(b) 所示。由于侧壁的阻力作用，此种模膛聚料效果好，毛坯表面光滑，但模膛制造较复杂，适用于锻件各部分截面变化较大的情况。

③ 混合式。锻件的杆部采用闭式滚挤，而头部采用开式滚挤，如图 8.24(c) 所示。此种模膛通常用于锻件头部具有深孔或叉形的情况。

④ 不等宽式。模膛的头部较宽，杆部较窄，如图 8.24(d) 所示。此种模膛因杆部宽度过大不利于排料，所以在杆部取较小宽度，当 $B_{头}/B_{杆}>1.5$ 时采用。

⑤ 不对称式。上下模膛的深度不等，如图 8.25 所示。此种模膛具有滚挤模膛与成形模膛的特点，适用于 $h'/h=1.5$ 的杆类锻件。

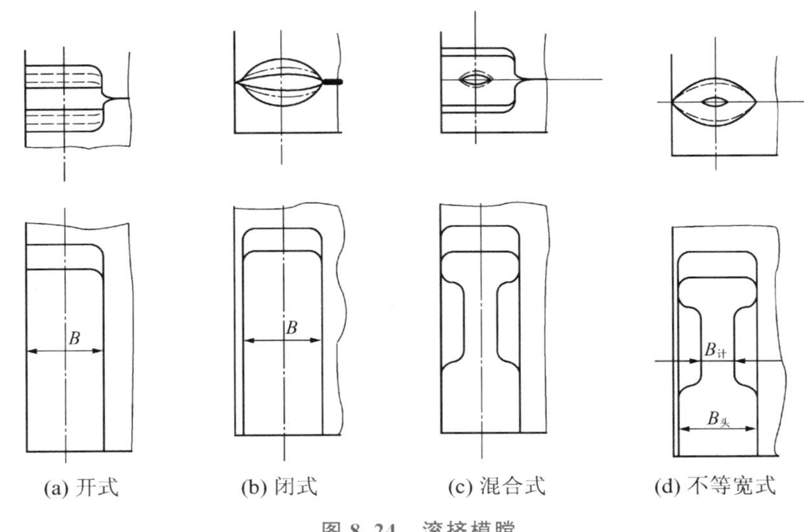

图 8.24 滚挤模膛

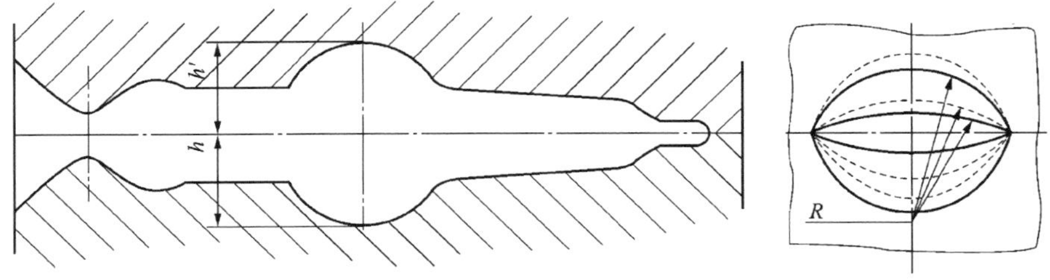

图 8.25 不对称式滚挤模膛

滚挤模膛由钳口、模膛本体和前端的飞边槽三部分组成。钳口不仅是为了容纳夹钳，同时也可用来卡细毛坯，减少料头损失。飞边槽用来容纳滚挤时产生的端部毛刺，防止产生折叠。

(2) 滚挤模膛的设计依据

① 滚挤模膛的高度。在滚挤模膛杆部，模膛的高度应比计算毛坯相应部分的直径小。这样每次压下量较大，由杆部排入头部的金属增多。虽然滚挤到最后坯料断面不是圆形，但是只要截面积相等即可。

在计算闭式滚挤模膛杆部高度时，应注意以下几点。

a. 滚挤后的坯料截面积 $S_{滚}$ 等于计算毛坯图相应部分的截面积 $S_{计}$，即

$$S_{滚}=S_{计}$$

$$\frac{1}{4}\pi Bh_{杆}=\frac{1}{4}\pi d_{计}^{2}$$

b. 一般滚挤后毛坯椭圆截面的长径与短径之比 $B/a=3/2$，如图8.26所示，因而由上式可求得杆部高度为

$$h_{杆}=\sqrt{2d_{计}^{2}/3}\approx 0.82d_{计}$$

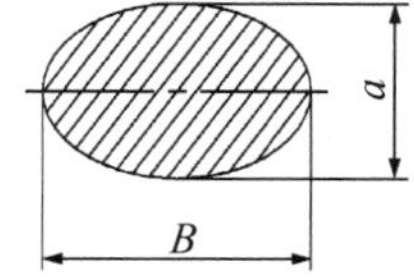

图 8.26 滚压模膛高度

考虑到在模锻锤上滚挤时，上下模一般不打靠，故实际采用的模膛高度比计算值小，一般取

$$h_{杆}=(0.7\sim 0.8)d_{计}$$

对于开式滚挤，由于截面近似矩形，故

$$h_{杆}=(0.65\sim 0.75)d_{计}$$

滚挤模膛头部，为了有助于金属的聚集，模膛的高度应等于或略大于计算毛坯图相应部分的直径 $d_{计}$，即

$$h_{杆}=(1.05\sim 1.15)d_{计}$$

当头部靠近钳口时，可能要有一部分金属由钳口流出，这时系数取1.05。

② 滚挤模膛的宽度。滚挤模膛的宽度过小，金属在滚挤过程中流进分模面会形成折叠；反之，因侧壁阻力减小，会降低滚挤效率，增大模块尺寸。一般假设第一次锤击锻模打靠，而且仅发生平面变形，金属无轴向流动，滚压模膛的宽度应满足下式。

$$\frac{\pi}{4}Bh\geqslant F_{坯}$$

$$B\geqslant 1.27F_{坯}/h$$

考虑实际情况，上下模打不靠，而且金属有轴向流动，取

$$B=0.9\times 1.27F_{坯}/h\approx 1.14F_{坯}/h$$

考虑到第二次锤击不发生失稳，所以 $B/h_{min}\leqslant 2.8$，代入上式，可得

$$B\leqslant 1.7d_{坯}$$

滚挤模膛头部尺寸应有利于聚料和防止卡住，所以宽度应比计算毛坯的最大直径略大，即

$$B\geqslant 1.1d_{max}$$

综上所述，滚挤模膛宽度的计算和校核条件为

$$1.7d_{坯}\geqslant B\geqslant 1.1d_{max}$$

③ 截面形状。为了有助于杆部金属流入头部，一般在纵截面的杆部设计2°～5°的斜度(如果毛坯图上原来就有，则可用原来的斜度)。在杆部与头部的过渡处，应做成适当圆角。滚挤模膛长度应根据热锻件长度 $L_{锻}$ 确定。因为轴类件的形状不同，所以设计也不同。

闭式滚挤模膛的横截面形状有圆弧形和菱形两种。圆弧形断面较普遍，其模膛宽度和高度确定后，得到三点，通过三点做圆弧而构成断面形状。菱形断面是在圆弧形基础上简化而成，用直线代替圆弧，能增强滚挤效果。

还有一种用于直轴类锻件的制坯模膛，称为压肩模膛。压肩模膛实质上就是开式滚挤

模膛的特殊使用状态，其形状与设计方法都与开式滚挤模膛一样，仅仅只是一次压扁，不做90°翻转后再锻。

3. 弯曲模膛设计

弯曲工步是将毛坯在弯曲模膛内压弯，使其符合终锻模膛在分模面上的形状。在弯曲模膛中锻造时毛坯不翻转，但弯好后放在模锻模膛中锻造时要翻转90°。

弯曲所用的毛坯可以是原始毛坯，也可以是经拔长、滚挤等制坯模膛变形过的毛坯。按变形情况不同，弯曲可分为自由弯曲（图8.27）和夹紧弯曲（图8.28）两种。自由弯曲是毛坯在拉伸不大的条件下弯曲成形，适用于具有圆浑形弯曲的锻件，一般只有一个弯曲部位。夹紧弯曲是毛坯在模膛内除了弯曲成形外，还有明显的拉伸现象，适用于多个弯曲部位的、具有急突弯曲形状的锻件。

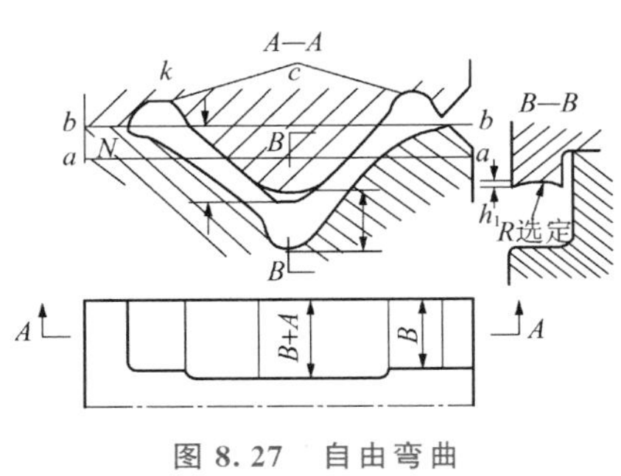

图8.27 自由弯曲

挡料台

A—A

图8.28 夹紧弯曲

锤上模锻时弯曲模膛的设计要点如下。

(1) 弯曲模膛的形状是根据模锻模膛在分模面上的轮廓外形（分模线）设计的。为了能将弯曲后的毛坯自由地放进模锻模膛，并以镦粗方式充填模膛，弯曲模膛的轮廓线应比模锻模膛相应位置在分模面上的外形尺寸减小2～10mm。

(2) 弯曲模膛的宽度B按下式计算。

$$B=\frac{F_{坯}}{h_{\min}}+(10\sim20)\text{mm}$$

(3) 弯曲模膛要考虑弯曲成形时对毛坯的支承和定位。为了便于操作，在模膛的下模上应有两个支点，以支承压弯前的毛坯。这两个支点的高度应使坯料呈水平位置。毛坯在模膛中不允许发生横向移动，为此，弯曲模膛的凸出部分（或仅上模的凸出部分）在宽度方向应做成凹状，如图8.27中的B—B部位。如果弯曲前的毛坯未经制坯，应在模膛末端设置挡料台，以供毛坯前后定位用；如毛坯先经过滚挤制坯，可利用钳口的颈部定位。

(4) 毛坯在模锻模膛中锻造时，在坯料剧烈弯曲处可能产生折叠，所以弯曲模膛的急突弯曲处，在允许的条件下应做成最大圆角。

(5) 弯曲模膛分模面应做成上模与下模突出分模面部位的高度大致相等。

(6) 为了防止碰撞，弯曲模膛下模空间应留有间隙。

4. 成形模膛设计

成形工步与弯曲工步相似，也是将毛坯变形，使其符合终锻模膛在分模面上的形状。

与弯曲工步不同的是，成形工步是通过局部转移金属获得所需要的形状，毛坯的轴线不发生弯曲。

成形模膛按纵截面形状可分为对称式（图 8.29）和不对称式（图 8.30）两种，常用的是不对称式。成形模膛的设计原则与设计方法同弯曲模膛相同。

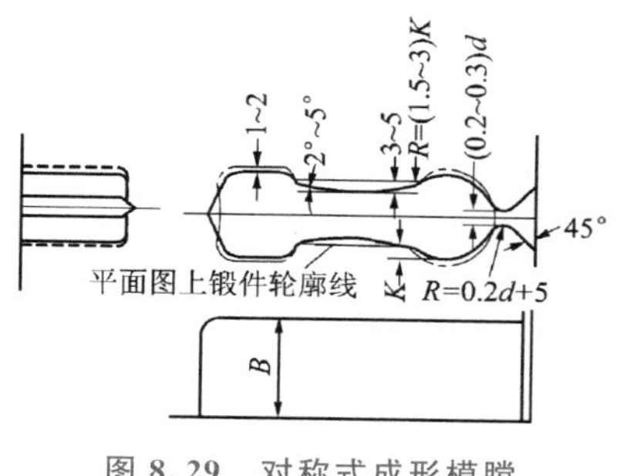

图 8.29　对称式成形模膛

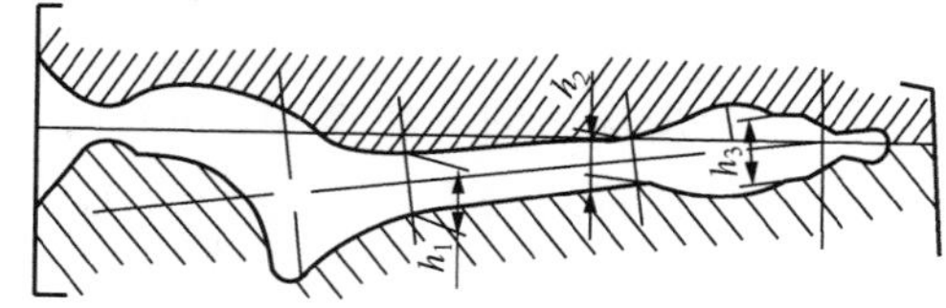

图 8.30　不对称式成形模膛

5．镦粗台和压扁台设计

镦粗台（图 8.31）适用于圆饼类件，用来镦粗毛坯，减小毛坯的高度，增大直径，使镦粗后的毛坯在终锻模膛内能够覆盖指定的凸部与凹槽，防止锻件产生折叠与充不满，并起到清除坯料氧化皮、减少模膛磨损的作用。

压扁台（图 8.32）适用于锻件平面图近似矩形的情况，压扁时坯料的轴线与分模面平行放置。压扁台用来压扁毛坯，使毛坯宽度增大，使压扁后的毛坯应能够覆盖终锻模膛的指定凸部与凹槽，起到与镦粗台相同的作用。

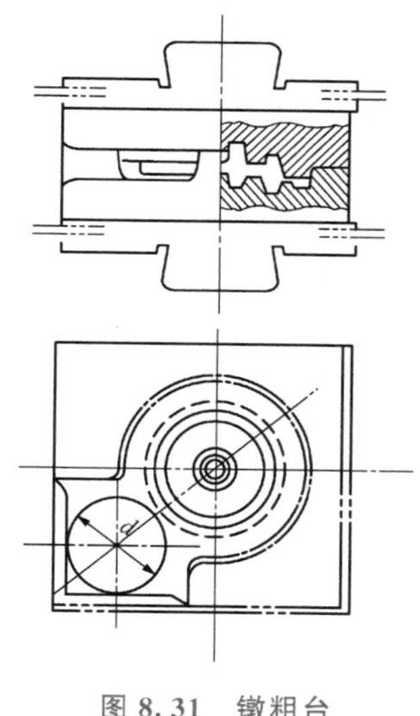

图 8.31　镦粗台

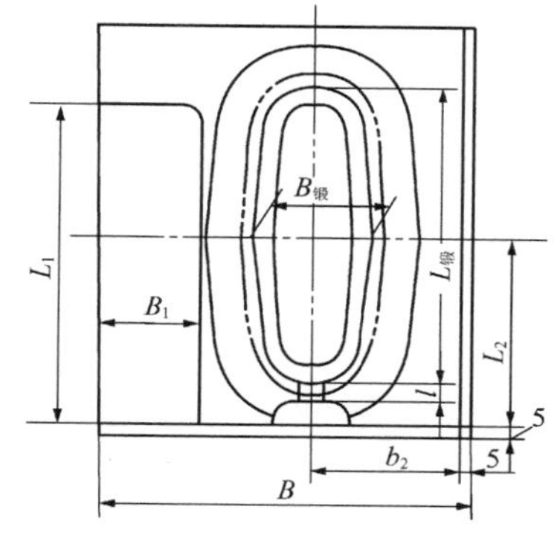

图 8.32　压扁台

根据锻件形状要求，在镦粗或压扁的同时，也可以在毛坯上压出凹坑，兼有成形镦粗的作用。

镦粗台或压扁台都设置在模块边角上，所占面积略大于毛坯镦粗或压扁之后的平面尺寸。为了节省锻模材料，可以占用部分飞边槽仓部，但应使平台与飞边槽平滑过渡连接。

镦粗台一般安排在锻模的左前角部位，平台边缘应倒圆，以防止镦粗时在毛坯上产生压痕，使锻件容易产生折叠。

在设计镦粗台时，根据锻件的形状、尺寸和原始毛坯尺寸确定镦粗后毛坯的直径 d（在本书第 7 章已详细介绍），再根据 d 确定镦粗平台尺寸。

压扁台一般安排在锻模左边，为了节省锻模材料，也可占用部分飞边槽仓部。

压扁台的长度 L_1 和压扁台的宽度 B_1 的有关尺寸（图 8.32）按下式计算。

$$L_1 = L_{压} + 40\text{mm}$$

$$B_1 = b_{压} + 20\text{mm}$$

式中 $L_{压}$——压扁后的毛坯长度（mm）；

$b_{压}$——压扁后的毛坯宽度（mm）。

6. 切断模膛设计

为了提高生产效率、降低材料消耗，对于小尺寸锻件，根据具体情况可以采用一棒多件连续模锻，锻下一个锻件前要将已锻成的锻件从棒料上切下，这就需要使用切断模膛（切刀）完成。

为了减小锻模平面尺寸，切断模膛通常放置在锻模的四个角部，根据位置不同可分为前切刀和后切刀，如图 8.33 所示。前切刀操作方便，但切断过程中锻件容易碰到锻锤锤身，切断锻件易堆积在锤导轨旁。后切刀切下的锻件直接落到锻锤后边的传送带上，送到下一工位。在设计时应根据坯料直径 d 来确定切断模膛的深度和宽度。同时切断模膛的布置还要考虑拔长模膛的位置，当拔长模膛为斜排式时，切断模膛应在拔长模膛同侧。

切断模膛（切刀）的斜度通常为 15°、20°、25°、30° 等，应根据模膛的布置情况而定。

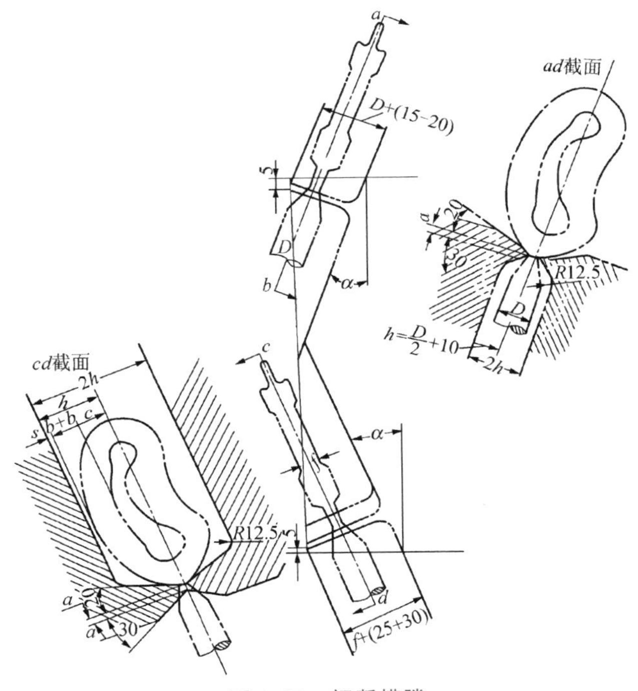

图 8.33 切断模膛

8.1.3 锤锻模结构设计

锤锻模的结构设计对锻件品质、生产效率、劳动强度、锻模和锻锤的使用寿命等有很大的影响。锤锻模的结构设计应着重考虑模膛的布排、错移力的平衡及锻模的强度、模块尺寸、导向等。

1. 模膛的布排

模膛的布排要根据模膛数及各模膛的作用和操作方便来安排。锤锻模一般有多个模膛，终锻模膛和预锻模膛的变形力较大，在模膛布置过程中一般首先考虑模锻模膛。

（1）终锻模膛与预锻模膛的布排

① 锻模中心与模膛中心。

a. 锻模中心。锤锻模的紧固一般都是利用楔铁和键块配合燕尾紧固在下模，如图 8.34 所示。锻模中心指锻模燕尾中心线与燕尾上键槽中心线的交点。它位于锤杆轴心线上，是锻锤打击力的作用中心。

b. 模膛中心。锻造时模膛承受锻件反作用力的合力作用点称为模膛中心。模膛中心与锻件形状有关。当变形抗力分布均匀时，模膛（包括飞边桥部）在分模面的水平投影的形心可当作模膛中心，可用传统的吊线法寻找，也可利用计算机绘图软件自动查找形心。变形抗力分布不均匀时，模膛中心则由形心向变形抗力较大的一边移动，如图 8.35 所示。允许移动距离的大小与模膛各部分变形抗力相差程度有关，可凭生产经验确定，一般情况下不宜超过表 8-4 所列的数据。

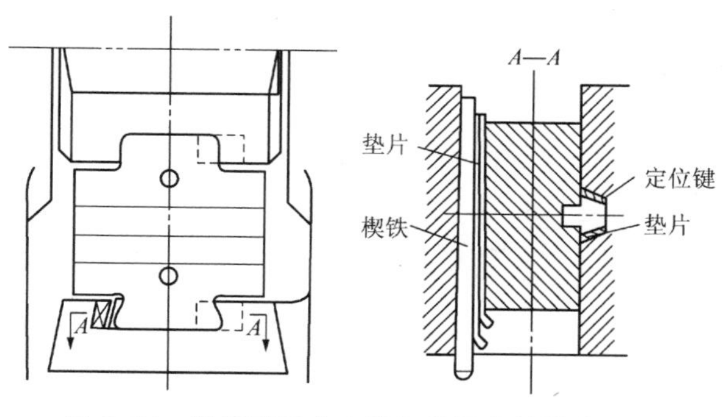

图 8.34 锻模燕尾中心线与燕尾上键槽中心线

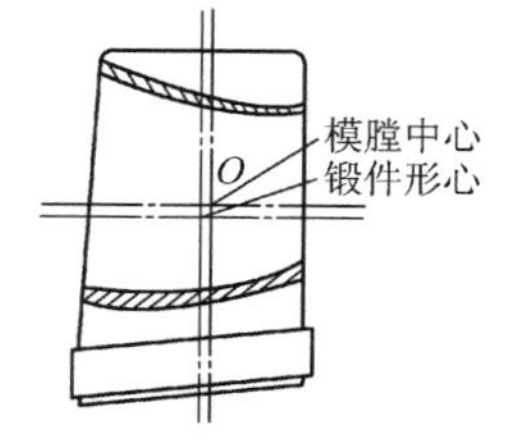

图 8.35 模膛中心的偏移

表 8-4 允许移动距离 L

锤吨位/t	1～2	3	5
允许移动距离 L/mm	<15	<25	<35

② 模膛中心的布排。当模膛中心与锻模中心重合时，锻锤打击力与锻件反作用力在同一垂线上，不产生错移力，上下模没有明显错移，这是理想的布排。当锻模模膛中心与锻模中心偏移一段距离时，锻造时会产生偏心力矩，使上下模产生错移，造成锻件在分模

面上产生错差，增加设备磨损。模膛中心与锻模中心的偏移量越大，偏心力矩越大，上下模错移量及锻件错差量越大。因此终锻模膛与预锻模膛布排设计的中心任务是最大限度减小模膛中心对锻模中心的偏移量。

当锻模无预锻模膛时，终锻模膛中心应取在锻模中心。

当锻模有预锻模膛时，两个模膛中心一般都不能与锻模中心重合。为了减少错差、保证锻件品质，应力求终锻模膛和预锻模膛中心靠近锻模中心。

模膛中心布排时要注意以下几项。

a. 在锻模前后方向上，两模膛中心均应在键槽中心线上，如图 8.36 所示。

b. 在锻模左右方向上，终锻模膛与锻模燕尾中心线间的允许偏移量，不应超过表 8-5 所列数值。

表 8-5　终锻模膛与锻模燕尾中心线间的允许偏移量 a

锤吨位/t	1	1.5	2	3	5	10
允许偏移量 a/mm	25	30	40	50	60	70

c. 一般情况下，终锻的打击力约为预锻的两倍，为了减少偏心力矩，终锻模膛中心线至锻模燕尾中心线的距离与预锻模膛中心线至锻模燕尾中心线的距离之比，应等于或略小于 1/2，即 $a/b<1/2$，如图 8.36 所示。

d. 预锻模膛中心线必须在燕尾宽度内，模膛超出燕尾部分的宽度不得大于模膛总宽度的 1/3。

e. 当锻件因终锻模膛偏移使错差量过大时，允许采用 $L/5<a<L/3$，即 $2L/3<b<4L/5$。在这种条件下设计预锻模膛时，应当预先考虑错差量 Δ。Δ 值由实际经验确定，一般为 1～4mm，如图 8.36 中 A—A 剖面所示。锤吨位小者取小值，大者取大值。

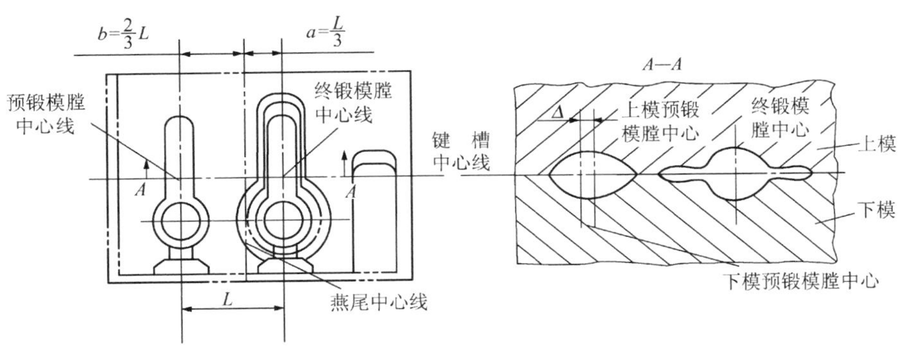

图 8.36　预锻模膛中心及终锻模膛中心的布排

f. 若锻件有宽大的头部（如大型连杆锻件），两个模膛中心距超出上述规定值，或终锻模膛因偏移使错差量超过允许值，或预锻模膛中心超出锻模燕尾宽度，可使两个模膛置于不同锻锤的模块上联合锻造。这样两个模膛中心便可都处于锻模中心位置，能有效减少错差量，提高锻模寿命，减少设备磨损。

g. 为减小终锻模膛与预锻模膛中心距 L，保证模膛模壁有足够的强度，可选用下列排列方法。

平行排列法，如图 8.37 所示，终锻模膛中心和预锻模膛中心位于键槽中心线上，L 值减小的同时前后方向的错差量也较小，锻件品质较好。

前后错开排列法，如图 8.38 所示，预锻模膛中心和终锻模膛中心不在键槽中心线上。前后错开排列能减小 L 值，但增加了前后方向的错移量，适用于特殊形状的锻件。

反向排列法，如图 8.39 所示，预锻模膛和终锻模膛反向布排，这种布排能减小 L 值，同时有利于去除坯料上的氧化皮并使模膛更好充满，操作也方便，主要用于上下模对称的大型锻件。

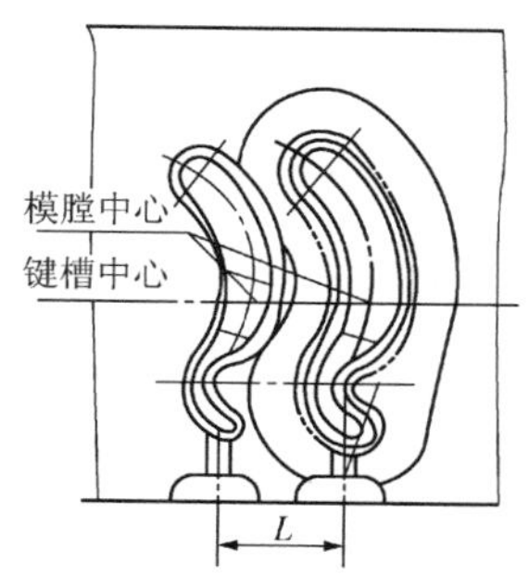

图 8.37　平行排列法

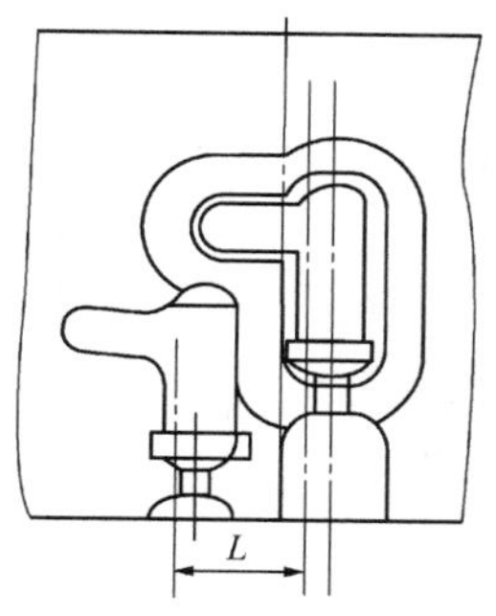

图 3.38　前后错开排列法

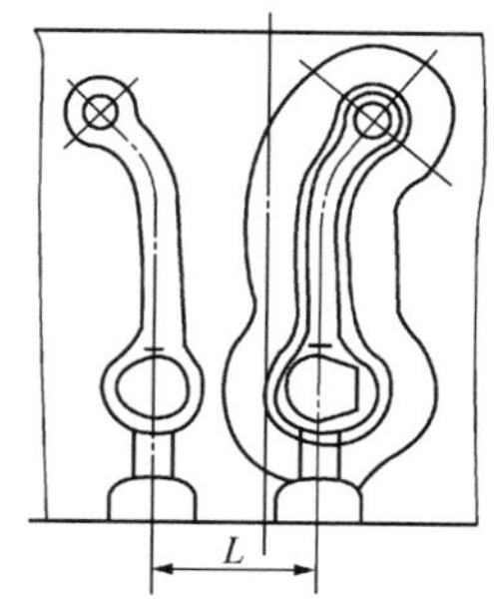

图 8.39　反向排列法

③ 终锻模膛、预锻模膛前后方向的排列方法。终锻模膛、预锻模膛的模膛中心位置确定后，模膛在模块上的布置还没有最后确定，如某齿轮轴锻件，还需要根据下列两种情况考虑。

a. 图 8.40 所示的排列法为锻件大头靠近钳口，使锻件质量大且难出模的一端接近操作者，这样操作方便、省力。

b. 图 8.41 所示的排列法为锻件大头难充满部分放在钳口对面，对金属充满模膛有利。这种布排还可利用锻件杆部作为夹钳料，省去夹钳料头。

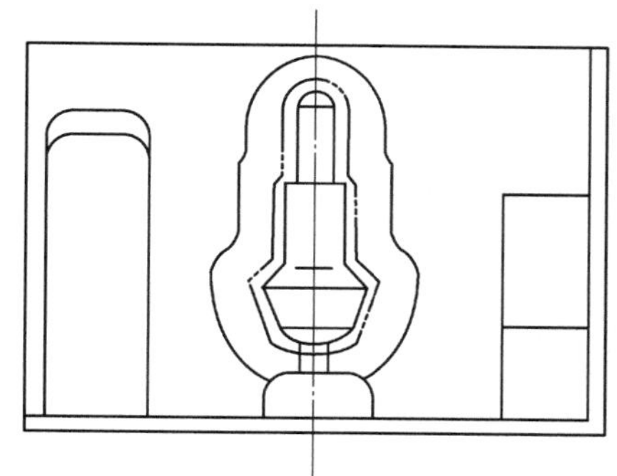

图 8.40　锻件大头靠近钳口的终锻模膛布置

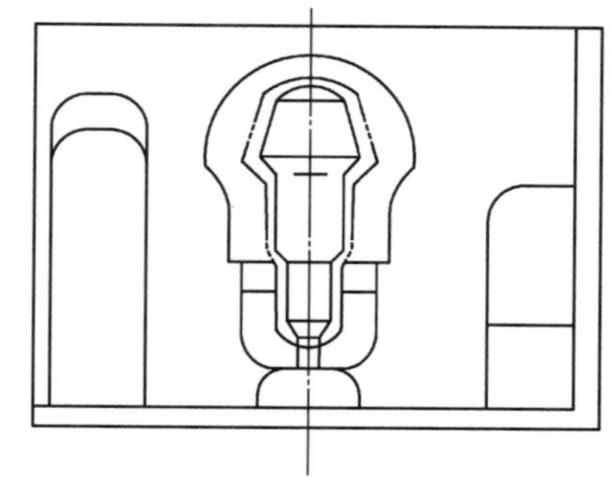

图 8.41　锻件大头在钳口对面的终锻模膛布置

（2）制坯模膛的布排

除终锻模膛和预锻模膛以外的其他模膛由于成形力较小，可布置在终锻模膛与预锻模膛两侧。具体原则如下。

① 制坯模膛尽可能按加工过程顺序排列，操作时一般只让坯料运动方向改变一次，以求缩短操作时间。

② 模膛的排列应与加热炉、切边压力机和吹风管的位置相适应。例如，氧化皮最多的模膛是锻模中头道制坯模膛，应位于靠近加热炉的一侧，并且在吹风管对面，不要让氧化皮吹落到终锻模膛及预锻模膛内。

③ 弯曲模膛的位置应便于将弯曲后的坯料顺手送入终锻模膛内，如图 8.42(a) 所示。图 8.42(a) 所示的布置比图 8.42(b) 所示的布置好。大型锻件锻造时，要多考虑工人的操作方便性。

④ 拔长模膛位置如在锻模右边，应采用直式 [图 8.22(a)]，如在左边，应采取斜式 [图 8.22(b)]。这样可方便拔长操作。

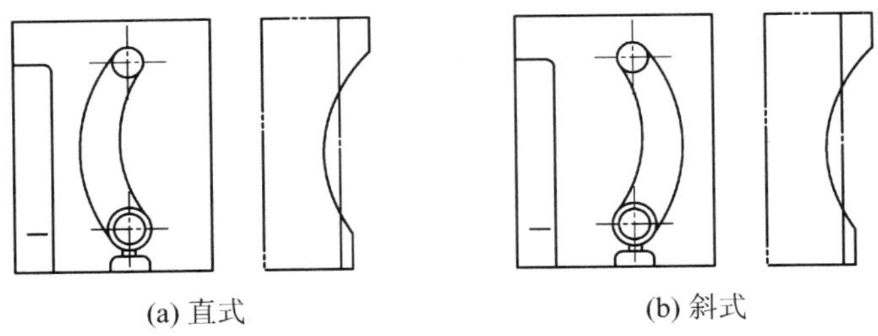

(a) 直式　　(b) 斜式

图 8.42　弯曲模膛的布置

2. 错移力的平衡与锁扣设计

在锻打过程中产生的错移力，一方面使锻件错移，影响尺寸精度和加工余量；另一方面加速锻锤导轨磨损，使锤杆过早折断。因此错移力的平衡是保证锻件尺寸精度和锤杆失效的一个重要问题。

我们知道，设备的精度对减小锻件的错差量有一定的影响，但是最根本、最有积极意义的是在模具设计方面采取弥补措施，因为后者对模具精度的影响更直接，更具有决定作用。

(1) 对于有落差的锻件错移力的平衡

当锻件的分模面为斜面、曲面，或锻模中心与模膛中心的偏移量较大时，在模锻过程中会产生水平分力，这种分力通常称为错移力，错移力会引起锻模在锻打过程中错移。

锻件分模线不在同一平面上（即锻件具有落差），在锻打过程中，分模面上会产生水平方向的错移力，错移力的方向明显。错移力一般比较大，在冲击载荷的作用下容易发生生产事故。锤上模锻这类锻件时，为平衡错移力和保证锻件品质，一般采取以下措施。

① 对小锻件可以成对进行锻造，如图 8.43 所示。

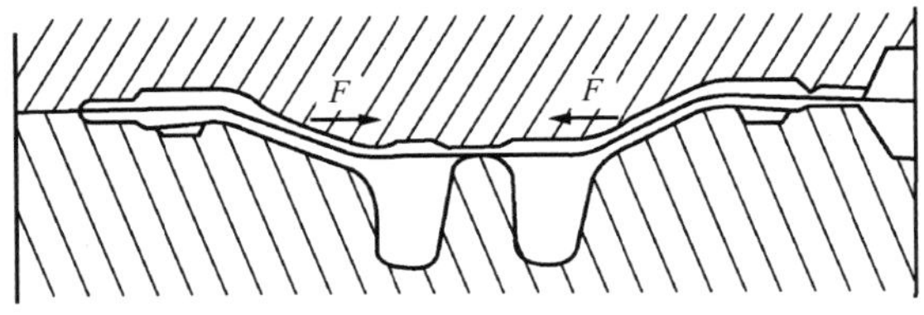

图 8.43　成对锻造

② 当锻件较大，落差较小时，可将锻件倾斜一定角度锻造，如图 8.44 所示。由于倾斜了一个角度 γ，锻件各处的拔模斜度发生变化。为保证锻件锻后能从模膛取出，角度 γ 值不宜过大，一般 $\gamma<7°$，并且以小于拔模斜度为佳。

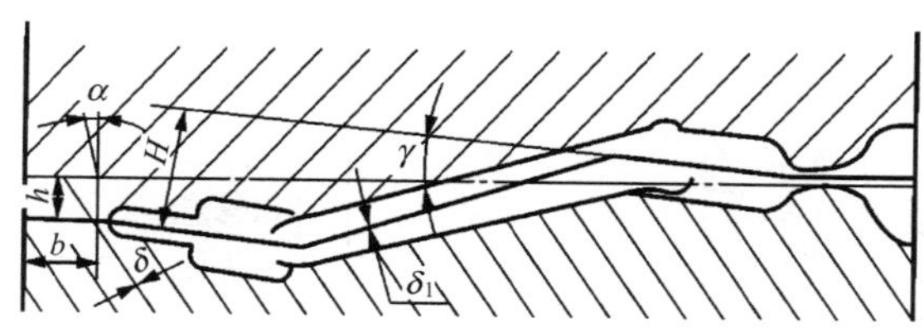

图 8.44　倾斜一定角度锻造

③ 如锻件落差较大（15～50mm），用第二种方法不好解决时，可采用平衡锁扣，如图 8.45 所示。锁扣高度等于锻件分模面落差高度。由于锁扣所受的力很大，容易损坏，故锁扣的厚度应不小于 1.5h。锁扣的斜度 α 值：当 $h=15\sim30$mm 时，$\alpha=5°$；当 $h=30\sim60$mm 时，$\alpha=3°$。锁扣间隙 $\delta=0.2\sim0.4$mm，注意其必须小于锻件允许的错差之半。

④ 如果锻件落差很大，可以联合采用第二种和第三种方法，如图 8.46 所示，既将锻件倾斜一定角度，也设计平衡锁扣。

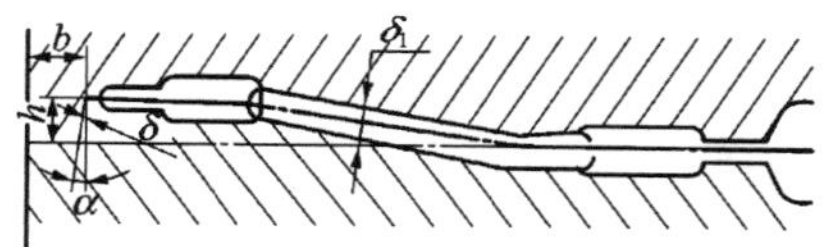

图 8.45　平衡锁扣

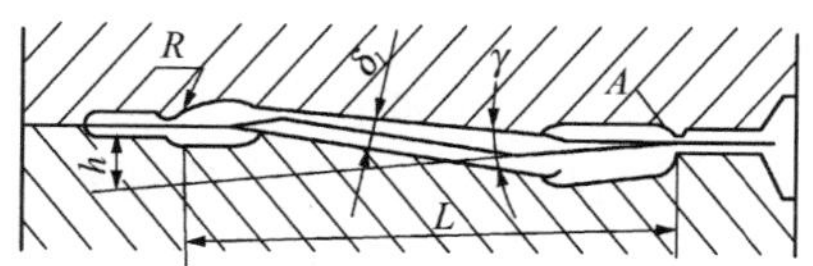

图 8.46　倾斜锻件并设置锁扣

具有落差的锻件，采用平衡锁扣平衡错移力时，模膛中心并不与键槽中心重合，而是沿着锁扣方向向前或向后偏离 b 值，目的是减少错差量与锁扣的磨损。具体有如下两种情况。

a. 平衡锁扣凸出部分在上模，如图 8.47(a) 所示。模膛中心应向平衡锁扣相反方向离开锻模中心，其距离为

$$b_1=0.2\sim0.4\text{mm}$$

b. 平衡锁扣凸出部分在下模，如图 8.47 (b) 所示。模膛中心应向平衡锁扣方向离开锻模中心，其距离为

$$b_2=(0.2\sim0.4)h$$

(2) 模膛中心与锤杆中心不一致时错移力的平衡

模膛中心与锤杆中心不一致或因加工过程需要(如设计有预锻模膛)，终锻模膛中心偏离锤杆中心，都会产生偏心力矩。设备的上下砧面不平行，模锻时也会产生水平错移力。为减小由这些原因引起的错移力，除设计时尽量使模膛中心与锤杆中心一致外，还可采用导向锁扣。

导向锁扣的主要功能是导向及平衡错移力，它补充了设备的导向功能，便于模具安装和调整。

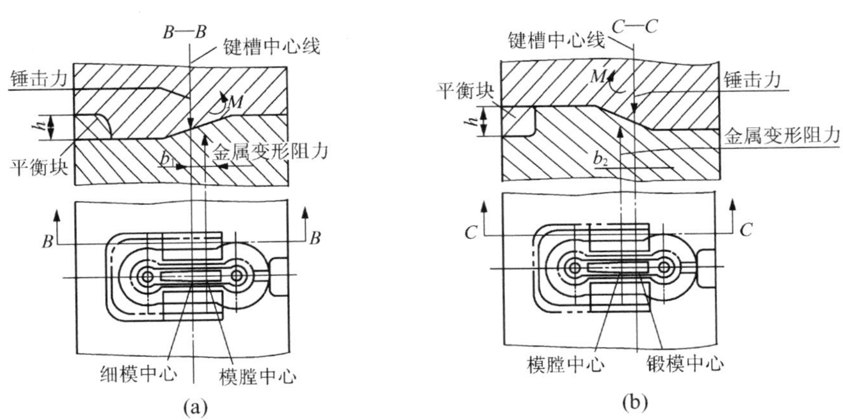

图 8.47　带平衡锁扣模膛中心的布置

导向锁扣常用于下列情况。

① 一模多件锻造、锻件的冷切边及要求锻件小于 0.5mm 的错差量等。

② 容易产生错差量的锻件的锻造，如细长轴类锻件、形状复杂的锻件及在锻造时模膛中心偏离锻模中心较大的锻造。

③ 不易检查和调整其错移量的锻件的锻造，如齿轮类锻件、叉形锻件及工字形锻件等。

④ 锻锤锤头与导轨间隙过大，导向长度低。

常用的锁扣形式如下。

① 圆形锁扣（图 8.31 中的镦粗台就是"圆形锁扣"），一般用于齿轮类锻件和环形锻件。这些锻件很难确定其错移方向。

② 纵向锁扣（图 8.48)，一般用于直长轴类锻件，能保证轴类锻件在直径方向有较小的错移，常应用于一模多件的模锻。

③ 侧面锁扣（图 8.49)，用于防止上模与下模相对转动或在纵横任一方向发生错移，但制造困难，较少采用。

④ 角锁扣（图 8.50)，作用和侧面锁扣相似，但可在模块的空间位置设置两个或四个角锁扣。

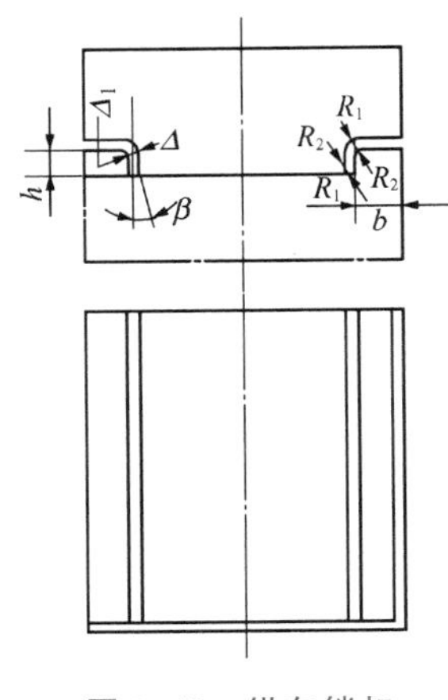

图 8.48　纵向锁扣

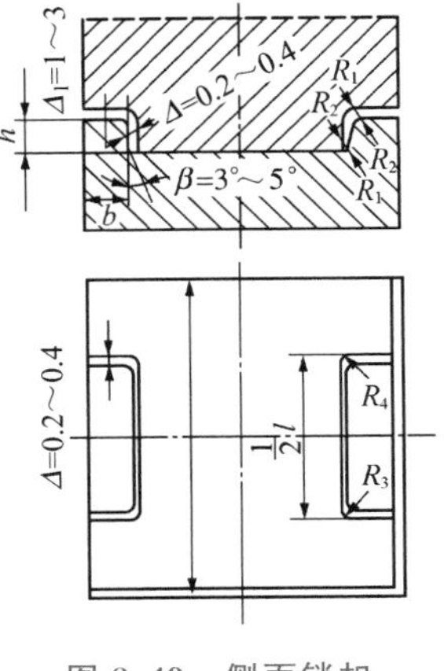

图 8.49　侧面锁扣

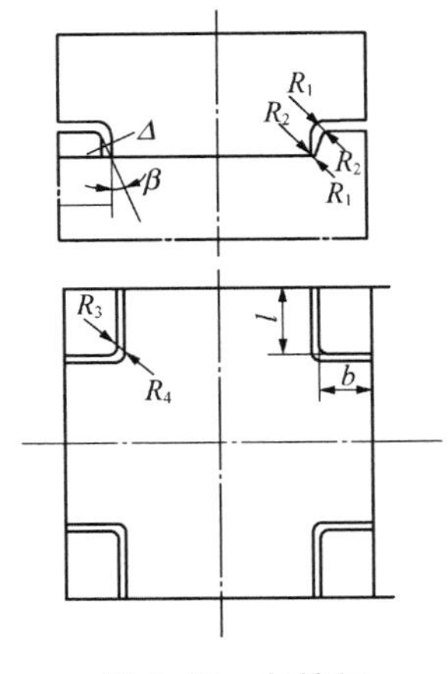

图 8.50　角锁扣

锁扣的高度、宽度、长度和斜度一般都按锻锤吨位确定，设计锁扣时应保证有足够的强度。为防止模锻时锁扣碰撞，应在锁扣导向面上设计斜度，一般取 3°～5°。

上下锁扣间应有间隙，一般在 0.2～0.6mm。这一间隙值是上下模打靠时锁扣间的间隙尺寸。未打靠之前，由于上下锁扣导向面上都有斜度，间隙大小是变化的。因此，锁扣的导向主要在模锻的最后阶段起作用。与常规的导柱、导套导向副相比，锁扣导向的精确性差。

采用锁扣可以减小锻件的错移，但也有其不足之处，如模具的承击面减小，模块尺寸增大，减少了模具可翻新的次数，增加了制造费用等。

3. 脱料机构设计

一般模锻时，为了迅速从模膛中取出锻件并使模具工作可靠，在设计和制造中，必须考虑模具的脱料装置。

锤上精密模锻时，由于锻锤上没有顶出装量，因此不宜在锤上精锻形状复杂、脱模困难的锻件。一般应在模膛中做出拔模斜度或在模具中设计顶出装置，以便取出锻件。图 8.51所示为锤上闭式模锻用有脱料装置的锻模。模具的工作部分是下模芯 3、下模圈 4 和上模 6。锻模底座 1 通用，在底座中有螺栓 2、7，弹簧 9 和套管 8。图 8.51(a) 所示为模锻时的位置。图 8.51(b) 所示为脱料时的位置。U 形钳 10 放在下模圈 4 上，上模 6 把下模圈 4 压下，便可从模膛中取出锻件 5。

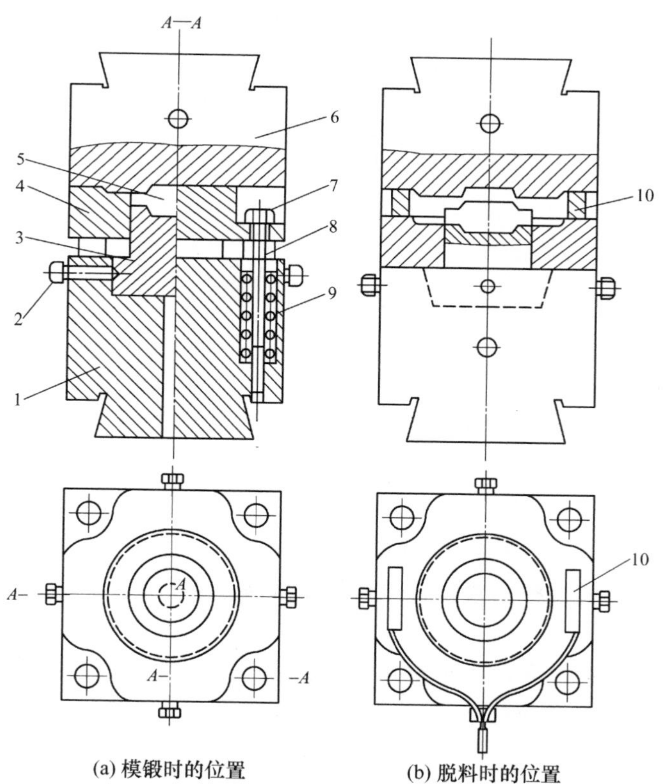

(a) 模锻时的位置　　(b) 脱料时的位置

图 8.51　锤上闭式模锻用有脱料装置的锻模

1—锻模底座；2、7—螺栓；3—下模芯；4—下模圈；5—锻件；6—上模；8—套管；9—弹簧；10—U 形钳

4. 模具强度设计

模锻变形时，通过模具将外力传给变形金属，与此同时，变形金属也以同样大小的反作用力作用于模具。当模具内的应力值超过材料的强度极限时，模具便发生破坏。尤其在冲击载荷下，模具更容易破坏。锤上锻模与强度有关的破坏形式主要有下列四种：① 在燕尾根部转角处产生裂纹；② 在模膛深处沿高度方向产生纵向裂纹；③ 模壁打断；④ 承击面打塌。

上述各种破坏形式，从外因来看主要有下列两种原因：① 在极高的打击力作用下，应力值超过模具的强度极限，经一次打击或极少次数打击，模具便产生裂纹或断裂；② 在较低的应力下，经多次反复打击，由于疲劳而产生破裂。

从内因来看，主要是锻模的结构设计不合理，锻模强度不够。例如模膛壁厚较薄，模块高度较低，模具承击面小，模具燕尾根部的转角的圆角半径过小，模块纤维方向分布不合理等。

由于锤上模锻的受力情况复杂，影响因素很多，很难进行理论计算，一般均根据经验公式或图表确定模具的结构参数。

(1) 模壁厚度

由模膛到模块边缘，以及模膛之间的壁厚都称为模壁厚度。模壁厚度应在保证足够强度的情况下尽可能减小。一般根据模膛深度、模壁斜度和模膛底部的圆角半径来确定最小的模壁厚度。

模壁厚度还与模膛在分模面上的形状有关。例如，对图 8.52(a) 所示的情况，模壁厚度可以取小值，而对图 8.52(b)、图 8.5(c) 所示的情况，模壁厚度则可以相对地取较大一点的值。不同情况下的模壁厚度可根据有关手册选定。

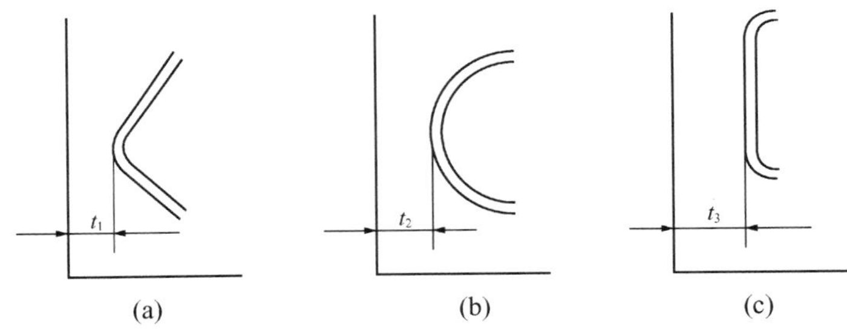

图 8.52 模膛形状对模膛壁厚的影响

(2) 模块高度

模块高度可根据终锻模膛最大深度和翻新要求参考有关手册选定。

(3) 承击面积

承击面是指上下模接触面，面积为分模面积减去模膛、飞边槽和锁扣面积。锻模分模面的承击面积 S 按下列经验公式确定。

$$S=(30\sim40)G$$

锻模分模面的承击面积 S 的单位取 cm^2 时，锻锤吨位 G 的单位为 kN。

承击面不能太小，承击面太小易造成分模面压塌。但是，随着锻锤吨位增大，单位吨位的承击面可相应减小。不同吨位锻锤的最小承击面积的允许值见表 8-6。

表 8-6 不同吨位锻锤的最小承击面积的允许值

锻锤吨位/kN	10	20	30	50	100	160
最小承击面积/cm^2	300	500	700	900	1600	2500

(4) 燕尾根部的转角

锤击时，燕尾与锤头和下砧的燕尾槽接触，两侧悬空（间隙约为 0.5mm），当偏心打击时，燕尾根部转角处的应力集中较大，如模锻连杆的锻模，由于有预锻和终锻两个模膛，常常从燕尾根部转角处破坏。燕尾转角半径越小，加工时越粗糙，留有加工的刀痕越明显，燕尾就越易破坏。燕尾部分热处理后的硬度越高（相应的冲击韧度越低）和应力集中现象越严重时，燕尾也越易破坏。

从模具本身来看，如果锻模材质不好也易产生这种损坏。

为减小应力集中，燕尾根部的圆角半径 R 一般取 5mm。转角处应光滑过渡，粗糙度低，不能有刀痕，热处理淬火时此处的冷却速度应慢一些。

(5) 模块纤维方向

锻模寿命与其纤维方向密切相关，任何锤锻模的纤维方向都不能与打击方向相同，否则模膛表面耐磨性下降，模壁容易剥落。对于长轴类锻件，当磨损是影响锻模寿命的主要原因时，锻模纤维方向应与锻件轴线方向一致，如图 8.53(a) 所示，这样在加工模具型腔时被切断的金属纤维少。当开裂是影响锻模寿命的主要原因时，纤维方向应与锻模燕尾键槽中心线方向一致，如图 8.53(b) 所示，这样裂纹不易发生和扩展。对短轴类锻件，锻模纤维方向应与键槽中心线方向一致，如图 8.53(c) 所示。

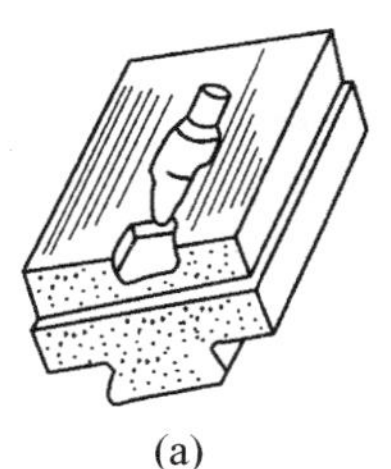
(a)

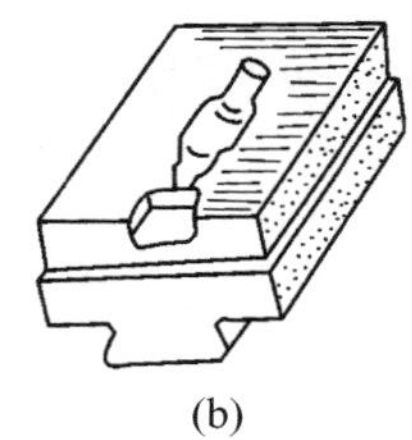
(b)

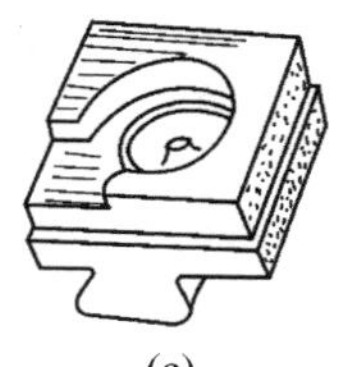
(c)

图 8.53 锻模纤维方向

5. 模块尺寸及校核

锻模尺寸的确定与模膛数、模膛尺寸、模壁厚度、模膛的布排方法等有关，此外，还应考虑设备的技术规格。

(1) 锻模宽度

锻模宽度根据各模膛尺寸和模壁厚度确定。为保证锻模不与锻锤导轨相碰，锻模最大宽度必须保持它与导轨之间的距离大于 20mm。锻模的最小宽度至少超过燕尾 10mm，或者燕尾中心线到锻模边缘的最小尺寸 B_1 大于或等于锻模宽度 B 的一半加上 10mm，即 $B_1 \geqslant B/2+10$mm。

(2) 锻模长度

锻模长度根据模膛长度和模壁厚度确定。较长的锻件有可能两端呈悬空状态，伸到模座和锤头之外，使锻模超长。这种情况对锻模受力条件不利，对伸出长度 f 要有所限制，一般规定伸出长度 f 小于模块高度 H 的 1/3。

(3) 锻模高度

如前所述，锻模的最小高度按终锻模膛的最大深度确定，但是上下模块的最小闭合高度应大于锻锤允许的最小闭合高度。考虑到锻模翻修的需要，通常锻模高度是锻锤最小闭合高度的 1.35～1.45 倍。

(4) 锻模中心与模块中心的关系

如前所述，锻模中心是燕尾中心线与键槽中心线的交点，而模块中心是锻模底面对角线的交点。锻模中心相对模块中心的偏移量不能太大，否则模块本体自身质量将使锤杆承受较大的弯曲应力，降低锻件精度，使锻锤也受损害。偏移量应限制在横向偏移量 $a<0.1A$（横向尺寸）和纵向偏移量 $b<0.1B$（纵向尺寸）的范围内。

(5) 锻模质量

为了保证锤头的运动性能，应限制上模块质量最大不超过锤吨位的 35%。例如 100kN 锻锤，上模块质量不应超过 3500kg。

(6) 检验角

锻模上两个加工侧面所构成的 90°角称为检验角。其用途是安装、调整锻模时检验上下模膛是否对准，同时也使锻模机械加工时有相互垂直的划线基准面。这两个侧面一般刨进深度 5mm、高度 50～100mm。检验角设置在前面与左边（或右边），主要根据模膛安排的情况而定。利用闭式制坯模膛这一侧面作为检验角才起作用，决不能以开式制坯模膛这一边作为检验角。

8.2 热模锻压力机用锻模

热模锻压力机滑块行程一定，每次行程都能使锻件得到相同高度，模锻件的尺寸精度较高，滑块运动速度比模锻锤低，有导向良好的导向装置，承受偏载的能力较模锻锤强，因而在热模锻压力机上模锻有利于延长模具使用寿命。热模锻压力机的滑块机构具有严格的运动规律，易于实现机械化和自动化生产，特别适合于大批量生产和机械化、自动化程度高的模锻车间。热模锻压力机不需要强大的安装基础，但结构比较复杂，加工要求较高，制造成本高。

因为热模锻压力机有上下顶出装置，所以大多数短轴类模锻件和长轴类模锻件均可在热模锻压力机上生产，不少顶镦类锻件也可在热模锻压力机上生产。

热模锻压力机上常用的变形工步有终锻、预锻、镦粗、成形镦粗、压挤、压扁、弯曲、成形等。

热模锻压力机械加工过程的万能性差，不便于进行拔长和滚挤等制坯工步。它只能完成截面积变化不大（<10%～15%）的制坯工作。单机生产时，适合锻造没有滚挤或拔长等工序的单工序模锻件，如模锻齿轮坯、轨链节和地质钻头上的牙掌等。当遇到截面积变化较大的锻件时，制坯工序应在锤锻机或辊锻机等设备上进行。

热模锻压力机上常常要用到预锻工步，有时一次预锻不够，需要两次或多次预锻。

热模锻压力机直接采用电力-机械传动，传动效率较高。热模锻压力机工作时没有冲击，可以看成对变形金属施加静压力。金属充填模膛的能力不如模锻锤好，所设计的模膛与锤锻模有差异。

热模锻压力机用模具可以采用镶块式组合结构。

热模锻压力机模具的工作条件较锻锤好，对模具材料在韧性上的要求可比锤锻模稍低。所以热模锻压力机锻模除可以用 5CrNiMo 钢、5CrMnMo 钢制作外，还可以用压铸模钢 3Cr2W8V 钢（H21 钢）及 4Cr5MoSiV1 模具钢制作，但 4Cr5MoSiV1 模具钢的综合性能更好。

热模锻压力机用锻模主要零件材料及其硬度参见表 8－7。

表 8－7 热模锻压力机用锻模主要零件材料及其硬度

锻模主要零件名称	材料		硬度计压痕 dB/mm	HBS
	主要材料	代用材料		
锻模型槽镶块	SCrNiMo	5CrMnMo 4Cr5MnSiV 4Cr5MnSiV1 4Cr52WVSi 5Cr2NiMoVSi[①]	2.9～3.1	444～388
制坯型槽镶块	5CrMnMo	45	3.0～3.1	415～363
下顶杆	4Cr5MoSiV1	4Cr5MoSiV1	48～52HRC	
上顶杆	4Cr5MoSiV1	4Cr5MoSiV1	48～52HRC	

注：① 当模块和镶块截面小于 300mm×300mm，硬度为 429～450HBS；当模块和镶块截面小于 300mm×300mm，硬度为 400～420HBS。

8.2.1 模膛设计

热模锻压力机锻模常用的模膛有终锻模膛、预锻模膛、镦粗模膛、压挤（成形）模膛、弯曲模膛等。

1. 终锻模膛设计

热模锻压力机上锻模的终锻模膛设计内容主要包括确定模膛轮廓尺寸、选择飞边槽形式、设计钳口、设计排气孔和正确布置顶出器。

（1）飞边槽的选择

热模锻压力机用锻模的飞边槽形式和锤用锻模相似，主要区别是飞边槽没有承击面，在上下模面之间留有的高度等于飞边槽桥部高度的间隙，其目的是防止压力机超载“闷车”。

在热模锻压力机上模锻，要采用合理的制坯工步，使金属在终锻模膛内的变形主要以镦粗方式进行，飞边槽的阻力作用不像锤上模锻那么重要，飞边槽的主要作用是容纳多余金属。飞边槽桥口高度及仓部均比锤锻模上的飞边槽相应大一些，其结构形式及尺寸可参考有关手册设计。

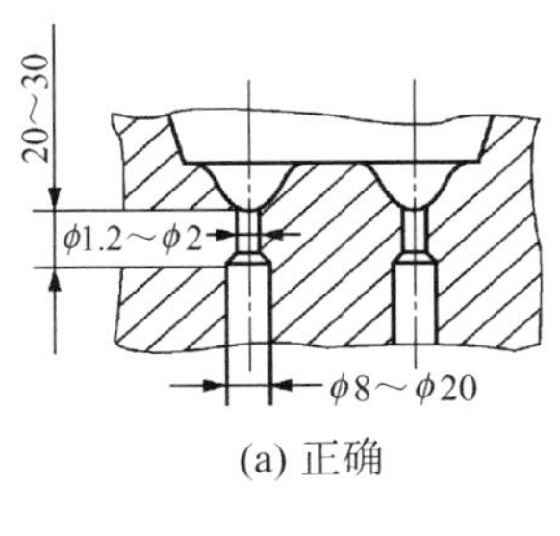

(a) 正确

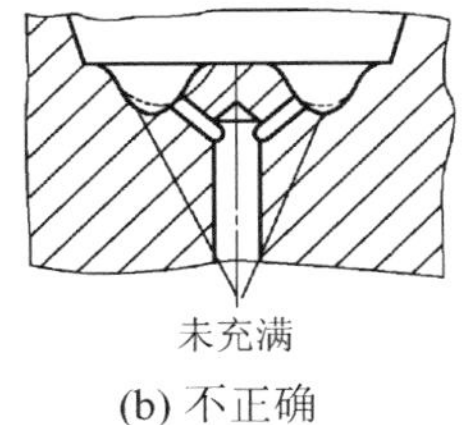

(b) 不正确

图 8.54 排气孔的布置

(2) 排气孔的设计

与锤上模锻不同，热模锻压力机上模锻时金属是在滑块的一次行程中完成变形。若模膛有深腔，聚积在深腔内的空气受到压缩，无法逸出，则会产生很大压力阻止金属向模膛深处充填。所以，一般在模膛深腔金属最后充填处开设排气孔，如图 8.54 所示。

排气孔的直径为 1.2～2.0mm，孔深为 20～30mm，后端可用直径为 8～20mm 的通孔与通道连通。对环形模膛，排气孔一般对称设置。对深而窄的模膛，一般只在底部设置一个排气孔。模膛底部有顶出器或其他排气缝隙时，不需要开排气孔。

(3) 顶出器的布置

热模锻压力机的顶出器主要用于顶出预锻模膛或终锻模膛内的锻件。顶出器的位置应根据锻件的具体情况而定。在模锻时尽量不要使顶料杆受载。

一般情况下，顶出器顶出锻件时应顶在锻件的飞边上或具有较大孔径的冲孔连皮上，如图 8.55(a)～图 8.55(c) 所示。如果要将顶出器顶在锻件本体上时，应尽可能顶在加工面上，如图 8.55(d)～图 8.55(f) 所示。

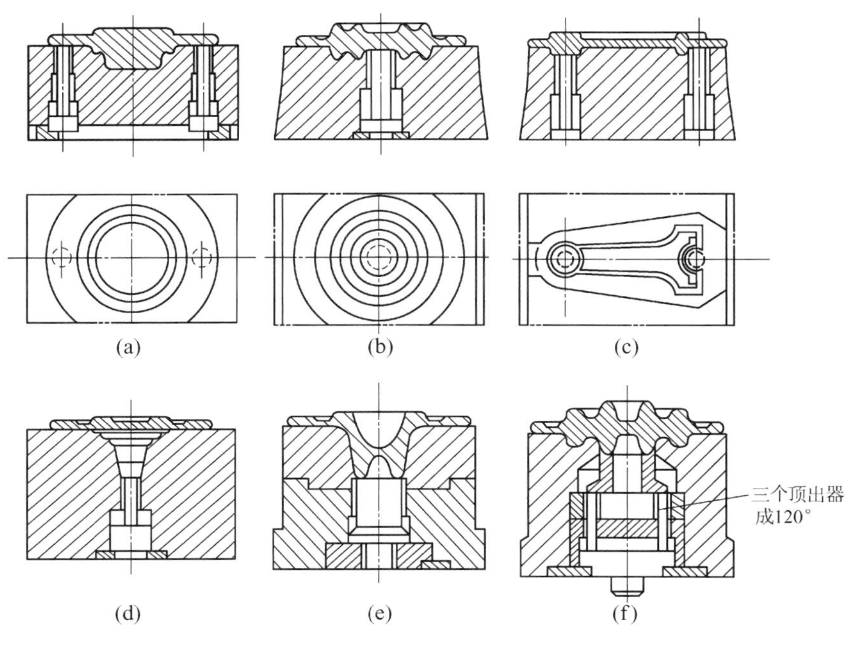

图 8.55 顶出器的位置

为防止顶杆弯曲，设计时应注意顶杆不能太细，顶杆直径一般取 10～30mm。应有足够长度的导向部分，顶杆孔与顶杆之间留有 0.1～0.3mm 的间隙。

顶杆周围的间隙也能起排气作用。

2. 预锻模膛设计

由于热模锻压力机一次行程完成金属变形，因此热模锻压力机上模锻的一般成形规律是，金属沿水平方向流动剧烈，向高度方向流动相对缓慢。这就使得在热模锻压力机上模锻时更容易产生充不满和折叠等缺陷，因而通常要设计预锻模膛。预锻模膛设计的原则是使预锻后的坯料在终锻模膛中以镦粗方式成形，具体如下。

(1) 预锻模膛比终锻模膛的高度尺寸相应大 2～5mm，宽度尺寸适当减小，并使预锻件的横截面积稍大于终锻件相应的横截面积。

(2) 若终锻件的横截面呈圆形，则相应的预锻件横截面应为椭圆形，椭圆横截面的长径比终锻件相应截面直径大 4%～5%。

(3) 严格控制预锻件各部分的体积，使终锻时多余的金属合理流动，避免由于金属回流而形成折叠等缺陷。

(4) 当终锻时金属不是以镦粗方式而主要以压入方式充填模膛时，要将预锻模膛的形状设计成与终锻模膛有显著差别，使预锻出来的预锻坯件的侧面在终锻模膛变形的一开始就与模壁接触，限制金属径向剧烈流动，迫使其流向模膛深处，如图 8.56 所示。

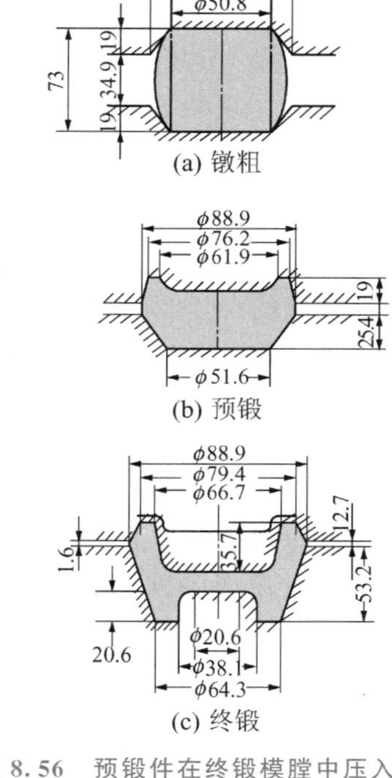

图 8.56　预锻件在终锻模膛中压入成形

3. 制坯模膛设计

热模锻压力机上常用的制坯模膛有镦粗模膛、压挤（成形）模膛和弯曲模膛等。

(1) 镦粗模膛

镦粗模膛有镦粗台和成形镦粗模膛两种。

① 镦粗台。镦粗台上下模的工作面是平面，用于对原坯料进行镦粗，通常用于镦粗圆形件。

② 成形镦粗模膛。成形镦粗模膛的结构如图 8.57 所示，其作用是使成形镦粗后的坯料易于在预锻模膛中定位或有利于金属成形。

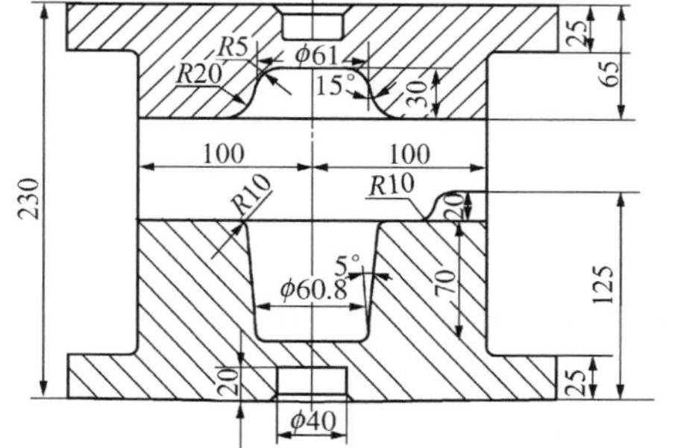

图 8.57　成形镦粗模膛的结构

(2) 压挤(成形)模膛

压挤(成形)模膛与锤上模锻的滚挤模膛相似,其主要作用是沿坯料纵向合理分配金属,以接近锻件沿轴向的断面积,其结构如图 8.58 所示。

压挤时,毛坯主要被延伸,截面积减小,而在某些部位(如靠近长度方向的中部)有一定的聚料作用。压挤模膛在热模锻压力机模锻中用得较多,特别是在没有辊锻制坯的情况下。压挤还能去除坯料表面氧化皮。

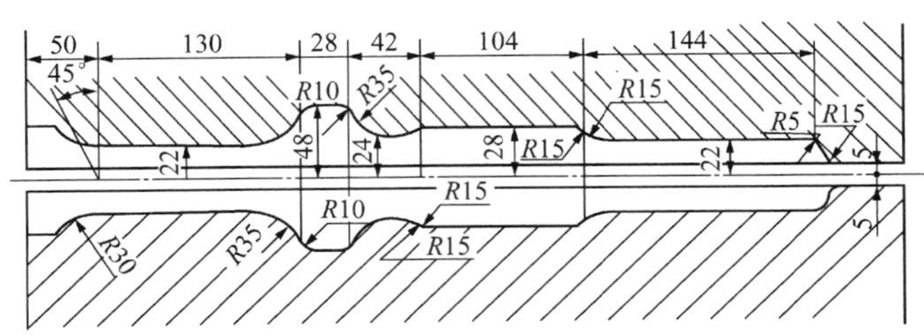

图 8.58 压挤(成形)模膛结构

(3) 弯曲模膛

弯曲模膛的作用是将坯料在弯曲模膛内压弯,使其符合预锻模膛或终锻模膛在分模面上的形状。

弯曲模膛的设计原则与锤上模锻相似,其设计依据是预锻模膛或终锻模膛的热锻件图在分模面上的投影形状。

8.2.2 锻模结构特点

热模锻压力机由于工作速度比锤低、工作平稳、设有顶出装置,所以多数锻模采用通用模架内装有单模膛镶块的组合结构,主要由模座、垫板、模膛镶块、紧固件、导向装置、上下顶出装置等零件组成。其中与锤用锻模区别较大的有模架、模块、导向装置及闭合高度。

1. 模架

模架多为通用,但是由于各种锻件所要求的工步数不同、镶块的形状不同(圆形或矩形)、镶块内所设置的顶出器不同(一个或多个),每台热模锻压力机都应该配有两套以上的通用模架。

模架由上下模板、导柱导套、顶出装置及紧固调整镶块用零件组成。模架的结构应保证模块装拆及调整方便,紧固牢靠,通用性强。

常用模架有以下三种形式。

(1) 压板式模架

压板式模架采用斜面压板压紧镶块锻模。图 8.59 所示为圆形镶块用斜面压板式模架。另外,还有矩形镶块用斜面压板式模架。

斜面压板式模架的优点是镶块紧固、刚性大、结构简单;缺点是对于模锻不同尺寸锻件的通用性较小,镶块的装拆及调整不方便,镶块不能翻新等。

(2) 楔块压紧式模架

楔块压紧式模架如图 8.60 所示。它与斜面压板式模架结构相似,只不过把压板换成了楔块。

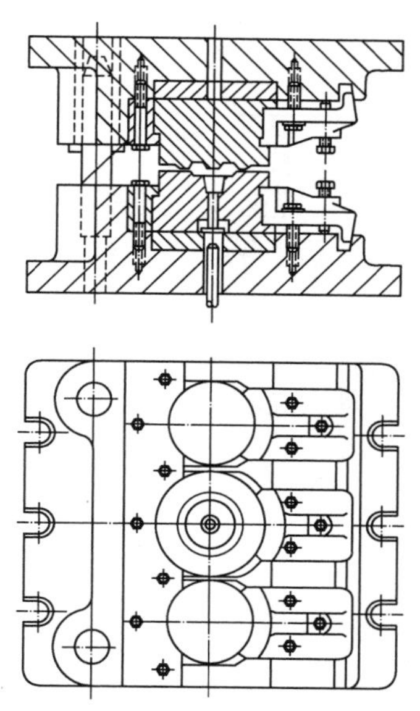

图 8.59 斜面压板式模架(圆形镶块用)

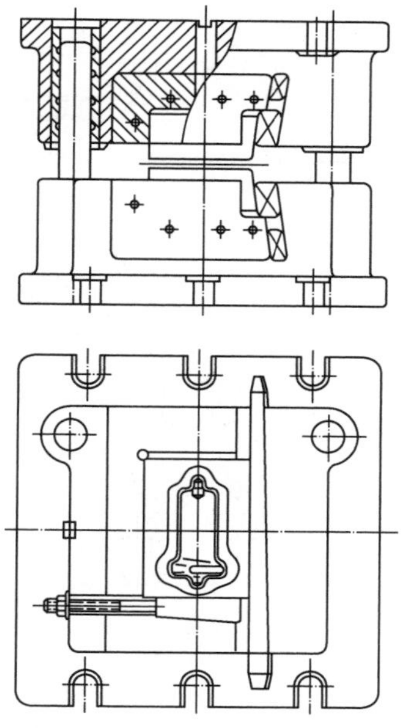

图 8.60 楔块压紧式模架

(3) 键式模架

键式模架没有压板式模架中的后挡板、斜面压板、侧向压紧板及模板上的凹槽。镶块、垫板、模板之间都用十字形布置的键进行前后方向及左右方向的定位和调整,如图 8.61 所示。

键式模架的通用性强,一副模架可以适应模锻各种不同尺寸的锻件及采用不同形状的镶块(圆形或矩形),镶块装拆及调整方便,镶块可以翻新。但是它的垫板、键等零件的加工精度要求较高。

2. 模块

装在模架上的热模锻压力机用锻模的模块,按照形状分为圆形和矩形两种。其中圆形模块加工方便,节省材料,适用于模锻回转体锻件;矩形模块可适用于模锻任何形状的锻件。

模块可为整体式模块或组合式模块。组合式模块如图 8.62 所示。上下模块可以是组合式的,分成两块或其中一个模块分成两块。分成两块后的一块为加工出模膛的镶块,另一块为模座。这样就使模座不用经常更换。图 8.62(a)~图 8.62(c) 所示为由正方形和矩形镶块组成的模块;而图 8.62(d) 及图 8.62(e) 所示为由圆形镶块组成的模块。

镶块与模座之间可以采用螺钉紧固,也可以采用斜楔紧固。

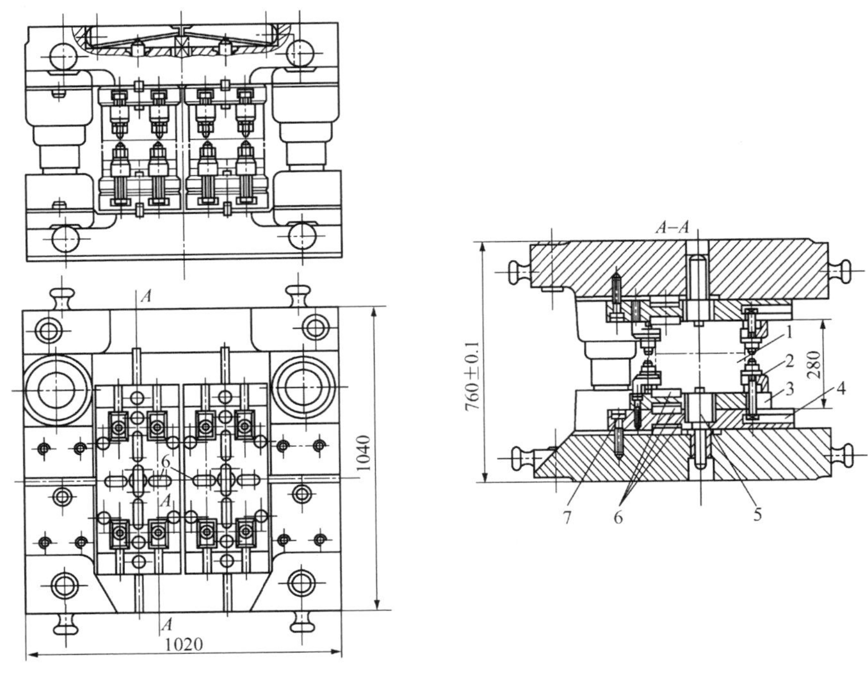

图 8.61 键式模架

1—镶块；2—压板；3—中间垫板；4—底层垫板；5—偏头键；6—导向键；7—螺钉

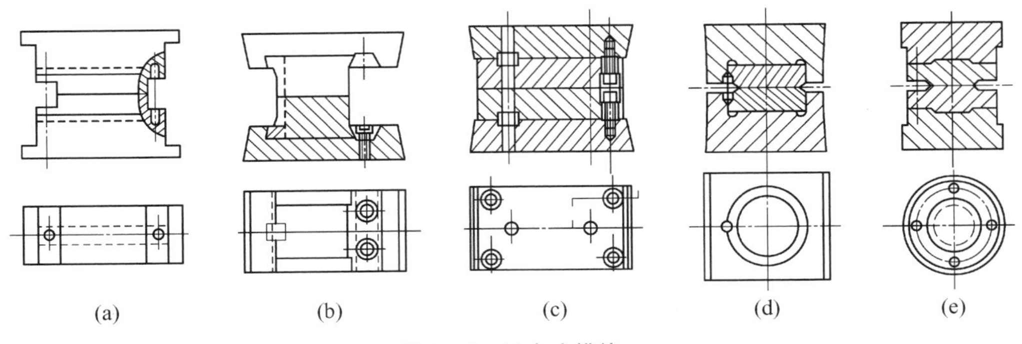

图 8.62 组合式模块

3. 导向装置

热模锻压力机用锻模的导向装置由导柱和导套组成。大多数锻模采用设在模座后面或侧面的双导柱，也有采用四导柱的导向装置。导柱长度应保证当压力机滑块在上死点位置时，导柱不脱离导套；在下死点位置时，导柱不碰盖板。

4. 闭合高度

热模锻压力机的运动机构是曲柄连杆机构或曲柄肘杆机构，其闭合高度由热模锻压力机的结构决定。由于热模锻压力机的行程固定，因此模具在闭合状态下各零件在高度方向

上的尺寸关系如图 8.63 所示，即

$$H=2(h_1+h_2+h_3)+h_4$$

式中 H——模具的闭合高度；

h_1——上下模座厚度；

h_2——上下垫板厚度；

h_3——上下锻块高度；

h_4——上下模间隙。

热模锻压力机模具的闭合高度 H 要比它的最小闭合高度大，其差值约为工作台最大调节量的 60%。

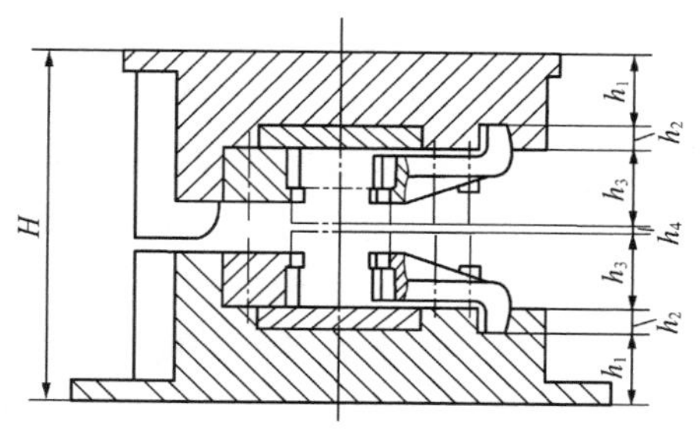

图 8.63 模具闭合高度的组成

8.3 螺旋压力机用锻模

在中小批量生产和精密成形中，螺旋压力机应用较广泛。这是因为螺旋压力机及其模具结构比较简单，制造成本低，模具调整方便。

螺旋压力机特别适于锻造镦粗成形的锻件，如直齿正齿轮、直齿锥齿轮和螺旋锥齿轮等锻件及透平叶片等薄壁锻件的精锻。

螺旋压力机的万能性大，适应性强。它没有固定的下死点，滑块行程不固定，打击力也不固定。螺旋压力机模锻时依靠滑块的冲击动能使金属变形，具有模锻锤的工作特性，可使锻件在两次或多次打击后成形。

由于螺旋副是非自锁的，在加载过程中机身及工作部分所吸收的能量（弹性能）在加载结束时立即释放，使滑块迅速回程，加上采用强有力的下顶出装置，热锻件与模具接触时间较短，有利于延长模具寿命。

螺旋压力机机身所受的打击力的大小取决于锻件的变形能，锻件吸收的变形能大，机身所受打击力就小；锻件吸收的变形能小，机身所受打击力就大。

螺旋压力机不仅适宜于锻造变形行程大、变形能大的模锻件，也适宜于锻造变形行程小而要求压力很大的锻件。

螺旋压力机的滑块（特别是液压螺旋压力机的滑块）导向长，导向精度比锤高，有利于提高锻件精度。工作载荷引起的机身弹性变形及机身受热膨胀所引起的伸长，不影响锻件高度尺寸精度。螺旋压力机具有热模锻曲柄压力机的特性，可以对产品进行无飞边、无斜度的模锻，也可以生产螺栓等局部顶镦类锻件。

螺旋压力机承受偏心载荷的能力较差，一般只适于进行单模膛模锻。生产形状比较复杂的锻件时，需要其他设备协助完成制坯。螺旋压力机本身不宜用于预锻和制坯。

通常在螺旋压力机上所完成的变形工步有终锻、预锻、镦粗、顶镦、弯曲、成形、压扁等。

螺旋压力机的打击速度低（3～4m/s），每分钟的打击次数少，故生产效率不高，传动效率低。

模具可以采用组合式结构。

螺旋压力机同模锻锤一样靠冲击力使金属变形，锻模主要零件（即凸模、凹模镶块及整体凸凹模）均可用5CrNiMn钢及5CrMnMo钢制作。实际上螺旋压力机模锻的工作条件比模锻好（大多是单模膛锻造，冲击力也比模锻锤小），因此螺旋压力机锻模还可以用4Cr5MoSi2V1钢和3Cr2W8V钢制作。螺旋压力机常用锻模主要零件材料及其热处理硬度见表8-8。它们都有较好的抗氧化性和抗疲劳性，也具有较好的淬透性，但是在韧性及抗急冷、急热性能上后者不如前者。

表8-8 螺旋压力机常用锻模主要零件材料及其热处理硬度

锻模零件名称	锻模材料		硬度/HBS
	主要材料	代用材料	
凸模镶块	4Cr5MoSi2V1 3Cr2W8V	5CrNiMo 5CrMnMo	390～490
凹模镶块	4Cr5MoSiV1 3Cr2W8V	5CrNiMo 5CrMnMo	390～440
凸凹模镶块	40Cr	45	349～390
整体凸凹模	5CrNiMo	8Cr3	369～422

8.3.1 模膛设计

在进行螺旋压力机锻模设计时，应注意下列问题。

(1) 螺旋压力机终锻模膛的设计要点与锤锻模相同，飞边槽的设计也相同，也需要考虑承击面的大小。

螺旋压力机闭式模锻较适用于轴对称变形或近似轴对称变形的锻件。

在闭式锻模设计中，如冲头和凹模孔之间，顶杆和凹模孔之间间隙过大，会形成纵向毛刺，加速模具磨损并造成顶件困难；如间隙过小，因温度的影响和模具的变形，会造成冲头和顶杆在凹模孔内运动困难。通常按3级滑动配合精度选用。冲头与凹模的间隙为0.05～0.20mm。

设计闭式锻模的凹模和冲头时，应考虑多余能量的吸收问题。当模膛已基本充满，再进行打击时，则滑块的动能几乎全部被模具和设备的弹性变形所吸收。坯料被压缩后，使模具的内径撑大，模具承受很大的应力。因此，在螺旋压力机上闭式模锻时，模具尺寸不取决于模锻件的尺寸和材料，而取决于设备的吨位。

螺旋压力机通常只有下顶出装置，所以锻件上的形状复杂部分应放在下模，以便于脱模。在设计细长杆件局部顶镦模具时，为防止坯料弯曲和皱折，应限制坯料变形部分的长度和直径的比值。

(2) 螺旋压力机上模锻的制坯工作多半由自由锻锤、辊锻机等完成。因而有关的预锻模膛设计应根据所用设备而定。

(3) 当锻模上只有一个模膛时，模膛中心要和锻模模架中心及压力机主螺杆中心重合；如在螺旋压力机的模块上同时布置预锻模膛，应分别布置在锻模中心两侧。两中心相对于锻模中心的距离分别为 a、b，其比值 $a/b \leqslant 1/2$，$a+b \neq D$，如图 8.64 所示。

(4) 因螺旋压力机的行程速度慢，模具的受力条件较好，所以开式模锻模块的承击面积比锤锻模小，约为锤锻模的三分之一。

(5) 对于模膛较深、形状较复杂、金属难充满的部位，应设置排气孔。

(6) 由于螺旋压力机的行程不固定，上行程结束的位置也不固定，因此在模块上设计顶出器时，应在保证顶出器强度的前提下留有足够的间隙（图 8.65），以防顶出器将整个模架顶出。

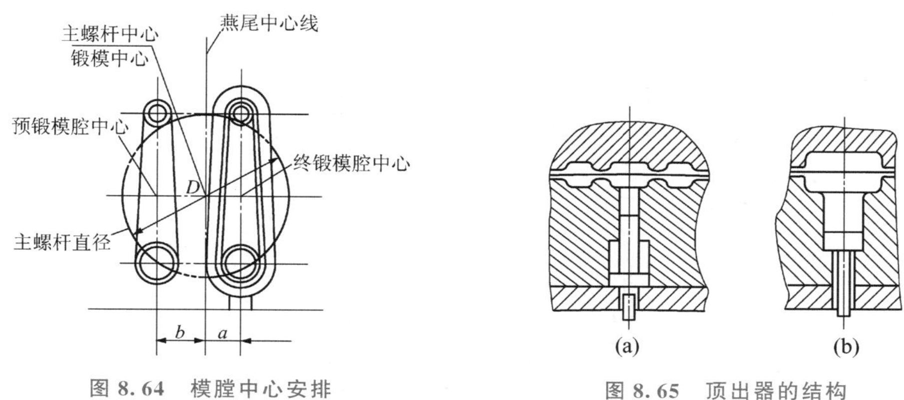

图 8.64　模膛中心安排

图 8.65　顶出器的结构

8.3.2 锻模结构特点

1. 锻模的结构形式

由于螺旋压力机具有模锻锤与热模锻压力机的双重特点，所以螺旋压力机锻模的结构既可采用锤锻模结构形式，也可采用热模锻压力机锻模结构形式。

图 8.66(a) 和图 8.66(d) 所示为整体式和镶块式的锤锻模结构形式，图 8.66(b)、图 8.66(c)、图 8.66(e) 及图 8.66(f) 所示为整体式和组合式的热模锻压力机锻模结构形式。如既有模锻锤又有螺旋压力机时，同样能量设备应做到通用，这时可采用锤锻模结构形式，以便根据生产任务调节不同设备的负荷。大吨位螺旋压力机多用整体式锻模，如图 8.66(a) 及图 8.66(b) 所示。

2. 模块、模座及紧固形式

螺旋压力机模块分为圆形和矩形两种。前者主要用于圆形锻件或不太长的小型锻件，后者主要用于长杆类锻件。模块尺寸应根据锻件尺寸而定，尽量做到标准化、系列化。

模座是锻模模架的主要零件。设计时要力求制造简单、经久耐用、装卸方便、易于保管。图 8.66 (c) 所示的通用模座既可安装圆形模块，又可安装矩形模块，减少模座种类，便于生产管理。

为了便于调节上下模块间的相对位置，防止因模块和模座孔的变形影响正常装卸，模块和模座孔之间应留有一定的间隙。

模块的紧固形式有以下几种。

(1) 斜楔紧固。这种紧固方法与锤锻模相同，如图 8.66(a) 所示。

(2) 压板紧固。这种紧固方法的优点是紧固可靠，适用于圆形镶块，特别是需要使用顶杆的圆形模块，如图 8.66(e) 所示。

(3) 螺栓紧固。这种紧固方法适用于圆形模块，也适用于矩形模块，如图 8.66(d) 所示。

(4) 焊接紧固。用焊接的方法将模块固定，结构简单，但是不能更换，只有在急件或一次性投产时才使用。

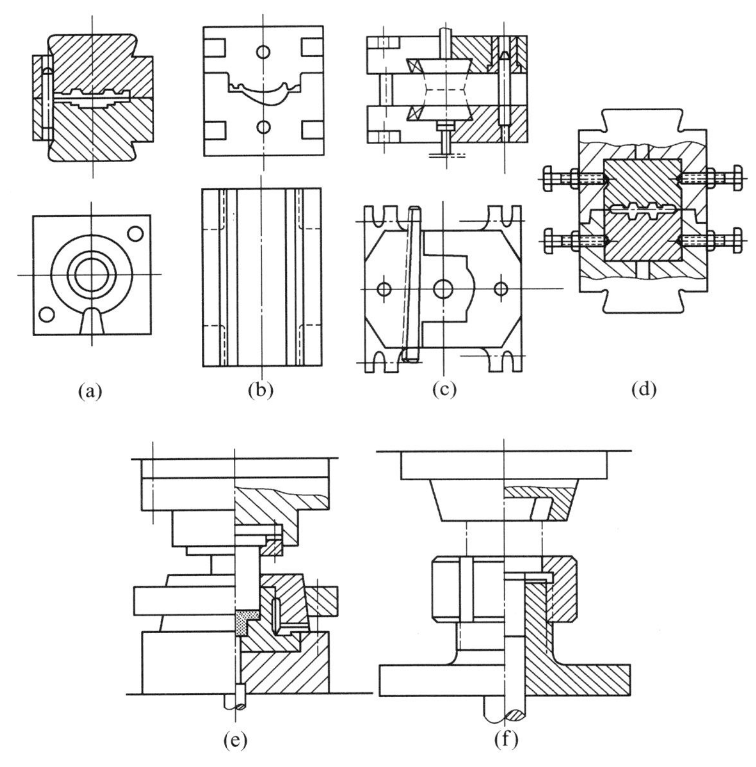

图 8.66 螺旋压力机常用锻模结构形式

3. 导向装置

为了平衡模锻过程中出现的错移力，减少锻件错移，提高锻件精度并便于模具的安装及调整，可采用导向装置。螺旋压力机锻模的导向形式有导柱导套、导销、凸凹模自身导向和锁扣。

(1) 导柱导套

导柱导套导向适用于生产批量大、精度要求较高的条件。这种导向装置导向性能好，但制造较困难。对于大型螺旋压力机，可参考热模锻压力机的导柱导套设计。对于中小型螺旋压力机，可参考冷冲压模具设计。

（2）导销

对于形状简单、精度要求不高、生产批量不大的锻件，可采用导销导向。导销的长度应保证开始模锻时导销进入上模导销孔 15～20mm；在上下模打靠时导销不露出上模导销孔。

（3）凸凹模自身导向

凸凹模自身导向主要用于圆形锻件，实质上它是环形导向锁扣的变种形式。凸凹模自身导向分为圆柱面导向和圆锥面导向两种。圆柱面导向的导向性能优于圆锥面导向，多用于无飞边闭式模锻。圆锥面导向多用于小飞边开式模锻。设计导向部分的间隙时，要考虑模具因温度变化对间隙的影响，一般取 0.05～0.3mm。

（4）锁扣

锁扣导向主要用于大型摩擦压力机的开式锻模上，有时也用于中小型锻件生产。摩擦压力机锻模锁扣导向与锤锻模的锁扣导向基本相同，分为平衡锁扣和导向锁扣。平衡锁扣用于分模面有落差的锻件；导向锁扣则应根据锻件的形状和具体情况，参照锤上锻模进行设计。

8.4 平锻机用锻模

平锻机模锻工艺过程与热模锻压力机模锻工艺过程的主要区别在于平锻机具有两个分模面，锻造过程中坯料水平放置。平锻机一般有 3～5 个工步。

平锻机锻模材料应用最多的是 4Cr5MoSi2V1 钢和 8Cr3 钢。平锻机用锻模材料及其硬度见表 8－9。

表 8－9 平锻机用锻模材料及其硬度

名称	锻模材料		硬度 d_B/mm HBS	名称	锻模材料		硬度 d_B/mm HBS
	主要材料	代用材料			主要材料	代用材料	
5000kN 以下平锻机整体凹模	8Cr3	5CrNiMo	2.8～3.1 (444～388)	小型聚料凸模	8Cr3	5CrNiMo	3.0～3.2 (415～363)
8000kN 以下平锻机整体凹模	8Cr3	5CrNiMo	3.0～3.2 (415～363)	大型成形凸模	8Cr3	5CrNiMo	3.1～3.3 (388～341)
带镶块凹模体	8Cr3	5CrNiMo	3.2～3.4 (363～321)	小型成形凸模	8Cr3	5CrNiMo	3.0～3.2 (415～363)
夹紧凹模镶块	4Cr5MoSi2V1	8Cr3	2.9～3.1 (444～388)	整体冲孔凸模	8Cr3	5CrNiMo	3.0～3.2 (415～363)
卡压凹模镶块	4Cr5MoSi2V1	8Cr3	2.9～3.1 (444～388)	冲头镶块	8Cr3	5CrNiMo	2.9～3.1 (444～388)
成形凹模镶块	4Cr5MoSi2V1	8Cr3	2.9～3.1 (444～388)	穿孔凸模	8Cr3	5CrNiMo	2.9～3.1 (444～388)

续表

名称	锻模材料		硬度 d_B/mm HBS	名称	锻模材料		硬度 d_B/mm HBS
	主要材料	代用材料			主要材料	代用材料	
穿孔凹模镶块	4Cr5MoSi2V1	8Cr3	2.9～3.1 (444～388)	大型积聚凸模	8Cr3	5CrNiMo	3.1～3.3 (388～341)
切断凹模镶块	8Cr3	5CrNiMo	2.9～3.1 (444～388)	热切边凸模	8Cr3	5CrNiMo	3.0～3.2 (415～363)
热切边凹模镶块	8Cr3	5CrNiMo	2.9～3.1 (444～388)	冷切边凸模	8Cr3	5CrNiMo	2.9～3.1 (444～388)
冷切边凹模镶块	4Cr5MoSi2V1	8Cr3	2.8～3.0 (474～415)	凸模模座	8Cr3	5CrNiMo	3.0～3.2 (415～363)

8.4.1 平锻模结构设计特点

平锻模由冲头和凹模组成，圆柱体的凹模多制成组合式，由可分的基本对称的两半个组成。

安排各工步的顺序位置，应符合操作顺序，并把变形力最大的工步布置在滑块的中心线或偏下的位置。

冲头由工作部分和固定部分两部分组成，根据冲头完成工步的性质及其是否容易磨损，冲头可采用整体式，如图 8.67(a)、图 8.67(b) 所示，也可采用组合式，如图 8.67(c)～图 8.67(h)所示。

图 8.67(a) 表示在冲头中有锥形聚料模腔，在聚料模腔底部有出气孔。

图 8.67(b) 也表示在冲头中有锥形聚料模腔，在聚料模腔底部有一个由螺栓拉紧的可调塞子。更换它就可以调节型腔塞子部位的容积，改善聚料性能。

图 8.67(c) 所示为轴头式固定部分，它只有一个凸肩，用螺钉顶紧 A 处，以防止冲头转动和避免回程时冲头与夹持器脱离。这种冲头适用于 $D=89\sim150$mm 的冲孔成形。

图 8.67(d) 所示的冲头适用于 $D\leqslant80$mm 的成形、穿孔、切边冲头。图 8.67(d) 中，冲头的固定部分有两个凸肩，前边的凸肩 A 在金属产生塑性变形时承受压力。承压面积(环形面积) 不能太小，否则在工作时冲头凸肩 A 和夹持器接触面上将产生压缩变形。后面的凸肩 B 在回程时承受卸件力的作用。在凸肩 A 离冲头中心线一定距离处做出缺口 S，以便在冲头夹持座上制作相应的凸起使冲头在使用过程中不发生转动，这一点对非圆形锻件特别重要。

图 8.67(e)、图 8.67(f) 和图 8.67(g) 所示为适用于大直径锻件用冲头。图 8.67(e) 表示用楔块或用螺栓紧固冲头。图 8.67(f) 和图 8.67(g) 表示用螺钉紧固冲头。

图 8.67(h) 所示为复动成形（闭塞锻造）冲头，适用于头部尺寸 H 较大的锻件。在锻造的初始瞬间，冲头相对冲头心后退从而压缩弹簧，冲头心对坯料加载，当弹簧压缩到极限时，冲头心与冲头一起压向锻件。

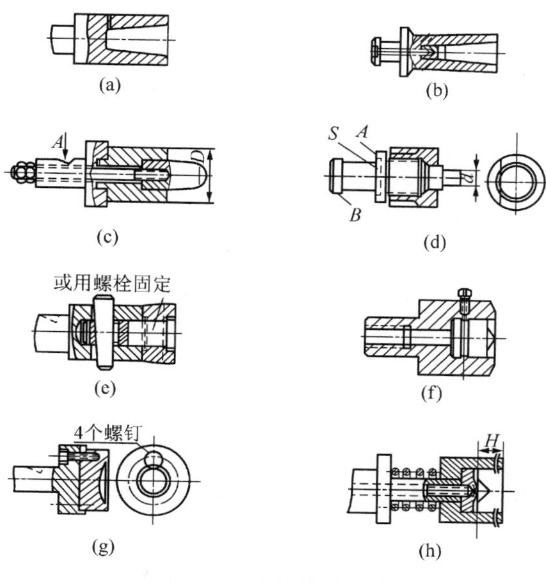

图 8.67 冲头结构形式

平锻机的凹模固定空间尺寸决定了凹模的外廓尺寸。凹模外形尺寸比冲头大得多。模体用结构钢（45 钢、40Cr 钢等）制造，模膛部分用热模具钢制造。凹模镶块多制成半圆柱体，也有制成立方体的，如图 8.68、图 8.69 所示。模膛可全部采用镶块，也可在模膛磨损严重的部位采用镶块。镶块的尺寸应保证镶块有足够大的支承面积，以免在使用过程中模体产生变形。

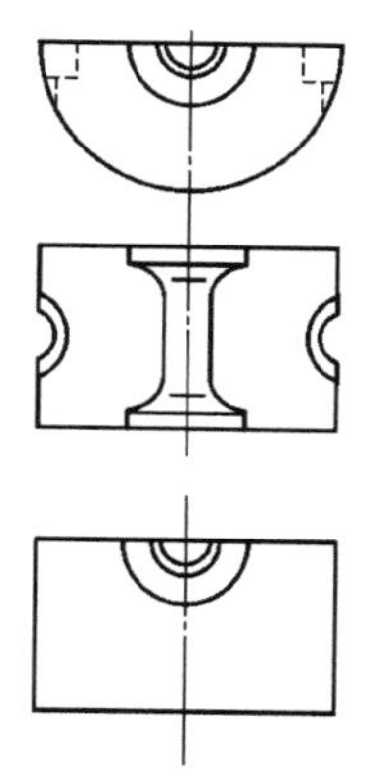

图 8.68 凹模镶块形式

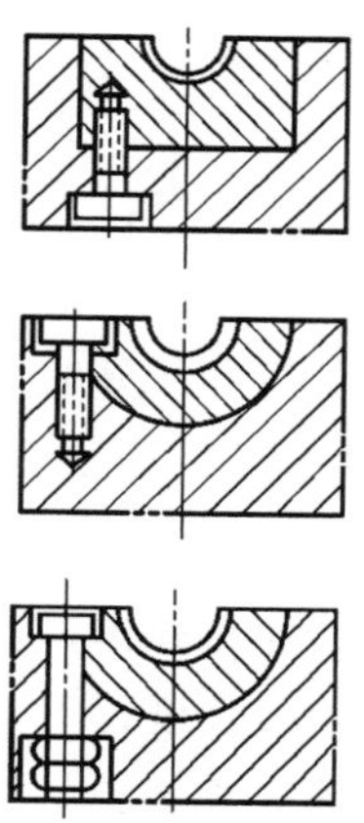

图 8.69 凹模镶块的固定方式

8.4.2 模膛设计

平锻机模锻常用于生产顶镦类锻件。顶镦类锻件一般可分为四类：带头部的杆类锻件、无杆部的通孔类和不通孔类锻件、管类锻件。为成形各种锻件，平锻机常用的模锻工步有终锻、预锻、顶镦、冲孔、穿孔、切边等。

1. 终锻模膛设计

终锻模膛形状和尺寸取决于热锻件图。终锻模膛常用结构形式如图 8.70 所示，其中图 8.70(a) 所示为闭式终锻模膛，图 8.70(b) 所示为开式终锻模膛。

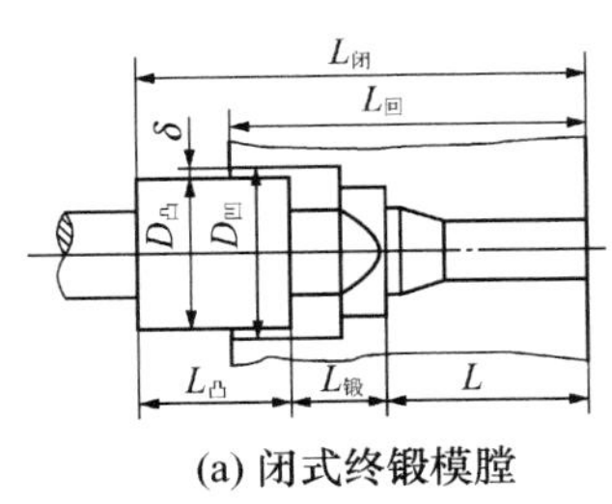

(a) 闭式终锻模膛

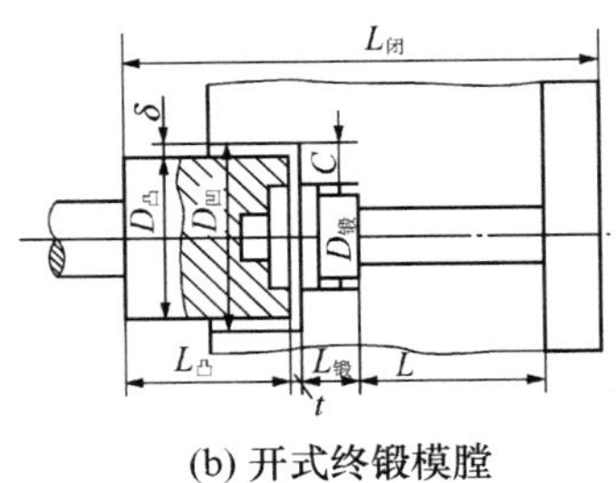

(b) 开式终锻模膛

图 8.70 终锻模膛常用结构形式

闭式终锻模膛尺寸中的凹模直径 $D_{凹}$、冲头直径 $D_{凸}$ 和凹模长度 $L_{凹}$、冲头长度 $L_{凸}$ 为

$$D_{凹}=D_{锻}$$

$$D_{凸}=D_{锻}-2\delta$$

$$L_{凹}=L_{坯}+L_{芯}+0.5d_0-L_{预孔}$$

$$L_{凸}=L_{闭}-L-L_{锻}$$

开式终锻模膛尺寸中的凹模直径 $D_{凹}$、凹模长度 $L_{凹}$ 和冲头直径 $D_{凸}$、冲头长度 $L_{凸}$ 为

$$D_{凹}=D_{锻}+KC$$

$$L_{凹}=L_{坯}+L_{芯}+0.5d_0-L_{预孔}$$

$$D_{凸}=D_{凹}-2\delta$$

$$L_{凸}=L_{闭}-L-L_{锻}-t$$

式中 $D_{锻}$——热锻件图直径；

δ——凸凹模间隙，与设备吨位有关，$d=0.2\sim0.75$mm，大设备取大值；

$L_{坯}$——终锻前变形部分的坯料长度；

$L_{芯}$——热锻件孔深；

d_0——棒料直径；

$L_{预孔}$——终锻前坯料孔深；

$L_{闭}$——模具闭合长度；

L——夹紧部分长度；

K——系数，当采用后定料装置，$K=2.5\sim3.0$；当采用前定料装置，$K=2.0\sim2.5$。

C——飞边宽度；

$L_{锻}$——锻件在凹模内成形部分的长度；

t——飞边厚度。

预锻成形模膛的设计原则和方法与闭式终锻模膛的相同，主要依据工步图进行。

2. 镦粗模膛设计

镦粗模膛一般为锥体，它根据锻件形状尺寸设计。镦粗工步可在冲头内或在凹模内或同时在冲头和凹模内进行聚料。各镦粗工步所成形的坯料尺寸由顶镦规则确定。现以冲头内顶镦为例设计其模膛。

冲头直径为

$$D_{凸}=D_{大头}+0.2(D_{大头}+L_{锥})+5\text{mm}$$

凹模直径为

$$D_{凹}=D_{凸}+2\delta_1$$

凸模长度为

$$L_{凸}=L_{闭}-L-\delta_2$$

导程长度为

$$L_{导}=L_B-L_{锥}+(15\sim25)\text{mm}$$

上述式中符号如图 8.71 所示。

为储存模锻时脱落的氧化皮，以免被压入锻件形成凹坑，在模膛上要开设氧化皮槽，其尺寸为 $a=20\sim30\text{mm}$，$\alpha=30°\sim60°$。

3. 切边模膛设计

开式模锻件必须有切边工步，通常在平锻模切边模膛内进行。切边模膛的形状及尺寸如图 8.72 所示。

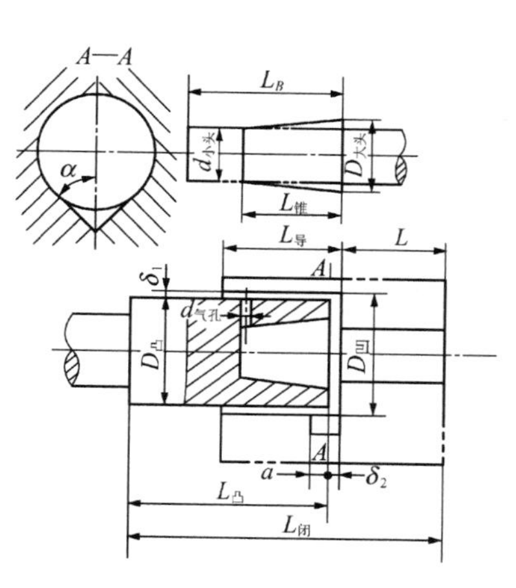

图 8.71　镦粗模膛

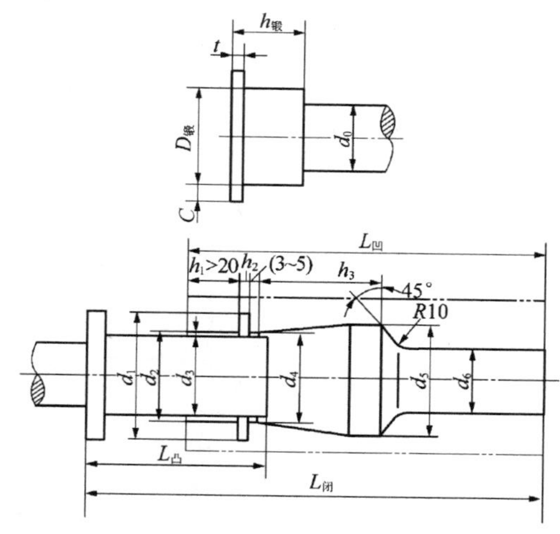

图 8.72　切边模膛的形状及尺寸

$$d_1=L_{锻}+3C+5\text{mm}$$

$$d_2=d_3+(1\sim2)\text{mm}$$

$$d_3=d_4-\Delta$$

$$d_4=D_{锻}$$

$$d_5=d_4+(8\sim10)\text{mm}$$

$$d_6 = 1.02d_0 + 1\text{mm}$$
$$h_2 = (4 \sim 5)t$$
$$h_3 = h_{锻} + (10 \sim 15)\text{mm}$$

4. 穿孔模膛设计

平锻件的穿孔工步也在平锻模穿孔模膛中进行。穿孔模膛的有关尺寸如下（符号如图 8.73 所示）。

$$d_1 = d_0 + (5 \sim 10)\text{mm}$$
$$d_2 = D_{锻1} + x$$
$$d_3 = D_{锻2} + x$$
$$d_4 = d_{锻}$$
$$d_5 = 1.01d_{锻} + 0.2\text{mm}$$
$$d_6 = d_0 + (1.5 \sim 3.0)\text{mm}$$
$$d_7 = d_5 + 8\text{mm}$$
$$d_8 = \text{进入凹模中的冲头最大外径}$$
$$d_9 = d_8 + (10 \sim 20)\text{mm}$$
$$h_1 = h_{锻1} + y$$
$$h_2 = h_{锻2} + (10 \sim 15)\text{mm}$$
$$h_3 > 20\text{mm}$$
$$s = 20 \sim 30\text{mm}$$
$$a = 5\text{mm}$$
$$b = 35 \sim 45\text{mm}$$

x、y 为锻件的公差值，x 为上偏差值，y 为下偏差值。

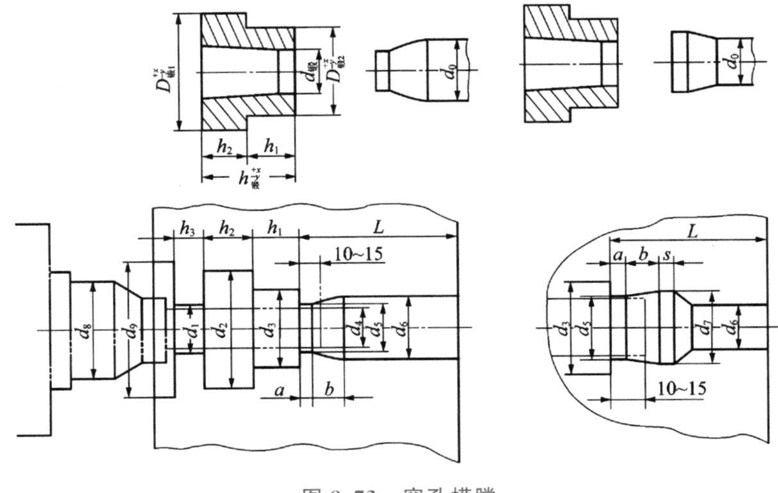

图 8.73 穿孔模膛

5. 与活动凹模有关的模膛设计

(1) 卡细镶块

当棒料直径大于穿孔直径时，必须在终锻前使用卡细镶块，用以局部减小棒料截面积，便于以后穿孔。

通过凹模的闭合过程实现卡细工序，因垂直分模平锻机夹紧滑块的压力较小，卡细变形量不能太大。同时，为避免棒料卡细时金属流入分模面之间，每次卡细变形量（从圆形卡细到圆形）不能大于棒料直径的5%。若需要卡细的变形量大，可分为多次，通过椭圆—圆形卡细。每变形一次后放入下一模膛时，必须将棒料转动90°，非圆形锻件不能采用多次卡细工步。

(2) 胀粗镶块

当棒料直径小于穿孔直径时，为便于连续生产，必须在终锻前使用胀粗镶块。

(3) 夹紧镶块

夹紧镶块是为了夹紧不变形棒料而设计的辅助镶块。当采用前定料挡块模锻时，夹紧镶块的摩擦阻力大于变形力，夹紧镶块需足够长才能保证棒料不产生滑动。一般按下列经验公式确定夹紧镶块长度。

当夹紧镶块为平滑式时，镶块长度 $L_{夹}=2.5d_0+50\text{mm}$。

当夹紧镶块为肋条式时，镶块长度 $L_{夹}=2.0d_0+30\text{mm}$。

当采用后定料装置或进行第二道工步时，棒料一般不产生滑动，对夹紧长度无特别要求，取镶块长度 $L_{夹}=2.0d_0$。

根据平锻件形状的需要，夹紧镶块还可用来压扁锻件头部，压出与主滑块运动方向相垂直的凹坑或通孔，将锻件压弯等。

(4) 切断模膛

为保证平锻过程能周而复始正常进行，用长棒料连续模锻无孔或不通孔锻件时，需要从棒料上切去锻件；另外，当冲穿有孔锻件后，棒料直径和心料直径之比大于1.25，也要采用切断工步切去心料。

(5) 后定料装置

后定料装置的作用是使棒料定位准确，保证变形部分体积精确。在锻件杆部长度公差要求严格，用前定料装置不能保证精度时，需要采用后定料装置。后定料装置还适用于单件模锻时，棒料变形部分长度较短，不便采用前定料的情况。另外，所需夹紧长度太长，模体长度不足时，也可采用后定料装置。

8.4.3 平锻模的结构与调整

平锻机属于滑块行程固定设备，而且主滑块连杆长度不能调节，模具闭合长度仅能靠斜楔调节2～4mm，因而，其过载敏感性强。模具闭合长度、设备安模空间闭合长度是平锻机模具固定空间最重要的参数。

平锻机具有两个分模面，因而模具分为冲头、固定凹模、活动凹模三部分。图8.74为平锻模结构及固定简图。冲头5通过冲头夹持器4固定在主滑块3的凹槽内，它的后面紧靠在前后调整斜楔 2 上。斜楔 2 通过螺钉 1 的转动，完成升降动作，进而调节模具闭合长度。冲头夹持器 4 的前后方向与垂直方向都是通过压板和螺钉紧固的，而左右方向则靠夹持器的侧面与主滑块 3 的凹槽侧面配合，从而保证冲头夹持器 4 在三个方向都得以紧固。

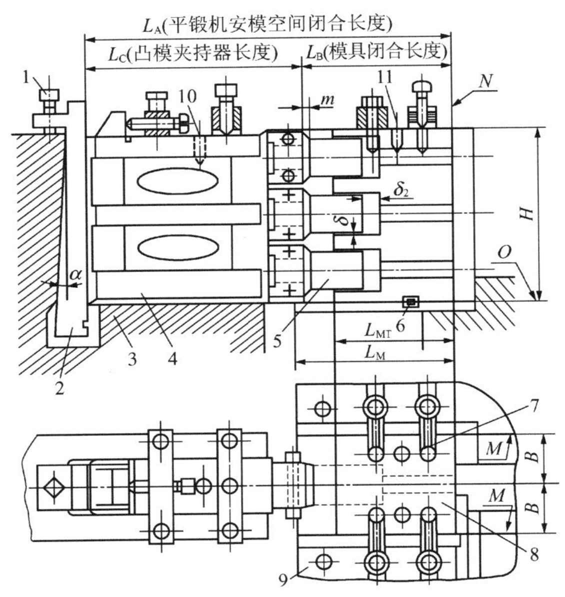

图 8.74　平锻模结构及固定简图

1、10、11—螺钉；2—前后调整斜楔；3—主滑块；4—冲头夹持器；5—冲头；6—键；7—压板；8—凹模；9—凹模夹持器

凹模 8 分别安装在平锻机固定凹模座和活动凹模座上方的相应槽孔内，采用压板、螺钉紧固。前后方向由键 6 定位，左右和上下方向由压板和螺钉压牢，三个方向的尺寸、位置可用垫片调节。凹模闭合时，由于夹紧滑块施压，凹模体在凹模座内有足够的支承面，各向受压，不会发生移动。当冲头回程时，由于脱模力较小，固定键 6 对凹模体作用，凹模体不会被拖动。活动凹模回程时，因拔模力不大，压板螺钉可将其牢固地固定在固定凹模模座上。

根据锻件平锻工步数量的不同，冲头夹持器分为三个模膛、四个模膛、五个模膛等几种。设备生产厂已把冲头夹持器列为通用标准件，用户可按实际需要选用。

8.5　胎模锻锻模与自由锻锤上的固定模模锻锻模

8.5.1　胎模锻锻模

胎模锻是从自由锻过程发展起来的。它是在自由锻设备上，利用不固定于设备上的专用胎模，进行模锻件生产的一种锻造方法。胎模锻模具结构简单，过程灵活多样，几乎可以锻出所有类别的锻件。此外，由于锻件形状和尺寸精度最终由模具保证，与自由锻锻件相比，胎模锻生产的锻件具有形状复杂、尺寸精度高、表面粗糙度好、变形均匀、流线清晰、品质较高、材料利用率和生产效率高及劳动强度较低等优点。由于胎模锻与自由锻相比所具有的这些优点，许多工厂都有这种锻造方法。

胎模锻与模锻相比的主要缺点是需要靠工人搬抬、握持、翻转、开合胎模，劳动强度较大，生产效率低。

胎模锻主要应用于小批量锻件生产和为其他模锻设备制坯或修整。胎模的种类很多，用于制坯的有摔模（图 8.75）、扣模（图 8.76）和弯曲模（图 8.77）；用于成形的有套模（图 8.78）、垫模（图 8.79）和合模（图 8.80）；用于修整的有校正模、切边模、冲孔模和压印模等。

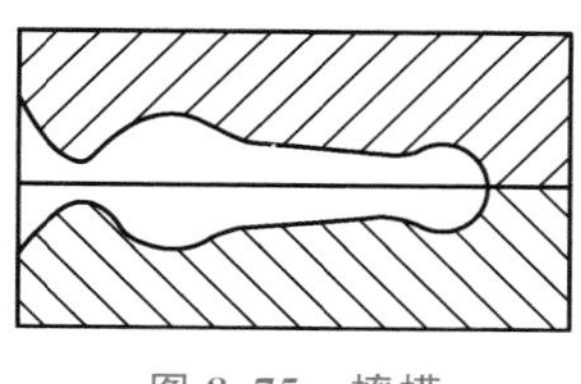

图 8.75　摔模

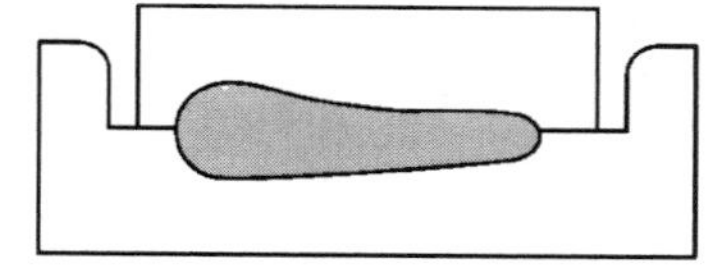

图 8.76　扣模

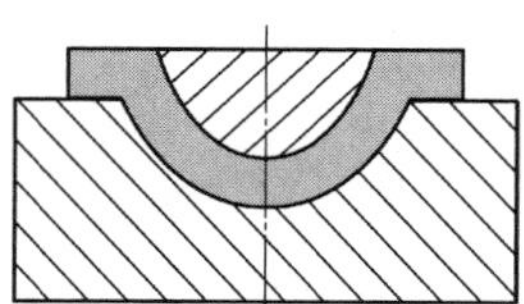

图 8.77　弯曲模

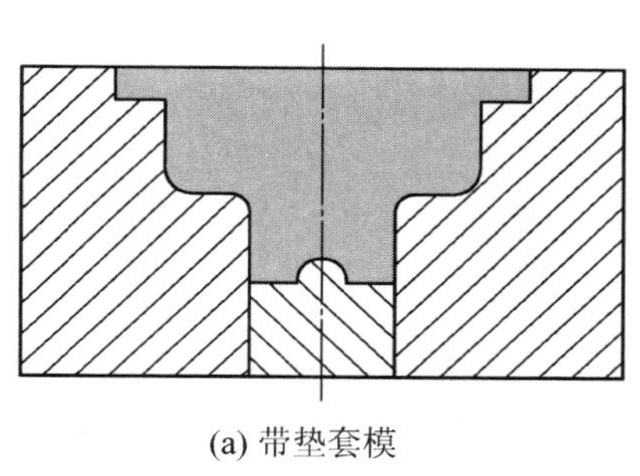

(a) 带垫套模

(b) 无垫套模

图 8.78　套模

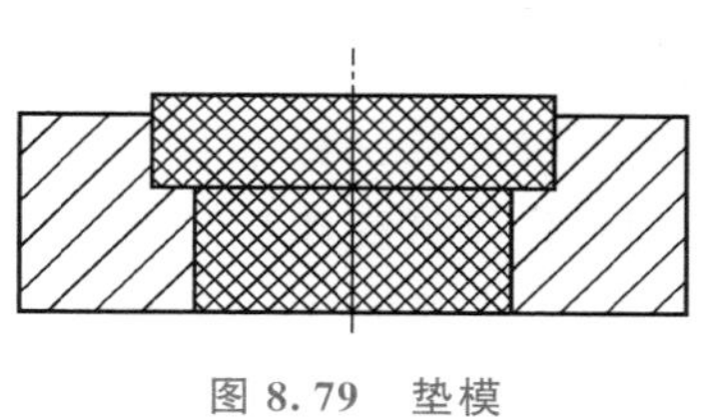

图 8.79　垫模

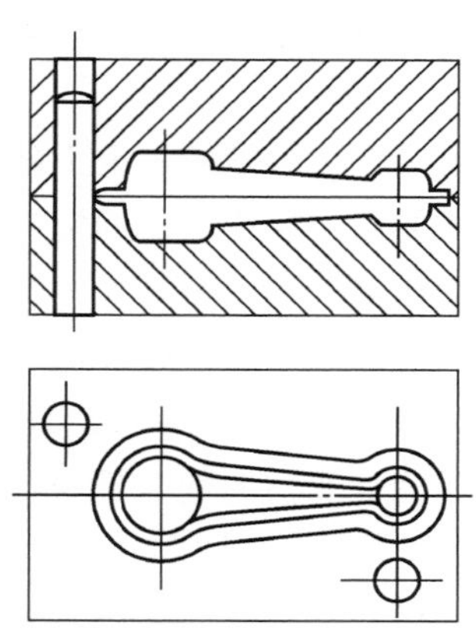

图 8.80　合模

1. 摔模

坯料在摔模中不断旋转受到锤击，按需要重新分配金属的变形工序为摔形，它用于圆轴类锻件合模终锻前的制坯、整形或摔光，所用的模具称为摔模。例如，用于压痕的摔模称为卡摔，用于制坯的摔模称为型摔，用于整径的摔模称为光摔，用于校正外形的摔模称为校正摔。对摔模品质的基本要求是在使用过程中不“夹肉”，不卡模，坯料旋转方便，摔制表面光洁。

2. 扣模

毛坯在模具中不进行翻转而重新分配金属体积的变形工序为扣形，所用的模具称为扣模。扣模常用于非圆形件合模前的制坯或成形，能获得较准确的毛坯形状和较大的变形量，也可局部扣形。常用的扣模有单扇扣模、双扇扣模、压板扣模。

3. 套模

套模有两种，一种是闭式套模，另一种是开式套模。闭式套模在锻造过程中不产生横向飞边。开式套模从形式上可分带垫套模［图 8.78(a)］和无垫套模［图 8.78(b)］两种，主要用于法兰件、齿轮、杯形件的成形。若生产双面法兰，则可采用拼分套模。

4. 垫模

垫模是一种开式胎模，也称垫环或漏盘，金属的主要变形方式是镦粗和挤压。垫模是小飞边锻模，结构形式较多。

5. 合模

合模与单模膛锻模相似，有飞边槽，利用飞边槽形成的阻力，使金属充满模膛，得到锻件最终的形状。为了保证胎模锻件具有一定的精度，在结构上有带导销、带导锁、导销-导锁及导框等形式。

8.5.2 自由锻锤上的固定模模锻锻模

把胎模固定在自由锻锤的上下砧上进行锻造，以提高生产效率，降低劳动强度，这就是自由锻锤上的固定模模锻。固定模模锻与非固定模模锻相比，不仅劳动强度小，生产效率高，而且操作更安全，锻件尺寸精度、表面粗糙度和模具寿命都有所改善。

自由锻锤机架与砧座是分开的，而且砧座比模锻锤的相应吨位小些，锤击时砧座跳动较大；同时，自由锻锤的导向长度较短，上下模块错移量较大。

为减少错移，应采取如下措施：设计时锻模中心尽可能与锤杆中心一致，分模面有落差时要采取平衡措施；锻模上设导锁或导销；与相同吨位模锻锤相比，适当选取吨位偏大的自由锻锤，以克服打击力不足、砧座跳动过大的缺点；调整自由锻锤导轨间隙，加强导轨对锤头的导向作用；固定胎模中的模膛安排，应参考锤上锻模的设计原则。

在结构设计时还应考虑以下两点。

(1) 注意自由锻锻锤安模空间尺寸，应使模座加上锻模以后的总高度大于原来允许的最小高度 10～20mm，防止自由锻锤活塞碰撞工作缸的下法兰盘，也便于锻模翻修。

(2) 注意模具水平方向的尺寸，对于空气锤，应保证上模块能缩进气缸；对于蒸汽锤，应保证锻模与导轨的间隙为 10～20mm。

固定胎模的结构形式常采用以下两种。

(1) 镶块式。在锻件种类较多的情况下，采用镶块式固定胎模，这样可以简化模具的加工制造、节约模具钢、便于更换。镶块一般以定位键和斜楔固定在模座上，而模座以原来的键和斜楔固定在砧座和锤头上，如图 8.81 所示。

(2) 整体式。整体式固定胎模适用于种类不多、批量较大的情况。锻模可以用键和斜楔直接紧固在锤头和砧座上，也可通过上下接模固定，如图 8.82 所示。这样可以使锻模闭合高度增加，使打击时锤头的导向作用加强，弥补自由锻锤锤头导向距离短的缺点。

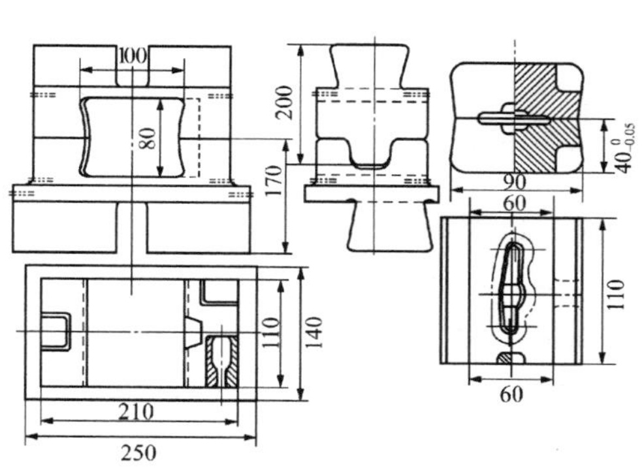

图 8.81 镶块式胎模的紧固

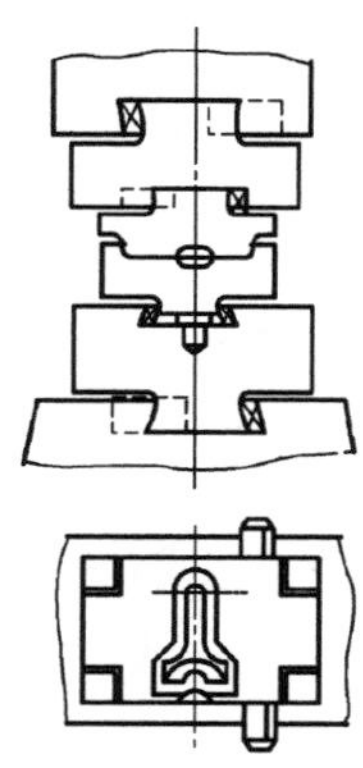

图 8.82 整体式胎模的紧固

8.6 锻模设计实例

本节简要介绍叉形长轴类锻件锤用锻模的设计过程和工艺流程编制。

8.6.1 锻件图设计

本例介绍变速叉零件的锻模设计，图 8.83 是变速叉的零件图。

(1) 分模位置

根据变速叉的形状，采用如图 8.83 所示的折线分模。

(2) 公差和加工余量

估算锻件质量约为 0.6kg。变速叉材料为 45 钢，即材质系数为 M_1。锻件形状复杂系数：$S=\frac{G_d}{G_b}=\frac{600}{14.2\times 8\times 3.3\times 7.85}\approx 0.207$，为 3 级复杂系数 S_3。

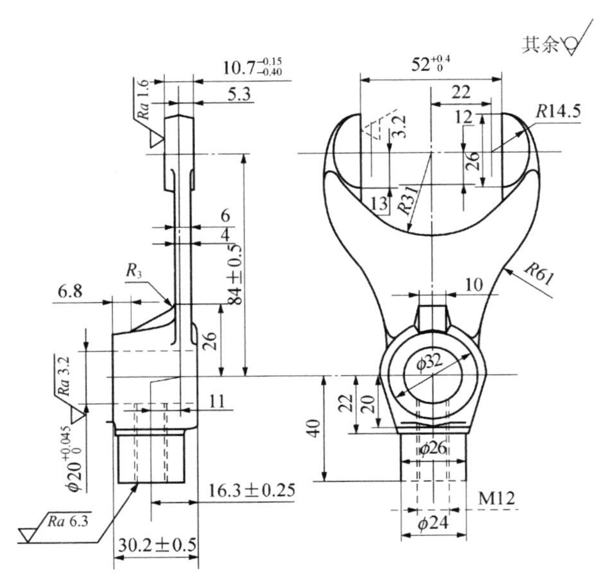

图 8.83 变速叉的零件图

查国家标准 GB/T 12362—2016《钢质模锻件 公差及机械加工余量》得：长度公差为$2.2^{+1.5}_{-0.7}$mm；高度公差为$1.8^{+1.2}_{-0.6}$mm；宽度公差为$1.8^{+1.2}_{-0.6}$mm。

该零件的表面粗糙度为 $Ra=3.2\mu m$，即加工精度为 F_1，由国家标准 GB/T 12363—2005《锻件功能分类》的锻件内外表面加工余量表查得：高度及水平尺寸的单边余量均为 1.5～2.0mm，取 2.0mm。

在大批量生产条件下，锻件在热处理、清理后要对变速叉锻件的圆柱端上下端面和叉的头部上下端面进行平面冷精压。锻件精压后，加工余量可大大减小，取 0.75mm，冷精压后的锻件高度公差取 0.2mm。

变速叉冷精压后，大小头高度尺寸为（32.5＋2×0.75)mm＝34mm，单边精压余量取 0.4mm，叉头部分的高度尺寸为（13＋2×0.75)mm＝14.5mm。

由于精压需要余量，如锻件高度公差为负值（－0.6）时，则实际单边精压余量仅 0.1mm，为了保证适当的精压余量，锻件高度公差可调整为$^{+1.2}_{-0.3}$。

由于精压后，锻件水平尺寸稍有增大，故水平方向的加工余量可适当减小。

（3）模锻斜度

零件图上的技术条件中已给出模锻斜度为 7°。

（4）圆角半径

锻件高度余量为（0.75＋0.4)mm＝1.15mm，则需倒角的变速叉内圆角半径为（1.15＋2)mm＝3.15mm，圆整为 3mm，其余部分的圆角半径均取 1.5mm。

（5）技术条件

① 未注模锻斜度 7°。

② 未注圆角半径 1.5mm。

③ 允许的错差量 0.6mm。

④ 允许的残留飞边量 0.7mm。
⑤ 允许的表面缺陷深度 0.5mm。
⑥ 锻件调质热处理。

根据公差和加工余量，即可绘制冷锻件图（锻件图），如图 8.84 所示。

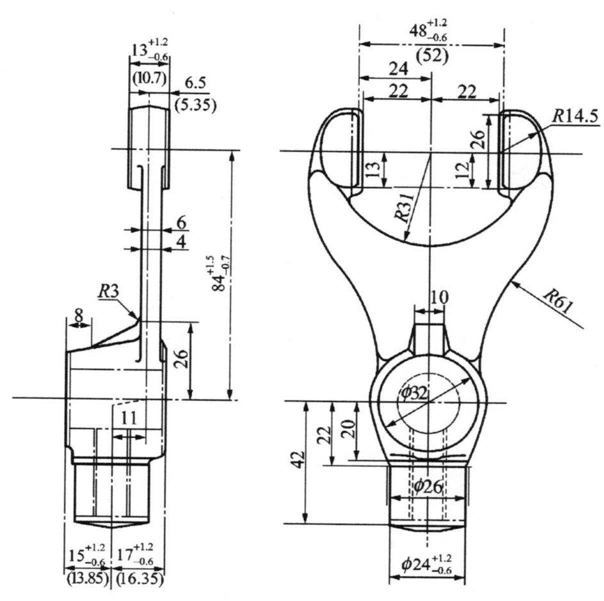

图 8.84 冷锻件图

8.6.2 计算锻件的主要参数

（1）锻件在水平面上的投影面积为 $4602mm^2$。
（2）锻件周边长度为 485mm。
（3）锻件体积为 $76065mm^3$。
（4）锻件质量为 0.6kg。

8.6.3 锻锤吨位的确定

总变形面积为锻件在水平面上的投影面积与飞边水平投影面积之和。按 1～2t 锤飞边槽尺寸（表 8-1）考虑，假定飞边平均宽度为 23mm，总的变形面积 $S=(4602+485\times 23)mm^2=15757mm^2$。

按确定双作用模锻锤吨位的经验公式 $G=63KA$ 的计算值选择锻锤。

取钢种系数 $K=1$，锻件和飞边（按飞边槽仓部的 50%容积计算）在水平面上的投影面积为 A（单位为 mm^2），$G=63KA=(63\times 1\times 157.57)N\approx 9927kN$，选用 1t 双作用模锻锤。

8.6.4 确定飞边槽的形式和尺寸

选用图 8.5 中Ⅰ型飞边槽，其尺寸按表 8－1 确定。选定飞边槽的尺寸：$h_飞=1.6$mm，$h_1=4$mm，$b=8$mm，$b_1=25$mm，$r=1.5$mm，$F_飞=126\text{mm}^2$。

飞边体积

$$V_飞=(485\times0.7\times126)\text{mm}^3=42777\text{mm}^3$$

8.6.5 终锻模膛设计

终锻模膛是按照热锻件图来制造和检验的，热锻件图尺寸一般是在冷锻件图尺寸的基础上考虑1.5%冷缩率。根据生产实践经验，应考虑锻模使用后承击面下陷，模膛深度减小及精压时的变形不均、横向尺寸增大等因素，可适当调整尺寸。绘制的热锻件图如图 8.85 所示。

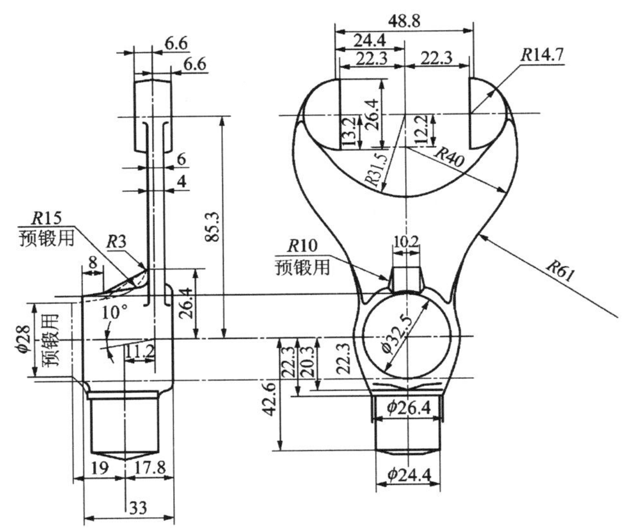

图 8.85 热锻件图

8.6.6 预锻模膛设计

由于锻件形状复杂，需设置预锻模膛。

在叉部采用劈料台（图 8.16），由于坯料叉口部分高度 H 较小，坯料台的设计可参照斜底连皮设计。

实际取 $A=10$mm。

劈料台的形状、尺寸详见图 8.86 中的 $G—G$，$C—C$ 剖面。

预锻模膛在变速叉柄大头部分高度增加到 19mm，圆角增大到 R15mm，大头部分的筋上水平面内的过渡圆角增大到 R10mm，垂直面内的过渡圆角增大到 R15mm。预锻模膛与终锻模膛不同的地方在热锻件图上用双点画线注明（图 8.85）。

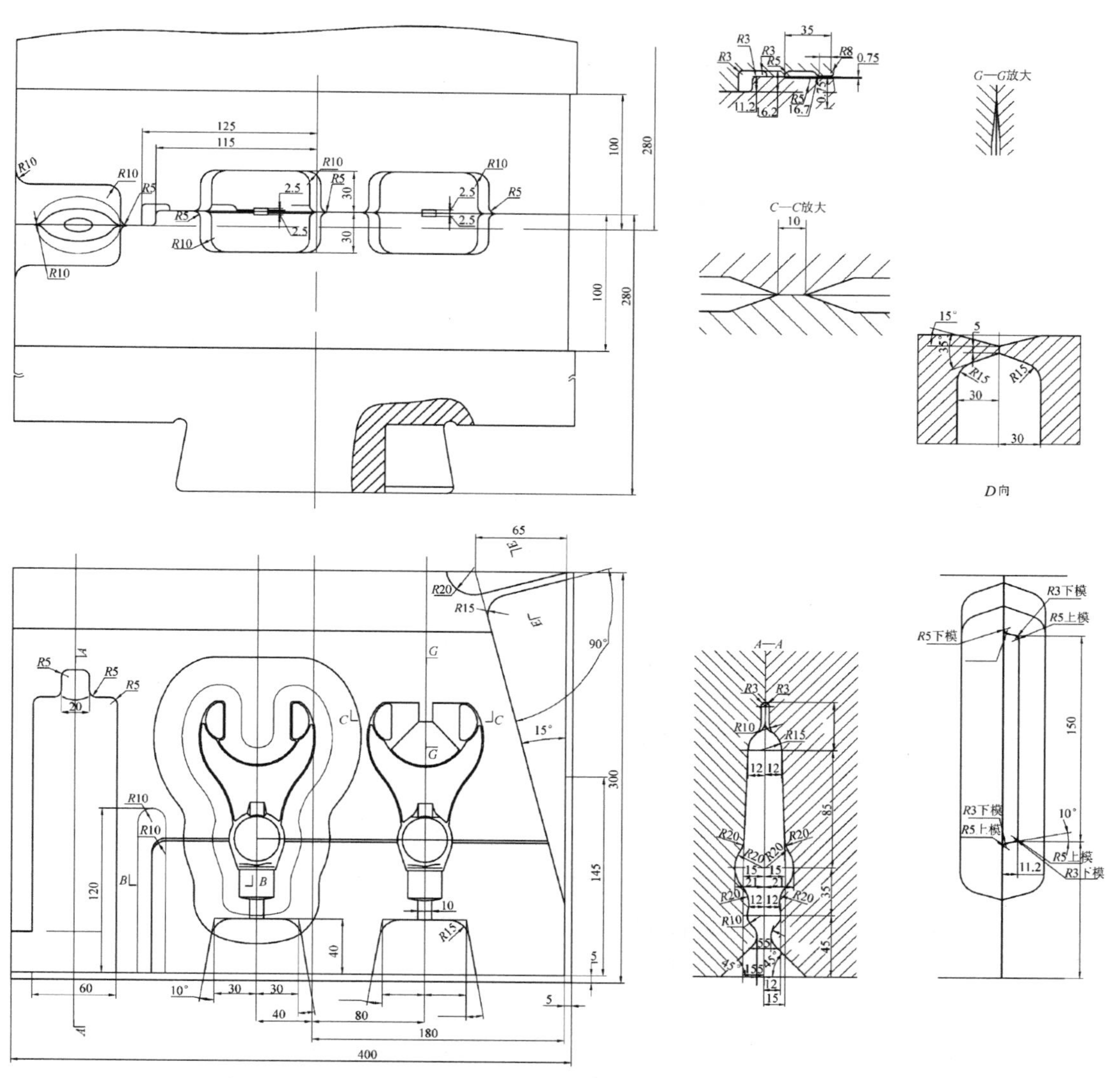

图 8.86　变速叉锤锻模

8.6.7 绘制计算毛坯图

根据变速叉的形状特点，共选取 19 个截面，分别计算 $S_{锻}$、$S_{计}$、$d_{计}$。计算毛坯的计算数据列于表 8－10。

表 8-10　计算毛坯的计算数据

断面号	$S_{锻}$ /mm²	$1.4S_{飞}$ /mm²	$S_{计}=S_{锻}+1.4S_{飞}$ /mm²	$d_{计}=1.13\sqrt{S_{计}}$ /mm²	修正 $S_{计}$ /mm²	修正 $d_{计}$ /mm²	K	$h=Kd_{计}$ /mm
1	0	252	252	17.6	—	—	1.1	19.73
2	452	176	628	28.3	—	—	1.1	31.1
3	531	176	707	30.0	—	—	1.1	33.1
4	690	176	866	33.4	—	—	1.1	36.6
5	1059.5	176	1235.5	39.7	—	—	1.1	43.7
6	1167	176	1343	41.4	—	—	1.2	49.7
7	1078	176	1254	40.0	—	—	1.1	44.0
8	587	176	763	31.2	—	—	1.1	34.3
9	432	176	608	27.9	—	—	1	27.9
10	323	176	499	25.2	550	26.5	0.8	20.2
11	226	176	402	22.7	491.5	25.1	0.8	18.1
12	356	176	532	26.1	472.4	24.6	0.9	23.4
13	408	176	584	27.3	512.3	25.6	0.9	24.6
14	295	176	471	24.5	532.5	26.1	1	24.5
15	250	176	426	23.3	610.4	27.9	1	23.3
16	596	176	772	31.4	652.8	28.9	1	31.4
17	560	176	736	30.7	635.6	28.5	1	30.7
18	400	176	576	27.1	468	24.4	0.9	24.4
19	152	252	404	22.7	—	—	0.9	20.4

在坐标纸上绘出变速叉的截面图和计算毛坯图，如图 8.87 所示。

截面图所围面积即为计算毛坯体积，得 101760mm²。平均截面积 $S_{均}=717\text{mm}^2$，平均直径 $d_{均}=30.2\text{mm}$。

按体积相等修正截面图和计算毛坯图。修正后最大截面积和最大直径没有变化。

8.6.8 制坯工步选择

计算毛坯为一头一杆

$$d_{拐}=\sqrt{3.82\frac{V_{杆}}{L_{杆}}-0.75d_{\min}^2}-0.5d_{\min}$$

$$=\left(\sqrt{3.82\frac{45200}{78}-0.75\times22^2}-0.5\times22\right)\text{mm}\approx32.0\text{mm}$$

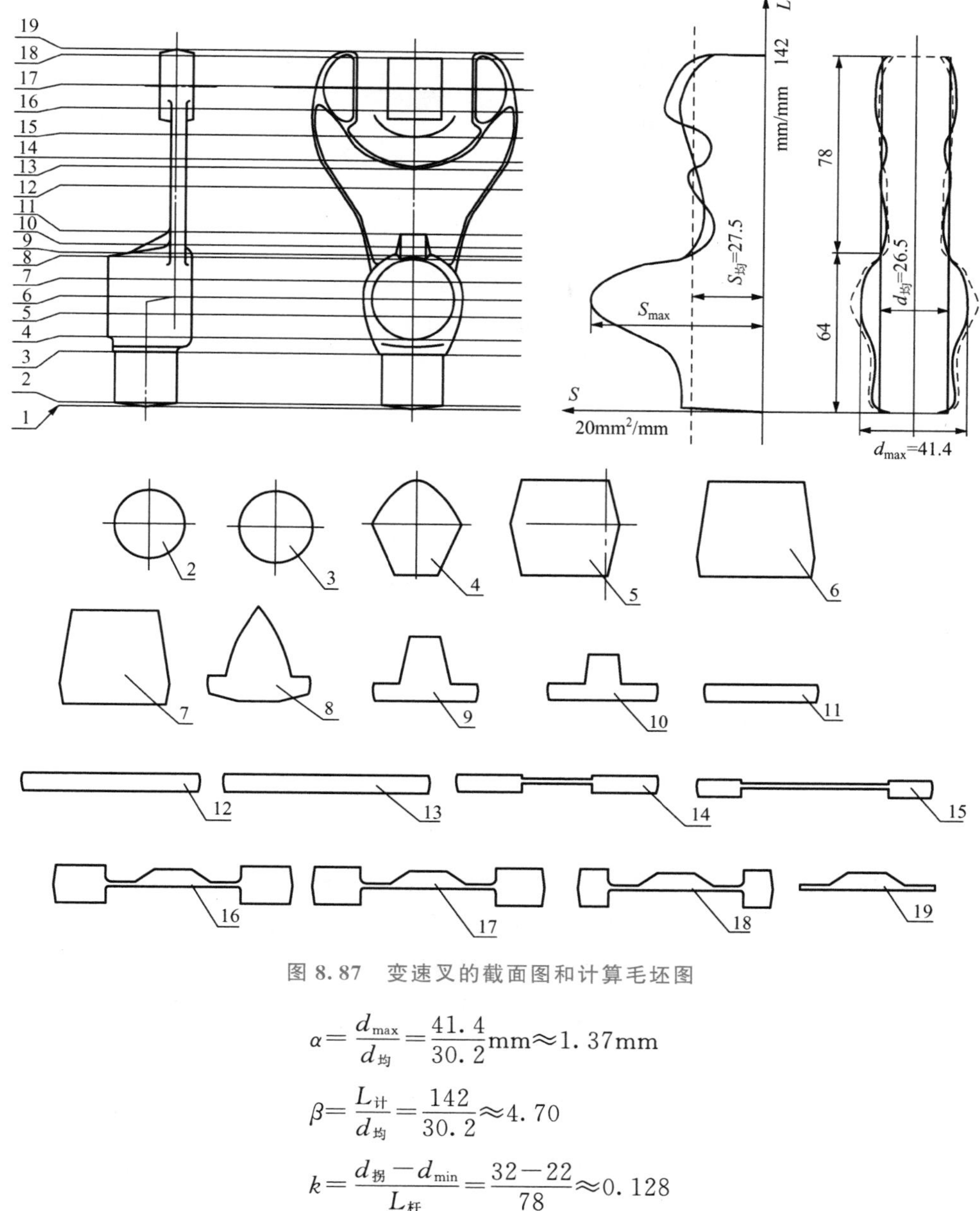

图 8.87　变速叉的截面图和计算毛坯图

$$\alpha=\frac{d_{\max}}{d_{均}}=\frac{41.4}{30.2}\text{mm}\approx 1.37\text{mm}$$

$$\beta=\frac{L_{计}}{d_{均}}=\frac{142}{30.2}\approx 4.70$$

$$k=\frac{d_{拐}-d_{\min}}{L_{杆}}=\frac{32-22}{78}\approx 0.128$$

由有关资料及长轴类锻件制坯工步选用范围可知，此锻件应采用闭式滚压制坯工步。为在锻造时易于充满，应选用圆坯料，模锻过程为闭式滚压—预锻—终锻—切断。（注：计算毛坯直径图上，双点画线为修改后直径图，虚线为滚压模膛高度尺寸。）

8.6.9　确定坯料尺寸

由于此锻件只有滚压制坯工步，所以可根据公式 $S_{坯}=S_{滚}=(1.05\sim1.2)S_{均}$ 确定坯料

的截面尺寸，取系数为1.1，则

$$S_{坯}=1.1S_{均}=1.1\times717\text{mm}^2=788.7\text{mm}^2$$

$$d_{坯}=1.13\sqrt{S_{坯}}=1.13\times\sqrt{788.7}\text{mm}\approx31.7\text{mm}$$

实际取

$$d_{坯}=34\text{mm}$$

坯料的体积

$$V_{坯}=V_{计}(1+\delta)=101760\text{mm}^3\times(1+3\%)\approx104813\ \text{mm}^3$$

式中　δ——烧损率。

坯料长度为

$$L_{坯}=V_{坯}/S_{坯}=[104813/(34^2\times\pi/4)]\text{mm}\approx115.5\text{mm}$$

由于此锻件质量较小，仅为0.6kg，所以采用一火三件，料长可取$3\times L_{坯}+L_{钳}=(3\times115.5+1.2\times34)\text{mm}=387.3\text{mm}$，考虑实际锻造和切断情况，可适当加长到400mm。

试锻后再根据实际生产情况适当调整。

8.6.10 其他模膛设计

1. 滚压模膛设计

(1) 模膛高度$h=Kd_{计}$，计算结果列于表8-10，按各断面的高度值绘出滚压模膛纵剖面外形（图8.87所示变速叉的截面图和计算毛坯图中计算毛坯直径图中的虚线），然后用圆弧和直线光滑连接并进行适当简化，最终尺寸如图8.87所示。

(2) 模膛宽度应满足$1.7d_{坯}\geqslant B\geqslant1.1d_{min}$，根据实际生产情况，模膛宽度取$B=60$mm。

(3) 模膛长度L等于计算毛坯图的长度。

2. 切断模膛设计

由于采用一火三锻，需要设计切断模膛。切刀倾斜角度取15°，切刀宽度为5mm，切断模膛的宽度根据坯料的直径和带有飞边锻件的尺寸，并结合生产实际经验，确定为65mm。

8.6.11 锻模结构设计

模锻此变速叉锻件的1t模锻锤机组，加热炉在锤的左方，故滚压模膛放在左边，预锻模膛及终锻模膛从右至左布置（图8.86）。

由于锻件具有11mm的落差，故采用平衡锁扣，锁扣高度为11mm，宽度为50mm，将两模膛中心线下移 3mm。

锻件宽度为 80mm。模壁厚度为 t_0＝1.5×(19＋11.2)mm＝45.3mm。

预锻模膛与终锻模膛的中心距＝(80＋45.3)mm＝125.3mm，圆整取为 125mm。

用实测方法找出终锻模膛中心离变速叉大头后端 90mm，结合模块长度及钳口长度定出键槽中心线的位置为 145mm。

选择钳口尺寸：B＝60mm，h＝25mm，R_0＝10mm。

钳口颈尺寸：a＝1.5mm，b＝10mm，l＝15mm。

模块尺寸选为 400mm×300mm×280mm(宽×长×高)。

1t 模锻锤导轨间距为 500mm，模块与导轨之间的间隙大于 20mm，满足安装要求。

锻模应有足够的承击面，锁扣之间的承击面可达 42677mm^2。

燕尾中心线至检验边的距离为 180mm。

8.6.12 模锻流程

(1) 下料：5000kN 型剪机冷剪切下料。

(2) 加热：半连续式炉，1220～1240℃。

(3) 模锻：10kN(1t) 模锻锤，闭式滚压、预锻（劈料)、终锻、切断。

(4) 热切边：1600kN 切边压力机。

(5) 磨毛刺：砂轮机，硬度 d_B＝3.9～4.2mm。

(6) 热处理：连续热处理炉，调质。

(7) 冷精压：10000kN 精压机。

(8) 变速叉头局部淬火，硬度为 45～53HRC。

(9) 检验。

习题及思考题

8-1 锤锻模的下锻模上燕尾中间的定位键的主要功能是什么？它是如何影响锻模寿命和锻件品质的？

8-2 什么是承击面？设计热锻模压力机用锻模和螺旋压力机用锻模时要不要考虑承击面？

8-3 什么是模膛中心？什么是锻模中心？什么是模块中心？

8-4 终锻模膛的布排要遵循哪些原则？为什么？

8-5 滚挤模膛有什么特点？它与拔长模膛有何相同点和不同点？它与压肩模膛是什么关系？为什么说滚挤模膛比滚压模膛较合理？

8-6 为什么在锻模上要设计出气孔？在设计出气孔时要注意哪些问题？本书中讲到设计有排气孔的模具有几种？请叙述其各自的应用场合。

8－7　试画出锤锻模上的脱料装置的动作原理示意图。

8－8　什么是闭式模锻？它与开式模锻有什么不同？

8－9　什么是不完全闭式模锻？什么是阻力墙？

8－10　锻模损坏原因有哪些？各自对应的使用维护措施有哪些？

第9章 模锻的后续工序

模锻工序并不是锻件生产的最后工序。

本书所说锻件一般指模锻件和自由锻锻件，本章中凡没有特别说明的，均指模锻件。开式模锻件上的飞边，带孔模锻件中的连皮均需切除；为了消除模锻件的残余应力、改善其组织和性能，需要进行热处理；为了清除模锻件表面的氧化皮，便于检验表面缺陷和进行切削加工，要进行表面清理；模锻件在出模、切边、热处理、清理过程中若有较大变形，应进行校正；对于精度要求高的模锻件，则要进行精压；最终还要检验模锻件的品质。

后续工序对模锻件品质有很大影响。尽管模锻出来的锻件品质好，若后续工序处理不当，仍会造成废次品。

后续工序在整个模锻件生产过程中所占的时间往往比模锻工序长。这些工序安排得合理与否，直接影响模锻件的生产效率和成本。

9.1 切边和冲孔

9.1.1 切边和冲孔的方式及模具类型

切边和冲孔通常在切边压力机或螺旋压力机上进行，对于特大的锻件［如 100kN(10t) 以上锤生产的锻件］可采用液压机切边。

切边模和冲孔模主要由冲头（凸模）和凹模组成。切边时，锻件放在凹模洞口上，在冲头的推压下，锻件的飞边被凹模剪切，同锻件分离。由于冲头和凹模之间有间隙，在剪切过程中伴有弯曲、拉伸现象。通常切边冲头推压锻件，只起传递压力的作用，而凹模的刃口起剪切作用。但有时冲头与凹模同时起剪切作用。冲孔时，情况相反，冲孔凹模只起支承锻件的作用，冲孔冲头起剪切作用。

切边分为热切和冷切，冲孔分为热冲和冷冲。热切和热冲与模锻工序在同一火次，即模锻后立即切边和冲孔。冷切和冷冲则是在模锻件冷却以后集中在常温下进行。

热切和热冲所需的压力比冷切、冷冲小得多，约为后者的20%。同时，锻件在热态下切边和冲孔，具有较好的塑性，不易产生裂纹。

冷切、冷冲的优点是劳动条件好，生产效率高，冲切时锻件走样小，凸凹模的调整和修配比较方便；缺点是所需设备吨位大，锻件易产生裂纹。

综上所述，对大中型锻件，高碳钢、高合金钢、镁合金锻件，以及切边后还需采用热校正、热弯曲的锻件，应采用热切和热冲。含碳量低于0.45%的碳钢或低合金钢的小型锻件及非铁合金锻件，可进行冷切和冷冲。

切边和冲孔模分为简单模、连续模和复合模三种类型。简单模用来单独完成切边或冲孔。连续模是在压力机的一次行程内同时进行一个锻件的切边和另一个锻件的冲孔。复合模是在压力机的一次行程中，先后完成切边和冲孔。

9.1.2 切边模

切边模一般由切边凹模、切边冲头、模座、卸飞边装置等零件组成。

1. 切边凹模的结构及尺寸

切边凹模有整体式和组合式两种。整体式凹模适用于中小型锻件，特别是形状简单、对称的锻件。组合式凹模由两块以上的凹模模块组成，制造比较容易，热处理时不易淬裂，变形小，便于修磨、调整、更换，多用于大型锻件或形状复杂的锻件。组合式切边凹模刃口磨损后，可将各分块接触面磨去一层，修整刃口恢复使用。对于受力受热条件差，最易磨损的部位应单独分为一块，便于调整、修模及更新。

切边凹模的刃口用来剪切锻件飞边，应制成锐边。刃口的轮廓线按锻件图在分模面上的轮廓线制作，如为热切则按热锻件图制作，如为冷切则按冷锻件图制作。如果凹模刃口与锻件配合过紧，则锻件放入凹模困难，切边时锻件上的一部分金属会连同飞边一起切掉，引起锻件变形或产生毛刺，影响锻件品质。若凹模与锻件之间空隙太大，则切边后锻件上有较大的残留毛刺，增加打磨毛刺的工作量。

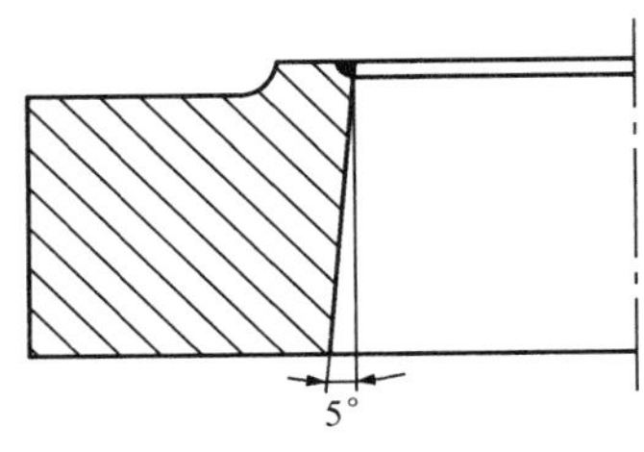

图 9.1　凹模刃口堆焊部位

凹模落料口有三种形式。第一种形式为直刃口，当刃口磨损后，将顶面磨去一层，即可达到锋利，并且刃口轮廓尺寸保持不变。直刃口维修虽方便，但切边力较大，一般用于整体式凹模。第二种形式为斜刃口，切边省力，但易磨损，主要用于组合式凹模。刃口磨损后，轮廓尺寸扩大，可将分块凹模的接合面磨去一层，重新调整，或用堆焊方法修补。第三种形式如图 9.1 所示，凹模体用铸钢浇注而成，刃口则用模具钢堆焊，可大大降低模具成本。

为了使锻件平稳地放在凹模洞口上，刃口顶面应做成凸台形式。切边凹模的结构和尺寸可参阅图 9.2 确定。图中，B_{min} 为最小壁厚，H_{min} 为凹模许可的最小高度，E 应等于

（或小于）终锻模膛前端至钳口的距离，L'等于飞边槽桥部宽度b或b减1～2mm。

切边凹模多用楔或螺钉紧固在凹模底座上。用楔紧固较简单、牢固，多用于整体凹模或由对称的两块组成的凹模的紧固。螺钉紧固的方法多用于三块以上的组合凹模的紧固，便于调整刃口的位置。

带导柱导套的切边模，凹模均采用螺钉固定，以便调整冲头和凹模之间的间隙。

轮廓为圆形的小型锻件，也可用压板固定切边凹模。冲头与凹模之间的间隙靠移动模座来调整。

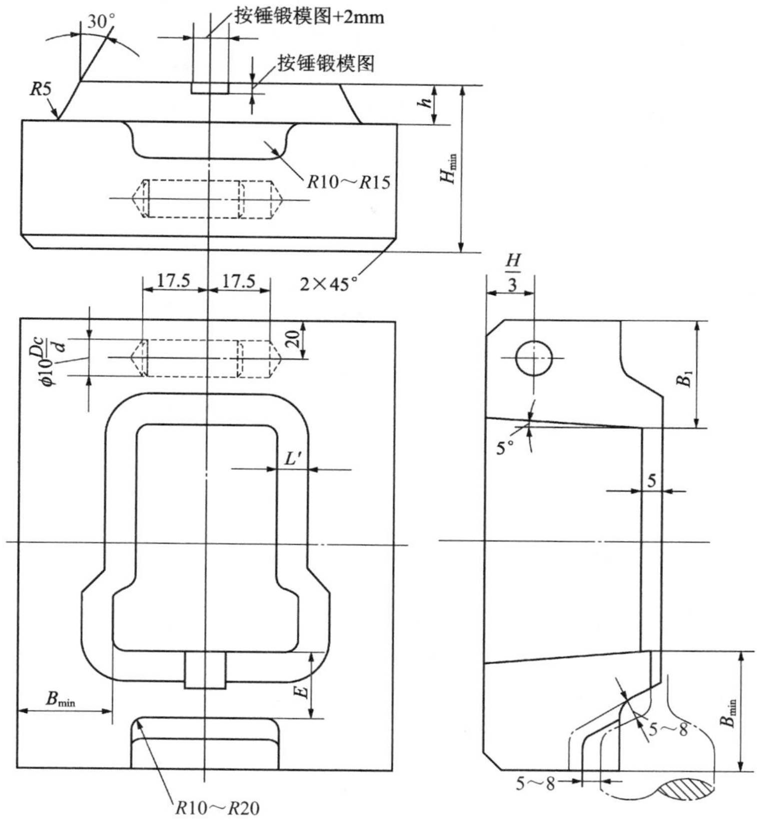

图9.2 切边凹模的结构和尺寸

2. 切边冲头设计及固定方法

切边冲头起传递压力的作用，所以它与锻件需有一定的接触面积（推压面），而且形状要吻合，不均匀的接触或推压面太小，切边时锻件因局部受压而发生弯曲、扭曲和表面压伤等缺陷，均影响锻件品质，甚至造出废次品。此外，为了避免啃坏锻件的过渡断面处，应在该处留出空隙Δ，如图9.3所示。

为了便于冲头加工，冲头并不需要与锻件所有接触面接触，可适当简化。也可将锻件形状简单的一面作为切边时的承压面，如图9.4所示。

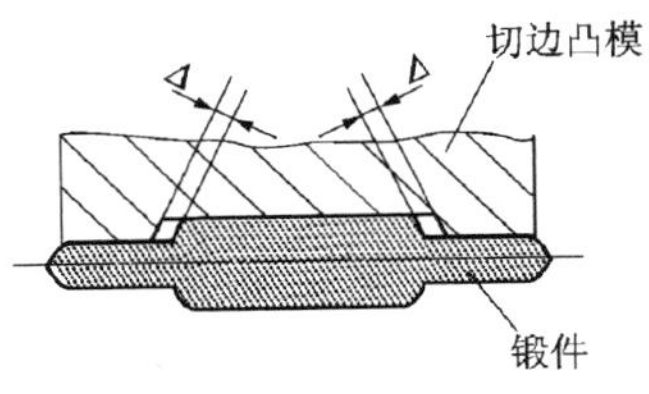

图 9.3　切边冲头与锻件间的空隙

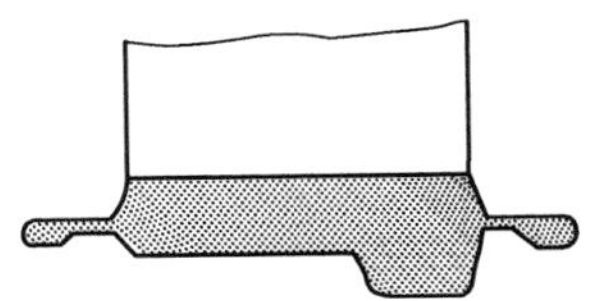

图 9.4　锻件承压面的选取

切边时，冲头一般进入凹模内，冲头、凹模之间应有适当的间隙 δ。δ 靠减小冲头轮廓尺寸保证。间隙过大，不利于冲头和凹模位置的对准，易产生偏心切边和不均匀的残余毛刺；间隙过小，飞边不易从冲头上取下，而且冲头和凹模有可能互啃。

切边模的性质不同，间隙 δ 也不同。当间隙 δ 较大时，凹模起切刃作用；当间隙 δ 较小时，冲头和凹模同时起切刃作用。对于凹模起切刃作用的冲头、凹模间隙 δ，根据垂直于分模面的锻件横截面形状及尺寸不同，按图 9.5 确定。

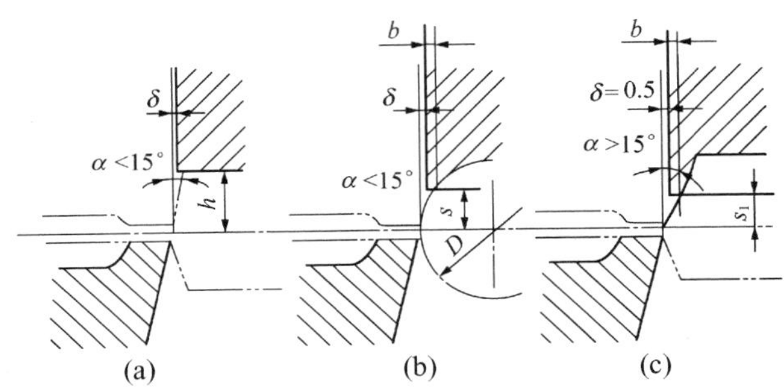

图 9.5　切边冲头、凹模的间隙

当锻件模锻斜度大于 15°时［图 9.5(c)］，间隙 δ 不宜太大，以免切边时造成锻件边缘向上卷起，并形成较大的残留毛刺。为此，冲头应按图示形式与锻件配合，并每边保持 0.5mm 左右的最小间隙。对于冲头和凹模同时起切刃作用的冲头、凹模间隙，其数值可按下式计算。

$$\delta = kt \tag{9-1}$$

式中　δ——冲头和凹模单边间隙；

t——切边厚度；

k——材料系数。钢、钛合金、硬铝 k=0.08～0.1；铝、镁、铜合金 k=0.04～0.06。

为了便于模具调整，沿整个轮廓线间隙应按最小值取一致。冲头下端不可有锐边（锐边在淬火时易崩裂，操作时易伤人，易弯卷变形），应从 s［图 9.5(b)］和 s_1［图 9.5(c)］高度处削平。s 及 s_1 的大小可用作图法确定，使冲头下端削平后的宽度 b，对小型锻件为 1.5～2.5mm，中型锻件为 2～3mm，大型锻件为 3～5mm。

冲头直接紧固在滑块上的方式有三种。第一种是用楔将冲头、燕尾直接紧固在滑块上，前后用中心键定位，如图 9.6(a) 所示。第二种是利用压力机上的紧固装置直接将冲头尾柄紧固在滑块上，如图 9.6(b) 所示。其特点是夹持方便，牢固程度较好，适用于紧固中小型锻件的切边冲头。第三种是特别大的锻件，可用压板、螺栓将冲头直接紧固在滑块上，如图 9.6(c) 所示。这种方式紧固冲头夹持牢固，适用于紧固大型锻件的切边冲头。

中小型锻件的切边冲头也常用键槽和螺钉或燕尾和楔固定在模座上，再将模座固定在切边压力机的滑块上，这样可减小冲头的高度，节省模具钢。

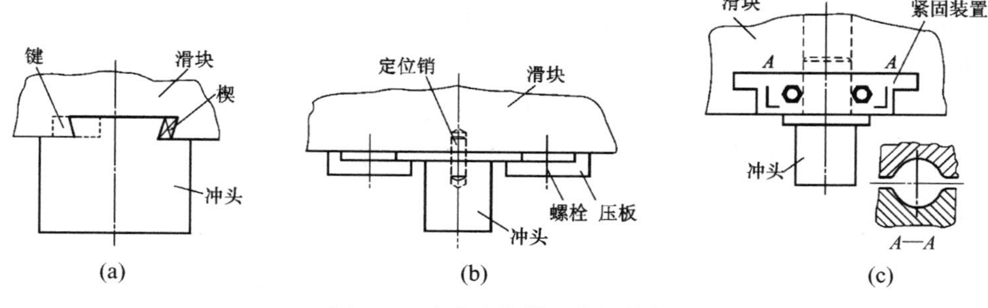

图 9.6　冲头直接紧固在滑块上

3. 模具闭合高度

切边过程结束时，上下模具的高度称为模具闭合高度，用 $H_{闭}$ 表示。它与切边压力机的闭合高度有关，应满足

$$H_{最小}-H_{垫}+(15\sim20)\text{mm}\leqslant H_{闭}\leqslant H_{最大}-H_{垫}-(15\sim20)\text{mm} \tag{9-2}$$

式中　$H_{最小}$——压力机最小闭合高度；

$H_{最大}$——压力机最大闭合高度；

$H_{垫}$——垫板厚度。

4. 卸飞边装置

当冲头和凹模之间的间隙较小，切边时又需冲头进入凹模时，则切边后飞边常常卡在冲头上不易卸除。所以当冷切边的间隙 $\delta<0.5$mm、热切边的间隙 $\delta<1$mm 时，要在切边模上设置卸飞边装置。

卸飞边装置分为刚性和弹性（图 9.7）两种。

刚性卸飞边装置比较常用，适用于中小型锻件的冷热切边。

当对高的锻件切飞边时，采用装设于支承管上的刚性刮板将会使冲头过长。为了减小冲头的长度可不使用支承管，而将刮板装在弹簧上（图 9.7），在压机工作行程中，冲头肩部压下刮板。这种结构可使冲头的高度减小。高度的减小值与弹簧的压缩值相同。在工作行程终端，刮板在最低位置时，刮板与凹模的距离要大于飞边厚度。

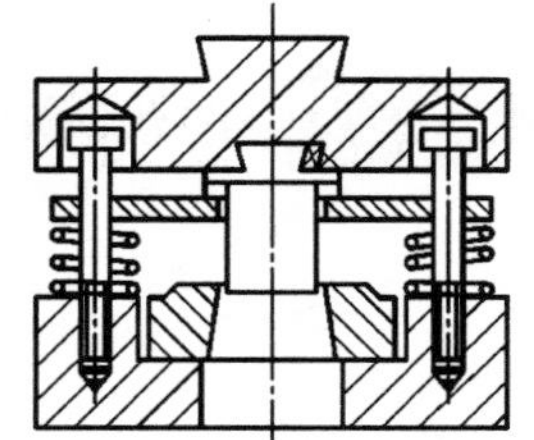

图 9.7　弹性卸飞边装置

小型锻件在冷修边时可以采用橡皮圈刮板。橡皮圈刮板由一个或数个厚橡皮圈做成。橡皮圈的外形可以是任何形状，内孔与切边模模口同样大小。

如开式模锻件是圆形，其直径为 26～300mm，在切除飞边时，可以不采用弹性或刚性卸飞边装置，只需在该冲头上加工出一个偏心槽，其形状和尺寸如图 9.8 所示。在切飞边的过程中，切去的废料会自动从圆柱体凸模刃口上方的偏心槽掉下。

5. 低塑性镁合金及薄边锻件的切边模结构特点

低塑性镁合金（如 MB15）对拉应力极敏感，用一般的切边模切边时，由于冲头及凹模之间的间隙，极易产生裂纹。实践证明，采用图 9.9 所示的镁合金锻件对咬式切边模结构可避免上述缺陷。

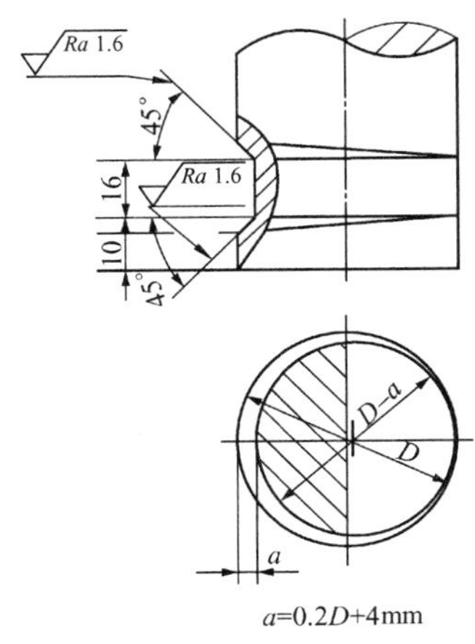

图 9.8　自动卸飞边冲头

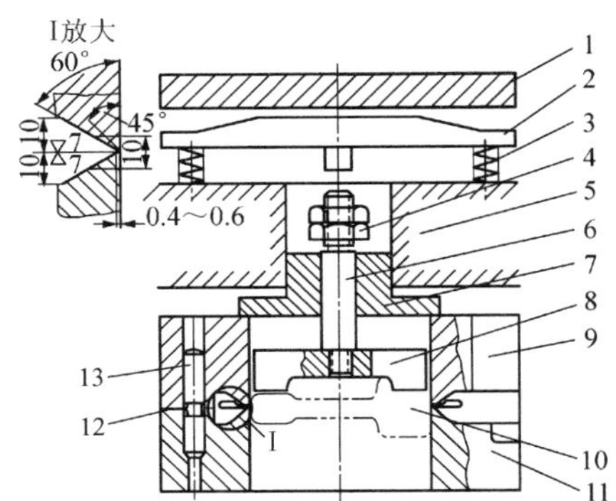

图 9.9　镁合金锻件对咬式切边模结构

1—压床滑块；2—压板；3—弹簧；4—螺母；5—垫板；6—顶杆螺栓；7—模柄；8—顶件垫；9—冲头；10—锻件；11—凹模；12—承压凸台；13—导柱

6. 切边压力中心

欲使切边模合理工作，应使切边时金属抗剪切的合力点（即切边压力中心）与滑块的压力中心重合。否则，模具容易错移，导致间隙不均匀、刃口钝化，导向机构磨损，甚至模具损坏。因而确定切边压力中心对正确设计切边模来说非常重要。

9.1.3　冲孔模和切边冲孔复合模

1. 冲孔模

单独冲除孔内连皮时，可将锻件放在冲孔凹模内，靠冲孔冲头端面的刃口将连皮冲掉，如图 9.10 所示。冲头刃口部分的尺寸按锻件冲孔尺寸确定。冲头与凹模之间的间隙靠扩大凹模孔尺寸保证。

冲孔凹模起支承锻件作用，锻件以凹模的凹穴定位，其垂直方向的尺寸按锻件上相应部分的公称尺寸确定，但凹穴的最大深度不必超过锻件的高度。形状对称的锻件，凹穴的深度可比锻件相应高度的一半小一些。凹穴水平方向的尺寸，在定位部分（图 9.11 中的 C 尺寸）

的侧面与锻件间应有间隙 Δ，其值为 $e/2+(0.3\sim0.5)$mm，e 为锻件在该处的正偏差，在非定位部分（图 9.11 中的 B 尺寸），间隙 Δ_1 可比 Δ 大一些，取 $\Delta_1=\Delta+0.5$mm。该处制造精度也可低一些。

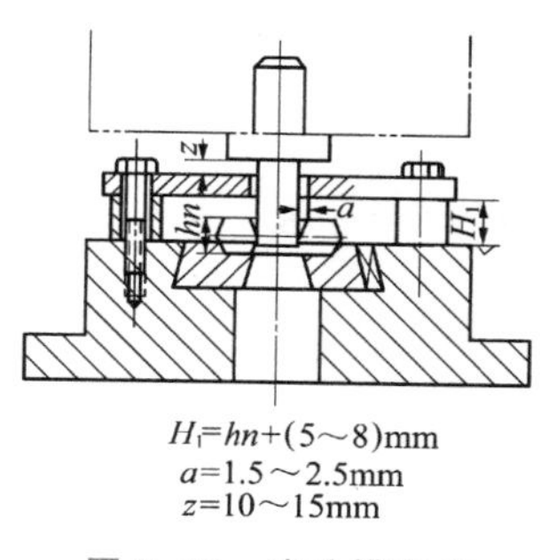

图 9.10 冲孔模结构

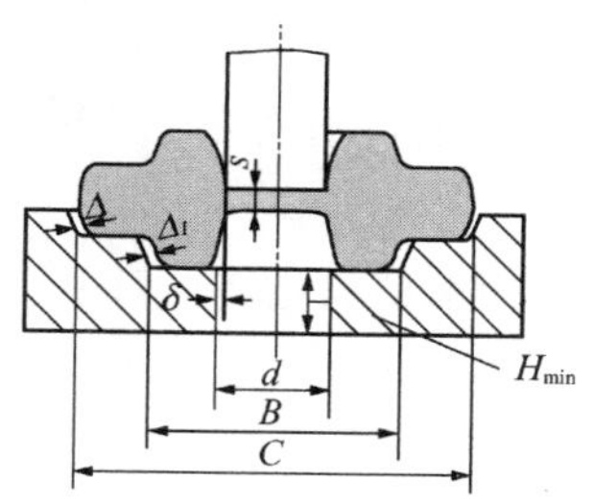

图 9.11 冲孔凹模尺寸

锻件底面应全部支承在凹模上，故凹模孔径 d 在保证连皮能落下的情况下应稍小于锻件底面内孔的直径。凹模孔的最小高度 H 应不小于 $s+15$mm，s 为连皮厚度。

2. 切边冲孔复合模

切边冲孔复合模的结构与工作过程如图 9.12 所示。压力机滑块处于上死点时，拉杆 5 通过其头部将托架 6 托住，使横梁 15 及顶件器 12 处于最高位置。将锻件置于顶件器上，滑块下行时，拉杆与凸模 7 同时向下移动，托架、横梁、顶件器及其上的锻件靠自重也向下移动。当锻件与凹模 9 的刃口接触后，顶件器仍继续下移，与锻件脱离，直到横梁 15 与下模板 16 接触。此后，拉杆继续下移，在到达下死点前，冲头与锻件接触并推压锻件，将飞边切除，进而锻件内孔连皮与冲头 13 接触进行冲孔，锻件便落在顶件器上。

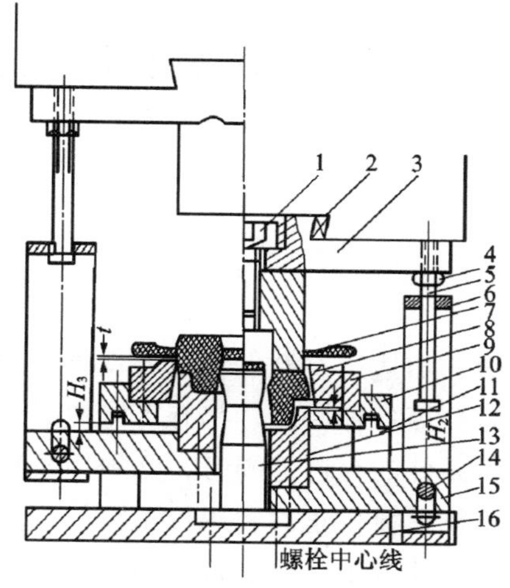

图 9.12 切边冲孔复合模的结构与工作过程

1—螺栓；2—楔；3—上模板；4—螺母；5—拉杆；6—托架；7—凸模；8—锻件；9—凹模；10—垫板；11—支承板；12—顶件器；13—冲头；14—螺栓；15—横梁；16—下模板

滑块向上移动时，冲头与拉杆同时上移。当拉杆上移一段距离后，其头部又与托架接触，然后带动托架、横梁与顶件器一起上移，将锻件顶出凹模。

在生产批量不大的情况下，可采用简易切边冲孔复合模。简易切边冲孔复合膜是在一般的切边模上增加一个活动的冲子，用来冲除内孔的连皮。

9.1.4 切边或冲孔力的计算

切边或冲孔力数值可按下式计算。

$$P=\tau F \tag{9-3}$$

式中 P——切边或冲孔力（N）；

τ——材料的剪切强度，通常取 $\tau=0.8\sigma_b$，σ_b 为金属在切边或冲孔温度下的强度极限（MPa）；

F——剪切面积 mm^2，$F=Lz$。L 为锻件分模面的周长，z 为剪切厚度，$z=2.5t+B$，t 为飞边槽桥部或连皮厚度，B 为锻件高度方向的正偏差。

整理上式，得

$$P=0.8\sigma_b L(2.5t+B) \tag{9-4}$$

考虑到切边或冲孔的锻件发生弯曲、拉伸、刃口变钝等现象，实际的切边力比上式计算值要大得多，所以建议按下式计算。

$$P=1.6\sigma_b L(2.5t-B) \tag{9-5}$$

9.2 校正和精压

9.2.1 校正

在锻压生产过程中，模锻、切边、冲孔、热处理等生产工序及工序之间的运送过程，由于冷却不均、局部受力、碰撞等各种原因，都有可能使锻件产生弯曲及扭转等变形。当锻件的变形量超出锻件图技术条件的允许范围时，必须用校正工序加以校正。

大批量生产时，一般利用校正模校正。利用校正模校正不仅可以校正锻件，还可使锻件在高度方向因欠压而增大的尺寸减小。有些长轴类锻件，可直接将锻件放在油压机工作台的两块 V 形铁上，利用装在油压机压头上的 V 形铁对弯曲部位加压校直。

1. 热校正与冷校正

校正分为热校正和冷校正两种，见表 9-1。热校正可以在锻模的终锻模膛内进行。

表 9-1 热校正和冷校正

校正方法	说明	应用
热校正	① 通常与模锻同一火次并在切边、冲孔后进行； ② 小批量生产时，在锻模终锻模膛内进行； ③ 大批量生产时，在校正设备（螺旋压力机、油压机等）的校正模内进行； ④ 可在切边压力机上的复合式或连续式（切边—校正、冲孔—校正）模具内进行	一般用于中大型锻件，高合金钢锻件，高温合金和钛合金锻件，以及容易在切边和冲孔时变形的复杂形状锻件
冷校正	① 一般安排在热处理和清理工序后进行； ② 主要在锻锤、螺旋压力机、曲柄压力机、油压机等设备的校正模中进行； ③ 有些锻件冷校正前需进行正火或退火处理，防止产生裂纹	适用于结构钢、铝合金、镁合金的中小型锻件，以及容易在冷切边、冷冲孔、热处理和滚筒清理过程中产生变形的锻件

2. 校正模模膛设计特点

校正模的模膛根据校正用的冷热锻件图设计，但模膛的形状并不一定要求与锻件形状完全吻合，应力求形状简化、定位可靠、操作方便、制造容易。

图 9.13 是简化校正模模膛形状举例。曲轴、凸轮轴之类的复杂形状锻件，往往需从两个方向（互成 90°）在两个模膛内进行校正。

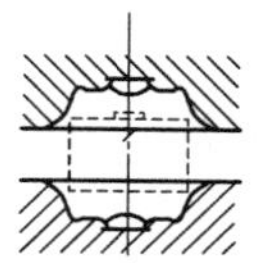

(a) 将不对称锻件制成对称模膛

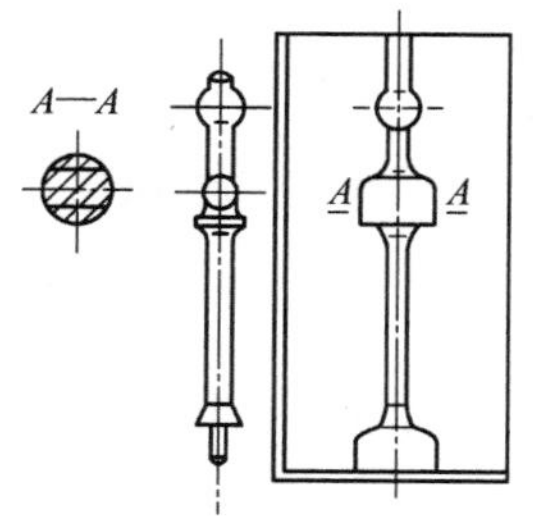

(b) 将锻件局部复杂的形状制成较简单形状的模膛

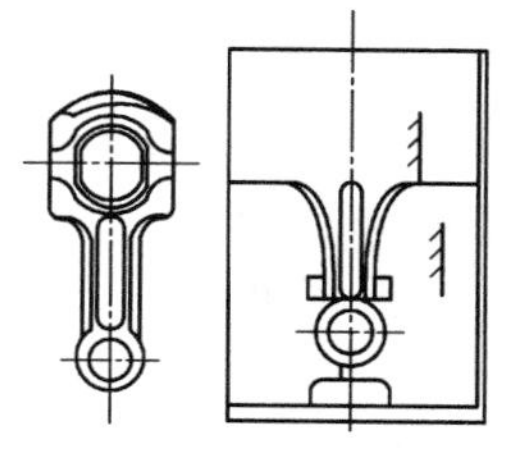

(c) 将形状复杂的连杆锻件大头部分制成敞开的两个平行平面的对称模膛

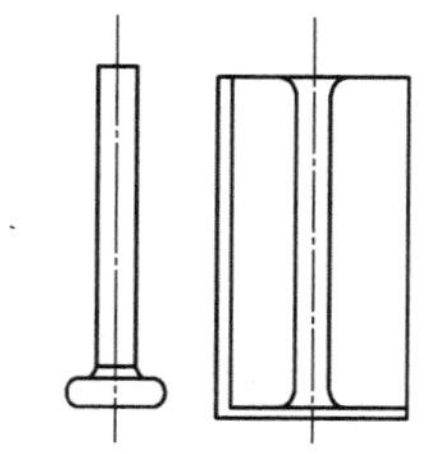

(d) 长轴类锻件只制出杆部的校正模膛

图 9.13 简化校正模模膛形状举例

校正模模膛设计的特点如下。

(1) 由于锻件在切边后可能留有毛刺，以及锻件在高度方向欠压，校正后锻件水平方向尺寸有所增大。为便于取放锻件，校正模模膛水平方向与锻件侧面之间要留有空隙，空隙的大小约为锻件水平方向尺寸正偏差的一半。

（2）模膛沿分模面的边缘应做成圆角。

（3）对小锻件，在锤或螺旋压力机上校正时，校正模的模膛高度应等于锻件的高度。对大中型锻件，因欠压量较多，校正模膛的高度可比锻件高度小，其高度差值与锻件高度尺寸的负偏差值相等。如在曲柄压力机上校正时，在上下模之间（即分模面上）应留有 1～2mm 间隙，防止卡死。

（4）校正模应有足够的承击面面积。当用螺旋压力机校正时，校正模每千牛的承击面面积为 0.10～0.13cm^2。

9.2.2 精压

1. 精压的优点

精压是对已成形的锻件或粗加工的毛坯进一步改善其局部或全部表面粗糙度和尺寸精度的一种锻造方法，其优点如下。

（1）精压可提高锻件的尺寸精度、减小表面粗糙度值。钢锻件经过精压后，其尺寸精度可达±0.1mm，表面粗糙度 Ra 可小于 2.5μm。有色金属锻件经过精压后，其尺寸精度可达±0.05mm，表面粗糙度 Ra＝0.63～1.25μm。

（2）精压可全部或部分代替零件的机械加工，节省机械加工工时，提高生产效率，降低成本。

（3）精压可减小或免除机械加工余量，使锻件尺寸缩小，降低原材料消耗。

（4）精压使锻件表面变形强化，提高零件的耐磨性和使用寿命。

2. 精压的分类

根据金属的流动特点，精压可分为平面精压和体积精压两类，见表 9－2。

表 9－2　精压的分类

分类	图　例	变形特点	设　备	备　注
平面精压	上模座 上平板 下平板 下模座	① 在两精压平板之间，对锻件上的一对或数对平行平面加压，使变形部分获得较高的尺寸精度和较低的表面粗糙度值； ② 精压时金属在水平方向自由流动	① 一般在精压机上进行； ② 也可在曲柄压力机或油压机上进行； ③ 如设计限止行程的模具，也可在螺旋压力机上进行	① 形位公差要求高的零件不宜采用； ② 对于数对平面精压时易引起杆部或腹板弯曲变形的零件，在设计加工过程和模具时，应采用分头精压、减小精压余量或在模具中增加防弯曲装置等措施

续表

分类	图　例	变形特点	设　备	备　注
体积精压		① 将模锻件放入精压模膛内锻压，使其整个表面都受压挤而发生少量变形，多余金属压挤出模膛，在分模面上形成毛刺； ② 经体积精压后，锻件所有尺寸精度都得到提高，但变形抗力较大	① 一般在精压机上进行； ② 也可在曲柄压力机或油压机上进行； ③ 如设计限止行程的模具，也可在螺旋压力机上进行； ④ 除精压机外，用其他锻压设备进行体积精压时，为克服弹性变形对高度尺寸的影响，可采用精密垫板微调	① 大多在热态或半热态下进行； ② 也可在冷态下进行，冷态多用于有色合金或钢精密模锻后的冷精整工序

3. 精压件平面的凸起

平面精压后，精压件平面中心有凸起现象，如图 9.14 所示。单面凸起的高度 $[f=(H_{max}-H_{min})/2]$ 可达 0.13～0.5mm，对精压件尺寸精度影响很大。其产生的原因是精压时金属受接触摩擦影响，引起精压面上的应力呈角锥形分布，如图 9.15 所示，精压模和锻件产生了不均匀的弹性变形。

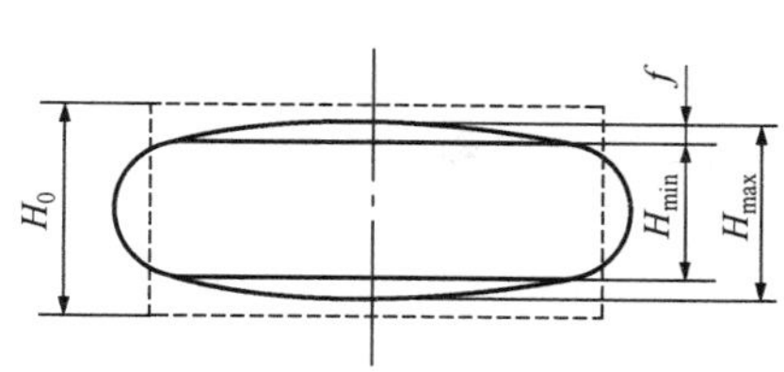

图 9.14　平面精压时工件的变形

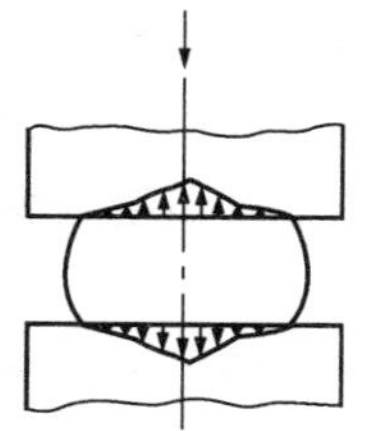

图 9.15　精压面上的应力分布

为减小平面凸起，可采取以下措施。

（1）冷精压前先热精压一次，减小冷精压余量。

（2）多次精压。

（3）减小精压平板的表面粗糙度，采用良好的平板润滑措施。

（4）减小精压面的受压面积，使精压面的应力分布趋于均匀。如对中间有机械加工孔或凹槽的精压面，可在模锻时将孔或凹槽压出。

（5）选用淬硬性高的材料做精压平板。

4. 精压余量

(1) 平面精压余量

平面精压余量一般与精压平面直径 d 与精压平面高度 h 的比值有关，还和被精压件面积的大小和精压坯料的精度有关。

平面精压的双面余量可参照表 9-3 选用。

表 9-3 平面精压的双面余量 （单位：mm）

精压面积/cm^2	d/h								
	<2			2～4			4～8		
	坯料精度级别								
	高精度	普通精度	热精压	高精度	普通精度	热精压	高精度	普通精度	热精压
<10	0.25	0.35	0.35	0.20	0.30	0.30	0.15	0.25	0.25
10～16	0.30	0.45	0.45	0.25	0.35	0.35	0.20	0.30	0.30
17～25	0.35	0.50	0.50	0.30	0.45	0.45	0.25	0.35	0.45
26～40	0.40	0.60	0.60	0.35	0.50	0.50	0.30	0.45	0.50
41～80	—	0.70	0.70	—	0.60	0.60	—	0.50	0.60
81～160	—	—	0.80	—	—	0.70	—	—	0.70
161～320	—	—	0.90	—	—	0.80	—	—	0.80

(2) 体积精压余量

体积精压余量原则上可参照平面精压余量确定。

在冷精压情况下，一般可在粗锻模膛的高度方向留 0.3～0.5mm 的余量，粗锻模膛的水平尺寸要比体积精压模膛稍小。

在热精压情况下，粗锻模膛高度方向留的余量一般为 0.4～0.6mm，或更大，而粗锻模膛的水平尺寸则可取和精压模膛的一样。有时还可利用精锻模，使粗锻件在模锻时欠压一定的数值来作为精压余量。

为了使粗锻件的精压余量不至于太大，粗锻件的高度尺寸公差应予以限制，通常将粗锻件的精度比普通模锻件提高一级。

5. 精压力的计算

精压力 F 可按下面公式计算。

$$F=pA \tag{9-6}$$

式中 F——精压力（N）；

p——平均单位压力（N/cm^2），按表 9-4 确定；

A——锻件精压时的投影面积（cm^2）。

表 9-4 不同材料精压时的平均单位压力 （单位：MPa）

材料	单位压力	
	平面精压	体积精压
LY11、LD5 及类似铝合金	1000～1200	1400～1700
10CrA、15CrA、13Ni2A 及类似钢	1300～1600	1800～2200
25CrNi3A、12CrNi3A、12Cr2Ni4A、21Ni5A	1800～2200	2500～3000
13CrNiWA、18CrNiWA、38CrA、40CrVA	1800～2200	2500～3000
35CrMnSiA、45CrMnSiA、30CrMnSiA、37CrNi3A	2500～3000	3000～4000
38CrMoAlA、40CrNiMoA	2500～3000	3000～4000
铜、金和银		1400～2000

注：热精压时，可取表中数值的 30%～50%；曲面精压时，可取平面精压与体积精压的平均值。

9.3 表面清理

对模锻进行表面清理的目的如下。

(1) 去除锻造生产过程中形成的氧化皮和其他表面缺陷（裂纹及折纹等），提高锻件表面品质，改善锻件切削加工条件。

(2) 显露锻件表面缺陷，以便检查锻件表面品质。

(3) 给冷精压和精密模锻提供具有良好表面品质的精压毛坯。

有时，为了提高锻件精度、减少模具磨损、避免氧化皮压入锻件，或防止已有的表面缺陷在模锻时继续扩大，对原材料和中间毛坯也要进行清理。

坯料和锻件的清理方法见表 9-5。

表 9-5 坯料和锻件的清理方法

方法	优点	缺点	适用范围
酸洗	大批量； 可保持坯料或锻件的原形； 可发现表面缺陷	废液污染，工作环境差	坯料或锻件
湿法滚筒清理	大批量； 表面粗糙度与研磨相当； 成本低	锻件的棱角被磨去； 可能会变形	质量小于 6kg 的锻件； 若零件尺寸精度不高，可作为最后加工工序
喷砂，喷丸	大批量； 可保持坯料或锻件的尺寸	成本低	锻件清理
车削	同时去掉氧化皮和脱碳层	成本高； 浪费原材料	表面质量、尺寸精度要求较高的坯料
无芯磨	同时去掉氧化皮和脱碳层	成本高	要求去掉氧化皮、脱碳层且尺寸精度较高的坯料
淬冷水，镦粗	成本低	氧化皮清除不彻底	加热后去掉坯料氧化皮

清除原材料毛坯、预成形件和锻件上局部表面缺陷的方法有风铲清理（主要用于结构钢大型锻件和坯料），砂轮清理（适用于各种类型的坯料和锻件，特别是高合金钢工件和清理要求较高的模锻件）。清理后工件表面的凹槽应是圆滑的，凹槽的宽高比 l/h 应大于5（图9.16）。

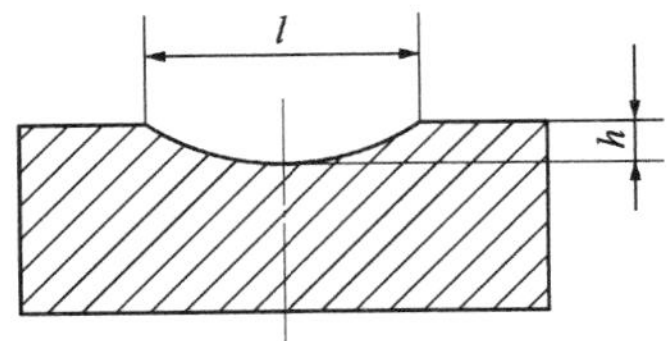

图 9.16　清理后工件表面的凹槽

模锻前清理热坯料氧化皮的方法有用钢丝刷（钢丝直径为0.2～0.3mm）、刮板、刮轮等工具清除，或用高压水清理。其中高压水清理是将加热好的坯料，以0.2～0.5m/s的速度迅速通过高压水喷射装置，使15～20MPa的高压水从四周向坯料喷射。坯料表层上的氧化皮遇冷急剧收缩而裂开，并被高压水冲走。由于坯料受高压水喷射的时间很短（几秒），坯料本身来不及冷却，温度下降很少。高压水清理适用于断面尺寸较大（50～150mm）的热坯料。这种方法效率高，清理效果好，但需建造高压水泵站，费用大，一般工厂很少采用。

在锤上模锻时采用制坯工步，可去除一部分热坯料上的氧化皮。要注意及时用压缩空气将击落的氧化皮吹掉，以免落入锻模模膛。大型模锻件在锻模中应先轻击、移开坯料、用压缩空气将击落的氧化皮吹掉，再进行重击模锻。为了使氧化皮容易在变形工序中脱落，热坯料出炉后，可先在冷水中浸沾2～3s，使氧化皮骤冷破裂和变脆。

对于模锻后或热处理后锻件上的氧化皮，生产中广泛使用的清理方法有以下四种：滚筒清理、喷砂（丸）清理、抛丸清理及酸洗清理。

1. 滚筒清理

锻件在旋转的滚筒中，靠相互碰撞或研磨以清除工件上的氧化皮和毛刺。这种清理方法设备简单，使用方便，但噪声大，适用于能承受一定撞击而不易变形的中小型锻件。

滚筒清理分为无磨料滚筒清理和有磨料滚筒清理两种。前者不加入磨料，可加入直径10～30mm的钢球或三角铁等，主要靠这些钢球或三角铁等相互碰撞清除氧化皮；后者要加入石英石、废砂轮碎块等磨料和苏打、肥皂水等添加剂，主要靠研磨进行清理。

2. 喷砂（丸）清理

喷砂或喷丸都以压缩空气为动力。喷砂的工作压力为0.2～0.3MPa，喷丸的工作压力为0.5～0.6MPa，将粒度为1.5～2mm的石英砂（有色金属用粒度为0.8～1.0mm的石英砂）或粒度为0.8～2mm的钢丸，通过喷嘴喷射到锻件上，打掉氧化皮。这种方法对各种结构形状和品质的锻件都适用。喷砂清理灰尘大、生产效率低、费用高，多用于清理有特殊技术要求的锻件和特殊材料的锻件，如不锈钢、钛合金锻件。喷丸较干净，但生产效率较低，因此，往往由高生产效率的抛丸清理所代替。

3. 抛丸清理

抛丸清理是靠高速转动叶轮的离心力，将钢（铁）丸抛射到锻件上去除氧化皮。钢丸用含碳 0.5%～0.7%、直径为 0.8～2mm 的钢丝切断制成，切断长度一般等于钢丝直径，淬火后硬度为 60～64HRC。对于有色合金锻件，则采用含铁量为 5%的铝丸，粒度为 0.8～2mm。抛丸清理生产效率高，比喷砂清理高 1～3 倍，在锻件表面上可能打出印痕，清理品质较好，但噪声大。

喷丸和抛丸清理，在击落氧化皮的同时，都使工件表面层加工强化。对于经过淬火或调质处理的锻件，使用大粒度钢丸时加工强化程度尤为显著，硬度可提高 30%～40%，硬化层厚度可达 0.3～0.5mm。喷砂或使用小粒度钢丸时，由于砂（丸）动量小，加工强化程度很微弱，可不予考虑。

用喷砂、喷丸和抛丸这三种方法清理后的锻件，表面裂纹等缺陷可能被掩盖，容易造成漏检。因此，对于一些重要锻件应采用磁性探伤或荧光检验等方法来检验工件的表面缺陷。

4. 酸洗清理

碳素钢和合金钢锻件使用的酸洗溶液是硫酸或盐酸。

在硫酸酸洗过程中，进行最快的化学反应是硫酸与基本金属铁和氧化皮内层铁粒子的化学反应［式(9－7)］，其次是硫酸与氧化皮内层的氧化亚铁的化学反应［式(9－8)］。

$$Fe + H_2SO_4 \longrightarrow FeSO_4 + H_2 \tag{9-7}$$

$$FeO + H_2SO_4 \longrightarrow FeSO_2 + H_2O \tag{9-8}$$

生成的氢和易溶的硫酸亚铁（$FeSO_4$），使氧化皮从基体金属表层脱落。为了防止氢原子（或离子）扩散渗入基体金属导致锻件表层产生氢脆，同时也为了防止氢气从酸液中逸出形成酸雾，污染空气，在硫酸溶液中应添加适量的添加剂（NaCl、KC 或 54 号酸洗抗蚀剂等），以减缓硫酸与基本金属铁和氧化皮内层铁粒子的化学反应［式(9－7)］的反应速度。

盐酸酸洗过程与硫酸酸洗过程不同，氧化皮的清除主要靠氧化皮本身在盐酸溶液中的溶解。盐酸酸洗过程中的化学反应，按其反应速度的快慢依次为

$$Fe_3O_4 + 8HCl \longrightarrow 2FeCl_3 + FeCl_2 + 4H_2O \tag{9-9}$$

$$Fe_2O_3 + 6HCl \longrightarrow 2FeCl_3 + 3H_2O \tag{9-10}$$

$$FeO + 2HCl \longrightarrow FeCl_2 + H_2O \tag{9-11}$$

$$Fe + 2HCl \longrightarrow FeCl_2 + H_2 \tag{9-12}$$

$$FeCl_3 + H_2 \longrightarrow FeCl_2 + HCl \tag{9-13}$$

基体金属与盐酸的反应［式(9－12)］，相对于氧化皮的溶解比较慢，在使用添加剂（KC，54 号酸洗抗蚀剂等）的情况下，还可以显著减慢。氢的生成量和扩散渗入量也随之显著减小，而且对酸洗速度影响不大。因此，盐酸酸洗一般不会产生氢脆。盐酸酸洗后工件表面品质也比硫酸酸洗的好。但硫酸价格低，储运方便，废酸回收处理后可重新使用。

因此，在目前生产中，多采用硫酸酸洗。只在有特殊技术要求（如对氢脆敏感的高强度合金结构钢的酸洗）时，才采用盐酸酸洗。

高合金钢和有色合金需要使用多种酸混合溶液进行酸洗，有时还须使用碱-酸复合酸洗。

酸洗清理的表面品质高，清理后锻件的表面缺陷（如发裂、折纹等）显露清晰，便于检查。对锻件上难清理的部位，如深孔、凹槽等比较有效，而且锻件也不会产生变形。因此，酸洗广泛用于结构形状复杂、扁薄细长、易变形和重要的锻件。一般酸洗后锻件表面比较粗糙，呈灰黑色，有时为了提高锻件非切削加工表面品质，酸洗后会再进行抛丸等机械方法清理。

9.4 锻件品质检验

锻件品质检验的主要任务是，鉴定锻件的品质，分析缺陷产生的原因和可以采取的预防措施。

9.4.1 锻件品质检验的内容

为了保证锻件品质满足设计所要求的各项指标，需对锻件进行品质检查。

1. 化学成分检查

一般锻件不进行化学成分检查，但对有此要求的锻件，可从锻件上切下一些切屑，采用化学分析法或光谱分析法检验化学成分。

2. 外观尺寸检查

采用目测、样板或划线的方法，检查锻件的表面缺陷，形状误差和尺寸大小，确定锻件是否需要机械加工。

3. 宏观组织检查

宏观组织检查又称低倍检查，是用肉眼或不大于10倍的放大镜，检查锻件表面或截面上所存在的缺陷，如偏析、白点、非金属夹杂、裂纹、过热、过烧等。其主要方法有硫印、热酸浸、冷酸浸，以及断口、塔形车削等。

4. 显微组织检查

显微组织检查即金相检查，是在光学显微镜下观察、辨认和分析锻件的微观组织状态、分布情况和各种微观缺陷，如脱碳、折纹、过烧等。显微组织检查除了检查微观组织外，也能显示偏析及一些化合物的分布，并可进行晶粒度和非金属夹杂评级、确定表面淬透性和渗碳层深度等。

5. 力学性能检查

锻件的力学性能检查包括检查硬度，确定强度（σ_b、$\sigma_{0.2}$），塑性（$\delta\%$、$\psi\%$）和韧性（a_k）等的具体指标。为了了解在持久载荷作用下的性能和交变载荷作用的能力，还要做持久、高温蠕变和疲劳试验。

6. 残余应力检查

当锻件内部存在过大的残余应力时，不但机械加工时会因残余应力的作用失去平衡而使工件产生变形，影响装配，而且在使用过程中由于残余应力和工作应力叠加也会造成零件失效，损坏整台机器。因此某些重要锻件，如发电机护环技术条件规定残余应力不得超过屈服强度的20%。

测量残余应力的方法有X射线法、镗孔法和切环法。目前，生产中常用的方法是切环法，即在锻件上切取应力环，准确测量切环前后应力环尺寸的变化，然后按应力应变关系，算出残余应力$\sigma_{残}$的大小。

$$\sigma_{残}=\frac{E(D-D')}{D} \tag{9-14}$$

式中 $\sigma_{残}$——残余应力；

D——切环前应力环的平均外径（mm）；

D'——切环后应力环的平均外径（mm）；

E——钢的弹性模数。

7. 超声波检验

超声波能迅速而准确地发现锻件表层以内的宏观缺陷，如裂纹、夹杂、缩孔、白点，以及气泡的形状、位置和大小，但对缺陷性质不易判断，必须配以标准试块，或凭经验进行推断。

被检验表面粗糙度要求$Ra=1.6\sim6.3\mu m$。

超声波检验一般用于大型锻件的品质检验，因为超声波可以穿透以米计的深度。锻件太小、太薄或形状复杂时，检验结果不易判断，甚至会误断。

超声波检验的基本原理是通过石英转换器将电能通过石英转化为相同频率的声能，以油或水层为介质，使声波射入锻件内部。如果无缺陷，超声波穿透锻件后反射回来；如果在锻件内部碰到裂纹、夹杂等缺陷，则一部分超声波首先反射回来，而另一部分一直穿透到锻件的底部再反射回来。反射回来的超声波又通过石英转换器转化为电能，再通过接收、放大、检波输送到示波器的荧光屏上。荧光屏首先接到的是缺陷脉冲反射信号，然后才接收到锻件底部反射回来的脉冲信号。通过比较这些信号，可判断锻件内的缺陷。

探测裂纹、夹杂等缺陷时，超声波穿透方向应与缺陷方向垂直，否则无缺陷信号输出图9.17所示的探头放在1的位置上，荧光屏上没有缺陷信号。若探头处于2的位置上，则能接收到缺陷信号。对于气孔、疏松之类缺陷，可以从上、下、左、右四个方向进行探测。

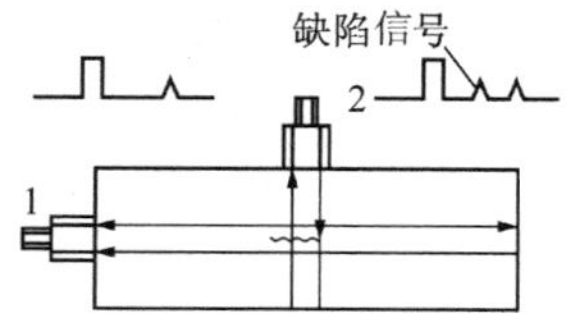

图9.17 超声波探伤示意图

8. 荧光检验

对非磁性金属锻件表面的缺陷，可采用荧光检验，即荧光探伤。

荧光检验是用荧光液渗透到锻件裂纹中，借助显示剂在紫外线的照射下，锻件缺陷处发出清晰的荧光。

荧光检验可以显示肉眼看不到的宽度小于0.005mm的表面裂纹，适用于各类金属材料和大小不同的锻件。

利用荧光探伤仪检验前，应做好如下准备工作。

(1) 将锻件表面的氧化皮、油污等清除。

(2) 将锻件浸入荧光液中，或将荧光液喷涂在锻件表面，借助毛细管作用渗入裂纹。

(3) 锻件经荧光液渗透后，过5～60min再将表面上附着的荧光液清洗干净。

(4) 涂上一层显示剂，然后吹干或擦干。

(5) 在探伤仪内的紫外线照射下，荧光液激发产生荧光，把缺陷的形状和大小显示出来。

9. 磁力探伤

磁力探伤可用来发现锻件表面层内的微小缺陷，如发裂、折纹、夹杂等。磁性检验只能用于铁磁性材料，而且锻件表面要求平整光滑。

锻件在两磁极间时有磁力线均匀通过，若锻件内有裂纹、气孔、非磁性等夹杂存在，磁力线将绕过这些缺陷而发生弯曲现象，若缺陷在锻件表面，则磁力线将漏到空气中，绕过缺陷，再回到锻件。这种漏磁现象在漏磁部位产生一个局部磁极，如图9.18中a及b两处。当移去外加磁极后，局部漏磁磁极仍保持相当长的时间。若把磁粉洒在锻件表面，则磁粉被吸引到漏磁处，堆集成与缺陷大小和形状相似的痕迹。

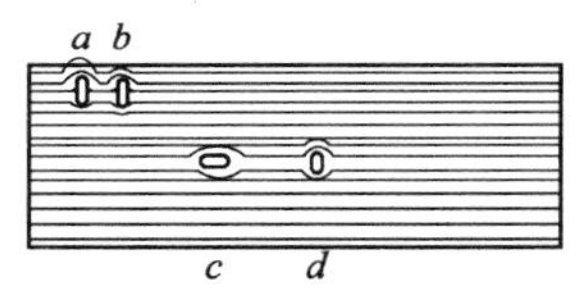

图9.18 磁力线在工件上的分布

如果缺陷深、磁力线不会漏到锻件表面外，就无法产生局部漏磁磁极，不能吸引磁粉显示锻件内部缺陷，如图9.18中c及d两处。

做磁性检验时应注意如下几点。

(1) 尽可能使磁场方向与裂纹方向垂直，若方向平行，不能产生局部漏磁磁极，或磁极微弱难以显示缺陷。图9.19 (a) 所示为试样纵向磁化，可以清晰显示横向缺陷。图9.19 (b) 所示为电流直接通过试件的轴线而获得周向磁化，可以检验纵向缺陷。

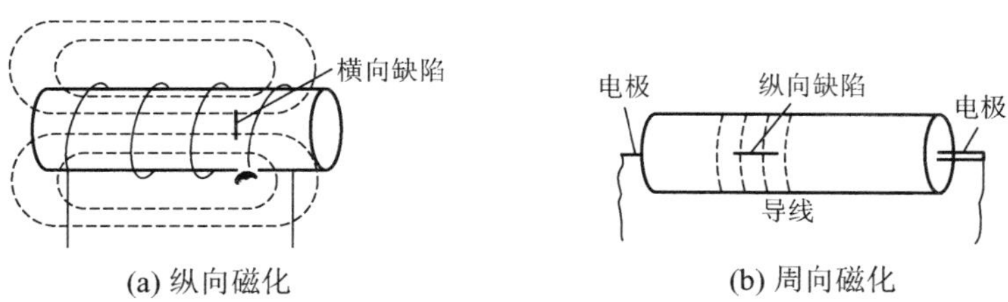

图9.19 导电方向与磁化方向

（2）若锻件上的缺陷方向不同，必须使锻件受到两个垂直方向的磁化，即用电流同时或先后纵向磁化和横向磁化。

（3）磁性检验中所使用的磁粉有干粉和湿粉两种。使用干粉检验劳动条件差，且磁粉消耗大，因此一般都使用湿粉检验。湿粉检验法就是将磁粉悬浮在煤油或含有防蚀剂的硫酸钠水溶液中，将磁粉油液喷射或浇注在磁化锻件上。湿粉检验法较清洁且省料，对检验小型锻件，如汽车上的锻件特别适合。

（4）为了便于机械切削加工，还需进行退磁处理。

作为无损探伤，除上述几种方法外，还有X射线探伤法、γ射线探伤法。

9.4.2 锻件的常见缺陷

1. 自由锻件

自由锻件常见的缺陷有以下几种形式。

（1）横向裂纹

横向裂纹如为较深的表面横向裂纹，则主要由于原材料品质不佳，钢锭冶金缺陷较多。锻造过程中，一旦发现这种缺陷应及时去除；若是较浅的表面横向裂纹，则可能是气泡未能焊合形成的，也可能是拔长时送进量过大引起的。

内部横向裂纹产生的原因有钢锭加热速度过快而引起较大的温度应力，或在拔长低塑性坯料时所用的相对送进量太小。

（2）纵向裂纹

在镦粗或第一火拔长时出现表面纵向裂纹，除了可能是冶金品质不佳外，也可能是由于倒棱时压下量过大。

内部纵向裂纹出现在冒口端，是由于钢锭缩孔或二次缩孔在锻造时切头不足引起的。纵向裂纹如出现在锻件中心区，则是由于加热未能烧透，中心温度过低；或采用上下平砧拔长圆形坯料变形量过大。在拔长低塑性高合金钢时，送进量过大或在同一部位反复翻转拔长，都会引起十字裂纹。

（3）表面龟裂

钢中铜、锡、砷、硫的含量较高且始锻温度过高时，锻件表面会出现龟甲状较浅的裂纹。

（4）内部微裂

内部微裂是由于中心疏松组织未能锻合而引起，常与非金属夹杂并存，也有人称其为夹杂性裂纹。

（5）局部粗晶

局部粗晶即锻件的表面或内部局部区域晶粒粗大，其原因是加热温度高、变形不均匀，并且局部变形程度（锻造比）太小。

（6）表面折叠

表面折叠是由拔长时砧子圆角过小，送进量小于压下量造成的。

(7) 中心偏移

坯料加热时温度不均及锻造操作时压下不均，均会导致钢锭中心与锻件中心不重合，影响锻件品质。

(8) 力学性能不能满足要求

锻件强度指标不合格与炼钢、热处理有关。而横向力学性能（塑性、韧性）不合格，则是由冶炼杂质太多或镦粗比不够所引起。

其他还有如过热、过烧、脱碳、白点等缺陷。

2. 模锻件

模锻件常见缺陷及产生的原因见表9-6。

表9-6 模锻件常见缺陷及产生的原因

缺陷名称	外观形态	产生的原因
凹坑	表面有局部凹坑	① 加热时间太长或粘上炉底溶渣； ② 毛坯在型槽中成形时,型槽中氧化皮未清除净
未充满		① 原毛坯尺寸小； ② 加热时间太长,火耗太大； ③ 加热温度过低,金属流动性差； ④ 设备吨位不足,锤击力太小； ⑤ 锤击轻重掌握不当； ⑥ 制坯模膛设计不当,或飞边槽阻力小； ⑦ 终锻模膛磨损严重
厚度超差	锻不足,高度超差	① 原毛坯质量超差； ② 加热温度偏低； ③ 锤击力不足； ④ 制坯模膛设计欠佳,或飞边槽阻力太大
尺寸不足	尺寸偏差小于负偏差	① 终锻温度过高或设计终锻模膛时考虑收缩率不足； ② 终锻模膛变形； ③ 切边模调整不当,锻件局部被切
错移	下部分发生错移	① 锻锤导轨间隙太大； ② 上下模调整不当或锻模检验角有误差； ③ 锻横紧固部分如燕尾磨损,或锤击时错位； ④ 型槽中心与打击中心相对位置不当； ⑤ 导向锁扣设计不佳
压伤	局部被压损伤	① 毛坯未放正或锤击中跳出模膛连击压坏； ② 设备有故障,单击时发生连击

续表

缺陷名称	外观形态	产生的原因
翘曲	中心线和分模面弯曲偏差	① 锻件从模膛中撬起时变形； ② 锻件在切边时变形
残余飞边	分模面处有残余毛刺	① 切边模与终锻模膛尺寸不相符合； ② 切边模磨损或锻件放置不正
发裂	轴向有细小长裂纹	钢锭皮下气泡被轧长，在模锻和酸洗后呈现出细小的长裂纹
端裂	端部出现裂纹	毛坯在冷剪切下料时剪切不当
夹杂	断面上有夹杂	耐火材料等杂质熔入钢液

习题及思考题

9－1　模锻件能放在原来的锻模内复压提高其精度吗？这样做可能产生什么样的严重后果？

9－2　模锻的后续工序有提高锻件精度的可能吗？为什么？试举例说明。

9－3　堆焊过程能增加锻模寿命吗？哪几类模具适合于堆焊修复再生？

9－4　校正模、精压模和精锻模有什么区别？

9－5　无损检测有哪几种？简单叙述其工作原理、使用效果和优缺点。

第10章 精密模锻

精密成形技术即近净成形技术或净成形技术，是指零件成形后，仅需少量加工或不再加工，就可用作机械构件的成形技术，即制造接近零件形状的工件毛坯。精密成形技术较传统成形技术减少了后工序的切削量，减少了材料及能源消耗。精密成形技术建立在新材料、新能源、信息技术、自动化技术等多学科高新技术成果的基础上，改进了传统的毛坯成形技术，使之由一般成形变为优质、高效、高精度、轻量化、低成本、无公害的成形。精密成形技术使得成形的产品具有精确外形、高尺寸精度和形位精度、低表面粗糙度。

精密模锻过程能获得表面品质好、加工余量少且尺寸精度较高的锻件。一般精密模锻件只需要少量后续机械加工，大大减少了机械加工工作量，节省原材料，提高了劳动生产效率，降低了零件生产成本。用精密模锻过程生产的直齿锥齿轮齿形不再进行机械加工，精度可达 7 级。精密模锻叶片轮廓尺寸精度可达±0.05mm，厚度尺寸精度可达±0.06mm，表面粗糙度 Ra=0.8～3.2μm。

据统计，每 100 万吨钢材由切削加工改为精密模锻，可节约钢材 15 万吨（即 15%），减少机床 15000 台。

精密模锻主要应用在以下两个方面。

(1) 生产精化毛坯。生产精度较高的零件时，利用精密模锻工艺过程取代一般切削加工，即将精密模锻件进行精机械加工得到成品零件。

(2) 生产精密模锻零件。用于生产精密模锻能达到其精度要求的零件，减少切削加工，有时也可完全采用精密模锻方法生产成品零件，如用冷锻方法生产的扬声器导磁体。

10.1 精密模锻过程设计

10.1.1 精密模锻件的可成形性分析

精密模锻件表面不应有（或允许有少量的）氧化皮，有时还要控制脱碳层厚度。因此，热精密模锻时通常采用少无氧化加热毛坯。往往使用具有较高精度的模具和合适的精密模锻设备进行精密模锻。进行精密模锻时要严格控制模具温度、锻造温度、润滑条件和操作等过程因素。此外，还要注意提高毛坯的下料精度和下料品质。

用普通模锻方法能锻造的任何合金材料都可以精密模锻。一般锻造用的铝合金和镁合金等轻金属和有色金属，因其具有锻造温度低、不易产生氧化、模具磨损少和锻件表面粗糙度低等特点，更适宜精密模锻。

由于钢在低温下的变形抗力较大，因此对模具的强度和耐磨性要求较高。热锻因毛坯的温度较高，要求模具有较高的红硬性和热态下的抗疲劳性等。此外，钢材加热时容易氧化和脱碳，所以钢质零件精密模锻造比轻合金和有色金属困难。

某些特殊合金，如耐热合金和钛合金等，因为材料的变形抗力大，模具寿命低，因而精密模锻生产较困难。

对于精密模锻的零件形状，通常旋转体零件（如齿轮、轴承等）最适宜于精密模锻。形状复杂的零件，只要锻造时能从模膛中取出，一般都可进行精密模锻。

一般如能在精密模锻生产中严格控制各种因素，则精密模锻件的尺寸精度比模具精度低 1～2 级。

影响锻件尺寸精度的主要因素如下。

1. 零件结构的可成形性

由于精密模锻件是毛坯在模膛中塑性变形而成，因而要求设计者尽量考虑锻造变形特征，设计出适合精密模锻过程的零件形状。在制定精密模锻工艺过程方案时，应根据变形过程中金属的流动特点，考虑零件结构对锻件尺寸精度的影响，采取相应技术措施。

2. 模膛的尺寸精度和磨损

模膛的尺寸精度和在工作中的磨损对锻件尺寸精度有直接影响。在模膛的不同位置，由于变形金属的流动情况和模膛各个部位受到的压力不同，磨损程度也不相同。模膛水平方向的磨损会引起锻件外径尺寸增大和孔径尺寸减小。模膛垂直方向的磨损会引起锻件高度尺寸增大。

精密模锻时，模锻无氧化皮的毛坯模具比模锻有氧化皮的毛坯模具磨损量减少约16%。采用性能较好的模具材料并对模具进行氮化等表面处理，可以提高模具耐磨损性能。同时，精密锻造时对模具进行良好的润滑和冷却，也可减少模具磨损。所以，应根据实际情况确定模具磨损公差。

此外，模具弹性变形及毛坯烧损对锻件尺寸精度也有直接影响。润滑剂不均匀和润滑剂残渣也会使锻件某些尺寸减小，锻件冷却时也可能发生变形。

精密模锻件的表面粗糙度与毛坯的氧化程度（与加热时的氧化程度和加热后氧化皮的清除情况有关），模膛表面粗糙度，锻模润滑、冷却和清洁，以及锻件的冷却条件等因素有关。

如果零件的尺寸精度和表面粗糙度要求很高，用精密模锻不能达到，则精密模锻可作为精化毛坯的工序取代一般精度的切削加工，此时精密模锻件需预留精加工余量。

采用精密模锻是否经济与生产批量的大小、节约原材料的多少、减少机械加工的效果及模具成本的多少等因素有关，需要进行具体的技术经济分析。一般来说，零件的生产批量在2000件以上时，精密模锻可充分显示其优点。

锻件的精度是一个综合性的技术问题。它与毛坯的质量偏差，模具和锻件的弹性变形，模具和毛坯（锻件）的热胀冷缩，模具的设计和加工精度，以及设备精度等有关。正确分析这些因素的影响并相应地采取有效的解决措施，是保证锻件精度的重要环节。

精密模锻时毛坯体积的变化直接引起负荷急剧增大，不但会引起锻件尺寸的变化，产生飞边，更严重的是使模具和锻压设备加速磨损及断裂失效。

毛坯体积波动的控制方法主要有两种：①精密下料，使质量偏差控制在1%之内；②采用调节和补偿方法，对于闭式精密模锻可通过设置多余金属分流腔（孔）来调节和补偿。

精密模锻成形时，由于外力作用，模具和毛坯均产生弹性变形，这对精锻件的尺寸精度有较大的影响。以冷精锻为例，模膛因受负载力尺寸增大，而毛坯受压产生压缩弹性变形。外力去除后，两者都向相反方向恢复，结果导致锻件尺寸增大。锻件尺寸增大的量是模具和锻件弹性变形量的总和。

某产品在进行端面齿轮冷锻成形时，产品的外圆尺寸为ϕ48.05～ϕ48.10mm，而模具的凹模口尺寸为ϕ48.00mm。由此可见，该产品的回弹量为0.05～0.10mm。

模具和锻件的弹性变形量，在理论上可根据材料的弹性模量、应力的数值和相应部分的尺寸计算确定。但是，根据弹性理论求弹性恢复值是十分困难的。

生产实践中也可以采用塑性有限元方法模拟计算精锻件成形时对模膛所产生的作用力，然后通过弹性有限元法对模膛的弹性变形量做出预测，从而进行修正和补偿。

实际的弹性恢复值通常由个人的生产实际经验或通过各种试验获得。

10.1.2 精密模锻过程设计

制定精密模锻过程的主要内容如下。

（1）根据产品零件图绘制锻件图。

（2）确定模锻工序和辅助工序（包括切除飞边等），决定工序间尺寸，确定加热方法和加热规范。

（3）确定清除坯料表面氧化皮或脱碳层的方法。

（4）确定坯料尺寸、质量及其允许公差，选择下料方法。

（5）选择精密模锻设备。

（6）确定坯料润滑和模具润滑及模具的冷却方法。

（7）确定锻件冷却方法和规范，确定锻件热处理方法。

（8）提出锻件的技术要求和检验要求。

在制定精密模锻件图时可参考本书第8章。要注意合理确定分模面、加工余量、公差、模锻斜度、圆角半径等。

例如，对于整体凹模闭式精密模锻，分模面一般应选择在锻件与冲头接触的端面上。复杂锻件的可分凹模模锻，其可分凹模分模面的选择与开式模锻完全相同，即分模模锻。根据锻件的形状和特点，分模面有三种基本形式，即水平分模、垂直分模和混合分模，如

图 10.1 所示。对于一些带空穴或多孔零件，可采用分模模锻（即多向闭式模锻），有多个分模面，其冲头的个数不止一个，凹模的分块也常在两块以上。

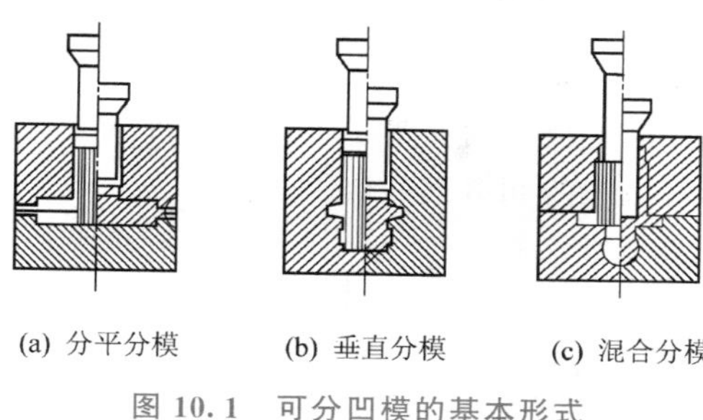

(a) 分平分模　(b) 垂直分模　(c) 混合分模

图 10.1 可分凹模的基本形式

10.2 精密模锻模具设计

设计精密模锻的模具时，应先根据锻件图、过程参数、金属流动过程、变形力与变形功、设备参数和精密模锻过程中模具的受力情况等，确定模具工作零件的结构、材料、硬度等，核算其强度并确定从模膛中迅速取出锻件的方法；然后进行模具的整体设计和零件设计，确定各模具零件的加工精度、表面粗糙度和技术条件等。

10.2.1 精密模锻模具的结构

1. 精密模锻模具的分类

精密模锻模具按凹模结构形式可分为整体凹模、组合凹模和可分凹模。

整体凹模制造比较简单，应用普遍，适用于精密模锻时单位压力不大的锻件。

图 10.2 所示为锤上模锻用整体凹模式锻模。为生产回转体闭式模锻件设计锤上模锻用的整体凹模时，可取模膛高度 $H=(2\sim2.5)H_1$，H_1 为模锻件高度，外圆面的锥角 $\alpha=3^\circ\sim5^\circ$。闭式模锻件直径为75～200mm。利用锁扣作为上下模的导向，锁扣间隙 δ 应根据具体情况决定，保证锻件错移量符合精密模锻件图的要求，一般取 $\delta=0.1\sim0.4$mm。

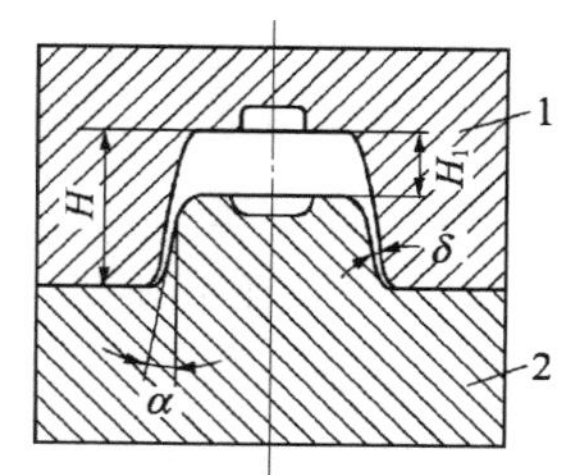

图 10.2 锤上模锻用整体凹模式锻模

1—上模；2—下模

组合凹模是精密模锻中常用的模具结构形式。组合凹模用于下述两种情况。

(1) 凹模承受很大压力，整体凹模强度不够时，采用预应力圈对凹模施加预应力，以提高凹模的承载能力。

(2) 模膛压强虽没有超过 1000MPa，但为了节约模具钢，仍可采用双层或三层组合凹模。

采用组合凹模，便于对模具热处理，便于采用循环水或压缩空气冷却模具。

图 10.3 所示为组合凹模式等温反挤压模具。该组合凹模分为三层，利用内预应力圈及外应力圈双层套环对凹模施加预应力。

为了保证获得尺寸精度高的挤压件，模具中设置了加热器 8，也可以通压缩空气冷却模具，使其工作温度稳定在规定范围内。为了提高挤压件的表面品质，利用卸料板 2 和凹模顶块 7 清除凸模 1 和凹模 3 上的润滑剂残渣。

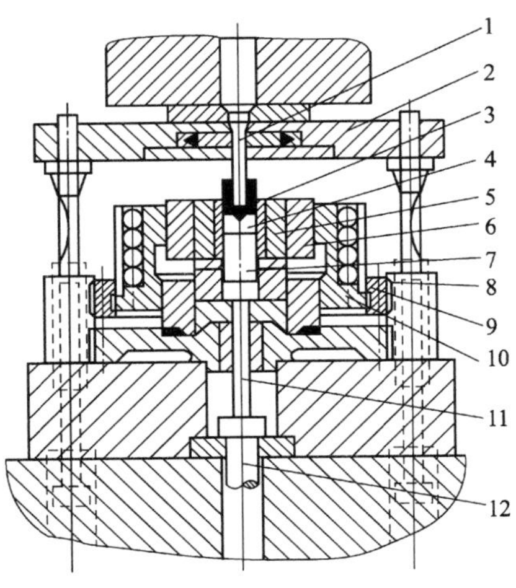

图 10.3　组合凹模式等温反挤压模具

1—凸模；2—卸料板；3—凹模；4—挤压件；5—内预应力圈；6—外预应力圈；7—凹模顶块；8—加热器；9—外套；10—固定圈；11—推杆；12—顶出圈

可分凹模用于模锻形状复杂的锻件。当锻件需要两个以上的分模面才能进行成形并能顺利地从模膛中取出时，采用这种可分凹模结构。但可分凹模模具较复杂，对模具加工要求高。采用可分凹模时，往往由于活动凹模部分的刚度不够而产生退让，在分模面上形成飞边，造成锻件的椭圆度。如果飞边尺寸稳定，可在模具设计时预先估计，以获得椭圆度很小甚至没有椭圆度的锻件。但是，由于各种因素的变化，飞边的厚度往往不稳定，所以不易消除锻件的椭圆度。只有采用足够刚度的可分凹模，才能防止形成飞边，可靠地减少甚至消除锻件的椭圆度。

图 10.4 所示为在液压机（或螺旋压力机）上热挤压钛合金台阶轴锻件的可分凹模式模具。

两个锥棱柱形的左半凹模 7 和右半凹模 8 通过销轴 9 与连接推杆 2 铰接，连接推杆 2 固定在压力机的顶出器上。两个半凹模安置在凹模座 1 中，支承表面间的角度为 30°。利用支承杆 3 作凹模顶起的支承或作凸模工作行程的限位。采用这种模具挤压锻件时，由于模具弹性变形，在凹模分模面间会出现厚度为 0.10～1.25mm、宽度为 3～5mm 的飞边。

挤压结束设备的滑块尚未回程时，模具的相互位置如图 10.4 的左部所示，当滑块回程后，连接推杆上行，将左半凹模 7 和右半凹模 8 顶出。并且左半凹模 7 绕左销轴向左转动一个角度，右半凹模 8 绕右销轴向右转动一个角度。其角度的大小即为支承杆 3 内孔锥角的一半。这样，即可将锻好的台阶轴成形件取出。

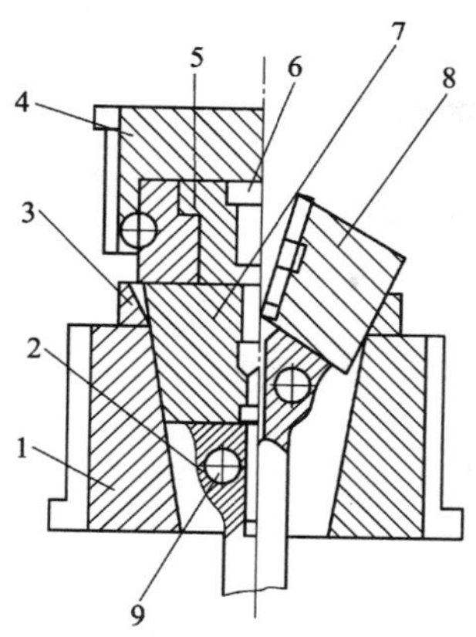

图 10.4 液压机（或螺旋压力机）上热挤压钛合金台阶轴锻件的可分凹模式模具

1—凹模座；2—连接推杆；3—支承杆；4—凸模固定座；5—过渡圈；
6—凸模；7—左半凹模；8—右半凹模；9—销轴

挤压时，冲头对由左半凹模和右半凹模构成的封闭模膛内的毛坯加压，使台阶轴成形。

2. 复动成形

复动成形又称分模锻造，也称浮动成形或径向挤压。复动成形采用复动式冲头在两个方向或多个方向对毛坯施加不同的压力，使毛坯产生多向流动，从而可在一道变形工序中获得较大的变形量和复杂的型面，完成复杂零件塑性成形。复动成形技术可以降低噪声、减少振动并提高锻压机械的自动化程度。冷精密模锻复动成形过程示意图如图 10.5 所示。先将上下成形模具闭合并施加一定的合模载荷，再由复动式冲头施加压力，致使毛坯产生多向流动，从而在一道变形工序中将万向节十字轴、差速器锥齿轮等形状十分复杂的零件冷精密模锻塑性成形。本书第 6 章 6.5 节中所讲的在有导向的模具中镦粗即为复动成形的一个特例。

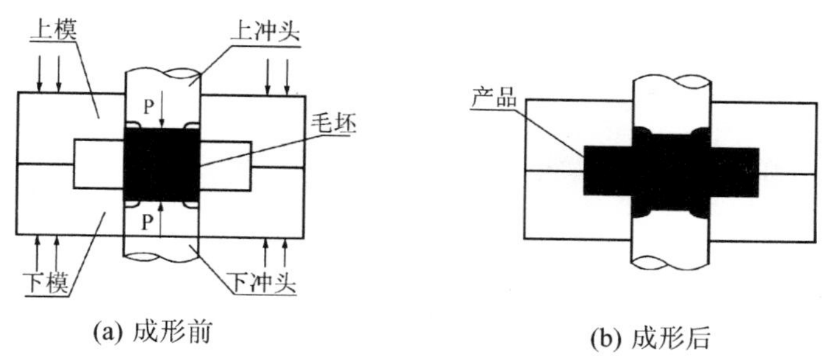

(a) 成形前　　(b) 成形后

图 10.5 冷精密模锻复动成形过程示意图

采用复动成形，既可使用专用多向压力机，也可使用单动压力机加专用复动成形模架。对大批量生产的小型精密锻件，如等速万向节星形套、三销轴等，采用后一种方法更经济。

图 10.6 为专用复动成形液压模架的原理简图。这种专用复动成形模架的合模力来自液压缸。为了在有限的模架空间内得到足够大的合模力，液压缸应工作在高压状态，模架受到足够大的闭模力。为了减少锻造时的液压冲击并降低液压油的发热，应配置专用冷却系统，还要采用粗大的液压软管输送高压油。这使得整个模架系统变得比较复杂，造价高，可靠性变差。

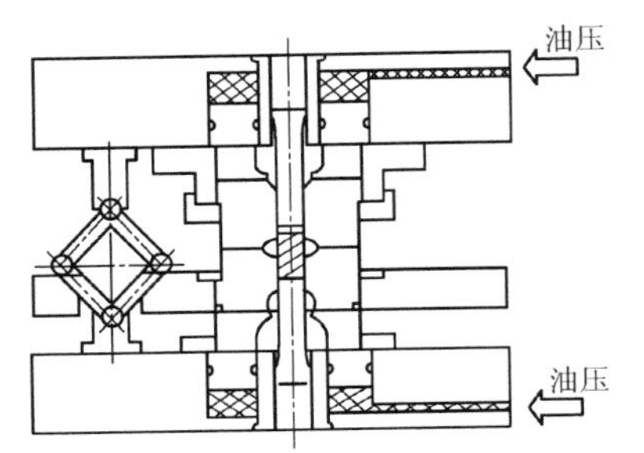

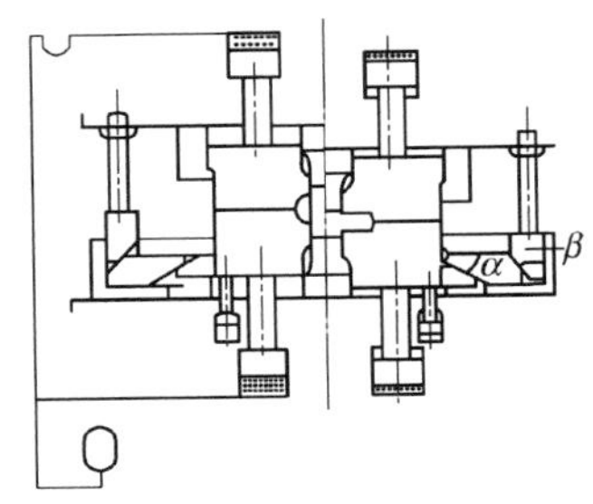

图 10.6 专用复动成形液压模架的原理简图

为了简化复动成形模架结构，降低制造成本，可以将氮气弹簧（也称氮缸或气体弹簧）应用到专用复动成形模架中，应用氮气弹簧代替液压缸，并用高压储气瓶充当蓄能器。生产实践证明，这种装置取代复杂的液压装置，应用可靠，能达到复动成形的特殊要求。

图 10.7 是单向气动复动成形模架结构简图。图 10.8 是气动模架的气动原理图。

从图 10.8 可以看出，来自高压气瓶 10 的高压氮气（≤15MPa）经减压阀 6 减压后，经过单向阀 2 和截止阀 3 进入氮气弹簧 1，推动单向气动复动成形模架（图 10.7）中的活动模架 5，使凹模得到足够的闭模力，从而与液压模架一样完成复动成形（闭塞锻造）加工。

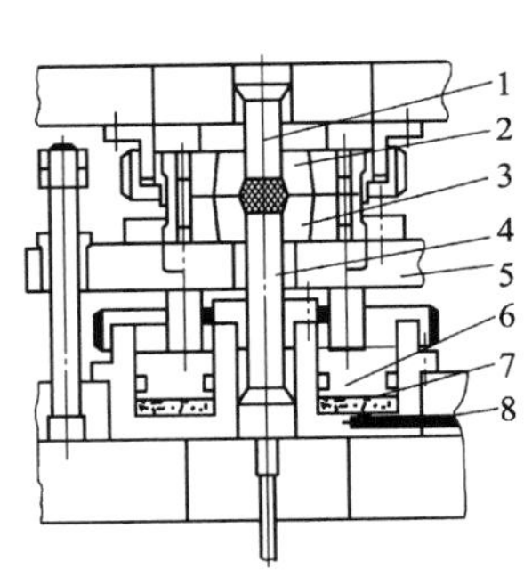

图 10.7 单向气动复动成形模架结构简图

1—上冲头；2—可分凹模（上）；3—可分凹模（下）；4—下冲头；5—活动模架；6—活塞；7—氮气弹簧；8—可进气管道

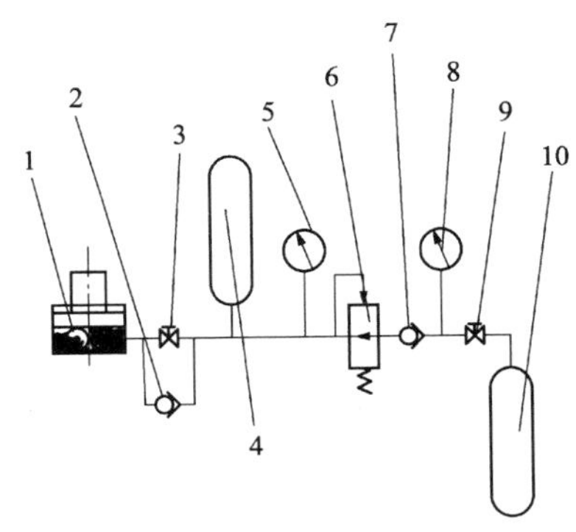

图 10.8 气动模架的气动原理图

1—氮气弹簧；2，7—单向阀；3，9—截止阀；4—高压气瓶蓄能器；5，8—压力表；6—减压阀；10—高压气瓶（气源）

由于气体具有可压缩性，所以可对气动系统进行改进，得到比液压模架的行程-压力变化性能更理想的行程-压力变化性能。

图 10.8 中，截止阀 3 处于开启状态时，锻造过程中活塞下行，气缸中的高压氮气经管道和截止阀进入高压气瓶蓄能器 4。由于高压气瓶蓄能器 4 比氮气弹簧 1 的容积大得多，

可以维持氮气弹簧的压力随锻造中滑块行程不发生明显的变化。闭模力的大小只取决于系统中调压阀的设定压力。

图 10.9 所示为某气动复动成形模架的主压力与闭模力的关系曲线。

因为闭模力相对稳定，锻件在合模方向尺寸稳定，能满足一般精密锻件的精度要求。

气动模架的缺点是模架的合模力完全取决于主压力。当高压气源来自市售高压瓶装氮气时，在系统最大主压力小于或等于 15MPa 的情况下，限制了闭模力的进一步提高。

气动模架的另一种工作状态为系统在截止阀 3 关闭状态进行复动成形加工。这时氮气弹簧的初始闭模力取决于主压力。而当合模后复动成形行程开始时，氮气弹簧的气路处于截止状态，当活塞向下运动时，氮气弹簧发生强烈压缩，随着容积的减少，氮气弹簧压力急剧升高。氮气弹簧的最终压力取决于压力机到达下死点时氮气弹簧容积的减少率。

根据理想气体绝热压缩过程中的压力 P 和体积 V 的关系，当气缸容积减少一半时，压力 P 升高，约为系统压力的 2 倍。实际上，由于氮气弹簧处于非绝热状态，压力升高是系统压力的 2 倍以上。

所以，气动模架采取第二种工作状态时可以明显提高复动成形力。而且合模力与工件变形力基本上同步增加，可以减少复动成形中的能量损失。另外，氮气弹簧的压力随着压力机滑块的速度和氮气弹簧内温度的变化有所变化，由于变化幅度较大，所以复动成形力的变化范围也大，而且不稳定。

图 10.10 所示为某模架在截止阀关闭时复动成形时闭模力随锻造行程和每分钟行程次数变化的情况。开始时，闭模力稳定，而在行程到达 275mm 后，闭模力随行程的增加而增加，因而，不能有效地保证锻件在合模高度方向上的锻造精度。

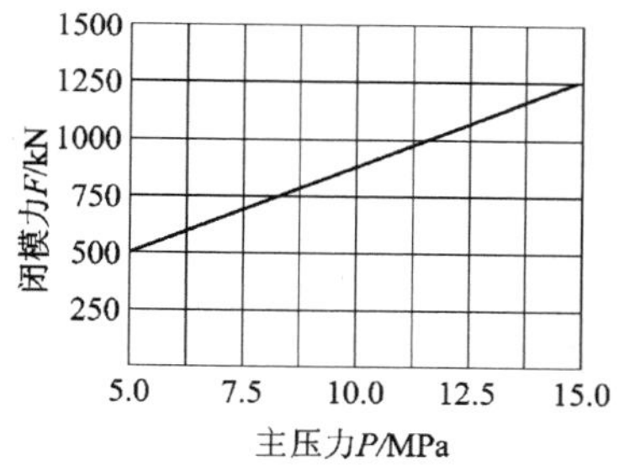

图 10.9 某气动复动成形模架的主压力与闭模力的关系曲线

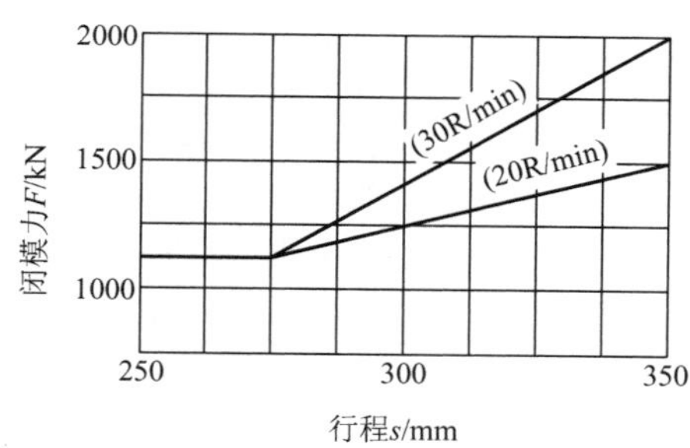

图 10.10 某模架在截止阀关闭时复动成形时闭模力随锻造行程和每分钟行程次数变化的情况

由图 10.10 还可以看出，在行程到达 275mm 后，滑块每分钟行程次数为 30 次的直线的斜率大于每分钟行程次数为 20 次的直线的斜率；即滑块每分钟行程次数越高，闭模力的变化越大。然而，对于如同锥齿轮这样一类高度不大，并且把全部精密尺寸都布置在一个凹模内的精密成形件的复动成形来讲，由于成形时的行程不大，因而可以忽略高度尺寸变化的影响。

如果复动成形力不稳，就不能有效地保证锻件在合模高度方向上的锻造精度。然而，对于如同锥齿轮这样一类把全部精密尺寸都布置在凹模内的复动成形来讲，可以忽略这种高度尺寸的变化。

气动复动成形机构对双向复动成形同样适用。气动复动成形机构长期稳定使用的关键在于保持氮气弹簧内活塞与密封圈的可靠润滑。

使用中需要注意的另一个关键是安全。氮气弹簧内始终处于高压状态，因此在结构上要保证氮气弹簧缸盖在长期工作循环中不会破裂，避免造成意外事故。

在双向复动成形时还要使用可靠的同步调节机构。

3. 氮气弹簧在复动成形中的另一种应用

氮气弹簧在复动成形中的另一种应用是将其作为模具中的顶出动力。

(1) 加工过程分析

摩托车变速箱中的端面带凸起的齿轮有一挡齿轮、二挡齿轮、三挡齿轮三种。有单面带凸起的，也有双面带凸起的。摩托车三级从动齿轮如图 10.11 所示。由图 10.11 可见，凸起高度大于 6.5mm，形状为圆形，也有呈椭圆或腰圆形的，用切削的方法加工比较困难，费工费时，材料消耗大。采用 J31A—400 型机械压力机进行温挤压成形较合适。

温挤压过程的特点是毛坯的变形抗力比冷挤压小，成形比冷挤压容易，压力机的吨位相应减少。如果温挤压模具结构、材质、热处理和主要工作零部件参数控制合适，模具寿命也比冷挤压高。温挤压工艺与热锻相比加热温度较低，氧化脱碳大大减轻，可以做到无氧化皮产生，而且成形精度高。此外，温挤压产品的尺寸精度和力学性能均与冷挤压产品相近，节省原材料。温挤压前不须进行软化退火和表面磷化等预处理，因而过程简单，便于组织连续生产。

温挤压时加热采用 GY—160/2500 型中频感应加热装置加热。

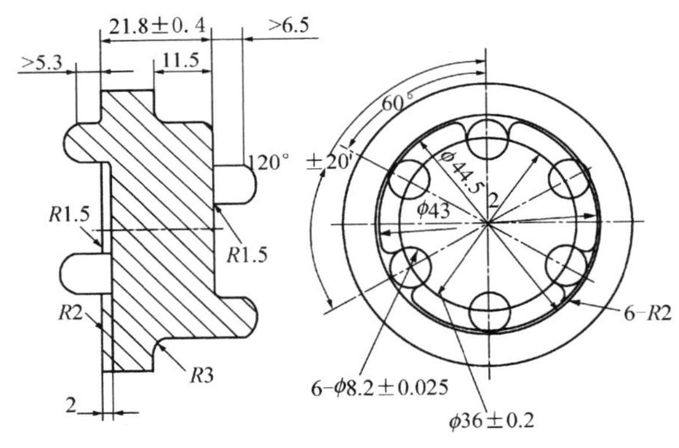

图 10.11　摩托车三级从动齿轮

(2) 模具设计

三级从动齿轮毛坯温挤压成形模结构如图 10.12 所示。

温挤压时受力大，模架与冷挤压模的结构完全相同，刚性要好。本例中将上下模板厚度取为 110mm，导柱直径取为 70mm。因为导柱和导套受温度影响后将失去高精度的配合间隙，间隙过小会造成拉伤，间隙太大又会影响锻件精度。所以，在温挤压小零件时，导柱和导套配合间隙取 0.05mm，使用滚珠导柱效果较好。

目前，常采用 H13 钢、3Cr2W8V 钢、012AL 基体钢等热锻模具钢作为温挤压模具的

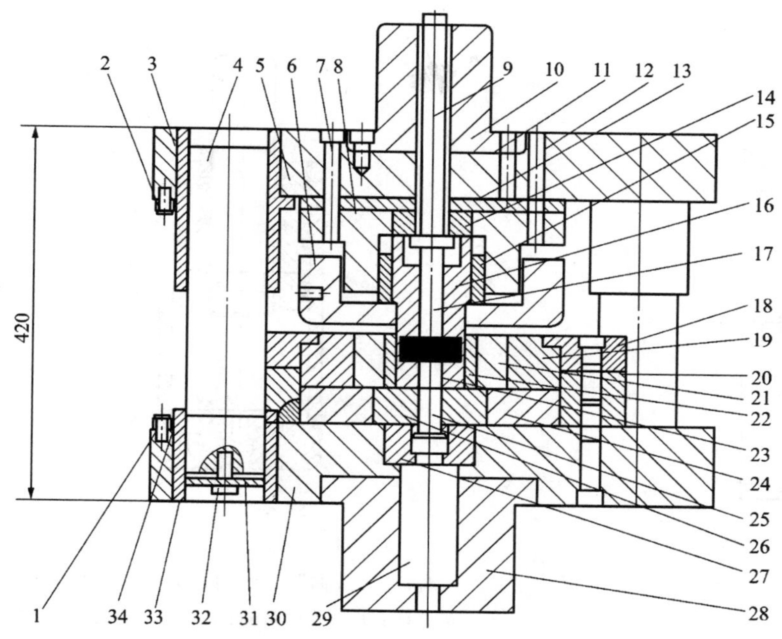

图 10.12 三级从动齿轮毛坯温挤压成形模结构

1，7，32—螺钉；2，34—压板；3—导套；4—导柱；5—上模板；6—锁紧螺母；8—上模座；9—打杆；10—模柄；11，12—销钉；13—上模垫；14—垫块；15—锥形套；16—上凹模；17—上顶杆；18—压圈；19—凹模外圈；20—凹模座；21—凹模中圈；22—凹模内圈；23—下凹模；24—下模垫；25—下顶杆；26—下垫块；27—顶杆座；28—氮气弹簧座；29—氮气弹簧；30—下模板；31—垫圈；33—导套座

冲头和凹模。

图 10.12 中下凹模 23 采用常规的组合结构，三层预应力套圈（凹模外圈 19、凹模中圈 21、凹模内圈 22），每层用的材料为 012AL 钢、40Cr 钢和 Q235A 钢。为了方便脱模，凹模口设计 0.5°脱模斜度。

本模具选用 TU-750-038 型氮气弹簧，图 10.13 所示为其外观，图 10.14 所示为其内部结构。

图 10.12 中，氮气弹簧 29 的柱塞上安放着可在下凹模 23、下垫块 26 内孔滑动的下顶杆 25。将下顶杆 25 的上端面调整到比下凹模 23 的上端面略高。上顶杆 17 悬挂在上凹模 16 的台阶孔内。上顶杆 17 的上端面与打杆 9 的下端面接触。

温挤压开始时，设备的滑块下行。与上模板 5 固定在一起的导套 3 沿导柱 4 下行，被锁紧螺母 6 锁紧的上凹模 16 也同样下行。接着上顶杆 17 与毛坯接触，接触后上顶杆 17 可退后一段距离（退后距离与上凹模 16 上端孔的深度有关），然后上凹模 16 与上顶杆 17 一起下行，对毛坯加载。加载初期，作用力通过下凹模 23 和下垫块 26 内的下顶杆 25 作用到氮气弹簧 29 上。下顶杆 25 与氮气弹簧 29 的柱塞下移［当负载增加到与氮气弹簧 29 的公称压力（最大载荷）相同时，氮气弹簧 29 的柱塞与下顶杆 25 不再下移］。此时上凹模 16 与上顶杆 17 共同给锻件加载，在毛坯上下端面压出几乎相同深度的浅痕，使齿轮坯继续成形。

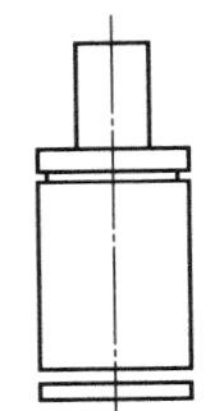

图 10.13 TU-750-038 型氮气弹簧的外观

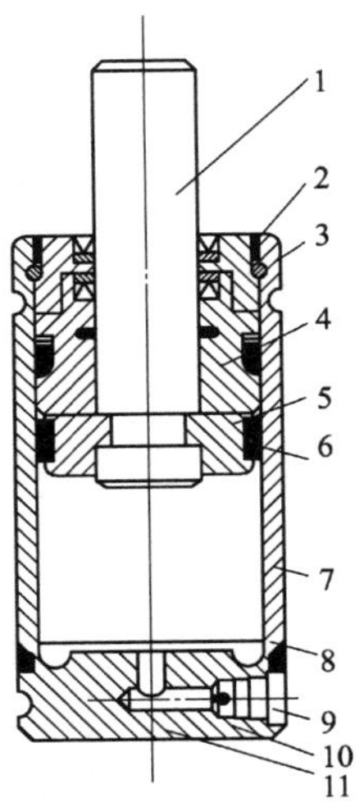

图 10.14 TU-750-038 型氮气弹簧的内部结构

1—柱塞；2—端面防尘密封；3—钢丝圈；4—上内套；5—支撑环；6—运动密封圈；7—缸体；8—内控容积；9—螺塞；10—充气嘴；11—缸底

继续加载时，端面凸起开始挤压成形，毛坯端面浅坑略有加深。温挤成形模挤压过程中，上顶杆 17 和下顶杆 25 都受交变拉压应力和冷热应力作用，单位挤压力高达 1600～2000MPa；其选材、热处理与上凹模 16、下凹模 23 完全相同。选材和热处理不当会使其提前失效，出现头部断裂（纵向裂纹）、杆部镦粗、压塌等现象。

温挤压成形结束后，设备的滑块上行，卸载。氮气弹簧的柱塞复原上升。这时如果温锻件滞留在下模，即将其顶出下凹模 23。如果温锻件滞留在上模，设备上有刚性装置打击打杆，将其顶出上凹模 16。

当工件直径在 50mm 以内，加热温度在 700℃以下时，与常规冷挤压件的设计相同，可以不考虑金属的收缩。

本模具的另一个设计诀窍就是在设计上凹模和下凹模时，要考虑合理设计出气孔。

温挤压模具工作之前要预热，工作一定时间要对模具进行冷却。因此设有冷却水循环装置，以减少因温度升高造成模具材料软化而降低模具寿命。

10.2.2 精密模锻模具的模膛设计

1. 精密模锻模具模膛的一般设计

在普通热模锻时，终锻模膛尺寸按热锻件图确定，仅考虑了锻件的冷却收缩，没有考虑其他因素，锻件的公差较大。对于精度要求较高的精密模锻件，应考虑各种因素的影响，合理地确定模膛尺寸。

图 10.15 所示的精密模锻锻模是整体凹模，其模膛尺寸可按下式简化确定，然后通过试锻

修正。另外，还应在锻件公差中考虑模膛的磨损等因素。

模膛外径 A 按下式计算。

$$A=A_1+A_1at-A_1a_1t_1-\Delta A \qquad (10-1)$$

冲头直径 B 按下式计算。

$$B=B_1+B_1at-B_1a_2t_1+\Delta B \qquad (10-2)$$

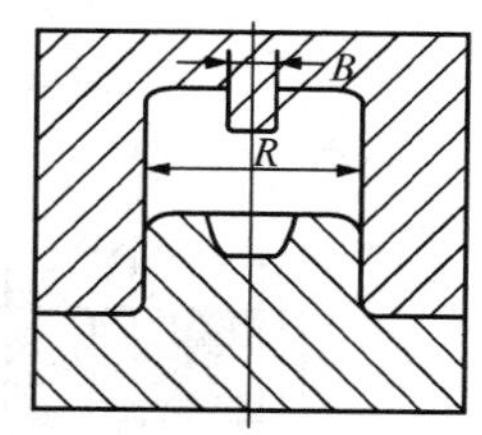

图 10.15 精密模锻锻模的模膛

式中 A——模膛外径（mm）；

A_1——锻件相应外径的公称尺寸（mm）；

a——毛坯的线膨胀系数（$℃^{-1}$）；

t——终锻时锻件的温度（℃）；

a_1——模具材料的线膨胀系数（$℃^{-1}$）；

t_1——模具工作温度（℃）；

ΔA——模锻时模膛外径 A 的弹性变形绝对值（mm）；

B——凸模（模膛冲孔凸台）直径（mm）；

B_1——锻件孔的公称直径（mm）；

ΔB——模锻时凸模直径 B 的弹性变形值（mm）。当直径 B 变大时，ΔB 为负值；当直径 B 减小时，ΔB 为正值。

模膛的尺寸和表面粗糙度要根据锻件所要求的精度和表面粗糙度等级选定，中小型锻模和形状不太复杂的模膛取 1～3 级精度；大锻模和形状复杂的模膛取 4～5 级精度。如果锻件要求较高的精度，则要相应提高模膛的制造精度，因而使模具制造难度增加。确定模膛表面粗糙度应考虑加工的可能性，为了利于金属流动和减小摩擦，应降低表面粗糙度。通常，模膛中重要部位的表面粗糙度应为 $Ra<0.4\mu m$，一般部位的粗糙度 $Ra=0.8～1.6\mu m$。

2. 减少精密模锻负载的措施

精密模锻时，在降低冲头或凹模的负载方面，人们积累了相当丰富的经验。除了在开式模锻时合理设计飞边槽及精确制坯以外，还可在条件许可的情况下，人为减少毛坯与凹模模膛或冲头的接触面积，从而降低负载。

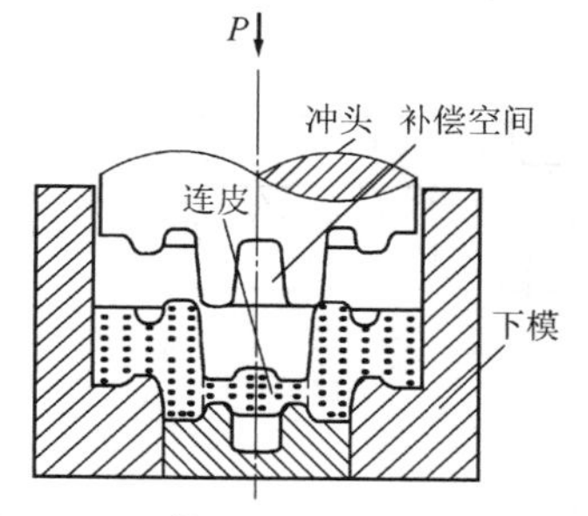

图 10.16 带中心孔的圆盘类锻件的闭式精密模锻

（1）设计补偿空间

带中心孔的圆盘类锻件，即带连皮锻件的闭式精密模锻，在冲头和凹模中心预留补偿空间，如图 10.16 所示。

（2）分流减压

直齿圆柱齿轮精锻时在毛坯中心预加工分流孔，如图 10.17 所示。图 10.17(a) 所示为将已加工好分流孔的毛坯放入齿形模膛，尚未加载；图 10.17(b) 所示为加载后金属的流动情况，可以见到分流孔的体积变小。也有人把这个分流孔称为“减压孔”。

直齿圆柱齿轮精锻时，在坯料中心预加工分流孔，如图 10.18 所示。图 10.18(a) 所示为将已加工好分流孔的坯料 2 放入凹模 3 的齿形模膛，尚未加载；图 10.18(b) 所示为加载后金属的流动情况，可以见到金属流入模具中的分流孔，形成轴心余量，有人将其设计成圆柱体，称为“分流轴”或“减压轴”。

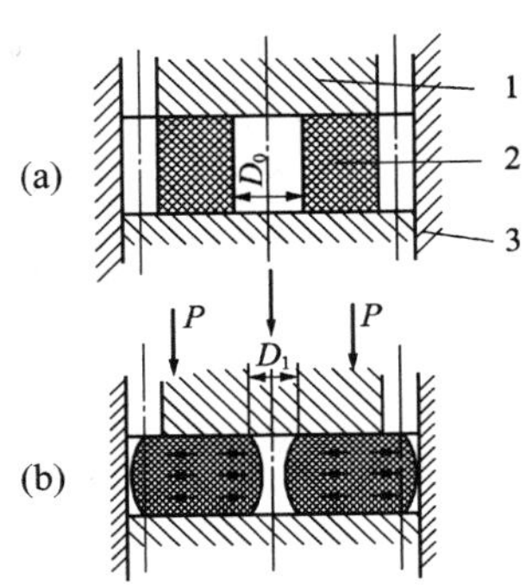

图 10.17 毛坯中心预加工分流孔的精密模锻

1—凸模；2—坯料；3—凹模

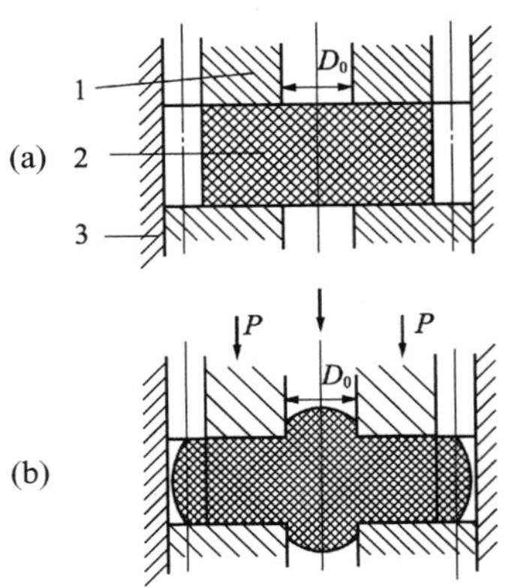

图 10.18 模具中心预加工分流孔的精密模锻

1—凸模；2—坯料；3—凹模

分流减压方法多年来一直受到锻压界的重视，特别是在对圆柱体杯-杆复合挤压时的金属流动规律研究中。20 世纪 70 年代后期，西安交通大学的赵静远教授就明确指出，复合挤压时的金属流动规律，取决于分流点的位置。他还说，分流点位置不仅决定了平面变形复合挤压时的金属流动规律，而且直接影响到复合挤压力的大小。

采用这种分流减压方法对圆柱直齿齿轮进行精密模锻，由于坯料与模具的接触面积减小，减少了精密模锻负载。显然对提高模具寿命有利。但不能改善齿轮的齿形成形，原因在于阻碍金属充填模膛齿形部位的阻力是一个恒定值。

苏州钢铸精密锻造公司开发某圆柱直齿齿轮产品时做过类似试验，齿尖充填不满，后来改为正挤压成形，使用同一种锻压设备，挤压生产出合格产品。

(3) 减轻载荷

在使用模具的冷压反印法（或热压反印法）制作模具模膛时，常常应用各种减轻载荷的方法。图 10.19 所示为在模具坯料上预留减荷穴，减小坯料与凹模的接触面积。图 10.20 所示为将模坯表面设计成带有特殊形状。任何减小与冲头接触面积的措施，均能起到减轻变形力的作用。

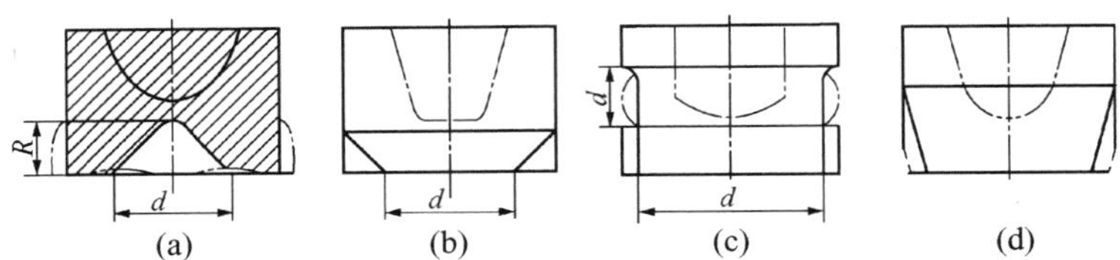

图 10.19 在模具坯料上预留减荷穴

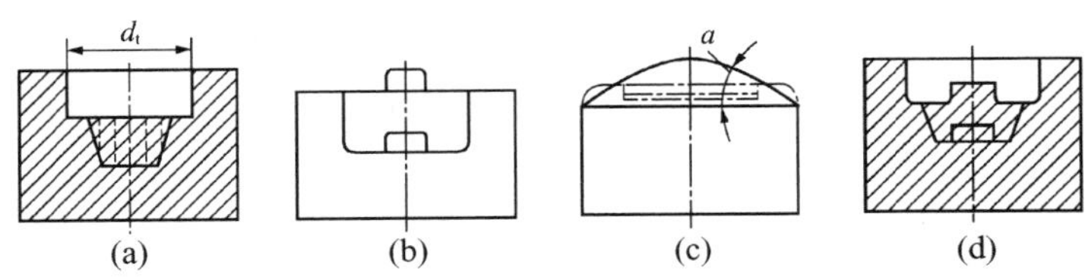

图 10.20 将模具坯料表面设计成带有特殊形状

(4) 模具模膛穿孔挤压成形

设计专用的压缩挤压母模具，挤压成形型腔。将母凹模模膛设计为锥形，在模坯中间加工一个通孔，放在母凹模模膛内由上往下压缩，使模坯下部的截面积不断减小，母凹模膛侧壁对模坯的压力不断加大，直至最后使模坯内腔（模膛）成形，模坯与母凹模模膛底部也不会完全接触，如图 10.21 所示。

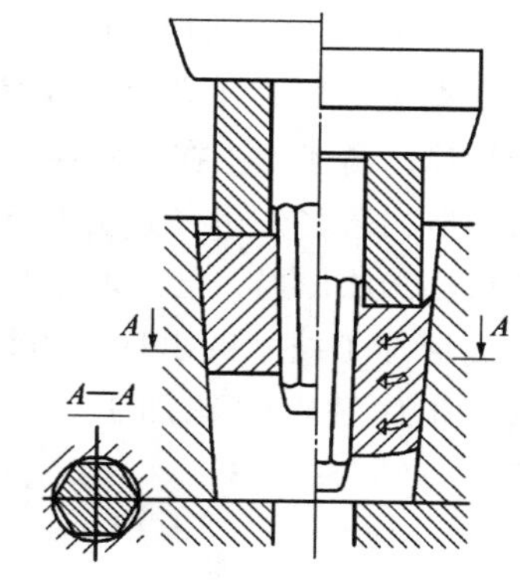

图 10.21 模具模膛的穿孔挤压成形

图 10.22(a) 所示为模具模膛的闭式挤压，挤压力很大，但如采用图 10.22(b) 所示的半闭式挤压，在模具毛坯侧表面设计了自由表面，可减小挤压力。自由表面的面积越大，所需要的挤压力越小。图 10.22(c) 所示为模具模膛的开式挤压，挤压成形力更小。

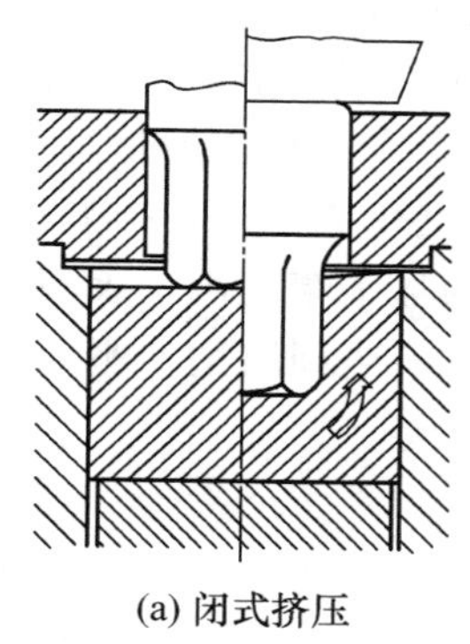

(a) 闭式挤压

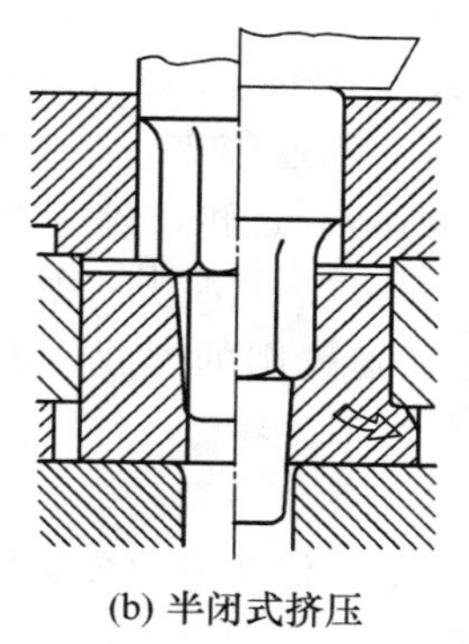

(b) 半闭式挤压

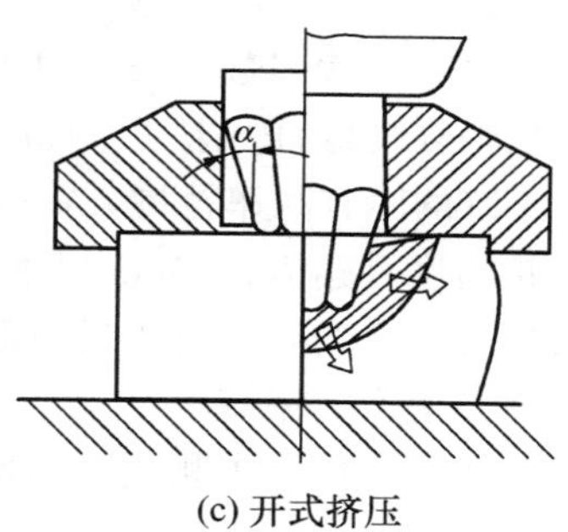

(c) 开式挤压

图 10.22 模具模膛的挤压形式

10.2.3 精密模锻模具模膛的加工制造

1. 现状

制造精密模锻模具通常难加工高强度合金钢材料，这些材料经过热处理后硬度很高，无法用常规的机械加工方法加工。几十年来，对付这类难加工材料的最好办法就是采用特种加工。模膛电火花加工在精密模锻模具制造中一直起着十分重要的作用，国内模具模膛一般都采用电火花加工。

【电火花加工】

从物理本质上说，电火花加工是一种靠放电烧蚀的“微切削”过程，加工过程非常缓慢。在电火花对工件表面进行局部高温放电烧蚀过程中，工件材料表面的物理-力学性能会受到一定程度的损伤，常常在模膛表面产生微细裂纹，表面粗糙度也达不到技术要求。因而经过电火花加工后的模具型腔一般还要进行费力费时的研磨及抛光。因此，电火花加工的生产效率很低，制造品质不稳定。在许多场合，模具的制造已成为影响新产品开发速度的一个关键因素。

作为现代先进制造技术中重要技术之一的高速加工技术，代表了切削加工的发展方向，并逐渐成为切削加工的主流技术。近10年来，高速加工技术在国外已广泛用于模具工业。据统计，在工业发达国家，目前有85%左右的模具电火花成形加工工序已被高速加工所替代。高速加工在国际模具制造工业中的主流地位已经确立。原来一些从事电火花加工设备制造的著名公司（如瑞士Agie公司），已敏锐地看到这一技术发展趋势，为了不被模具设备市场淘汰出局，已采取了与高速机床制造厂家（如瑞士Mikron公司）联手合并的措施。

高速加工技术的出现，为精密模锻模具制造技术开辟了一条崭新的道路。尽可能用高速加工来代替电火花加工，是加快精密模锻模具开发速度、提高模具制造品质的必然趋势。

2. 高速加工的优点

和电火花加工相比，高速加工的主要优点如下。

(1) 产品精度高、品质好

高速切削以高于常规切削速度10倍左右的切削速度对模具进行高速加工，毛坯材料的余量还来不及充分变形就在瞬间被切离工件，工件表面的残余应力非常小；切削过程中产生的热量绝大多数（95%以上）被切屑迅速带走，工件的热变形小；高速加工过程中，机床主轴以极高的转速（10000～80000r/min）运转，激振频率远远离开了“机床—刀具—工件”系统的固有频率范围，零件加工过程平稳无冲击。因此零件的加工精度高，表面品质好，粗糙度可达$Ra0.6\mu m$以下。经过高速铣削的模膛，表面品质能达到磨削水平，常常可实现工序集约化，省去后续的许多精加工工序。

(2) 生产效率高

与传统切削加工相比，高速切削加工单位功率的金属切除率提高30%～40%，切削力降低30%，刀具的切削寿命提高70%，留于工件的切削热大幅度降低，低阶切削振动几乎消失。随着切削速度的提高，单位时间锻件材料的去除率增加，切削时间减少，加工效率提高，从而能缩短产品的制造周期，提高产品市场竞争力。用高速加工中心或高速铣床加工模具，可以在工件一次装夹中完成模膛的粗加工、精加工和精密模锻模具零件其他部位的机械加工。切削速度很高，高速加工过程本身的效率比电加工要高好几倍。除此以外，它既不要做电极，常常也不需要后续研磨与抛光，又容易实现加工过程自动化。因此，高速加工技术的应用，使精密模锻模具的开发速度大为提高。

(3) 能加工形状复杂的硬质零件和薄壁零件

高速切削时，切削力大为减少，切削过程变得比较轻松。高速切削可以加工淬火钢，材料硬度可高达60HRC以上，加工过程甚至可以不用切削液。在模具的高淬硬钢件的加工过程中，采用高速切削代替电加工和磨削抛光工序，可节省制造电极和电加工时间，大幅度减少钳工的打磨与抛光量。高速加工的小量快进使切削力大大减少，能高速排除切屑，减少热应力变形，提高刚性差和薄壁零件切削加工的可能性，有利于加工复杂模具型腔中的一些细筋和薄壁。

高速加工技术改变了传统模具加工采用的“电火花加工→手工打磨、抛光”等复杂冗长的工艺流程，甚至可用高速切削加工替代原来的全部工序。高速加工技术除可应用于淬硬的精密模锻模具型腔的直接加工外，在电火花电极加工、快速样件制造等方面也得到广泛应用。大量生产实践表明，应用高速切削技术可节省模具后续加工中约80%的手工研磨时间，节约加工成本费用近30%，模具表面加工精度可达1μm，刀具切削效率可提高一倍。模具表面因电火花加工产生白硬层也消失了，这样能大大提高模具寿命，减少返修。

以国内某汽车公司锻造厂运用米克朗的高速铣加工曲轴和连杆锻模为例，传统的加工工序为外形粗加工→仿形铣粗加工型槽→热处理→外形精加工→数控电火花粗、精加工型槽→钳工打磨抛光型槽→表面强化处理。采用高速加工后的工序为外形粗加工→热处理→外形精加工→高速铣加工型槽→表面强化处理。利用高速铣削直接加工完成淬硬工序的钢模具，使总加工成本从传统加工的28000元以上降到20000元。

【高速铣加工曲轴】

10.2.4 组合凹模尺寸

由4Cr5MoSiV1和3Cr3Mo3VNb等模具钢制造的凹模，当模膛工作压力小于1000MPa时可采用整体凹模。选定凹模材料后，可按弹性力学方法根据模膛直径d和工作压力P来决定凹模外径D，并核算其强度。对于圆形截面的凹模，可按受内压的厚壁圆筒计算公式近似计算。

由4Cr5MoSiV1和3Cr3Mo3VNb等模具钢制造的凹模，当模膛工作压力为1000～1500MPa时，采用双层组合凹模；当模膛工作压力为1500～2500MPa时，采用三层组合凹模。

采用组合凹模便于对模具热处理，也便于采用循环水或压缩空气冷却模具。

组合凹模各圈直径可参考图10.23和图10.24确定。压合面的角度γ一般为1°30′或2°。外预应力圈外径d_3与凹模模膛直径d_1的比值一般为4～6。

图10.23(a) 左边表示双层组合凹模压合前的配合情况，右边表示压合后的状态，c_1表示轴向压合量由图10.23(b) 可以确定凹模外径d_2（也是外预应力圈的公称内径）和内预应力圈的公称外径d_3（也是外预应力圈的公称内径）。图中阴影线区域为凹模外径与凹模模膛直径比为$a_{21}=d_2/d_1$的合理范围，根据凹模的模膛直径d_1和选定的外圈外径d_3即可计算出总直径比$a_{31}=d_3/d_1$，a_{31}值为横坐标，作横坐标垂线，向上与阴影区域相交截，即可求得a_{21}，从而确定d_2。

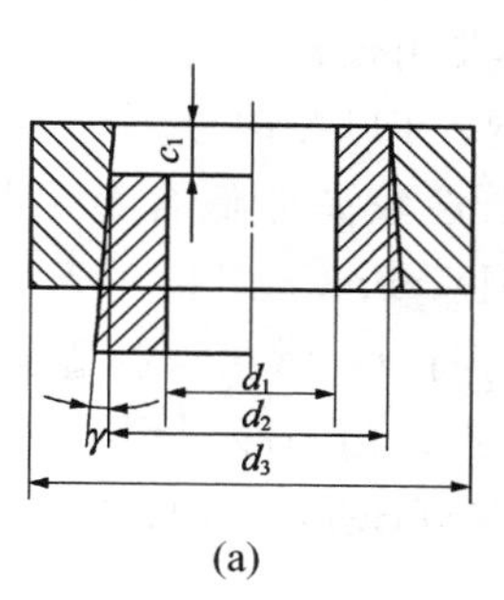

(a)

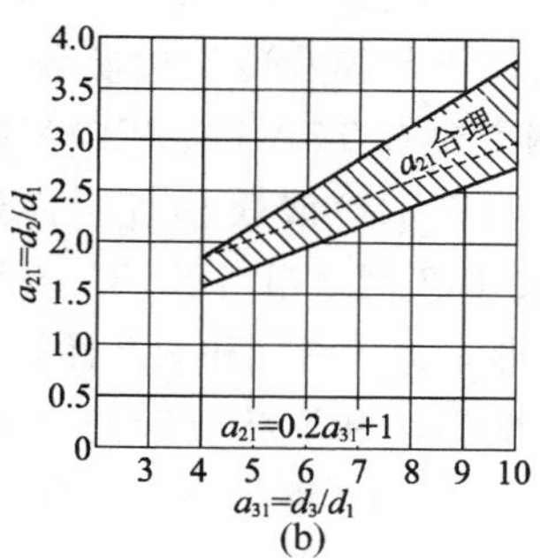

(b)

图10.23 双层组合凹模

图10.24(a) 左边表示三层组合凹模压合前的配合情况，右边表示压合后的状态。由图10.24(b) 可以确定凹模外径d_2（也是内预应力圈的公称内径）和内预应力圈的公称外径d_3（也是外预应力圈的公称内径）。根据凹模的模膛直径d_1和选定的外圈外径d_4即可

计算出总直径比 $a_{41}=d_4/d_1$。在线图上查出 a_{21} 和 a_{32} 值后，由 $a_{21}=d_2/d_1$ 和 $a_{32}=d_3/d_2$ 来确定 d_2 和 d_3。图中 c_1 表示内预应力圈的轴向压合量，c_2 表示模具相对内预应力圈的轴向压合量。组合凹模各圈的径向过盈量和轴向压合量等，应根据强度计算决定。不论模具处于压合状态还是工作状态，凹模和预应力圈中的应力均应小于其材料的许用应力，预应力圈不应产生塑性变形。

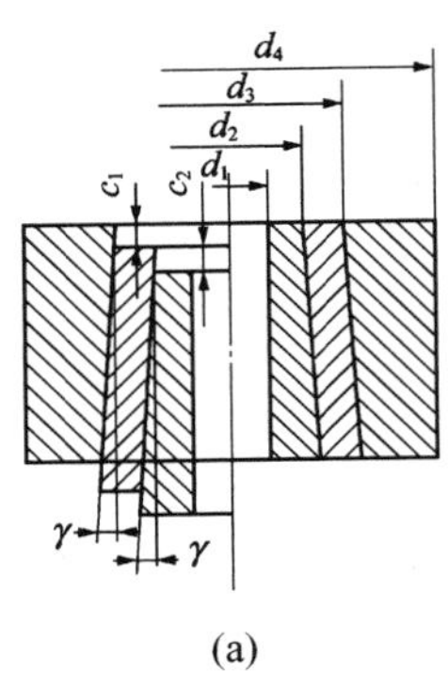

(a)

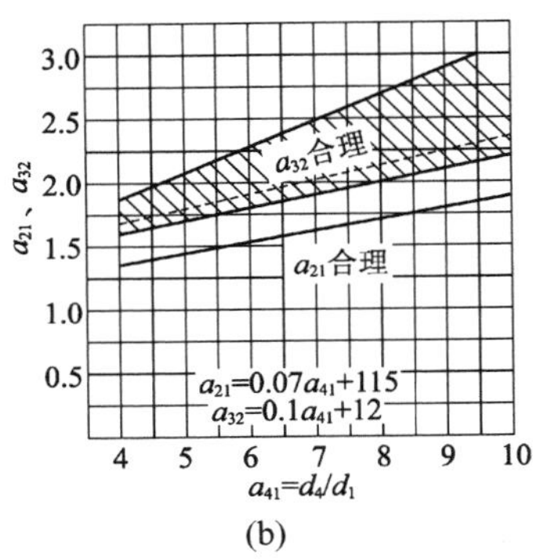

(b)

图 10.24　三层组合凹模

10.2.5 模具材料

1. 冷锻用模具材料

钢在冷锻时的变形抗力较大，模具工作部分产生很大的应力并受到剧烈的摩擦，所以模具应具有高的强度、硬度、韧性和耐磨性。为了保持模具工作部分的尺寸精度和不发生塑性变形，模具材料应有足够高的屈服极限。由于硬度与抗压屈服极限大致成正比关系，所以模具应该有足够高的硬度。冷锻时，由于塑性变形功以热能的形式释放出来，会引起锻件和模具温度升高，所以冷锻模具材料要求热稳定性好。模具材料还应具有良好的冷加工性能（如易切削、表面粗糙度低等）和热加工性能（锻造性能好、热处理淬透性高和变形小等）。

负荷较轻的冷锻模、下料模和冷切边模等主要用碳素工具钢及低合金工具钢制造。用于冷锻模的碳素工具钢主要有 T7A 钢、T10A 钢、T11A 钢等。

尺寸较大、形状较复杂的冷锻模具可用淬透性较高的低合金工具钢制造，常用的有 9Mn2V 钢、CrWMn 钢、Cr2 钢（相当于 GCr15 钢）、9SiCr 钢和 9Mn2 钢等。高碳工具钢和中铬工具钢具有淬火变形小、淬透性和耐磨性好等特点，常用来制造承受负荷大、生产批量大、耐磨性好、热处理变形小和形状复杂的模具。常用的冷锻用模具材料除了高铬工具钢 Cr12 钢、Cr12Mo 钢和 Cr12MoV 钢等外，还有 W6Mo5Cr4V2 钢，7Cr7Mo3V2Si 钢等。

2. 热锻用模具材料

热锻模对高温毛坯进行打击，变形金属流动剧烈，锻件与模具接触时间较长，要求模具材料具有高的热稳定性、高温强度和硬度、冲击韧性、耐热疲劳性和耐磨性，且便于切削加工。较低工作负荷的热锻模可用低合金钢制造，如 4SiCrV 钢、8Cr3 钢等。一般负荷的热精锻模采用 5CrNiMo 钢、5CrMnMo 钢等锻模钢来制造。复杂形状的锻模采用 3Cr3Mo3VNb 钢、4Cr5MoSiV1 钢和 3Cr2W8V 钢等钢种制造。

为了使模具型腔有高的耐磨性，可采用表面处理（氮化、软氮化、渗硼和渗铬等）方法提高耐磨性。进行氮化或软氮化的模具钢，应在处理温度下有足够的热稳定性。当采用电火花加工和成形磨削方法加工模具时，要求模具钢有较高的渗透性，需使用淬透性较高的低合金工具钢。模具的磨损情况和工作寿命还与模具设计、操作、润滑条件和模具维护等有关，如果忽略这些因素，即使选用优质的材料并采用良好的工艺制造模具，也不一定能得到较长的模具寿命。

3. 锻模的焊接修补

锻模在加工后期或使用过程中，有时会出现裂痕、崩角、模边磨损、划伤等缺陷，一般可采用冷焊、氩弧（烧）焊、激光焊等主要焊接过程技术单层修补；如果裂纹或磨损量较大，也可采用堆焊。

模具冷焊修补是在极短时间内释放上千安（培）的大电流，在无热变形的情况下，将碳钢及合金钢等专用的焊条（或焊丝、焊片）熔在金属基体上，焊条（或焊丝、焊片）的成分与母材的成分相近或相同，适用于修复锻模的少量缺陷。经过该技术修复的 4Cr5MnSiV1 钢等模具钢的大量金相分析证明，修补材料与母体结合牢固，基体不变形，无组织性能改变，热影响区极小，修补层硬度可达 50HRC 以上。

修补锻模还可采用氩弧焊（即钨极气体保护焊）和激光焊。

在氩弧焊过程中，电弧空间在氩气保护下，焊材经电弧高温溶解，接触模具表面时会立刻冷却凝固。氩弧焊前模具一般要进行预热及保温以减少氩弧焊时焊缝中的内应力。氩弧焊后要进行热处理使焊缝与母材的硬度、组织性能相匹配。

对于精密锻模的焊补，可利用高能量激光脉冲对模具的缺陷部位和专用焊丝同时进行微小区域加热，形成很小的熔池（最小直径可在 0.2mm 左右），熔池凝固后形成与模具基材牢固熔接的焊缝，焊后磨削加工成光滑表面。

激光焊的优点是焊时加热范围小，模具不会变形，焊接熔池周边不会产生凹陷；在窄小、深腔等精细部位进行补焊，边缘不会烧损；由于用惰性气体保护，补焊部位不会烧焦，氧化性极低；通过操纵杆控制及显微镜下操作，焊点准确率高，焊点直径可达到 0.2mm；各种专用焊材适合各种模具材质，焊后可进行抛光。激光焊能节省因大量改模、修模或返工所付出的材料、人工及时间。

【激光焊】

10.3 精密模锻实例

10.3.1 直齿锥齿轮的精密模锻

齿轮精密模锻一般指通过精密锻造直接获得完整齿形，并且齿面不需或仅需少许精加工即可使用的齿轮制造技术。其特点如下。

（1）改善了齿轮的组织和性能。精密模锻使金属三向受压，晶粒及组织变细，致密度提高，微观缺陷减少；精密模锻还使金属纤维流线沿齿形连续均匀分布，提高齿轮的力学性能。一般来说，精密模锻可使轮齿强度提高20%以上，抗冲击强度提高约15%，抗弯曲疲劳寿命提高约20%。

（2）精度能够达到精密级公差、余量标准，不需或只需少量精加工就可进行热处理或直接使用，提高生产效率及材料利用率，降低生产成本。过去常用的切削加工方法，生产效率每件约4h；而精密模锻齿轮每分钟可生产3～12件，比切削加工效率提高200倍左右，材料利用率提高40%左右，批量生产成本降低30%以上。

对于齿形在端面、齿高较小的零件，在室温和中温下可以利用带齿槽的冲头直接压出齿形，获得尺寸精确、表面粗糙度好（冷压齿面Ra<1.6μm）的齿形零件。这样的齿轮类锻件最好在精压机上进行精密模锻，也可在摩擦压力机和普通冲床上进行。对于齿形在端面、齿高较小的零件，还可以用摆辗成形方法加工出齿形。

对于齿形较高的斜锥齿轮，这类锻件由于变形抗力较大，一般应采用热精密模锻（1100～1000℃）成形。由于齿形较高，一次模压难以获得尺寸精确的锻件，因此，应当先初步精密模锻预制坯，经切边和清理后再进行温热（750～850℃）精压或冷精压。温热精压或冷精压可保证该类锻件尺寸精度高和粗糙度低。

采用温锻（或热锻）和冷锻复合过程生产锥齿轮，可以充分发挥冷锻和温锻（热锻）的优点。先温锻（或热锻）预锻出齿形毛坯，然后对齿形毛坯进行冷精密模锻，这样可以显著提高齿形冷锻模具的使用寿命，极大地提高锥齿轮锻件的齿形精度（可达7级）和质量。图10.25为采用温锻与冷整形相结合的复合精密锻造生产锥齿轮精密锻件过程照片。

锥齿轮也可以采用复动成形方法进行加工，效果较好。

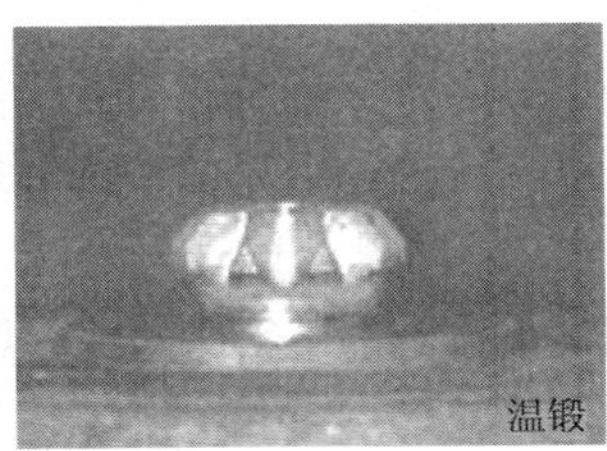

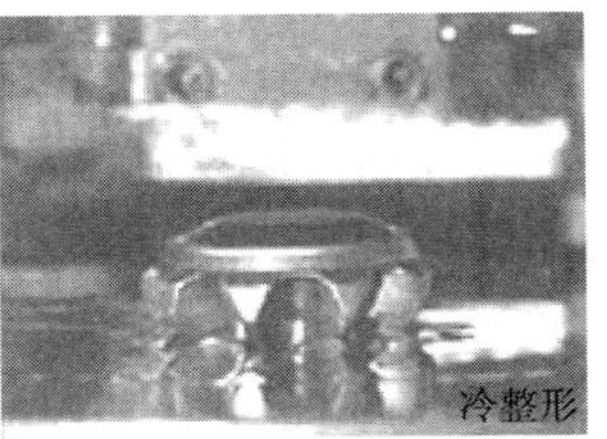

图10.25 采用温锻与冷整形相结合的复合精密锻造生产锥齿轮精密锻件过程

【直齿锥半轴齿轮】

为了提高模具寿命，齿形模具需进行表面强化处理（如辉光离子氮化），这样处理后在模具表面会形成厚度约为0.3mm的Fe-N化合物层，模具表面硬度达到1100HV，模具寿命可提高2倍以上。

精密模锻锥齿轮如图10.26所示。

图10.26 精密模锻锥齿轮

1. 精密模锻齿轮生产流程

某汽车差速器行星齿轮零件如图10.27，材料为18CrMnTi钢。

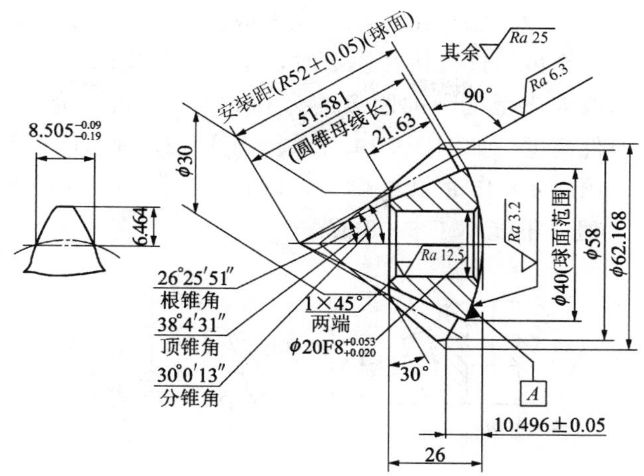

图 10.27 某汽车差速器行星齿轮

该齿轮的精密模锻生产流程为下料→车削外圆、除去表面缺陷层（切削余量为 1～1.5mm）→加热→精密模锻（采用摩擦压力机）→冷切边→酸洗（或喷砂）→加热→精压（采用精压机或冷摆辗成形机）→冷切边→酸洗（或喷砂）→镗孔、车背锥球面→热处理→喷丸→磨内孔、磨背锥球面。

通过加热毛坯后进行精密模锻，把锻件加热至 800～900℃，用高精度模具进行热体积精压，有利于保证零件精度和提高模具寿命。

2. 锻件图制定

图 10.28 所示为行星齿轮精密模锻件。

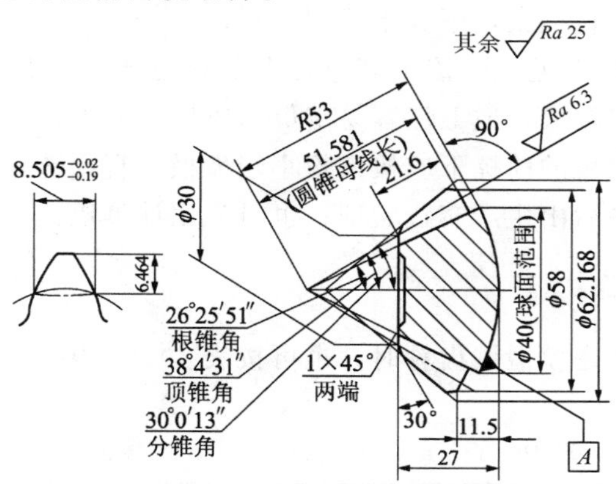

图 10.28 行星齿轮精密模锻件

制定锻件图时主要考虑如下几方面。

(1) 把分模面安置在锻件最大直径处，保证将齿轮精密模锻件齿形全部锻出并顺利脱模。

(2) 齿形和小端面不需机械加工，不留余量。背锥面为安装基准面，精密模锻时不能达到精度要求，预留 1mm 加工余量。

(3) 锻件中孔的直径 $d<25$mm 时，一般不锻出；孔的直径 $d>25$mm 时，应锻出有斜度和连皮的孔。在对锥齿轮进行精密模锻时，中间孔连皮的位置和厚度尺寸对齿形充满情况的影响很大。一般连皮至端面的距离约为 $0.6H$ 时，齿形充满情况最好，其中 H 为不包括轮毂部分的锻件高度，如图 10.29 所示。图 10.27 所示的行星齿轮中 $d=20$mm 的孔不锻出。但在小端压出 $1\times45°$的孔的倒角，以省去机械加工时的倒角工序。连皮的厚度 $h=(0.2\sim0.3)d$，但 h 不能小于 6～8mm。

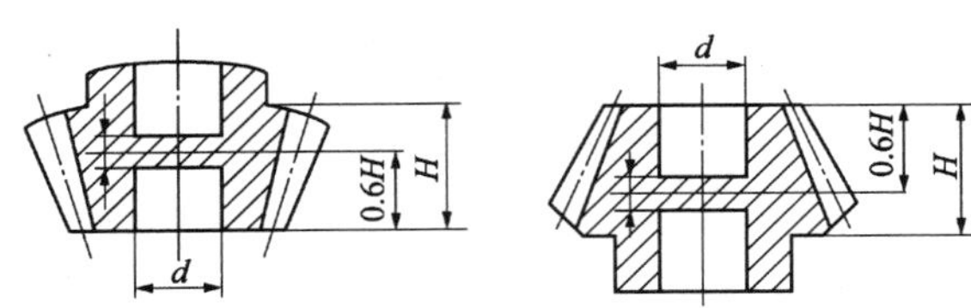

图 10.29 连皮的位置

3. 毛坯尺寸的选择

(1) 毛坯体积的确定

采用少无氧化加热时，不考虑氧化烧损，毛坯体积等于锻件体积加飞边体积。

(2) 毛坯形状选择

毛坯常见形状有如下三种。

① 采用平均锥形锻坯。平均锥形锻坯称为预锻锻坯，模锻时金属流动速度低，模具磨损较小，但需要增加一道预锻工序。

② 较大直径的圆柱形毛坯。该毛坯在模锻时金属流动速度较低，模具磨损较小，但由于毛坯高度较低，精密模锻齿轮小端纤维分布不良，并且在模锻时可能产生折叠和充不满等缺陷。另外，毛坯直径大，不利于剪切下料。

③ 较小直径的圆柱形毛坯。该毛坯直径非常接近于小端齿根圆直径。模锻时金属流动速度较高，模具磨损较大，但毛坯容易定位和成形。另外，毛坯直径较小，利于剪切下料。因此，在不产生失稳的前提下应按齿轮小端齿根圆直径选定毛坯直径。

采用何种毛坯，最后由生产实践验证；也可先用计算机模拟，再由生产实践验证。

4. 精密模锻的变形力

在螺旋压力机上精密模锻锥齿轮时，也可按表 10－1 根据齿轮质量的大小估计变形力的大小。

表 10－1 锥齿轮精密模锻时螺旋压力机的选择

锥齿轮质量/kg	0.4～1.0	1.0～4.5	4.5～7.0	7.0～18	18～28
螺旋压力机公称力/kN	3000～4000	50000	6500～7000	12500	20000

5. 精密模锻模膛的设计与加工

齿形模膛设在上模有利于成形和清理氧化皮等残渣，但为了便于安放毛坯和顶出工件也可将齿形模膛设在下模，如图 10.30 所示。

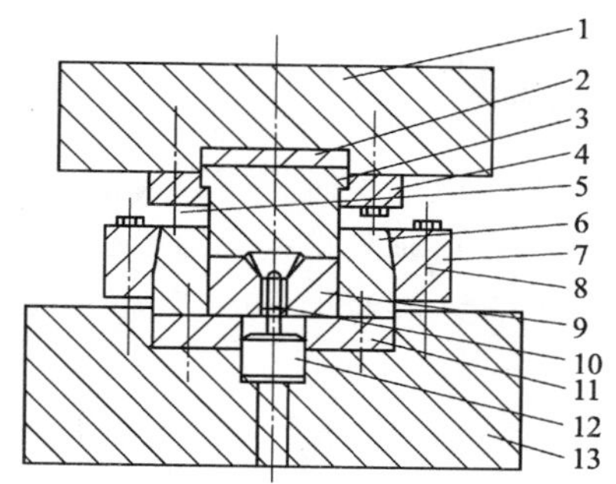

图 10.30 齿形模膛设在下模的行星齿轮精密模锻件

1—上模板；2—上模垫板；3—上模；4—压板；5，8—螺栓；6—预应力圈；7—凹模压圈；9—凹模；10—顶杆；11—凹模垫板；12—垫板；13—下模板

图 10.31 所示为行星齿轮凹模。图 10.32 所示为行星齿轮上模，其材料为 4Cr5MoSiV1 钢或 3Cr3Mo3VNb 钢，热处理硬度为 48～52HRC。

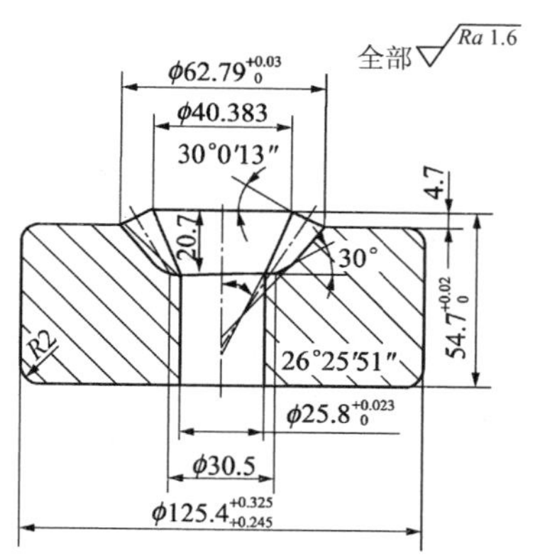

图 10.31 行星齿轮凹模

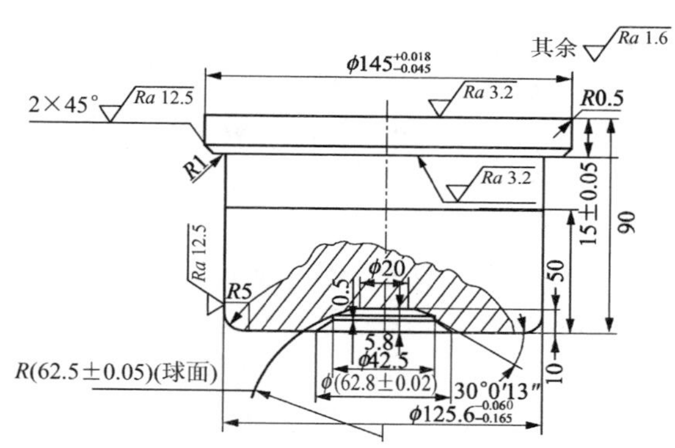

图 10.32 行星齿轮上模

在初加工、热处理和磨削加工之后，用电脉冲机床加工齿形模膛。检验齿形模膛的方法可用低熔点合金浇注试样，再对试样进行检测；也可制造样板来直接检验。

生产过程中，一般采用抽检锻件或用低熔点合金浇注法检验模膛磨损情况。

影响精密模锻齿轮的齿形精度的关键是齿形模膛的制造精度。

现在已有较多厂家采用高速铣削的方法加工齿轮凹模型腔，但更多的厂家还是采用电脉冲加工。用电脉冲加工凹模模膛时，模膛设计的主要关键就是齿轮电极的设计。设计齿轮电极要根据齿轮零件图，并考虑锻件冷却时的收缩，锻模工作时的弹性变形和模具的磨损，电火花放电间隙和电加工时的电极损耗等因素。

齿轮电极设计时要考虑以下几点。

(1) 精度要比齿轮零件提高 1～2 级，如当产品齿轮精度为 8 级时，齿轮电极精度为 6～7 级。要提高的精度包括齿圈径向跳动值、安装距等全部检验项目。因为齿轮最终产品接触斑点要求为 50%，中间接触，所以对该齿轮电极接触斑点要求为 80%，中间部位接触，略偏小头。这是因为锻件齿轮比齿轮电极的精度低，同时电加工电极小头损耗略大些。

（2）表面粗糙度比齿轮零件提高1～2级。

（3）齿根高可等于齿轮零件的齿根高或有所增加，增加值为0.1m（m为模数），即相应使齿全高增加0.1m。因为在锻造过程中，模膛齿顶和棱角处容易磨损和压塌，反映到锻件上是齿根变浅且有较大的圆角。电加工时将模膛齿根加深，就不会影响精密模锻齿轮的正确啮合，不会引起齿根干涉，还可延长精密模锻模具的使用寿命。

（4）要修正模具齿形分度圆压力角的大小。因为压力角受下列因素的影响发生了变化。

① 模具的弹性变形和磨损。不少厂家都利用经验估计弹性变形，往往要摸索多次才能准确掌握。有条件的厂家可利用有限元法进行估算，当然要先求出变形金属对模膛的压力分布。

锻造过程中齿形模膛的磨损，总的趋向是使锻件齿根增厚，造成压力角增大。

② 电加工时齿轮电极的损耗。电加工时，齿轮电极的小端和齿顶部分加工时间较长，其损耗比齿轮电极的大端和齿根部分大，使得齿顶厚度相对变薄，引起齿形渐开线发生畸变，反映为压力角和收缩角（一个齿从小端到大端的齿长方向上齿面间的夹角）增大。因此，精加工时应合理调整电加工规范，正确选择电极材料，尽量减少电极的损耗并使损耗均匀稳定。

③ 锻件温度不均匀。由于模具温度比锻件温度低，模锻时，锻件齿顶部分的温度往往比齿根部分的温度下降得快。锻造结束时，如果齿顶温度低于齿根温度，锻件冷却时齿顶的收缩小些，这就相当于齿顶厚度相对变厚，齿根厚度相对变薄，引起齿形渐开线的畸变，使压力角减小。

④ 锻件的冷却收缩。从模膛中取出锻件后，在冷却时锻件会发生收缩。如果锻件温度均匀，冷却收缩过程是均匀的线性收缩。可以证明，当均匀线性收缩后，冷锻件齿轮与热锻件齿轮保持几何相似，分度圆压力角的大小不变。热齿轮均匀冷收缩相当于标准齿轮安装距移动一个距离。所以，对于尺寸较小的齿轮，设计电极时可以不考虑锻件的冷却收缩，而在对精密模锻齿轮进行后续机械加工时，要采用标准齿形夹具，保证精密模锻齿轮的安装距完全符合零件图要求，实际上就是在后续加工时修正齿轮的安装距。由于汽车锥齿轮尺寸不大，所以轮廓尺寸收缩变化值不大。

对于尺寸较大的齿轮，由于冷收缩的绝对值较大，需要在设计电极时考虑锻件的冷收缩量。此时，仍是修正齿轮电极的安装距，使锻件齿轮冷收缩后的分度圆锥与齿轮零件图的分度圆锥一致，即在齿轮电极增加安装距修正量。

考虑冷收缩时，根据收缩率确定热锻件尺寸如下。

节圆直径

$$d_2 = d_0(1 + \alpha \Delta t) \tag{10-3}$$

大端模数

$$m_2 = d_2 / z \tag{10-4}$$

大端齿顶高

$$h_1 = m_2 \tag{10-5}$$

大端齿根高

$$h_2 = 1.2 m_2 \tag{10-6}$$

大端齿顶圆直径

$$D_c = m_2(z + 2\cos\delta_0) \tag{10-7}$$

大端固定弦齿厚

$$s = 1.387m_2 \tag{10-8}$$

大端固定弦齿高

$$h = 0.7476m_2 \tag{10-9}$$

式中 d_0——齿轮零件大端节圆直径（mm）；

z——齿数；

α——齿轮材料的线膨胀系数；

Δt——终锻时锻件温度与模具温度差（℃）；

δ_0——节锥角（°）。

根据热锻件图，并考虑模具弹性变形和磨损，电加工的放电间隙，以及电极损耗来确定齿轮电极尺寸。

考虑上述因素，设计加工行星齿轮凹模用电极，如图 10.33 所示。

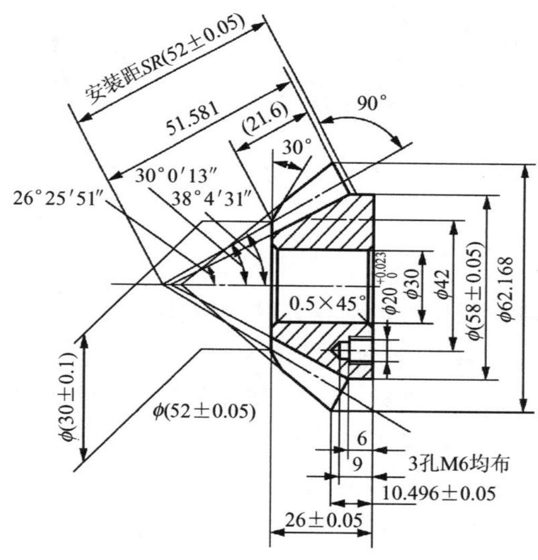

图 10.33 加工行星齿轮凹模用电极

6. 切边凹模的设计和加工

切边凹模如图 10.34(a) 所示，其设计和加工如下。

(1) 按零件图设计和加工一个标准齿轮电极。

(2) 用上述齿轮电极电火花加工 1mm 厚的淬硬 T10A 钢的齿形样板，如图 10.34(b) 所示，齿轮电极不完全通过此钢板，需为切边凹模的切向倒角留 1mm 的高度。电火花加工时要用精加工规范。

(3) 电加工的齿形样板配制铣刀齿形样板。

(4) 用铣刀齿形样板加工专用铣刀。

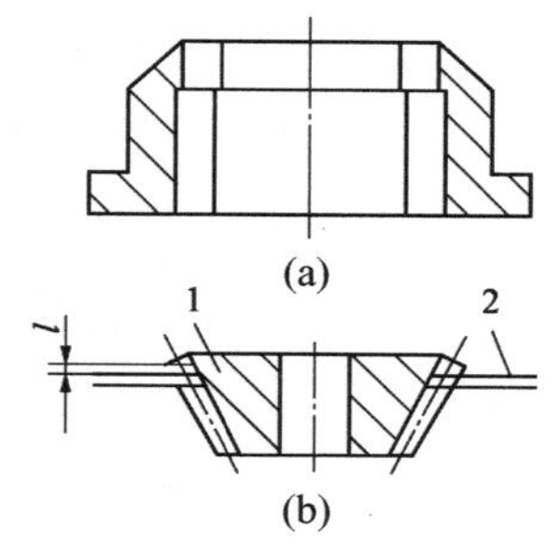

图 10.34 行星齿轮切边凹模加工

1—齿轮电极；2—钢极

(5) 用此铣刀加工直齿圆柱齿轮电极。

(6) 用此电极加工切边凹模的工作刃口。

某汽车差速器行星齿轮改为精密模锻后材料利用率由 41.6%提高到 83%，工作效率提高 2 倍。精度完全符合要求，力学性能有所提高，成本大大降低。

10.3.2 万向节十字轴精密模锻

图 10.35 所示为复动成形生产的复杂精密模锻件万向节十字轴及其金属变形过程。

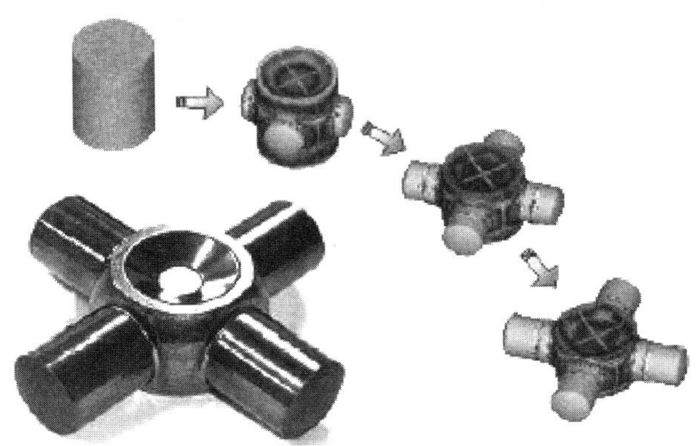

图 10.35 复动成形生产的复杂精度模锻件万向节十字轴及其金属变形过程

1. 万向节十字轴成形方案的确定

汽车万向节十字轴是典型的枝叉类锻件，其冷锻件图如图 10.36 所示，其形状特点为中心部为球台，外围均布 3 个或 4 个轴颈。由于完全轴对称，将分模面选在最大投影面上。由于中心球体体积相对整个零件较大，所以适合水平分模，这样可以利用球部作为中心孔放置较粗的毛坯挤压成形，避免了挤压细长毛坯受长径比的限制。采用单冲头单向挤压将使金属流动距离增大 1 倍，对模具寿命不利；而且金属进入侧腔轴颈后不对称流动，容易出现死角。因此，采用水平分模，双冲头双向挤压成形汽车万向节十字轴。

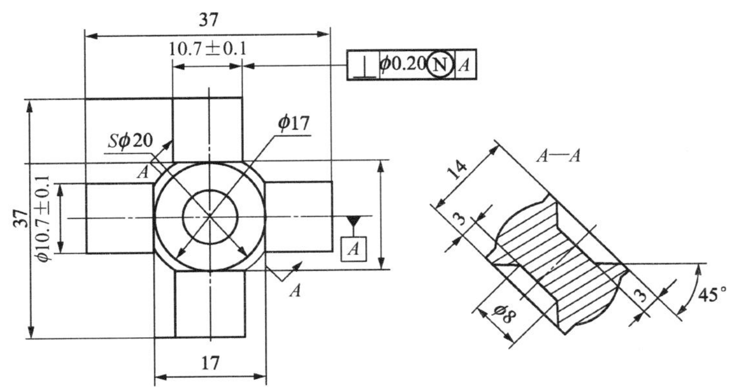

图 10.36 汽车万向节十字轴的精密冷锻件图

2. 模具型腔设计准则

复动成形模具型腔的设计，除遵照锻件图的要求外，还需注意以下三点。

(1) 挤压冲头直径尽量选大

由于复动成形以挤压成形为主，当毛坯质量一定时，大直径毛坯比细长杆毛坯容易成形。因而，在锻件形状允许范围内，挤压冲头直径应尽量取大值，应尽量提高挤压冲头强度。

十字轴挤压凸模，直径选17mm，正好使该挤压冲头和模膛球台部分不相切（有一定距离），避免了相切时容易在相切处磨损出现圆角，一般留有0.5～1mm宽带。

(2) 金属毛坯直径尽量选大

由于复动成形毛坯质量控制较严，余料很少，毛坯放入凹模孔后如有较大间隙，则毛坯可能偏歪，造成锻件局部缺料而充不满。毛坯放入模孔顺利的前提下，其放料间隙尽可能小，即毛坯直径尽量接近挤压冲头直径。在实际应用中，放料间隙单边为0.25mm时，经润滑后的毛坯可顺利放入凹模模膛。考虑到原始棒料直径规格可能不尽合适，故可适当放宽放料间隙，但最大单边不宜超过0.5mm。由此可给出所需毛坯直径计算式

$$d=D-2\Delta t-(0.5\sim1.0)\text{mm} \tag{10-10}$$

式中 d——毛坯直径（mm）；

D——挤压凸模直径（mm）；

Δt——磷化、皂化层厚度（mm）。

式(10-10)中常量尽量选取接近0.5mm的数值。

(3) 合理设计余料

为保证精密模锻时充满型腔，下料时必须控制毛坯质量下限，让多余的材料（一般不超过毛坯质量的0.5%）成为合理余料。余料仓的位置必须设置在模腔最后充满处，而且是后续机械加工时可以去除或不去除也不会影响使用的位置。如果余料仓先被充填，锻件最后充满处将“缺肉”。十字轴挤压成形最后充满处是轴颈端部，余料仓设在此处，在后续机械加工时去除，如图10.37所示。

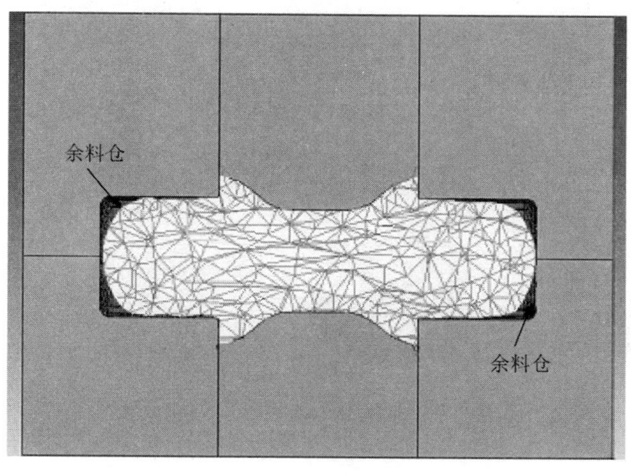

图10.37 十字轴锻件余料仓设置

由于有些锻造设备没有上顶料机构，只有下顶料机构，因此对于上下对称的锻件要保证留在下模内，就必须增大锻件和下凹模的摩擦力，为此在十字轴中间球台外围保留一小段长 1～2mm 的台阶，使其加工在下凹模型腔上，这样锻件就会可靠地留在下模模腔，由下顶出机构顺利顶出。如果设备有上顶料机构，则上下模腔可设计为完全对称。

3. 金属变形过程分析

在一定闭模力的作用下，上模向下运动，和下模闭合形成封闭模膛。

十字轴的变形可分四个阶段。

(1) 镦粗变形

毛坯在双冲头对向挤压下镦粗毛坯，并且充填模膛中部球体部位，直至接触到四个水平轴颈腔口为止。这个阶段属镦粗变形，挤压力不大。

(2) 复动成形

随着冲头继续挤压，毛坯金属大量径向挤压流入轴颈腔内，直至金属前端碰到端部模壁为止。此阶段轴颈腔尚未完全充满，但挤压力显著增大。

(3) 水平镦挤

当金属碰到端部模壁后，冲头继续将球体部金属挤入轴颈，这样就形成了类似在水平方向的镦粗过程，直至轴颈腔基本充满。此时，挤压凸模行程已接近终点，锻件除轴颈端未充满外，其余部位均已充满。

(4) 充满余料仓

挤压冲头行程终了，金属充满轴颈棱角并排出多余金属进入余料仓，从而获得完全充满的锻件。

图 10.38 所示为三维数值模拟十字轴成形过程，图 10.39 所示为双向复动成形十字轴成形过程，与前述四个阶段完全吻合。

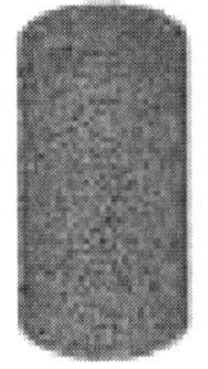

图 10.38 三维数值模拟十字轴成形过程

图 10.39 双向复动成形十字轴成形过程

4. 精密模锻力计算

在复动成形精密模锻工艺过程中，其主要工艺过程参数为上下凹模之间在锻件挤压变形时产生的分模力（由此确定外界需提供的闭模力）和挤压冲头对毛坯的挤压力。

万向节十字轴的挤压力计算公式为

$$P_{挤}=\frac{\pi D^2}{4}\sigma_s\left(\frac{D^2}{23d^2}+\frac{4d^2}{3D^2}+2\ln\frac{d}{d_1}+4\mu\frac{L_1}{d_1}+\frac{2L}{d}\right) \tag{10-11}$$

式中 $P_{挤}$——压力（N）；

D——挤压凸模直径（mm）；

σ_s——材料在室温下的屈服极限（MPa）；

d——轴颈侧腔直径（mm）；

d_1——余料仓直径（mm）；

L_1——余料（分流）仓长度（mm）；

μ——摩擦系数；

L——轴颈侧腔长度（mm）。

经计算，十字轴在室温挤压成形时，其挤压力为 $P_{挤}=432\text{kN}=43.2\text{t}$。

图 10.40 所示为三维数值模拟所得十字轴双向复动成形 $P-S$ 曲线，从中可看出其最大挤压力为 410kN(41.0t)。理论计算挤压力最大值与采用数值模拟所得最大挤压力相当接近。

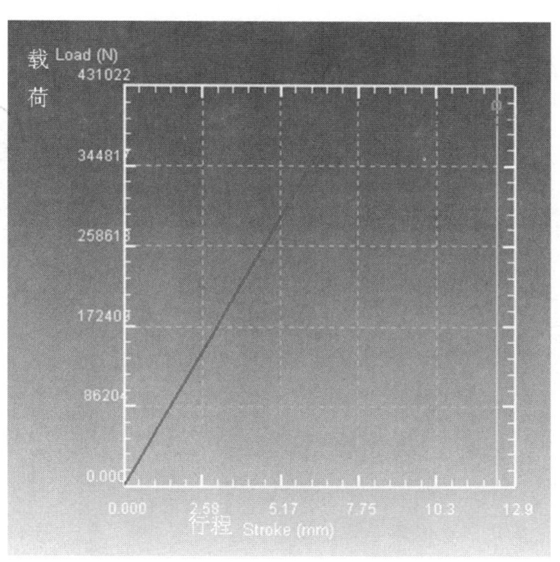

图 10.40 三维数值模拟所得十字轴双向复动成形 $P-S$ 曲线

万向节十字轴的分模力计算公式为

$$Q_{分}=(F_{锻}-F_{挤})P_{分}+4d_1L_1\sigma_1 \tag{10-12}$$

式中 $Q_{分}$——分模力（N）；

$F_{锻}$——锻件水平面积（mm^2）；

$F_{挤}$——挤压凸模横截面积（mm^2）；

$P_{分}$——单位分模力（MPa），$P_{分}=P_{挤}/F_{挤}$。

通过计算，万向节十字轴在室温下挤压成形时，最大分模力（即挤压终了阶段）$Q_{分}=944kN=94.4t$。

分模力 $Q_{分}$ 是模具设计的关键参数。模架装置中液压系统提供的闭模力 $Q_{闭}$ 应满足 $Q_{闭}\geqslant Q_{分}$。同时，选择成形设备吨位时，设备的公称压力应大于挤压力 $P_{挤}$ 和分模力 $Q_{分}$ 之和。

5. 复动成形十字轴过程优化（三维数值模拟）

前述工艺过程方案确定了采用水平分模的方式复动成形十字轴锻件。从成形原理来看，既可采用单向复动成形，也可采用双向复动成形。究竟采用哪种方案最有利于成形，通过三维数值模拟软件 DEFORM 对金属毛坯在变形过程中的流动情况进行分析比较，最终确定最佳方案。

图 10.41 所示为单向冷复动成形十字轴锻件金属毛坯在模腔内的流动过程模拟。从图中可以看出，在侧向挤压轴颈的过程中，以分模面为界，离挤压凸模越远的模腔部分金属流动较快，离挤压凸模越近的模腔部分，其金属流动最慢。这是由挤压凸模的运动方向和金属流动机理所决定的。所以，单向挤压像十字轴这样以分模面完全对称的锻件，其金属在模腔内流动很不均匀，金属从挤压筒向模腔流动的行程加大，增大了金属的变形程度，使其变形抗力增大，加速模具磨损，降低模具使用寿命。图 10.42 所示为三维数值模拟所得十字轴单向复动成形 $P-S$ 曲线。从图中可看出最大挤压力为 518kN(51.8t)，大于双向挤压时的最大挤压力。

【单向复动成形变形过程】

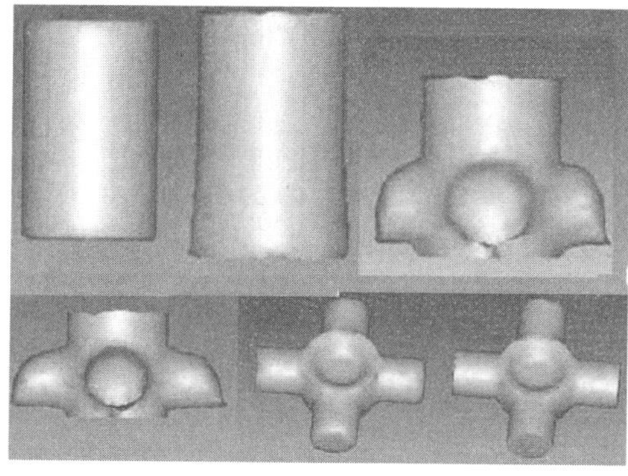

图 10.41　单向复动成形十字轴锻件金属毛坯在模腔内的流动过程模拟

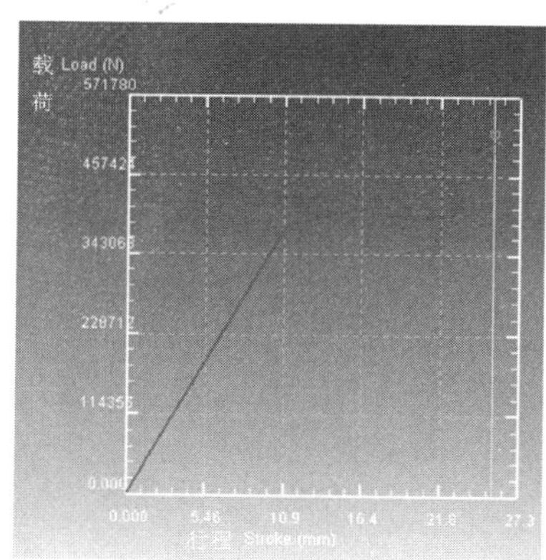

图 10.42　三维数值模拟所得十字轴单向复动成形 $P-S$ 曲线

如果采用双向等速复动成形金属毛坯成形十字轴锻件，其金属在模腔内流动的情况就大不一样。图 10.43 所示为双向等速复动成形十字轴锻件时金属在模腔内的变形过程模拟。从图中可知，在挤压轴颈时，金属向侧腔流动很均匀，其前端近似圆弧，是理想的流动状态。而且，由于是双向挤压金属毛坯，金属是从两个挤压筒里向模腔流动，缩短了金属的流动行程，减小了变形程度，从而变形抗力降低（见图 10.42 的 $P-S$ 曲线），模具寿命提高。所以，成形十字轴锻件的最佳过程是双向等速复动成形。

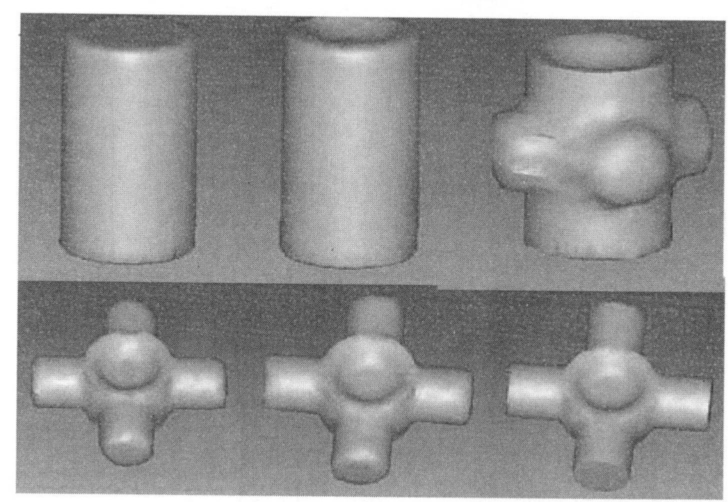

【双向等速复动成形变形过程】

图 10.43 双向等速复动成形十字轴锻件时金属在模腔内的变形过程模拟

图 10.44 所示为双向等速复动成形十字轴锻件时金属在模腔内流动的速度场，表明了在成形的各个阶段金属流动速度的大小及方向。从图中可看出，侧向挤压四个轴颈时，其金属流动速度均匀，是理想的流动状态。

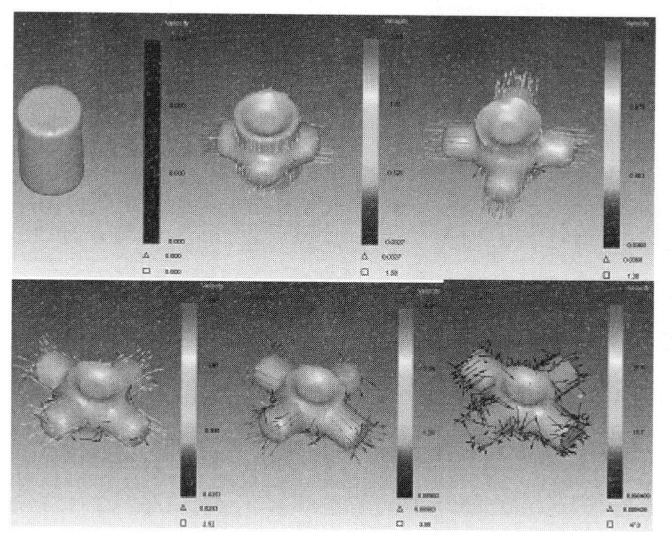

【速度场】

图 10.44 双向等速复动成形十字轴锻件时金属在模腔内流动的速度场

图 10.45 所示为双向等速复动成形十字轴锻件过程中的金属应力场。通过对应力场的分析，可发现金属在流动过程中其最大应力的分布区域，从而预测模具的磨损状况。在模具制造时，对易磨损区域进行局部强化处理以提高耐磨性，或者采用组合模具结构使易磨损部位易于更换，降低模具制造成本，提高模具寿命。同时，通过三维数值模拟还可以得

出金属在流动过程中的应变场、金属毛坯温度场的变化情况，从而可预测金属的流动和模具的磨损情况。

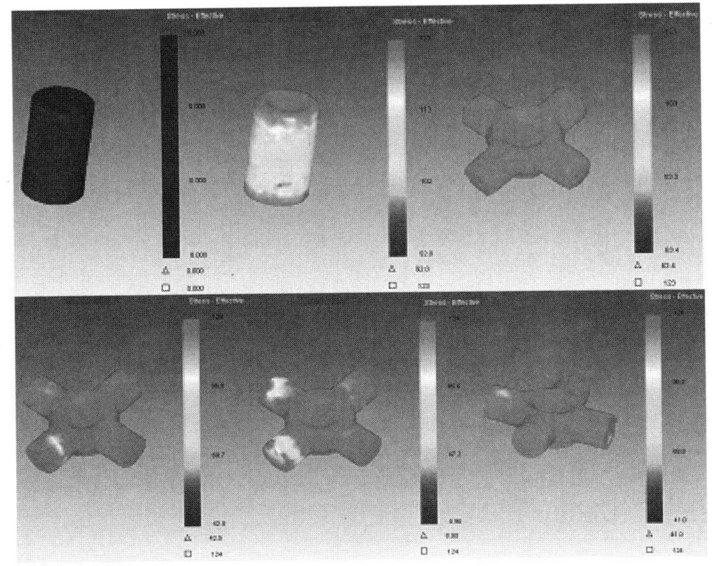

【应力场】

图 10.45　双向等速复动成形十字轴锻件过程中的金属应力场

10.3.3　镁合金的等温精密成形

1. 镁合金的主要特性

镁合金是实际应用中最轻的金属结构材料，具有以下特性。

(1) 密度小（约是铝合金的 2/3，钢铁的 1/4)。

(2) 友好的生物兼容性，可回收，符合环保要求。

(3) 比强度和比刚度高，均优于钢和铝合金。

(4) 具有优良的切削性能和抛光性能；在一定温度和挤压比条件下，具有良好的塑性乃至超塑性。

(5) 耐蚀性差是制约其性能优势发挥的一个重要因素。利用镁合金阳极氧化过程对镁表面进行表面处理，可提高其耐蚀性。

(6) 良好的导热性、减振性，以及在相当宽的频率范围内具有优良的电磁屏蔽特性。

(7) 无毒，无磁性。

(8) 耐印痕性好（由镁合金材料制成的物体与其他物体冲撞时，产生的印痕比铝及软钢都小)。

(9) 尺寸稳定性高。

(10) 良好的低温性能，在－190℃时仍具有良好的力学性能，可用于制作在低温下工作的零件。

2. AZ231 变形镁合金散热器

某国防产品电子系统的关键零件——散热器的几何形状复杂，其侧视图如图 10.46 所示。中部是五条纵向分布的带斜度高筋，筋的平均高宽比最大为 7.5，筋顶部最薄处厚度为 0.5mm，筋高 13mm，筋总长 375mm。外周是高低不平的不规则形状，高度差为 2～10mm。散热器的不规则形状凸起部分用于固定电路板插件，五条高筋是主要散热部位，其余高低不平处用以固定和连接飞行器机身。飞行器在飞行及降落过程中承受着很大的振动负荷，要求散热器零件流线沿其几何外形分布，不允许有流线紊乱、涡流及穿流现象，晶粒要细小均匀。该件的几何尺寸大，水平投影面积近 $0.1m^2$。

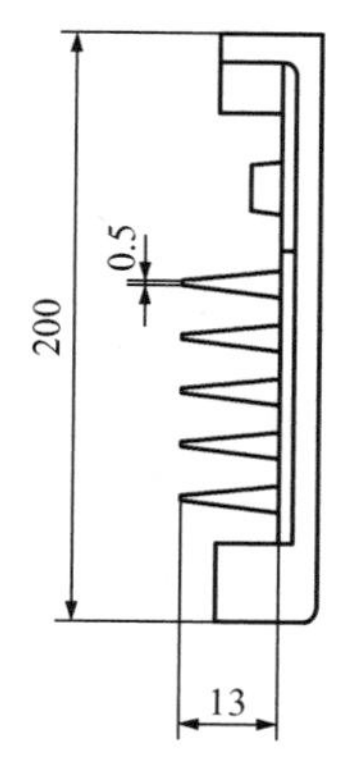

图 10.46 散热器侧视图

散热器的复杂形状和上述的高性能要求决定了该件需采用 AZ31 变形镁合金精密成形。如采用机械加工切削成形，不仅费工、费时，而且材料消耗特别大，达 60%以上。

AZ31 变形镁合金在汽车、航空航天、电子通信等许多领域有着很广泛的应用前景，它比铸造镁合金的组织更细、更致密，成分更均匀，具有更高的强度和高的延伸率。

3. AZ31 变形镁合金散热器等温精密成形的可成形性分析

AZ31 变形镁合金与铝合金等其他材料不同，在压力加工过程中热成形次数不宜过多。因为每加热、成形一次，强度性能不但没有提高，反而下降。尤其是当压力加工前，加热温度高且保温时间长时，强度性能下降更大。镁合金成形温度范围窄（150℃左右）、导热系数大［167.25W/(m·℃)］，大约是钢的两倍。挤压时如模具温度低，毛坯降温很快，尤其在薄壁处温度下降更剧烈，使塑性降低，变形抗力增大，充填型腔困难。

只有采用等温精密成形工艺过程制造该产品，才能使 AZ31 变形镁合金散热器外形满足图样要求，而且能提高制品的强度和改善表面组织状态。AZ31 变形镁合金散热器沿周向不同截面处的面积相差很大，各部位的体积分布很不均匀，尤其在筋部凸起部位的体积很大，需要金属量大，而筋间只需少量金属，大量金属流走。两种情况相互取长补短，避免了“充不满”和“挤压缩孔”的缺陷。此部位可用等厚长方板坯直接挤压成形。

AZ31 变形镁合金散热器有些部位在成形方向呈陡壁形状，其根部尖角不适宜一次直接成形。一次直接成形会导致折叠甚至把成形筋部的模腔部位胀裂，所以在成形后应采用整形加工，将圆角部位整形成尖角。

镁合金和铝合金一样，在一次大变形量成形后，由于大量新生表面出现可能引起黏模现象，而且易产生折叠，因此，成形后先酸洗清理、修伤，再精整。该件的成形工艺过程是预制板坯→成形→精整。

在大型铝合金及镁合金等温成形生产中，100MN(10000t) 液压机通常只能挤压成形水平投影面积约为 $0.33m^2$ 的零件，而散热器投影面积约 $0.1m^2$，需 30～50MN（3000～5000t）液压机。AZ31 变形镁合金散热器有五条高筋，为了充填好与其相对应处的型腔，需有足够大的成形力。因此，对 AZ31 变形镁合金散热器件等温成形时，需采取措施降低成形力，否则，可能使模具损坏。生产中除采用等温成形外，还采取了在冲头和凹模压力正方向及零件形状凹陷处加设大引流槽、分流孔，使型腔在未充满前通过引流和分流，降低液压机及模具的载荷，使金属处于高速充填状态，使高筋部位饱满成形。

4. AZ31 变形镁合金毛坯的加热

根据镁合金的塑性图，在液压机上等温成形时，其成形温度应严格控制在 350～370℃。采用该成形温度不仅考虑了材料的塑性变形抗力，也考虑了散热器件成形后零件的性能。

一般铝合金零件等温成形后需经固溶和时效处理以提高其力学性能，而镁合金不同。AZ31 变形镁合金在成形前加热的同时，已完成了固溶的作用，成形后不再固溶，可直接进行时效处理。

为保证成形后晶粒细小和力学性能，加热温度不宜过高，但为保证固溶效果和降低变形抗力，加热温度又不宜过低。

采用等温精密成形的模具与毛坯一同合模后放入低温电阻炉内加热，炉内带有空气强制循环装置，保持炉温均匀，使炉内温度差不超过±10℃。出炉后毛坯和模具在室温下快速放入液压机成形。

由于 AZ31 变形镁合金热敏感性较强，在成形过程中受操作人员熟练水平、挤压机速度、热模搬运速度、环境温度等多方面因素影响，难以保证 AZ31 变形镁合金在恒温下变形。因此，对于变形程度大于 80%的产品来说，会在型腔充满程度和避免成形件表面开裂等方面带来困难。为此设计了液压机用镁合金等温成形试验模架固定在液压机工作台上，周边围有硅酸棉保温材料，并装有热电偶温控装置，温度控制在±10℃之内，以平衡 AZ31 变形镁合金加热毛坯、模具与环境交换的热量。

等温精密成形模具结构简图如图 10.47 所示。

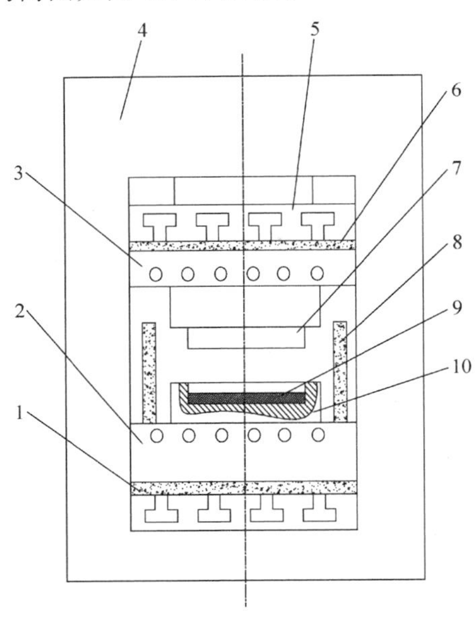

图 10.47　等温精密成形模具结构简图

1—高压石棉板；2—下加热板；3—上加热板；4—液压机机身；5—上工作台；6—高压石棉板；7—凸模；8—保温硅酸棉板；9—镁板；10—凹模

5. AZ31 变形镁合金散热器的等温精密成形

某电子系统的 AZ31 变形镁合金散热器由四种零件组成，外形特征全部属板片类，单侧都有高筋，外形尺寸近似。在设计散热器等温精密成形模时，可以不采用工程模具设计中把装料、等温成形、卸件、加热复合到一起的方式，而使用通用模架。

等温精密成形这四种零件时，这四种零件的上模和凹模可同时在加热炉内加热，省去了复合模的换模时间，形成这四种零件和上模、凹模循环加热，循环等温成形的工作模式，最大限度地缩小模具与工件出炉后热量散失形成的温差。为此设计的快速换模装置能使模具快速装卸。模具工作和卸料部分按这四种零件次序各自独立，各零件的等温成形模具可以互换。这样模具维修方便，比复合型模具节省了三套模架，使模具加工工艺过程简化，成本大大降低。带快速换模装置的等温精密成形模具结构简图如图 10.48 所示。

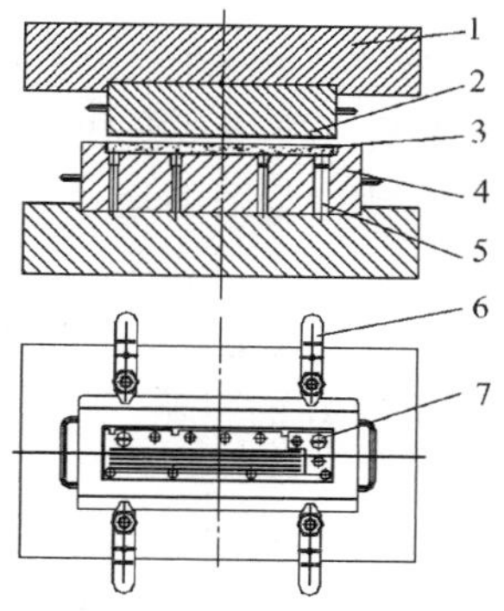

图 10.48 带快速换模装置的等温精密成形模具结构简图

1—通用模座；2—凸模；3—镁板；4—凹模；5—引流槽；6—快速换模压板；7—分流孔

采用等温成形、模具快换技术、材料分流、引流理论等成形技术生产出的 AZ31 变形镁合金散热器零件，成形品质良好，力学性能、显微组织和尺寸精度均符合要求。AZ31 变形镁合金散热器等温精密成形件的实物照片如图 10.49 所示，其力学性能、显微组织和尺寸精度均符合图样要求。

图 10.49 AZ31 变形镁合金散热器等温精密成形件的实物照片

习题及思考题

10－1　什么样的锻件是精密模锻件?

10－2　延长坯料在压力加工时的成形时间会不会使金属容易流动?如何延长坯料在压力加工时的成形时间?

10－3　某齿轮成形件在成形后齿形充填不满，采用更大能量的锻压设备对其施加更大的变形力，一定能使其齿形充填饱满吗?

10－4　如何使模锻件在同样外载作用的条件下增大变形程度?

10－5　热处理淬火回火处理后的模具能够用切削加工方法加工模膛吗?

10－6　你知道哪些提高汽车差速器行星锥齿轮和半轴锥齿轮模锻件精度的模锻过程?提高锥齿轮模锻件精度的关键是什么?

10－7　将氮气弹簧应用在热锻模具上要注意哪些问题?

10－8　画出万向节十字轴精锻模具总装图的运动原理草图，叙述其与一般模具的不同之处。

10－9　镁合金等温精密成形的技术关键是什么?为什么?

10－10　国产热锻模具材料使用较好的是哪一种牌号?在使用过程中要注意哪些问题?

10－11　国产冷成形用模具材料使用较好的是哪一种牌号?在使用过程中要注意哪些问题?

10－12　开发生产精锻件要注意哪些技术问题和非技术问题?

参 考 文 献

布留哈诺夫 A H，烈别尔斯基 A B，1965. 模锻及模具设计［M］. 王树良，周肇基，俞云焕，何光远译. 北京：机械工业出版社.

崔忠圻，1989. 金属学与热处理［M］. 北京：机械工业出版社.

锻工手册编写组，1976. 锻工手册［M］. 北京：机械工业出版社.

龚小涛，2016. 辊锻工艺过程及模具设计［M］. 西安：西北大学出版社.

郝滨海，2004. 金属材料精密压力成形技术［M］. 北京：化学工业出版社.

胡亚民，2002. 精锻模具图册［M］. 北京：机械工业出版社.

胡亚民，1997. 模具型腔的挤压成形［M］. 北京：兵器工业出版社.

华林，夏汉关，庄武豪，2014. 锻压技术理论研究与实践［M］. 武汉：武汉理工大学出版社.

李蓬川，2011. 大型航空模锻件的生产现状及发展趋势［J］. 大型铸锻件，(2)：39－45.

刘润广，1992. 锻造工艺学［M］. 哈尔滨：哈尔滨工业大学出版社.

吕炎，1995. 锻造工艺学［M］. 北京：机械工业出版社.

钱进浩，胡亚民，2017. 锻压模具模腔的排气孔设计［J］. 金属加工（热加工），(17)：4－8.

任广升，胡亚民，付传锋，2009. 模具型腔挤压成形技术［M］. 北京：机械工业出版社.

日本塑性加工学会，1984. 压力加工手册［M］. 江国屏，等译. 北京：机械工业出版社.

上海交通大学，1976. 冷挤压技术［M］. 上海：上海人民出版社.

王孝文，胡亚民，韩庆东，等，2018. 分模模锻［M］. 武汉：武汉理工大学出版社.

王祖唐，1983. 锻压工艺学［M］. 北京：机械工业出版社.

吴诗惇，1995. 冷温挤压技术［M］. 北京：国防工业出版社.

西安交通大学金属压力加工教研组，1958. 锻造工艺学［M］. 北京：中国工业出版社.

夏巨谌，1999. 精密塑性成形工艺［M］. 北京：机械工业出版社.

谢谈，蒋鹏. 2004. 汽车前轴精密辊锻-整体模锻技术与生产线［R］. 北京：北京机电研究所.

辛宗仁，李铁生，李万福，1977. 胎模锻工艺［M］，北京：机械工业出版社.

熊国锋，闫明松，符韵，2009. 超高强韧性热模钢 3Cr3Mo3VNb 性能及其生产应用［J］. 精密成形工程，(2)：34－38.

熊晓红，2018. 第三代螺旋压力机：伺服直驱螺旋压力机［J］. 锻造与冲压，(5)：49－52.

杨长顺，1984. 冷挤压工艺实践［M］. 北京：国防工业出版社.

杨振恒，1986. 锻造工艺学［M］. 西安：西北工业大学出版社.

姚泽坤，1998. 锻造工艺学与模具设计［M］. 西安：西北工业大学出版社.

张振纯，1980. 锻模图册［M］. 北京：机械工业出版社.

张质良，1986. 温塑性成形技术［M］. 上海：上海科学技术文献出版社.

郑智受，关厚爱，1998. 氮气弹簧技术在模具中的应用［M］. 北京：机械工业出版社.

中国机械工程学会锻压学会，2008. 锻压手册（锻造）［M］. 3 版. 北京：机械工业出版社.

张志文，1983. 锻造工艺学［M］. 北京：机械工业出版社.